国家卫生和计划生育委员会"十三五"规划教材
全国高等医药教材建设研究会"十三五"规划教材

全国高等学校药学类专业第八轮规划教材

供药学类专业用

波 谱 解 析

第②版

U0292515

主 编 孔令义

副主编 陈海生 冯卫生 宋少江

编 者（以姓氏笔画为序）

王 炜（湖南中医药大学）

孔令义（中国药科大学）

冯卫生（河南中医药大学）

阮汉利（华中科技大学同济药学院）

孙隆儒（山东大学药学院）

杨炳友（黑龙江中医药大学）

吴 振（厦门大学药学院）

宋少江（沈阳药科大学）

陈海生（第二军医大学）

罗建光（中国药科大学）

周应军（中南大学药学院）

梁 鸿（北京大学药学院）

人民卫生出版社

图书在版编目（CIP）数据

波谱解析/孔令义主编. —2版. —北京：人民卫生出版社，2016

ISBN 978-7-117-22022-4

Ⅰ.①波… Ⅱ.①孔… Ⅲ.①波谱分析 – 医学院校 – 教材 Ⅳ.①O657.61

中国版本图书馆 CIP 数据核字（2016）第 028658 号

| 人卫社官网 | www.pmph.com | 出版物查询，在线购书 |
| 人卫医学网 | www.ipmph.com | 医学考试辅导，医学数据库服务，医学教育资源，大众健康资讯 |

波 谱 解 析
第 2 版

主　　编：孔令义

出版发行：人民卫生出版社（中继线 010-59780011）

地　　址：北京市朝阳区潘家园南里 19 号

邮　　编：100021

E - mail：pmph @ pmph.com

购书热线：010-59787592　010-59787584　010-65264830

印　　刷：北京虎彩文化传播有限公司

经　　销：新华书店

开　　本：850×1168　1/16　印张：22

字　　数：605 千字

版　　次：2011 年 7 月第 1 版　　2016 年 3 月第 2 版
　　　　　2023 年 2 月第 2 版第 12 次印刷（总第 19 次印刷）

标准书号：ISBN 978-7-117-22022-4/R · 22023

定　　价：49.00 元

打击盗版举报电话：**010-59787491**　**E-mail：WQ @ pmph.com**

（凡属印装质量问题请与本社市场营销中心联系退换）

　　全国高等学校药学类专业本科国家卫生和计划生育委员会规划教材是我国最权威的药学类专业教材,于1979年出版第1版,1987—2011年进行了6次修订,并于2011年出版了第七轮规划教材。第七轮规划教材主干教材31种,全部为原卫生部"十二五"规划教材,其中29种为"十二五"普通高等教育本科国家级规划教材;配套教材21种,全部为原卫生部"十二五"规划教材。本次修订出版的第八轮规划教材中主干教材共34种,其中修订第七轮规划教材31种;新编教材3种,《药学信息检索与利用》《药学服务概论》《医药市场营销学》;配套教材29种,其中修订24种,新编5种。同时,为满足院校双语教学的需求,本轮新编双语教材2种,《药理学》《药剂学》。全国高等学校药学类专业第八轮规划教材及其配套教材均为国家卫生和计划生育委员会"十三五"规划教材、全国高等医药教材建设研究会"十三五"规划教材,具体品种详见出版说明所附书目。

　　该套教材曾为全国高等学校药学类专业唯一一套统编教材,后更名为规划教材,具有较高的权威性和较强的影响力,为我国高等教育培养大批的药学类专业人才发挥了重要作用。随着我国高等教育体制改革的不断深入发展,药学类专业办学规模不断扩大,办学形式、专业种类、教学方式亦呈多样化发展,我国高等药学教育进入了一个新的时期。同时,随着药学行业相关法规政策、标准等的出台,以及2015年版《中华人民共和国药典》的颁布等,高等药学教育面临着新的要求和任务。为跟上时代发展的步伐,适应新时期我国高等药学教育改革和发展的要求,培养合格的药学专门人才,进一步做好药学类专业本科教材的组织规划和质量保障工作,全国高等学校药学类专业第五届教材评审委员会围绕药学类专业第七轮教材使用情况、药学教育现状、新时期药学人才培养模式等多个主题,进行了广泛、深入的调研,并对调研结果进行了反复、细致的分析论证。根据药学类专业教材评审委员会的意见和调研、论证的结果,全国高等医药教材建设研究会、人民卫生出版社决定组织全国专家对第七轮教材进行修订,并根据教学需要组织编写了部分新教材。

　　药学类专业第八轮规划教材的修订编写,坚持紧紧围绕全国高等学校药学类专业本科教育和人才培养目标要求,突出药学类专业特色,对接国家执业药师资格考试,按照国家卫生和计划生育委员会等相关部门及行业用人要求,在继承和巩固前七轮教材建设工作成果的基础上,提出了"继承创新""医教协同""教考融合""理实结合""纸数同步"的编写原则,使得本轮教材更加契合当前药学类专业人才培养的目标和需求,更加适应现阶段高等学校本科药学类人才的培养模式,从而进一步提升了教材的整体质量和水平。

　　为满足广大师生对教学内容数字化的需求,积极探索传统媒体与新媒体融合发展的新型整体教学解决方案,本轮教材同步启动了网络增值服务和数字教材的编写工作。34 种主干教材都将在纸质教材内容的基础上,集合视频、音频、动画、图片、拓展文本等多媒介、多形态、多用途、多层次的数字素材,完成教材数字化的转型升级。

需要特别说明的是,随着教育教学改革的发展和专家队伍的发展变化,根据教材建设工作的需要,在修订编写本轮规划教材之初,全国高等医药教材建设研究会、人民卫生出版社对第四届教材评审委员会进行了改选换届,成立了第五届教材评审委员会。无论新老评审委员,都为本轮教材建设做出了重要贡献,在此向他们表示衷心的谢意!

众多学术水平一流和教学经验丰富的专家教授以高度负责的态度积极踊跃和严谨认真地参与了本套教材的编写工作,付出了诸多心血,从而使教材的质量得到不断完善和提高,在此我们对长期支持本套教材修订编写的专家和教师及同学们表示诚挚的感谢!

本轮教材出版后,各位教师、学生在使用过程中,如发现问题请反馈给我们(renweiyaoxue@163.com),以便及时更正和修订完善。

全国高等医药教材建设研究会

人民卫生出版社

2016 年 1 月

国家卫生和计划生育委员会"十三五"规划教材
全国高等学校药学类专业第八轮规划教材书目

序号	教材名称	主编	单位
1	药学导论(第4版)	毕开顺	沈阳药科大学
2	高等数学(第6版)	顾作林	河北医科大学
	高等数学学习指导与习题集(第3版)	顾作林	河北医科大学
3	医药数理统计方法(第6版)	高祖新	中国药科大学
	医药数理统计方法学习指导与习题集(第2版)	高祖新	中国药科大学
4	物理学(第7版)	武 宏	山东大学物理学院
		章新友	江西中医药大学
	物理学学习指导与习题集(第3版)	武 宏	山东大学物理学院
	物理学实验指导★★★	王晨光	哈尔滨医科大学
		武 宏	山东大学物理学院
5	物理化学(第8版)	李三鸣	沈阳药科大学
	物理化学学习指导与习题集(第4版)	李三鸣	沈阳药科大学
	物理化学实验指导(第2版)(双语)	崔黎丽	第二军医大学
6	无机化学(第7版)	张天蓝	北京大学药学院
		姜凤超	华中科技大学同济药学院
	无机化学学习指导与习题集(第4版)	姜凤超	华中科技大学同济药学院
7	分析化学(第8版)	柴逸峰	第二军医大学
		邸 欣	沈阳药科大学
	分析化学学习指导与习题集(第4版)	柴逸峰	第二军医大学
	分析化学实验指导(第4版)	邸 欣	沈阳药科大学
8	有机化学(第8版)	陆 涛	中国药科大学
	有机化学学习指导与习题集(第4版)	陆 涛	中国药科大学
9	人体解剖生理学(第7版)	周 华	四川大学华西基础医学与法医学院
		崔慧先	河北医科大学
10	微生物学与免疫学(第8版)	沈关心	华中科技大学同济医学院
		徐 威	沈阳药科大学
	微生物学与免疫学学习指导与习题集★★★	苏 昕	沈阳药科大学
		尹丙姣	华中科技大学同济医学院
11	生物化学(第8版)	姚文兵	中国药科大学
	生物化学学习指导与习题集(第2版)	杨 红	广东药科大学

续表

序号	教材名称	主编	单位
12	药理学(第8版)	朱依谆	复旦大学药学院
		殷　明	上海交通大学药学院
	药理学(双语)★★	朱依谆	复旦大学药学院
		殷　明	上海交通大学药学院
	药理学学习指导与习题集(第3版)	程能能	复旦大学药学院
13	药物分析(第8版)	杭太俊	中国药科大学
	药物分析学习指导与习题集(第2版)	于治国	沈阳药科大学
	药物分析实验指导(第2版)	范国荣	第二军医大学
14	药用植物学(第7版)	黄宝康	第二军医大学
	药用植物学实践与学习指导(第2版)	黄宝康	第二军医大学
15	生药学(第7版)	蔡少青	北京大学药学院
		秦路平	第二军医大学
	生药学学习指导与习题集★★★	姬生国	广东药科大学
	生药学实验指导(第3版)	陈随清	河南中医药大学
16	药物毒理学(第4版)	楼宜嘉	浙江大学药学院
17	临床药物治疗学(第4版)	姜远英	第二军医大学
		文爱东	第四军医大学
18	药物化学(第8版)	尤启冬	中国药科大学
	药物化学学习指导与习题集(第3版)	孙铁民	沈阳药科大学
19	药剂学(第8版)	方　亮	沈阳药科大学
	药剂学(双语)★★	毛世瑞	沈阳药科大学
	药剂学学习指导与习题集(第3版)	王东凯	沈阳药科大学
	药剂学实验指导(第4版)	杨　丽	沈阳药科大学
20	天然药物化学(第7版)	裴月湖	沈阳药科大学
		娄红祥	山东大学药学院
	天然药物化学学习指导与习题集(第4版)	裴月湖	沈阳药科大学
	天然药物化学实验指导(第4版)	裴月湖	沈阳药科大学
21	中医药学概论(第8版)	王　建	成都中医药大学
22	药事管理学(第6版)	杨世民	西安交通大学药学院
	药事管理学学习指导与习题集(第3版)	杨世民	西安交通大学药学院
23	药学分子生物学(第5版)	张景海	沈阳药科大学
	药学分子生物学学习指导与习题集★★★	宋永波	沈阳药科大学
24	生物药剂学与药物动力学(第5版)	刘建平	中国药科大学
	生物药剂学与药物动力学学习指导与习题集(第3版)	张　娜	山东大学药学院

续表

序号	教材名称	主编	单位
25	药学英语(上册、下册)(第5版)	史志祥	中国药科大学
	药学英语学习指导(第3版)	史志祥	中国药科大学
26	药物设计学(第3版)	方　浩	山东大学药学院
	药物设计学学习指导与习题集(第2版)	杨晓虹	吉林大学药学院
27	制药工程原理与设备(第3版)	王志祥	中国药科大学
28	生物制药工艺学(第2版)	夏焕章	沈阳药科大学
29	生物技术制药(第3版)	王凤山	山东大学药学院
		邹全明	第三军医大学
	生物技术制药实验指导★★★	邹全明	第三军医大学
30	临床医学概论(第2版)	于　锋	中国药科大学
		闻德亮	中国医科大学
31	波谱解析(第2版)	孔令义	中国药科大学
32	药学信息检索与利用★	何　华	中国药科大学
33	药学服务概论★	丁选胜	中国药科大学
34	医药市场营销学★	陈玉文	沈阳药科大学

注:★为第八轮新编主干教材;★★为第八轮新编双语教材;★★★为第八轮新编配套教材。

全国高等学校药学类专业第五届教材评审委员会名单

顾　问　吴晓明　中国药科大学

周福成　国家食品药品监督管理总局执业药师资格认证中心

主任委员　毕开顺　沈阳药科大学

副主任委员　姚文兵　中国药科大学

郭　姣　广东药科大学

张志荣　四川大学华西药学院

委　员（以姓氏笔画为序）

王凤山	山东大学药学院	陆　涛	中国药科大学
朱　珠	中国药学会医院药学专业委员会	周余来	吉林大学药学院
朱依谆	复旦大学药学院	胡　琴	南京医科大学
刘俊义	北京大学药学院	胡长平	中南大学药学院
孙建平	哈尔滨医科大学	姜远英	第二军医大学
李　高	华中科技大学同济药学院	夏焕章	沈阳药科大学
李晓波	上海交通大学药学院	黄　民	中山大学药学院
杨　波	浙江大学药学院	黄泽波	广东药科大学
杨世民	西安交通大学药学院	曹德英	河北医科大学
张振中	郑州大学药学院	彭代银	安徽中医药大学
张淑秋	山西医科大学	董　志	重庆医科大学

波谱解析是应用紫外光谱(UV)、红外光谱(IR)、核磁共振波谱(NMR)和质谱(MS)等现代物理手段研究有机化合物化学结构的一门科学,是现代有机化合物结构测定最主要的手段。随着药学、化学等学科的飞速发展,波谱解析已经渗透到与之相关的各个领域,成为现代药学、化学、生物学工作者应该掌握和了解的一门学科。本版教材在人民卫生出版社《波谱解析》第 1 版的基础上,根据目前我国药学、化学等专业对本科生培养的新形势进行了修订。修订的目的是将波谱解析学科的发展和本科生教材的特点相融合,既注重基础知识和基本技能的培养,又注意介绍波谱解析的新技术和新方法,侧重培养学生实际解析图谱的能力,使学生能适应后期专业课程的学习和实际工作的需要。同时,还增加了有机化合物立体结构测定相关方法的介绍。使本教材既能满足本科生的学习要求,同时还可作为考研究生和研究生学习的重要参考教材。

本教材由全国相关院校在药学领域具有丰富教学经验和科研经历的十二位教授组成:孔令义教授(中国药科大学,第一章、第十一章)、周应军教授(中南大学药学院,第二章)、阮汉利教授(华中科技大学同济药学院,第三章)、冯卫生教授(河南中医药大学,第四章)、梁鸿教授(北京大学药学院,第五章)、陈海生教授(第二军医大学药学院,第六章)、孙隆儒教授(山东大学药学院,第七章)、吴振教授(厦门大学药学院,第八章)、宋少江教授(沈阳药科大学,第九章)、王炜教授(湖南中医药大学,第十章第一节)、杨炳友教授(黑龙江中医药大学,第十章第二节)和罗建光教授(中国药科大学,第十一章)。孔令义教授担任主编,陈海生教授、冯卫生教授和宋少江教授担任副主编。

本教材在编写过程中始终得到全国高等医药教材建设研究会、人民卫生出版社的大力支持和帮助,兄弟院校的有关老师也对本教材的编写提出了很好的建议和意见,在此我们一并表示由衷的谢意!

由于我们水平有限,虽然尽了最大努力,但肯定还有不足之处,敬请广大师生批评指正。

孔令义

2016 年 1 月

目 录

第一章 绪 论

1. 掌握波谱学的主要内容与应用方法。
2. 熟悉波谱学的基本理论。
3. 了解有机化合物结构测定的发展历史。

有机化合物结构的研究和阐明是有机化学和药学研究的基础,无论是从天然界分离得到的天然有机化合物或是通过化学反应得到的合成有机化合物,准确测定其化学结构是进行深入研究并加以开发应用的前提,目前有机化合物的结构研究主要应用波谱解析技术。波谱解析是应用紫外光谱(ultraviolet absorption spectroscopy,UV)、红外光谱(infrared spectroscopy,IR)、核磁共振谱(nuclear magnetic resonance spectroscopy,NMR)和质谱(mass spectroscopy,MS)等现代物理手段研究有机化合物化学结构的一门学科,是现代有机化合物结构测定最主要的手段。近几十年来,随着各种波谱仪的进步和发展,波谱解析已经渗透到诸如药学、化学、生物学、环境、材料、食品和卫生等多个学科领域,对相关学科的发展起着积极的推动作用。因此,高等学校药学、化学及相关专业设置均将波谱解析设为专业基础课或专业课,成为现代药学、化学、生物学工作者应该了解和掌握的重要知识。

第一节 有机化合物结构研究的发展历史

有机分子结构测定方法大体可分为两个阶段,即以经典的化学分析方法为主的早期阶段和以波谱分析方法为主、化学方法为辅的第二阶段。在 20 世纪中期以前,人们受限于当时科学技术的发展水平,只能应用经典的化学分析法鉴定复杂结构的未知物,即用化学反应将复杂的有机化合物分解成简单的小分子量的化合物,通过分析这些小分子量化合物的结构,并根据发生化学反应的位点和相关化学反应的规律来还原推断母体化合物的结构。应用经典的化学分析法鉴定复杂结构的未知物研究周期长,实验操作烦琐,需要样品量大,对研究人员实验操作水平要求高,并且有时无法测定某些化合物的精细结构。以吗啡(morphine)的结构鉴定为例,自1803 年从鸦片中分离得到纯品后,许多实验室纷纷开展旨在阐明这个重要化合物的分子结构研究,经过长期的努力,1881 年从吗啡的锌粉蒸馏中分离出菲,才刚刚捕捉到有关吗啡分子结构的影子。直到 1925 年,在大量研究工作的基础上,Gulland 和 Robinson 提出了吗啡分子的结构式。1952~1956 年,Gates 完成吗啡的全合成,才最终确定其结构,前后经历了一个半世纪的时间。这个例子充分说明了早期单纯应用化学方法研究有机化合物结构的困难和艰辛。

吗啡(morphine)

笔记

1

20世纪中期后,近代化学和物理学的发展,不仅为有机分子结构测定奠定了理论基础,同时也为先进的机械工业和电子工业提供了必要的支撑,使各种波谱仪器得以成功问世。首先,紫外-可见光谱和红外光谱进入有机化学实验室,大大加快了有机分子结构测定的步伐。例如,自1952年从萝芙木或蛇根草中离析出利血平(reserpine)纯品后,Nears通过紫外光谱解析,检测到利血平分子含有吲哚和没食子酸衍生物两个共轭体系,确定了利血平的主要结构单元。1956年美国杰出化学家Woodward等用轨道对称型概念完成利血平的全合成,总共花费不到5年时间。在Woodward对利血平全合成的工作中,他广泛应用红外光谱,在其发表的论文中附有红外光谱达30张之多。他对红外光谱做过这样的评价:"不管反应所得到的化合物纯度多么差,可生成预期产物的希望何等渺茫,如果采用红外光谱作常规的检测,往往会对重大的发现提供某些线索,这是其他方法难以胜任的"。由此可见红外光谱在复杂天然有机化合物全合成中发挥的重要作用。实际上从20世纪60年代以后波谱仪器方法为主、化学手段为辅的波谱法逐渐成为未知有机化合物结构鉴定的主要方法。

利血平（reserpine）

进入20世纪70年代,随着科学技术的发展,仪器性能大大提高,实验方法不断改进和革新,特别是计算机的应用,使波谱法得到了突飞猛进的发展。波谱法种类越来越多,应用范围也越来越广。核磁共振谱、质谱等的应用为化合物结构解析、化合物的定性鉴定带来了革命性的变革。现代有机化合物结构研究最突出的例子是沙海葵毒素(palytoxin),它是从海洋生物毒沙群海葵(*Palythoa toxica*)中分离得到的微量毒性天然成分,是一个分子式为$C_{129}H_{223}N_3O_{54}$,分子量为2680,并含有64个不对称碳原子,41个羟基的水溶性成分。对于如此超大复杂新颖的化学结构,

沙海葵毒素（palytoxin）

从 1974 年分离得到几毫克的纯品,到 1982 年发表平面结构只用了不到 10 年的时间,充分体现了现代波谱学技术和化学方法相结合研究复杂天然有机化合物结构的独特魅力。

经过多年的发展,波谱技术日趋完善,特别是计算机的不断进步和在波谱仪器中的深度应用,更是使波谱技术如虎添翼,目前波谱技术发展到前所未有的高度,各种波谱分析方法相得益彰。例如有机紫外光谱的双波长和多波长光谱、导数光谱的应用,提高了紫外检测的灵敏度和选择性;红外光谱普遍使用傅里叶变换红外光谱仪(FT-IR),提高了灵敏度和分辨率,便于对微量样品的结构测定;核磁共振使用脉冲 Fourier 变换技术(PFT-NMR),^{13}C 核磁共振成为常规的测试方法,各种多脉冲序列的开发应用发展为二维核磁共振谱(2D NMR),简化了复杂分子结构的谱图解析;有机质谱发展了各种新的软电离技术,快原子轰击离子源(FAB)、电喷雾离子源(ESI-MS)、基质辅助激光解析离子源(MALDI-MS),克服了经典质谱技术的不足,方便地用于测定高极性、难挥发、不稳定分子的分子量;这些质谱新技术成功地应用于蛋白质、核酸和多糖等生物分子结构的鉴定,把质谱推向生物大分子的研究领域,使测定生物大分子的分子量并获得结构信息成为可能;圆二色谱(CD)和计算圆二色谱(CD calculation)有效地应用于有机分子立体构型的测定;X 射线单晶衍射法(single crystal X-ray diffraction method)通过"显示型"的技术为能获得单晶的有机化合物结构测定提供了强有力的武器。综合应用紫外光谱(UV)、红外光谱(IR)、核磁共振谱(NMR)和质谱(MS)等为主的波谱技术,并发挥各自的特色和优势,形成一套完整的波谱解析方法,在有机化学领域相关的实验室已成为常规工作,在有机分子结构测定中起到重要作用。这一套波谱解析方法的特点是:样品用量少,仅需毫克级,甚至微克级纯样品;分析方法多为非破坏性过程,可直接得到可靠的结构信息,并能回收贵重的样品;分析速度快,一般的样品只需若干天,甚至几小时,即能做出分析结论。

当然,以仪器为主的波谱解析法在有机化合物结构测定研究中的作用已经众所周知,但化学手段的辅助作用是绝不可忽视的。在很多情况下,特别是在复杂有机化合物的结构测定中,波谱法常需要巧妙地与化学方法配合,才能更好地发挥作用,显示其威力。有时在个别情况下,不得不由经典的化学方法,甚至根据某个物理常数才能做出最后定论。因此,即使波谱法进一步向自动化、智能化、痕量和超痕量分析方向发展,经典化学分析和化学沟通的一些技术方法也是不能完全舍弃的,而需要恰当地加以应用。

第二节 波谱解析的主要内容

一、波谱学的基本理论

电磁辐射(电磁波)是以接近光速(真空中为光速 c)沿波前方向传播的交变的电场(E)和磁场(B),它可以对带粒子、电和磁偶极子施加电力和磁力(图 1-1)。电磁辐射具有波动性和微粒性,即波粒二象性。从波动观点看,光是一种电磁波;从量子观点看,光由一个个光子组成。每个光子具有能量 E

$$E=h\nu \quad (h \text{ 为普朗克常量}, \nu \text{ 为频率}) \qquad \text{(式 1-1)}$$

光子具有质量 m,按相对论质量 - 能量关系式,可得

$$E=mc^2 \quad (c \text{ 为光速}) \qquad \text{(式 1-2)}$$

$$E=h\nu=hc/\lambda \quad (\lambda \text{ 为波长}) \qquad \text{(式 1-3)}$$

从式(1-3)中可以看出,一定波长的光具有一定的能量,光的波长越短,能量越高。

物质分子内部有三种运动形式:电子相对于原子核的运动、原子核在其平衡位置附近的相对振动、分子本身绕其中心的转动。每种运动都有一定的能级——电子能级、振动能级和转动能级,它们都是量子化的,且各自具有相应的能量(图 1-2)。即某一种运动具有一个基态,一个或多

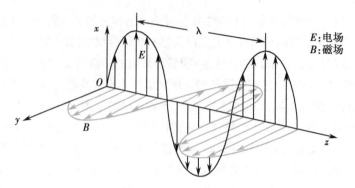

图 1-1   电磁辐射的传播

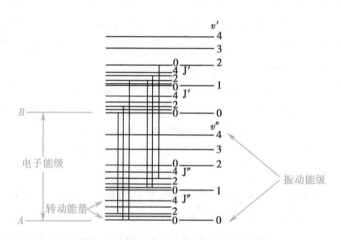

图 1-2   电磁波吸收与分子能级变化

个激发态,从基态跃迁到激发态,所吸收的能量是两个能级的差而不是随意的:$\Delta E = E_{激} - E_{基}$。

1. **电子能 Ee**   电子具有动能和位能。动能是电子运动的结果,位能是电子与核的作用造成的,电子的能级分布是量子化的、不连续的,分子吸收特定波长的电磁波可以从电子基态跃迁到激发态,产生电子光谱。电子跃迁所需的能量 ΔEe 是跃迁中最大的。

2. **振动能 Ev**   分子中原子离开其平衡位置做振动所具有的能量叫振动能。由于分子的振动能级变化是量子化的,不连续的。量子力学把分子体系中某个振动当作谐振子处理,其能量状态由式(1-4)决定:

$$Ev = hv(v+1/2) \qquad (式 1-4)$$

式中,Ev 为在振动量子数 v 下的振动能;v 为基本振动频率,h 为普朗克常量,v 为振动量子数,可取 0、1、2 等整数。振动处于最低振动能级,即基态。振动能级大于转动能级,小于电子能级。所以振动光谱中涵盖了转动光谱。

3. **转动能 Er**   分子围绕它的中心做转动时的能量叫转动能。分子转动也受温度的影响。根据量子力学,转动能级的分布也是量子化的。

由上述可知,分子的各种运动具有不同的能级。并且能级分布都是量子化的。当某一波长的电磁波照射某未知化合物时,若能量恰好等于某运动状态的两个能级之差,分子就吸收光子,从低能级跃迁到较高能级。将不同波长与对应的吸光度作图,即可得到吸收光谱。电磁波的能量是由式(1-5)决定的:

$$E = hv = hc/\lambda \qquad (式 1-5)$$

即光波的频率(也可用波长、波数代表)决定了光波的能量。频率越大,即波数越大,波长越短,光波的能量越大。如果按波长或波数排列,将分子内部某种运动所吸收的光强度变化或吸收光后产生的散射光的信号记录下来就得到各种谱图。所以不同能量的光作用在样品分子上可以引起对应的分子运动而得到不同的谱图(图 1-3,表 1-1)。我们分析所得的图谱就可以对分子的结构、组分含量及基团化学环境做出判断。

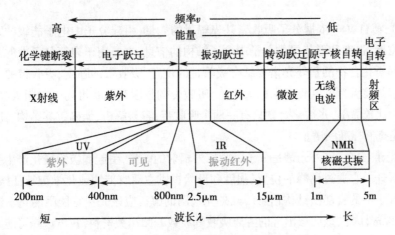

图 1-3　光波谱区及能量跃迁相关图

表 1-1　电磁波及对应的波谱技术

波谱区域	频率范围(Hz)	波长范围	跃迁类型	光谱类型
γ 射线光区	$10^{20} \sim 10^{24}$	<1pm	原子核蜕变	穆斯堡谱
X 射线光区	$10^{17} \sim 10^{20}$	1nm~1pm	原子内层电子	电子能谱
紫外光区	$10^{15} \sim 10^{17}$	400~1nm	原子外层电子	紫外光谱
可见光区	$(4 \sim 7.5) \times 10^{14}$	750~400nm	原子外层电子	可见光谱
近红外光区	$(1 \sim 4) \times 10^{14}$	2.5μm~750nm	原子外层电子 分子中原子振动	近红外光谱
红外光区	$10^{13} \sim 10^{14}$	2.5~7.5μm	分子中原子振动	红外光谱
远红外光区微波区	$(3 \times 10^{11}) \sim 10^{13}$	1mm~25μm	分子转动 电子自旋	转动光谱 电子自旋共振波谱
无线电波区	$<3 \times 10^{11}$	>1mm	原子核自旋	核磁共振波谱

在四大波谱中,质谱技术与上述的光谱技术有所不同,不同于红外、紫外和核磁共振谱等吸收光谱,质谱是一种物理分析方法,样品分子在离子源中发生电离,产生不同质荷比的带电离子,经过加速电场的作用进入质量分析器,得到质谱图推断未知化合物结构的方法,为非吸收光谱。实际上质谱技术是以质量数为基础而获得结构信息的,与光谱技术有本质的不同,以前曾长期将质谱技术称为"四大光谱"之一,是不正确的。

二、波谱学的主要内容和应用方法

现代有机波谱既包括由 X 射线区到射频区的电子光谱、紫外吸收光谱、红外光谱、微波谱、核磁共振波谱等吸收光谱,也包括荧光、磷光等发射光谱,Raman 光谱以及有机质谱等。波谱解析方法是有机化合物结构测定的主要方法,有机化合物结构测定的任务就是利用化合物的波谱图,通过谱图解析正确而无遗漏地提取隐含在谱图中的分子结构信息。前面已经提到由紫外光谱(UV)、红外光谱(IR)、核磁共振谱(NMR)和质谱(MS)为主的四种波谱法(spectroscopic method)以及它们的综合运用已经成为有机化合物结构测定的最有效方法。本书的主要目的是介绍波谱解析——如何利用有机化合物的波谱图间接地证明或推断有机化合物的结构。

尽可能快速、全面和准确地提供丰富的和有价值的结构信息,是现代波谱法面临和必须解

笔记

决的问题,这也是波谱解析的核心内容。在有机化合物结构测定的四种主要的波谱法(四大谱)中,每种方法的应用性能,即获得的结构信息都是不一样的。现将四大谱的主要特点和应用方法简述如下:

1. **紫外光谱(UV)** 依据分子吸收紫外光辐射的能量,引起分子中电子能级的跃迁。它通过吸收峰的位置、强度和形状提供分子中电子结构的信息,主要用于表征分子中的共轭体系等骨架结构。解析化合物的紫外光谱要结合吸收带的位置、吸收带的强度、吸收带的形状一起考虑。由吸收带的位置判断共轭体系的大小,而吸收带的强度和形状可用于判断吸收带的类型。紫外光谱一般比较简单,多数化合物只有一两个吸收带,容易解析,但确定其结构有时需要配合经验计算或是查阅标准图谱。

2. **红外光谱(IR)** 红外光谱是分子吸收红外辐射的能量,引起偶极矩变化产生分子的振动和转动能量跃迁。它通过谱峰的位置、强度和形状提供主要官能团或化学键特征振动频率,主要用于表征分子中的官能团结构信息。红外光谱图的解析应该先从官能团的化学键振动区入手($4000\sim1300cm^{-1}$)。按该区域出现的主要吸收峰波数查阅相关资料,找出该峰可能归属于何种官能团,然后再观察该官能团的次要振动峰是否出现在图谱中,从而尽可能推断该化合物的结构类型。光谱解析应该按照由简单到复杂的顺序。习惯上也用两区域法,即特征区和指纹区。指纹区可以提供化合物精细结构信息,尤其是苯环的取代位置。图谱解析时遵循先特征、后指纹;先最强、后次强;先粗查、后细找;先否定、后肯定的顺序以及由一组相关峰确认一个官能团存在的原则。

用红外光谱鉴定化合物,优点是简便、迅速和可靠;同时样品用量少、可回收;对样品无特殊要求,无论气体、固体和液体均可进行检测。

3. **核磁共振谱(NMR)** 核磁共振是依据物质在外磁场作用下,具有自旋磁矩原子核,吸收射频能量,产生核自旋能级的跃迁。从理论上说,凡是自旋量子数不等于零的原子核,都可发生核磁共振现象。但到目前为止,常用的有 ^1H(氢核磁共振谱,^1H-NMR)和 ^{13}C(碳核磁共振谱,^{13}C-NMR)两种核的核磁共振谱。由于吸收射频能量随共振频率变化,因此核磁共振谱能反映自旋核(^1H 和 ^{13}C)的化学环境。它通过谱的化学位移、强度、偶合裂分和偶合常数,提供分子中的氢、碳核数目、所处化学环境、连接方式以及几何构型的信息。

采用核磁共振谱测定化合物的结构时,首先要注意排除不属于样品的杂质峰、溶剂峰和"鬼峰"(如旋转边带和 ^{13}C 卫星峰)。然后根据化学位移、自旋裂分和偶合常数,详细分析分子中各结构单元的关系。对于多重峰解析困难时,可借助于溶剂效应,双照射或添加位移试剂等方法简化图谱。核磁共振技术之所以成为现代波谱解析最强有力的工具,得益于现代二维核磁共振技术的发展。从 20 世纪 80 年代以后,随着高兆周数超导核磁共振仪的普及、计算机技术的发展及超低温探头的应用,开发出各种复杂的脉冲序列照射程序,使核磁共振信号能够在二维平面上展开。针对不同的需要,各种同核相关技术(如 ^1H-^1H COSY、NOESY、INADEQUATE 谱)和异核相关技术(如 HMQC、HMBC 谱)在有机化合物结构测定中得到普遍应用,使复杂结构有机化合物的结构研究变得简单方便。如果没有现代二维核磁共振技术的帮助,很难想象复杂有机化合物的结构测定会发展到现在的程度。对于蛋白质、核酸这样的生物大分子,在二维核磁共振技术的基础上又发展了三维核磁共振技术,使应用核磁共振技术获得大分子化合物的结构信息成为可能。但对于小分子化合物,二维核磁共振技术一般已足以解决问题,故本书内容没有涉及三维核磁共振技术。

4. **质谱(MS)** 质谱是利用分子在离子源中被电离,形成各种离子,通过质量分析器按不同质荷比(m/z)分离。质谱图以棒图形式表示离子的相对峰度随质荷比的变化,它通过分子离子及碎片离子的质量数及其相对峰度,提供分子量、元素组成及得到分子结构碎片信息。

质谱是具有极高灵敏度的方法,获得一张能真实反映样品分子结构状况的谱图是非常重要

笔记

的。首先要求样品的纯度足够高,微量杂质,特别是高相对分子量杂质的引入都会给谱图解析带来很大的困难。其次确定分子离子峰在谱图解析中至关重要。应注意实验条件的选择,采用恰当的轰击电压或合适的汽化温度等条件以得到并识别出分子离子峰。另外,要充分利用亚稳离子和特征峰的分析。对一般有机化合物的质谱,通过对质谱图的考察,灵活运用裂解规律,一步一步地将碎片的局部结构合理地组合起来,可以推出可能结构,然后查阅相关文献或与标准谱图核对,并结合其他光谱配合应用来解析结构。

质谱有多种离子源,最先应用的是电子轰击离子源(EI-MS),这也是各种质谱离子源的基础。对多数有机化合物来说,电子轰击离子源能得到分子离子峰和碎片离子峰,从分子离子峰可以得到分子量,从分子离子到碎片离子的裂解过程可以获得结构信息。近年来核磁共振技术在获得结构信息方面具有无与伦比的优势,故质谱最重要的功能是获得分子量,进而获得分子式。但对于一些分子量较大、极性较大、挥发性差、热稳定性差的有机化合物,依靠电子轰击离子源不能给出分子离子峰,这样质谱的优势就不能发挥出来,故后来又开发了化学电离离子源(CI-MS)、场解吸离子源(FD-MS)、激光解吸离子源(LD-MS)、快原子轰击离子源(FAB-MS)、电喷雾离子源(ESI-MS),这些软电离技术克服了电子轰击离子源的不足,使绝大多数有机化合物都能出现准分子离子峰,从而获知分子量,结合高分辨质谱中的精确质量数,可以直接确定分子式。目前国内外应用最普遍的是电喷雾质谱和快原子轰击质谱,是确定有机化合物分子量,乃至分子式的最强有力武器。

比较各种波谱方法,按灵敏度来说,质谱是最灵敏的,其次是紫外光谱、红外光谱及核磁共振谱。而获取信息最多的是核磁共振谱,从核磁共振谱中能获取 50%~70% 有关分子结构的信息。其次是质谱,根据质量数获得结构信息。波谱解析发展到现在,红外光谱和紫外光谱所得信息则要少一些。目前核磁共振技术毫无疑问是最重要的结构测定手段,也是本书重点叙述的部分。

在利用波谱法解析有机化合物的分子结构时,还应当分析和了解各种波谱的特点,即哪一种谱擅长解析何种类型的结构。一般情况下应该同时利用几种谱图取长补短,才能快速、准确地确定化合物的结构。另外在分析各种谱图前应广泛了解化合物的来源(如人工合成还是天然界分离获得)、所用分离色谱手段、化合物相关的物理化学性质,这些信息一般会对结构分析起到重要的辅助作用,有时甚至对解析结果起到意想不到的作用。而对于天然产物的分子结构解析时,生物合成途径和生源关系的深入分析对结构解析的思路和最后结构的确证都是很有帮助的,有时甚至是决定性的。

三、与绝对构型相关的结构测定技术

一般来讲对映体之间相应碳氢的化学环境相同,质量数更是没有差别,故核磁共振谱和质谱两种技术绝大多数情况下不能直接获得有机化合物绝对构型的信息。一般都要通过化学反应将分子中引入其他基团,利用产物相应位置的氢化学环境的差别,再通过核磁共振技术获得绝对构型的信息,如常用的 Mosher 法等。

除前面叙及的四种波谱技术外,有机化合物绝对构型的测定有其专门的波谱方法,特别是圆二色谱(CD)目前已经成为测定绝对构型的最重要的手段。圆二色谱主要是根据 Cotton 效应获得绝对构型的信息,分为基于八区律的 Cotton 效应的经验预测、与相关化合物的 Cotton 效应的比较、具有理论依据的 CD 激子手性法以及将基于量子化学计算的 CD 谱与实测 CD 谱相比较的方法等。X 射线单晶衍射是测定有机化合物绝对构型的有力武器,但对于不含重原子的有机化合物来讲,由于射线波长的不同,只有铜靶产生的射线衍射才能获得绝对构型的有效信息。当然通过与已知绝对构型的化合物进行化学沟通的方法一直是确定有机化合物绝对构型的一个有效方法。本书对这些方法和技术均进行了简单的介绍,以便药学相关学生和从事化学研究的工作者对有机化合物绝对构型的测定也有一个较全面的了解。

四、波谱测定样品的准备

在波谱测定前我们需要根据样品的具体情况以及波谱测定的不同目的做好样品的准备工作。

样品准备主要包括三个方面:一是准备足够的量;二是要达到足够的纯度;三是样品在上机测试前做制样处理。

波谱测试需要样品的量首先取决于波谱法的检测灵敏度,也就是说不同波谱法对样品要求的量不同。如在紫外光谱中,样品分子有共轭体系,一般做其定性分析时若配 100mg 溶液,需要的量为 $m = Mr \times 10^{-6} \sim Mr \times 10^{-5}$ g,Mr 为相对分子质量。红外光谱做结构分析需要 1~5mg。^{1}H 核磁共振一般要 2~5mg 以上的样品。^{13}C 核磁共振需要十几毫克,甚至几十毫克,样品量大可缩短扫描时间,节省费用。当然这只是一般的情况,现代配有超低温探头的超导核磁共振仪对于普通大小分子量的样品,只要累积足够的时间,1~2mg 的样品也可测得全套的核磁共振图谱。质谱的检出灵敏度很高,可达 10^{-12}g,所以样品用量很少,固体样 <1mg,液体纯样几十微升即可测定。在波谱法测定的样品中,一定要保证样品的纯度,对于结构测定的样品,一般纯度要达到 95% 以上。测试前要将样品制成适当的形式,核磁共振样品需要使用氘代溶剂配成溶液,紫外光谱也需要以溶液的形式测定,而质谱和红外光谱的实验中,固体、液体和气体样品均能测试。

核磁共振、红外光谱、紫外光谱的测定不破坏样品,从理论上讲样品可全部回收,而质谱测定的样品已被破坏,不可回收。

习题

1. 比较紫外光谱、红外光谱、核磁共振谱和质谱四大谱的主要特点和应用范围。
2. 波谱测定前,样品准备需达到什么要求? 紫外光谱、红外光谱、核磁共振谱和质谱对样品量的需求分别是多少?
3. 有机化合物绝对构型的结构测定技术有哪些?

(孔令义)

参考文献

1. Woodward R B, Bader F E, Bickel H, Frey A J, Kierstead R W. A simplified route to a key intermediate in the total synthesis of reserpine. J Am Chem Soc, 1956, 78: 2675.
2. Moore R E, Bartolini G. Structure of palytoxin. J Am Chem Soc, 1981, 103: 2491-2494.
3. 洪山海. 光谱解析在有机化学中的应用. 北京:科学出版社, 1981.
4. 赵瑶兴, 孙祥玉. 有机分子结构光谱鉴定. 北京:科学出版社, 2003.
5. 张华. 现代有机波谱分析. 北京:化学工业出版社, 2005.

笔记

第二章　紫外光谱

学习要求

1. 掌握"共轭体系越长、紫外吸收峰波长也越长"的道理；掌握共轭烯烃、α，β-不饱和醛酮、酸、酯以及某些芳香化合物最大吸收波长（λ_{max}）的变化规律；掌握最大摩尔吸光系数与化合物结构的关系。

2. 熟悉紫外光谱在有机化合物结构分析中的应用。

3. 了解电子跃迁类型，发色团类型及其与紫外吸收峰波长的关系；了解溶剂因素对$\pi \rightarrow \pi^*$及$n \rightarrow \pi^*$跃迁的影响。

第一节　紫外吸收光谱的基本知识

紫外光的波长范围是1~400nm，可分为远紫外区（1~200nm）和近紫外区（200~400nm）。当分子选择性吸收一定波长的紫外光，引起特定分子的电子能级跃迁，使透过样品的该波长的紫外光强度减弱或不呈现，这种光谱即称为紫外吸收光谱（ultraviolet absorption spectra）。引起分子的电子能级跃迁所吸收的紫外光通常在近紫外区内，即200~400nm。

一、分子轨道

(一) 分子轨道的概念

原子和分子中电子的运动状态用"轨道"来描述，是表示电子运动的概率分布。原子中电子的运动轨道是原子轨道，用波函数 ϕ 表示；相对应的分子中的电子的运动轨道称分子轨道，用波函数 ψ 表示，分子轨道是由原子轨道相互作用形成的（即原子中轨道的重叠）。分子轨道理论认为：两个原子轨道线性组合形成两个分子轨道，其中波函数位相相同者（同号）重叠形成的分子轨道称成键轨道（bonding orbit）用 ψ 表示，其能量低于组成它的原子轨道；波函数位相相反者（异号）重叠形成的分子轨道，称反键轨道（antibonding orbit）用 ψ^* 表示，其能量高于组成它的原子轨道。原子轨道相互作用越大，形成的分子轨道越稳定。

(二) 分子轨道的种类

分子轨道可以分为 σ、π 及 n 轨道等几种。

σ 轨道是围绕轴作对称分布的分子轨道，π 轨道是指那些围绕轴非对称排布的分子轨道。由两个原子的 s 轨道相互作用可形成两个分子轨道，即成键分子轨道（用符号 σ_s 表示）和反键分子轨道（用符号 σ_s^* 表示）。由两个 p 轨道组成的分子轨道，以两种不同的重叠形式分别形成 σ 及 π 分子轨道：当两个 p 轨道以"头碰头"的形式发生重叠（沿键轴方向）时，产生了一个成键轨道 σ_p 和一个反键轨道 σ_p^*；当两个 p 轨道垂直于键轴以"肩并肩"的形式发生重叠时，产生的分子轨道称为 π 轨道，包括一个成键分子轨道 π_p 和一个反键分子轨道 π_p^*。

在分子轨道中，未与另外一个原子轨道相互起作用的原子轨道（即未成键电子对占有的轨道），其分子轨道能级图上的能量大小等同于其在原子轨道中的能量，这种类型的分子轨道称为非成键分子轨道，亦称 n 轨道，n 轨道没有反键轨道，其轨道上电子称为 n 电子。

二、电子跃迁及类型

在多数分子中,主要含有三种类型的价电子,即可以形成单键的 σ 电子、形成双键或者三键的 π 电子及未成键的 n 电子。通常情况下,分子中电子排布在 n 轨道以下的轨道上,这种状态为基态。分子吸收能量后,基态的一个电子被激发到分子反键轨道(电子激发态),即称为电子跃迁。产生电子跃迁的必要条件是物质必须接受紫外光或者可见光照射,且只有当照射光的能量与价电子的跃迁能相等时,光才能被吸收。而光的吸收与化学键的类型有关,电子跃迁主要有以下几种类型(图 2-1):

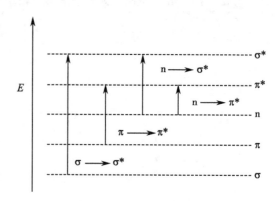

图 2-1   不同价电子跃迁能量图

(一) σ→σ* 跃迁

σ 成键轨道上电子吸收能量由基态跃迁到 σ* 反键轨道,此跃迁需要较高能量,吸收峰在短波长处的远紫外区,一般小于 150nm,而在 200~400nm 无吸收,故 σ→σ* 跃迁一般在紫外吸收光谱中不能被检测出来。例如饱和烷烃或不饱和烷烃的单键多产生 σ→σ* 跃迁,故常用作溶剂。

(二) n→σ* 跃迁

含有 O、N、S 和卤素等杂原子的化合物,它们都含有未共用电子对,吸收能量后向 σ* 反键轨道跃迁,吸收一般在 200nm 左右,但原子半径较大的杂原子,其 n 轨道能级较高,此跃迁所需要能量较低,如 S、I。

(三) π→π* 跃迁

双键、三键及偶氮化合物中 π 成键轨道的电子吸收紫外光后产生的跃迁形式;此跃迁所需要能量较 σ→σ* 小,孤立的 π→π* 的吸收峰一般在 200nm 处,$\varepsilon > 10^4$,为强吸收,而当延长共轭体系,跃迁所需能量减少。

(四) n→π* 跃迁

在—CO—、—CHO、—COOH、—CONH$_2$、—CN 等基团中,不饱和键的一端直接与具有未共用电子对的杂原子相连,其非键轨道孤对电子吸收能量后,向 π* 反键轨道跃迁,一般这种跃迁所需的能量小,吸收波长在近紫外或可见区,吸收强度小,ε 在 10~100 之间,但是对有机化合物结构分析很有用。

通常各种电子跃迁的能级差 ΔE 存在以下次序:

$$\sigma \to \sigma^* > n \to \sigma^* \geqslant \pi \to \pi^* > n \to \pi^*$$

三、紫外吸收光谱的基本术语

(一) 吸收带

电子跃迁对应于特定的电子能级的变化,产生的紫外吸收光谱似乎应该呈现一些很窄的吸收谱线,但是由于分子在发生电子能级的跃迁过程中常伴有振动和转动能级的跃迁及其他如溶剂等影响因素,在紫外光谱上区分不出其光谱的精细结构,故实际观测到的是一些很宽的吸收带。吸收带出现的波长范围和吸收强度与化合物的结构有关,通常根据跃迁类型的不同,将吸收带分为四种:

1. R带   n→π* 跃迁所产生的吸收带。以德文 Radikal(基团)得名,是含有杂原子的不饱和基团(如—C=O、—N=O、—NO$_2$、—N=N—等发色基团)的 n→π* 跃迁所产生,它的特点是处于较长波长范围(250~500nm),吸收强度很弱,$\varepsilon < 100$。

笔记

2. **K带**　共轭双键的 π→π* 跃迁所产生的吸收带。从德文 Konjugierte(共轭作用)得名，它的吸收峰出现区域为 210~250nm，吸收强度大，$\varepsilon > 10\ 000$（$\lg\varepsilon > 4$）。

3. **B带**　苯环的 π→π* 跃迁所产生的吸收带。从英文 Benzeniod(苯的)得名，B带是芳香族化合物的特征吸收，B带一般出现在 230~270nm 之间，中心在 256nm 左右，ε 值约为 220。B带为一宽峰，在非极性溶剂中出现若干小峰或称细微结构，在极性溶剂中或在溶液状态时精细结构消失。

4. **E带**　苯环中烯键 π 电子 π→π* 跃迁所产生的吸收带。由英文 Ethylenic(乙烯的)得名，E带也是芳香化合物的特征吸收。E带又分为 E_1 和 E_2 两个吸收带，E_1 带是由苯环烯键 π 电子 π→π* 跃迁所产生的吸收带，吸收峰在 184nm，$\lg\varepsilon > 4$（ε 值约 60 000）；E_2 带是由苯环共轭烯键 π 电子 π→π* 跃迁所产生的吸收带，吸收峰在 204nm，$\lg\varepsilon = 3.9$（ε 值约 7900）。当苯环上有发色基团取代并和苯环共轭时，B带和E带均发生红移，此时 E_2 带常与K带重叠。图 2-2 是苯在环己烷中的紫外光谱图。

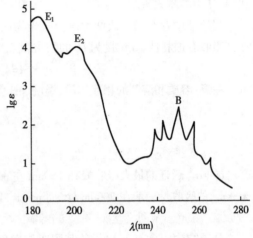

图 2-2　苯在环己烷中的紫外光谱图

(二) 表示方法

吸收光谱图是关于吸光度和波长的曲线图，故吸收光谱又叫吸收曲线。图谱的表示通常是以吸光度或 ε 或者 $\lg\varepsilon$ 为纵坐标，以波长(λ)为横坐标。吸收光谱一般都有一些特征，而紫外光谱可由紫外分光光度计直接绘制，谱图描述常用以下术语：

吸收峰(λ_{max})：曲线上吸光度最大的地方，所对应的波长为最大吸收波长。

吸收谷(λ_{min})：峰与峰之间吸光度最小的部位，其所对应的波长称为最小吸收波长。

肩峰(shoulder peak)：是指当吸收曲线在下降或上升处有停顿或吸收稍有增加的现象。这种现象通常是由主峰内藏有其他吸收峰造成的。肩峰通常用 sh 或 s 表示。

末端吸收(end absorption)：只在图谱短波端呈现强吸收而不成峰形的部分。

强带和弱带(strong band and weak band)：化合物的紫外可见吸收光谱中，凡摩尔吸光系数 ε 大于 10^4 为强带，低于 10^3 的吸收峰为弱带。然而，很少有文献会附紫外光谱图，多是用数据表示法，即以最大吸收波长和最大吸收峰所对的吸光系数 ε 或 $\lg\varepsilon$ 来表示，例如 $\lambda_{max}^{溶剂} = 230nm$，$\lg\varepsilon = 4.2$。有的文献还附有最低吸收谷的波长及相应的摩尔吸光系数 ε 或 $\lg\varepsilon$，这是因为最低谷的位置和强度等亦有参考价值，可识别化合物或检查化合物的纯度。

(三) Lamber-Beer 定律

在单色光和稀溶液的实验条件下，溶液对光线的吸收遵守 Lamber-Beer 定律，即吸光度(A，absorbance)与溶液的浓度(C)和吸收池的厚度(l)成正比：

$$A = \alpha l C \tag{式 2-1}$$

式中，α 为吸光系数(absorptivity)。

如果溶液的浓度用摩尔浓度，吸收池的厚度以厘米(cm)为单位，则 Beer 定律的吸光系数可表达为 ε，即摩尔吸收系数(molar absorptivity)，其定义为当吸光物质的浓度为 1mol/L，吸收池厚为 1cm，以一定波长的光通过时，所引起的吸光度值 A。ε 值取决于入射光的波长和吸光物质的吸光特性，亦受溶剂和温度的影响。显然，吸光物质的 ε 值愈大，其光度测定法的灵敏度就愈高。ε 是分子在跃迁过程的特性，表示该物质吸收光的能力，但是跃迁发生的可能性却可以改变 ε，它的变化范围可以从 0 到 10^6，大于 10^4 为强吸收，低于 10^3 为弱吸收，跃迁禁阻的吸收强度范围通常在 0 到 1000。

$$A=lgI_0/I=\varepsilon lC, \quad 即 \quad \varepsilon=A/lC \qquad (式2-2)$$

式中,I_0 为入射光强度,I 为透射光强度。

吸光系数也可以用百分吸光系数 $E_{1cm}^{1\%}$ 表示,此时溶液的浓度单位为百分浓度单位 g/100ml,即每 100ml 溶液中含有多少克的溶质,百分吸光系数和摩尔吸收系数关系:

$$E_{1cm}^{1\%}=\varepsilon \times 10/M \qquad (式2-3)$$

式中,M 为溶质式量。

当溶液中存在两种或两种以上吸光物质,如果其不会相互影响而改变自身的吸光系数,那么其吸收有加和性,如浓度为 C_a 的物质和 C_b 的物质存在于同一溶液中,则存在:

$$A=A_a+A_b=\varepsilon_a C_a l+\varepsilon_b C_b l \qquad (式2-4)$$

注意:溶质和溶剂的相互作用、温度、pH 等因素都可能影响吸光度的大小。

四、影响紫外吸收光谱的主要因素

(一)电子跃迁类型对 λ_{max} 的影响

$\sigma \rightarrow \sigma^*$ 跃迁的最大吸收峰在 150nm 左右,$n \rightarrow \sigma^*$ 跃迁的吸收峰一般在 200nm 左右,孤立的 $\pi \rightarrow \pi^*$ 的吸收峰一般在 200nm 处,而 $n \rightarrow \pi^*$ 跃迁在 200~400nm。

(二)发色团和助色团对 λ_{max} 的影响

分子结构中含有 π 电子的基团叫作发色团,它们能产生 $\pi \rightarrow \pi^*$ 或者 $n \rightarrow \pi^*$ 跃迁,从而能在紫外可见光区域内产生吸收。而含有非键电子的杂原子饱和基团,它们本身在紫外可见光区不产生吸收,如—OH、—NR_2、—SH、—SR、—Cl、—Br、—I。因此不能在紫外图谱中观察到它们的存在,但当它们与发色团或饱和烃相连时,可使该发色团吸收峰向长波方向移动,并使吸收强度增强,被称为助色团。

1. **红移**(bathochromic shift) 由于化合物结构的改变或者受溶剂影响,引入助色团等因素,使吸收峰向长波方向移动的现象,需要更低能量。

2. **蓝移**(hypsochromic shift) 当化合物结构改变或溶剂改变等使吸收峰向短波方向移动的现象,需要更高能量。

3. **增色效应**(hyperchromic effect) 化合物结构改变或其他因素使吸收强度增加。

4. **减色效应**(hypochromic effect) 化合物结构改变或其他因素使吸收强度降低。

(三)共轭效应(conjugation effect)对 λ_{max} 的影响

在双键系统中延长共轭体系可导致红移,在共轭双键中,每个双键的 π 轨道相互作用,发色团的能级变得相对较近,即形成一套新的成键和反键轨道,因此从最高已占用分子轨道(highest occupied molecular orbital,HOMO)向最低未占用分子轨道(lowest unoccupied molecular orbital,LUMO)轨道跃迁所需能量下降,吸收峰向长波移动。如1,3-丁二烯,有 4 个 p 轨道形成 2 个 π 键,构成共轭双键,4 个原子轨道可形成 4 个分子轨道。在 1,3- 丁二烯最低能量的跃迁,即 $\pi_2 \rightarrow \pi_3^*$ 同样是 $\pi \rightarrow \pi^*$ 的跃迁,因为共轭体系的延长,所以它比对应乙烯中 $\pi_1 \rightarrow \pi_2^*$ 跃迁所需能量低。当我们继续增加 p 轨道数目来延长共轭系统时,跃迁从 HOMO 到 LUMO 所需能量将逐渐降低,即成键和反键轨道之间能量随共轭体系延长而降低(图 2-3)。

某些具有孤对电子的基团,如—OH、—NH_2、—X,当它们被引入双键的一端

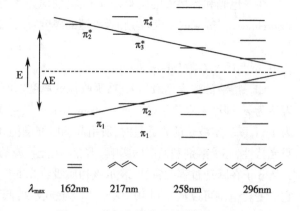

图 2-3 共轭多烯分子轨道能级示意图

笔记

时,将产生 p-π 共轭效应而产生新的分子轨道 π_1、π_2、π_3^*。由于 π_2 较 π_3^* 能量增加的多,故 $\pi_2 \rightarrow \pi_3^*$ 跃迁能小于未共轭时的 $\pi \rightarrow \pi^*$,因此 p-π 共轭效应体系越大,助色基团的助色效应越强,吸收带越向长波方向移动。而烷基取代双键碳上的氢以后,通过烷基的 C—H 键和 π 键电子云重叠引起的共轭作用,使 $\pi \rightarrow \pi^*$ 跃迁红移,但是影响较小。

两个发色团的共轭不仅可以使波长发生红移,而且可以使吸收强度增加,这两个影响在使用和阐明有机分子吸收光谱中有很大的重要性,因为共轭系统吸收带的确切位置和强度与共轭程度相关。表 2-1 为一些典型共轭烯烃的 λ_{max} 数值。

表 2-1 一些典型共轭烯烃的 λ_{max}(nm)

化合物	双键数	λ_{max}(nm)	颜色
乙烯	1	175	无
丁二烯	2	217	无
己三烯	3	258	无
二甲基辛四烯	4	296	淡黄
癸五烯	5	335	淡黄
二甲基十二碳六烯	6	360	黄
α- 羟基 -β- 胡萝卜烯	8	415	橙

(四) 溶剂的选择以及对 λ_{max} 的影响

对于 UV 测定中溶剂的选择是很重要的。首先注意的是溶剂不能和样品发生反应,而且在给定的被测物质波长范围内溶剂不能有紫外吸收;其次要特别注意溶剂的波长极限(波长极限是指低于此波长时,溶剂将有吸收)。在表 2-2 中,环己烷、水、乙醇和甲醇是常用的溶剂,在样品分子产生吸收峰的波段,这些溶剂本身都没有吸收。

表 2-2 常用溶剂的波长极限

溶剂	波长极限(nm)	溶剂	波长极限(nm)
乙醚	210	2,2,4- 三甲戊烷	220
环己烷	210	甘油	230
正丁醇	210	1,2- 二氯乙烷	233
水	210	二氯甲烷	235
异丙醇	210	氯仿	245
甲醇	210	乙酸乙酯	260
甲基环己烷	210	甲酸甲酯	260
乙腈	210	甲苯	285
乙醇	215	吡啶	305
1,4- 二氧六环	220	丙酮	330
正己烷	220	二硫化碳	380

1. **溶剂极性对紫外光谱的影响** 溶剂的极性对吸收带的精细结构、吸收峰的波长位置和强度等会产生一定的影响。非极性溶剂与溶质不会形成氢键,溶质所测得的图谱和气态下所测得的大致相同(在低压气态条件下测定光学图谱可以观察到有振动和转动的精细结构)。在极性溶剂中,溶剂和溶质间易成氢键,精细结构会消失。溶剂可以通过影响基态或者激发态的能级而吸收不同波长的紫外光。$n \rightarrow \pi^*$ 跃迁,基态极性强于激发态,极性溶剂与极性分子的激发态形

成氢键的稳定能力不如基态,故基态能量下降较多,n→π* 跃迁所需要的能量变大。极性溶剂使n→π* 的跃迁移向短波长(图2-4);另一种情况,在 π→π* 跃迁中,激发态极性强于基态,激发态与极性溶剂作用的强度大于基态,能量下降较多,而 π 轨道与溶剂作用小,能量下降较少,故随溶剂极性的增加,跃迁所需要的能量是减少的,而吸收向长波方向移,故跃迁产生的最大吸收峰随溶剂极性的增加而向长波移动(图2-5)。

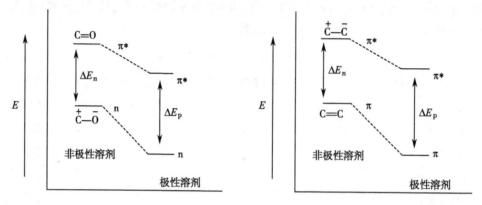

图2-4　溶剂极性对 n→π* 的影响　　　　图2-5　溶剂极性对 π→π* 的影响

2. 溶剂的 pH 对紫外光谱的影响　在测定酸性、碱性或者两性物质时,溶剂的 pH 对于最大吸收波长的影响很大。如酚类和苯胺类,由于在酸性、碱性溶液中的解离情况不同,从而影响共轭体系的长短,导致吸收光谱的不同。

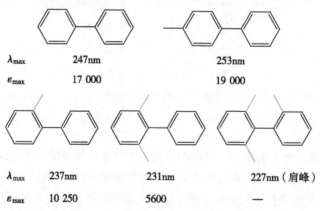

（五）**立体效应**（steric effect）对 λ_{max} 的影响

1. 空间位阻对 λ_{max} 的影响　要使共轭体系中各因素均成为有效的生色因子,各生色因子应处于同一平面,才能达到有效的共轭。若发色团之间、发色团与助色团之间太拥挤,就会相互排斥于同一平面之外,共轭程度降低,λ_{max} 减小。

例 2-1　联苯分子中,两个苯环处在同一个平面,产生共轭效应,λ_{max}=247nm（ε 1700）;而在甲基取代联苯分子中,随着邻位的取代基增多,空间拥挤造成两个苯环不在同一个平面,不能有效共轭,λ_{max} 蓝移。甲基的位置以及数目对 λ_{max} 的影响如下(溶剂为环己烷):

λ_{max}	247nm	253nm
ε_{max}	17 000	19 000

λ_{max}	237nm	231nm	227nm（肩峰）
ε_{max}	10 250	5600	—

2. 顺反异构对 λ_{max} 的影响　顺反异构多指双键或环上取代基在空间排列不同而形成的异构体。其紫外光谱有明显的区别,一般反式异构体空间位阻较小,能有效地共轭,键的张力较小,

π→π*跃迁能量较小,λ_{max}位于长波端,吸收强度较大。

例 2-2 肉桂酸异构体中,反式肉桂酸为平面结构,双键与苯环处于同一平面,容易发生π→π*跃迁;而顺式肉桂酸由于空间位阻大,双键与苯环非平面,不易发生共轭。所以,反式较顺式 λ_{max} 位于长波端,ε_{max} 值为顺式的 2 倍。

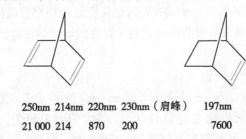

	顺式	反式
λ_{max}	295nm	280nm
ε_{max}	27 000	13 500

3. 跨环效应对 λ_{max} 的影响　跨环效应是指非共轭基团之间的相互作用。分子中两个非共轭发色团处于一定的空间位置,尤其是在环状体系中,有利于电子轨道间的相互作用,这种作用称跨环效应。由此产生的光谱,既非两个发色团的加和,亦不同于两者共轭的光谱。

例 2-3　二环庚二烯分子中有两个非共轭双键,与含有孤对双键的二环庚烯的紫外光谱有明显的区别,在乙醇溶液中,二环庚二烯在 200~230nm 范围有一个弱的并具有精细结构的吸收带,这是由于分子中两个双键相互平行,空间位置利于相互作用。

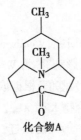

λ_{max}	250nm	214nm	220nm	230nm(肩峰)	197nm
ε_{max}	21 000	214	870	200	7600

在环酮分子中具有未成键电子对的杂原子如三价氮原子,处于适当的位置,可与羰基产生相互作用。如骈环化合物 A 的紫外光谱,除表现 1-甲基六氢吡啶应有的 213nm(ε_{max}=1590)吸收峰外,在 221nm 有个强度为 ε=5010 的吸收峰,这个吸收峰就是由于羰基与氮原子间由分子内跨环效应而引起的电荷转移所致,和 5-*N*-甲基氮杂环辛酮的跨环效应所产生的吸收带相似。

化合物A

(六) 紫外光谱中吸收强度的主要影响因素

在紫外图谱中通过摩尔吸光系数 ε 表示紫外光谱的吸收强度,

ε_{max}>10 000($\lg\varepsilon_{max}$>4)	很强吸收
ε_{max}=5000~10 000	强吸收
ε_{max}=200~5000	中等吸收
ε_{max}<200	弱吸收

影响 ε_{max} 的因素可以用下式表示:

$$\varepsilon_{max}=0.87\times10^{20}P\alpha \tag{式 2-5}$$

式中,P 为跃迁概率,取值范围从 0 到 1;α 为发色团的靶面积。

1. 跃迁概率对 ε_{max} 的影响　由电子跃迁选律可知:如果两个能级之间的跃迁根据选律是

笔记

允许的,则跃迁概率大,吸收强度大;反之,则跃迁概率小,吸收强度很弱甚至观察不到。π→π*是允许跃迁,故吸收强度大,ε_{max}大于10^4;而n→π*是禁阻跃迁,故吸收强度很弱,ε_{max}常小于100。

2. 靶面积对ε_{max}的影响　靶面积越大,容易被光子击中,强度越大。因此,发色团共轭越长或共轭链越长,则ε_{max}越大。

第二节　紫外吸收光谱与分子结构间关系

一、非共轭有机化合物的紫外光谱

(一)饱和烷烃

σ→σ*是唯一的跃迁形式,需要较高的能量,故对应吸收波长很短。当含有非键电子的杂原子饱和基团取代时,如—OH、—NR$_2$、—SR、—Cl、—Br、—I,产生的跃迁是n→σ*,跃迁所需能量较低,并且同一碳上所连的杂原子数目越多,λ_{max}越向长波方向移动。如硫醇和硫醚吸收在200~220nm,但是大多仍在远紫外区,对于应用的意义不大。

(二)烯、炔及衍生物

在未饱和化合物中,多为π→π*的跃迁,这类跃迁有相对较高的能量,故孤立的双键和三键吸收一般小于200nm,其波长吸收的位置对于存在的取代基很敏感,随共轭体系的延长,吸收峰向长波方向移动。

(三)含杂原子的双键化合物

不饱和化合物存在O、N、S等杂原子的π→π*的跃迁在远紫外区,而其产生的n→π*形式的跃迁,吸收峰一般出现在近紫外区,有很大的学习价值,尤其是对于羰基化合物,λ_{max}=270~300nm,ε<100,可以用来鉴别醛、酮基的存在。醛类化合物的n→π*跃迁在非极性溶剂中有精细结构,随着溶剂极性增加而消失,酮羰基即使在非极性溶剂中也观察不到精细结构。

二、共轭烯类化合物的紫外光谱

(一)Woodward-Fisher规则

通过对不同类型共轭烯类紫外光谱的研究,Woodward和Fisher总结了共轭烯类化合物上取代基对π→π*跃迁吸收带(即K带)λ_{max}的影响,称为Woodward-Fieser经验规则。该规则以1,3-丁二烯为基本母核,以其吸收波长217nm为基值,根据取代情况的不同,在此基本吸收波长的数值上,加上校正值,用于计算共轭烯类化合物K带λ_{max}。通常共轭双烯在217~245nm有一个很强的吸收峰(ε=20 000~26 000),是π→π*形式的跃迁,这个位置对溶剂不敏感,故不需要对计算结果进行溶剂校正(表2-3)。

表2-3 共轭烯类λ_{max}值 Woodward-Fisher 计算规则

基值(共轭双烯基本吸收带)	217nm	基值(共轭双烯基本吸收带)	217nm
增加值—		助色团—OCOR	0nm
同环二烯	36nm	—OR	6nm
烷基(或环基)	5nm	—SR	30nm
环外双键	5nm	—Cl,—Br	5nm
共轭双键	30nm	—NR$_1$R$_2$	60nm

应用 Woodward-Fisher 规则计算时应注意：①该规则只适用于共轭二烯、三烯、四烯；②选择较长共轭体系作为母体；③交叉共轭体系中，只能选择一个共轭键，分叉上的双键不算延长双键，并且选择吸收带较长的共轭体系；④该规则不适用于芳香系统，芳香体系另有经验规则；⑤共轭体系中的所有取代基及所有的环外双键均应考虑在内。

例 2-4　计算下面化合物的 λ_{max}。

基值	217nm
共轭双键(30×2)	60nm
同环双烯	36nm
烷基(5×5)	25nm
环外双键(5×3)	15nm
酰基	0nm

计算值 =353nm

实测值 =355nm

(二) Fieser-Kuhn 公式

超过四烯以上的共轭多烯体系，其 K 带的 λ_{max} 和 ε_{max} 值的计算应该采用 Fieser-Kuhn 公式：

$$\lambda_{max}=114+5M+n(48-1.7n)-16.5R_{endo}+10R_{exo} \qquad (式2-6)$$

$$\varepsilon_{max}=1.74\times10^4 n \qquad (式2-7)$$

式中，M 为烷基数；n 为共轭双键数；R_{endo} 为具有环内双键的环数；R_{exo} 为具有环外双键的环数。

例 2-5　计算番茄红素的 λ_{max} 和 ε_{max}，其结构如下：

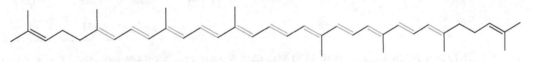

番茄红素

解： 因 $M=8$，$n=11$，$R_{endo}=0$，$R_{exo}=0$

故　　　　$\lambda_{max}=114+5\times8+11\times(48.0-1.7\times11)-0-0=476.3$

（实测值：474nm，己烷）

$$\varepsilon_{max}=(1.74\times10^4)\times11=1.91\times10^5$$

（实测值：1.86×10^5，己烷）

三、共轭不饱和羰基化合物的紫外光谱

孤立碳碳双键在 165nm 附近有 $\pi\to\pi^*$ 跃迁吸收带（ε 约为 10 000），孤立羰基在 290nm 附近有 $n\to\pi^*$ 跃迁吸收带（ε 约为 100）。当双键和羰基共轭时，这些吸收都会发生红移，吸收强度同时增加。

不饱和羰基化合物 K 带 λ_{max} 可用 Woodward-Fisher 规则计算，其计算方法与共轭烯烃相似，见表 2-4。

应用 Woodward-Fisher 规则时注意：①共轭不饱和羰基化合物碳原子的标号如表 2-4 所示；②环上羰基不作为环外双键看待；③有两个共轭不饱和羰基时，应优先选择波长较大的；④共轭不饱和羰基化合物 K 带 λ_{max} 值受溶剂极性的影响较大，因此需要对计算结果进行溶剂校正。表 2-4 是在甲醇或者乙醇溶剂中测试所得，非极性溶剂中测试值与计算值比较，需加上溶剂的校正

笔记

表 2-4   共轭不饱和醛、酸、酮、酯 λ_{max} 的经验参数

$\overset{\beta}{\underset{\beta}{\mid}}\overset{\alpha}{\underset{}{\mid}}$		$\delta-C=C-C=C-C=O$		
基值—		—OAc	αβγ	6nm
α,β 不饱和醛	207nm	—OR	α	35nm
α,β 不饱和酮	215nm		β	30nm
α,β 不饱和六元环酮	215nm		γ	17nm
α,β 不饱和五元环酮	202nm		δ	31nm
α,β 不饱和酸或酯	193nm	—SR	β	85nm
增加值—		—Cl	α	15nm
共轭双键	30nm		β	12nm
烷基或环基 α	10nm	—Br	α	25nm
β	12nm		β	30nm
γ 或更高	18nm	—NR₁R₂	β	95nm
—OH α	35nm	环外双键		5nm
β	30nm	(不包括 C=O)		
γ	50nm	同环二烯		39nm

值,如表 2-5。

表 2-5   共轭羰基化合物 K 带溶剂校正值

溶剂	甲醇	乙醇	水	氯仿	二氧六环	乙醚	己烷	环己烷
λ_{max} 校正值	0	0	-8	+5	+5	+7	+11	+11

如 $(CH_3)_2C=CHCOCH_3$,λ_{max} 在甲醇溶剂中的实测值(237nm)和计算值(239nm)接近;在己烷溶剂中测得的 $\lambda_{max}=230nm$,而计算值相差较大,故要加上己烷的校正值(230+11=241)后,两者接近。

例 2-6   α- 莎草酮的结构为下述 A、B 两种结构之一,已知 α- 莎草酮在酒精溶液中的 λ_{max} 为 252nm,运用不饱和酮的计算方法,判断它属于结构 A 还是结构 B?

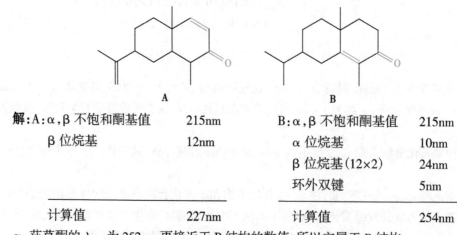

A   B

解:A:α,β 不饱和酮基值   215nm   B:α,β 不饱和酮基值   215nm
　　　β 位烷基   12nm   α 位烷基   10nm
　　　　　　　　　　　　　　　　　　　　β 位烷基(12×2)   24nm
　　　　　　　　　　　　　　　　　　　　环外双键   5nm

　　　计算值   227nm   计算值   254nm

α- 莎草酮的 λ_{max} 为 252nm 更接近于 B 结构的数值,所以它属于 B 结构。

笔记

四、芳香族化合物的紫外光谱

有苯基的发色团跃迁所导致的吸收很复杂,紫外光谱中苯包含三个吸收带,E_1带、E_2带和B带,跃迁类型多是$\pi \to \pi^*$。184nm和202nm是主要吸收带(E_1带和E_2带),是苯环结构中环状共轭体系跃迁产生的,是芳香族化合物的特征吸收;256nm是B带。E_1带在远紫外区,一般不讨论。苯被取代后,其E_2带和B带的吸收峰都会发生变化,但是由于两者都是禁阻跃迁,故强度较弱,B带有时还会存在许多精细结构,当处于极性溶剂或苯环被单一功能基团取代时,精细结构消失,这时B带变成一个宽单峰。

(一) 单取代苯的紫外光谱

1. **含未共用电子对的基团** —NH_2、—OH、—OCH_3和卤素等取代苯时,由于未共用电子对可以通过共振与π键之间相互作用导致λ_{max}红移,并且与芳环的π键相互作用越显著,迁移也越明显。酸性或者碱性化合物,pH的变化通过形成其相对应的共轭酸或者共轭碱,也能使吸收峰的位置改变。如苯氧离子其有相对富集的未成键电子对,故其与苯环的共轭作用强于苯酚,而苯胺离子由于不含未共用电子对故不能与苯环的π系统形成共轭,所以它的谱图基本与苯环一致(表2-6)。

表2-6 单取代苯的E带与B带

	E带		B带	
	λ_{max}(nm)	ε	λ_{max}(nm)	ε
⬡—H	203.5	7400	254	204
—OH	210.5	6200	270	1450
—O^-	235	9400	287	2600
—NH_2	230	8600	280	1430
—NH_3^+	203	7500	254	169
—COOH	230	11 600	273	970
—COO^-	224	8700	268	560

2. **π-共轭系统的取代** 作为发色团的取代基有π键,如—CH=CH—、—C=O等,苯环和取代基的π电子相互作用产生一个新的电子迁移带而使跃迁的能量降低,使λ_{max}显著红移。

3. **给电子和吸电子基团的影响** 根据其是吸电子基团还是给电子基团,取代基会对最大吸收峰产生不同影响。如果吸电子基团不是发色团,那么吸电子基团对B带的位置无影响,而给电子基团则会增加B带的波长和强度,并且对光谱影响的大小与取代基吸电子或拉电子的程度有关。如烷基取代,由于超共轭作用,使λ_{max}红移,但影响较小。

不同取代基使苯的E_2带波长增加的次序如下:

邻、对位定位基:—$N(CH_3)_2$>—$NHCOCH_3$>—O^->—NH_2>—OCH_3>—OH>—Br>—Cl>—CH_3

间位定位基:—NO_2>—CHO>—$COCH_3$>—COOH>—SO_2NH_2>—NH_3^+

(二) 二取代苯的紫外光谱

两个取代基的苯衍生物,λ_{max}与两个取代基的类型和相对位置有关,一般有以下规律:

1. **对位取代的两个取代基** 若两个都是给电子或都是吸电子基团,则产生的影响和单个取代基苯环所观测的相同,作用较强的基团决定E带的迁移程度,当一个基团是吸电子基,而另一个是给电子基团,则E带的迁移幅度大于单个基团产生的影响的加和,由于共振作用使波长红移形式如下:

$$H_2\ddot{N}-\langle\ \rangle-\overset{+}{N}\overset{O}{\underset{O^-}{\Vert}} \longleftrightarrow H_2\overset{+}{N}=\langle\ \rangle=\overset{O^-}{\underset{O^-}{N}}$$

2. 邻位或间位取代 两个取代基位于邻位或者间位时,则波长移动的大小约等于每个基团产生影响的加和,取代基不能像对位取代一样产生直接的共振作用,邻位取代时,两个基团的空间位阻使其不能共面而阻碍其共振。

(三) 多取代苯的紫外光谱

多取代苯化合物中,取代基的类型及相对位置对其紫外吸收光谱的影响更加复杂,空间位阻对 λ_{max} 值也有较大影响。

(四) 稠环芳烃的紫外光谱

萘、蒽这类线型排列的稠环芳烃较苯能形成更大的共轭体系,紫外吸收比苯移向长波方向更多,吸收强度增大,精细结构更加明显。而菲等角式排列稠环芳烃由于弯曲程度增加,较相应的线型分子强度减弱,较萘、蒽的 λ_{max} 蓝移。例如蒽 E_1 带 $\lambda_{max}=252nm(\varepsilon_{max}=220\ 000)$,$E_2$ 带 $\lambda_{max}=375nm(\varepsilon_{max}=10\ 000)$,菲 E_1 带 $\lambda_{max}=251nm(\varepsilon_{max}=90\ 000)$,$E_2$ 带 $\lambda_{max}=292nm(\varepsilon_{max}=20\ 000)$,角式排列的菲 E_1 带强度明显减弱,E_2 带 λ_{max} 明显蓝移。

(五) 芳杂环化合物的紫外光谱

芳杂环化合物的跃迁形式是 $\pi\to\pi^*$ 和 $n\to\pi^*$,谱图相对复杂,需要更多手段对谱图进行分析,最通常的方法是将杂环分子衍生物与单纯的杂环化合物系统进行对比。

五元芳杂环化合物中杂原子孤对电子对参与芳杂环大 π 键共轭,故无 $n\to\pi^*$ 跃迁吸收峰。由于六元芳杂环化合物的紫外光谱与苯相似,而稠芳杂环化合物的紫外光谱多与相应的稠芳环化合物相近。故可以把吡啶环的图与苯环的相比,也可把其同萘进行比较(表2-7)。

表 2-7 一些六元杂环及其衍生物吸收紫外光谱图

化合物	λ_{max}(nm)	ε_{max}	溶剂	化合物	λ_{max}(nm)	ε_{max}	溶剂
苯	184	68 000	乙烷		283	5900	
	204	8800			234	10 200	碱液
	254	250			298	4500	
吡啶	195	7500	己烷	4—OH	246	8500	乙醇
	275	2750		萘	286	9300	甲醇
					312	280	
2—OH	227	10 000	甲醇	喹啉	270	3162	甲醇
	297	6300			315	2500	
	225	7000	酸液				
	295	5700		异喹啉	265	4170	甲醇
	230	10 000	碱液		313	1800	
	295	6300					
3—OH	278	4200	乙醇				
	222	3300	酸液				

第三节　紫外光谱在有机化合物结构研究中的应用

一、分析紫外光谱的几个经验规律

当对某一化合物的结构(结构类型及其发色团)一无所知时,运用下述规律分析所得的光谱,对推断化合物的某些结构可提供一些启示。

1. 如果在 200~400nm 区间无吸收峰,则该化合物应无共轭双键系统,或为饱和的有机化合物。

2. 如果在 270~350nm 区间给出一个很弱的吸收峰(ε=10~100),并且在 200nm 以上无其他吸收,该化合物含有带孤对电子的未共轭的发色团。例如 C=O、C=C—O、C=C—N 等。弱峰是由 n→π* 跃迁引起。

3. 如果在紫外光谱中给出许多吸收峰,某些峰甚至出现在可见区,则该化合物结构中可能具有长链共轭体系或稠环芳香发色团。如果化合物有颜色,则至少有 4~5 个相互共轭的发色团(主要指双键)。但某些含氮化合物及碘仿等除外。

4. 在紫外光谱中,其长波吸收峰的强度 ε_{max} 在 10 000~20 000 之间时,表示有 α、β 不饱和酮或共轭烯烃结构存在。

5. 化合物的长波吸收峰在 250nm 以上,且 ε_{max} 在 1000~10 000 之间时,该化合物通常具有芳香结构系统。峰的精细结构是芳环的特征吸收,但芳香环被取代后共轭体系延长时,ε_{max} 可大于 10 000。

6. 充分利用溶剂效应和介质 pH 影响与光谱变化的相关规律。增加溶剂极性将导致 K 带红移、R 带蓝移,特别是 ε_{max} 发生很大变化时,可预测有互变异构体存在。若只有改变介质的 pH,光谱才有显著的变化,则表示有可离子化的基团,并与共轭体系有关:由中性变为碱性,谱带发生较大红移,酸化后又会恢复原位表明有酚羟基、烯醇或不饱和羧酸存在;反之,由中性变为酸性时谱带蓝移,加碱后又恢复原位,则表明有氨(胺)基与芳环相连。

二、紫外光谱结构解析实例

紫外光谱对于结构最基本信息的寻求是很有用的,它可以提供 λ_{max} 和 ε_{max} 这两类重要的数据和变化规律。紫外光谱能够帮助我们解决很多问题,但是它只能反映共轭体系的特征,而不能给出整个分子的结构,特别是对于没有吸收的饱和烷烃类,因此单靠紫外光谱得到大量精准信息是困难的。但经过对大量化合物的紫外光谱研究,归纳和积累了许多经验规律,有很多可用的经验公式,这些经验与红外光谱(infrared spectroscopy,IR)和核磁共振波谱学(nuclear magnetic resonance spectroscopy,NMR)的数据联用是相当有意义的。

(一)确定未知化合物是否含有与某一已知化合物相同的共轭体系

带有发色团的有机化合物,其紫外吸收峰的波长和强度,已作为一般的物理常数,用于鉴定工作。当有已知化合物(模型化合物)时,可以通过将未知的紫外光谱与已知化合物的谱图进行比较,若两者的紫外光谱走向一致,可以认为两者有相同的共轭体系。但由于紫外光谱只能表现化合物的发色团和显色的分子母核,所以即使紫外光谱相同,分子结构也不一定完全相同。

当没有模型化合物时,可查找有关文献进行核对,此时一定要注意测定溶剂等条件与文献要保持一致。常用的文献有:

1. *Organic Electronic Spectral Data* Vol. I-IX,由 J.M.Kamlet 等主编,Interscience 公司 1946 年出版,从分子式索引可查到化合物名称、λ_{max}、$\lg\varepsilon$、溶剂等。

2. *Ultraviolet Spectra of Aromatic Compounds*，由 A.Friedel 等主编，纽约的 John Wiley 公司 1951 年出版。

3. *CRC Atlas of spectral Data and Physical Constants for Organic Compounds* Vol.I-Ⅵ, Vol.I为名称索引，Vol. Ⅴ 为分子式索引。

4. *The Sadtler Standard Spectra Ultra-Voilet*，由 Sadtler Research Laboratory 编写，书中给出了化合物的名称、分子式、试样来源、熔点或沸点、测定溶剂以及全部光谱索引。

例2-7 维生素 K_1 结构的确证：它有如下吸收带 λ_{max} 为 249nm（$lg\varepsilon_{max}4.28$）、260nm（$lg\varepsilon 4.26$）、325nm（$lg\varepsilon 3.38$）。选择一个模型化合物 1,4-萘醌图（a）的紫外光谱与之对照；1,4-萘醌的吸收带 λ_{max} 为 250nm（$lg\varepsilon 4.6$）、330nm（$lg\varepsilon 3.8$）。后来还发现该化合物与 2,3-二烷基 -1,4-萘醌（b）更为相似，因此，推测该化合物具有上述骨架，最后通过其他多种方法确证了它的结构（c）。

(a)　　　　(b)

(c)

当化合物本身不发色，在紫外区无吸收时，或化合物本身结构十分复杂时，可以令其降解，并脱氢生成具紫外吸收的芳烃，从而推定原化合物的骨架。

例 2-8 贝母甲素结构的推定。朱子清、黄文魁等在 20 世纪 50 年代推定植物碱贝母甲素骨架就是采用了这个方法。

贝母甲素（$C_{27}H_{45}O_3N$）—锌粉蒸馏→ 碱性产物 —经鉴定→ a

中性产物 —硒脱氢→ $C_{18}H_{14}+C_{20}H_{18}+C_{22}H_{20}$
　　　　　　　　　　　　　　b　　　　　c

A

B

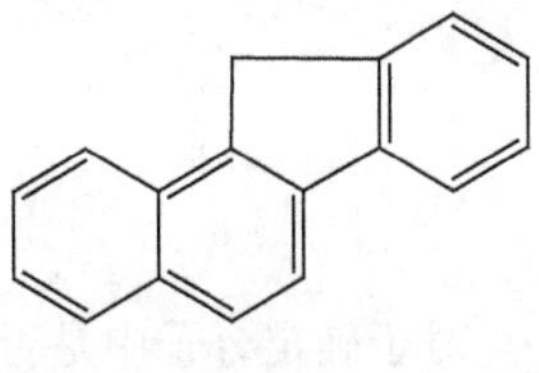

C

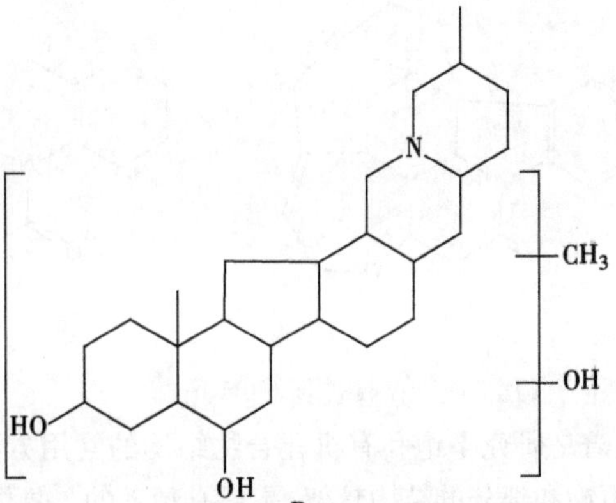

D

为了确证生成的芳烃 $C_{18}H_{14}(b)$、$C_{20}H_{18}$、$C_{22}H_{20}(c)$ 的结构,寻找到模型化合物 1,2-苯并苊(C),将其紫外光谱与中性产物的两个降解物(b)、(c)的紫外光谱进行比较,它们的紫外光谱非常相似。经过进一步鉴定,证明 $C_{18}H_{14}(b)$ 为 8-甲基 -1,2-苯并苊(A),故可根据模型化合物和碱性产物(a)推定贝母甲素的骨架为(D)。

当有机化合物分子含两组发色团,而它们彼此之间被一个以上的饱和原子团隔开,不能发生共轭时,这个化合物的紫外光谱可以近似地等于两组发色团光谱的叠加,这个原理称为"叠加原则"。叠加原则用于骨架的推定是很有用处的。

例 2-9 四环素结构的确定。测定四环素的结构,发现其降解产物有如下结构:

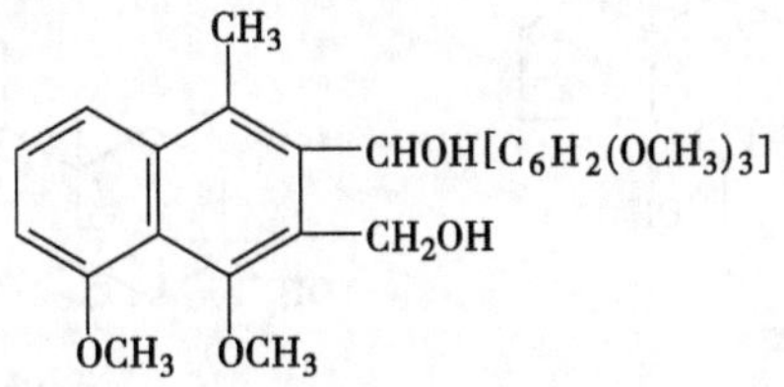

a

但是 a 结构中方括号内的三个甲氧基位置没有确定。从 a 结构可以看出:它由两个发色团——萘系统和苯系统组成,但这两个系统并未发生共轭,而由一个—CH(OH)—隔开。根据叠加原则,这个化合物的紫外光谱应该等于这两个系统的光谱之和。于是选用下列易于得到的模型化合物 b~e 的光谱叠加起来与该降解产物的紫外光谱进行比较,结果发现只有结构 b 和结构 d 的叠加光谱与该降解产物的紫外光谱最吻合,从而确定了降解产物中—$C_6H_2(OCH_3)_3$ 部分为 1,2,4-三甲氧基苯。

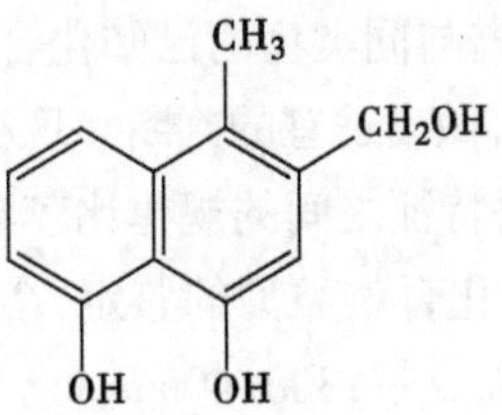

b 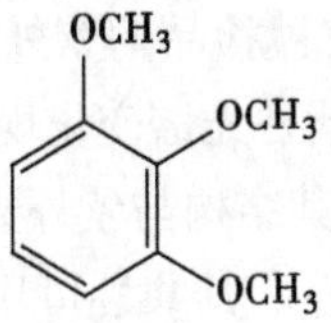   c 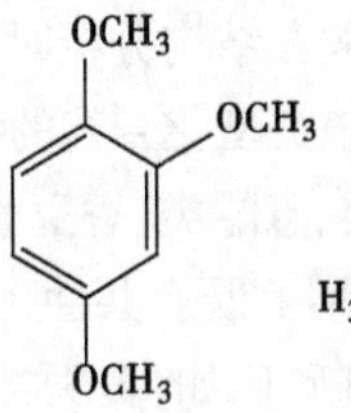   d 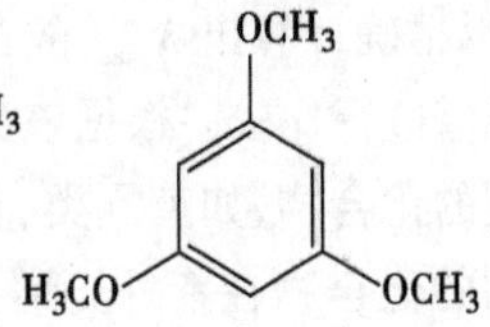   e

由上三例可知:骨架的推定,关键在于选择好的模型化合物。选择好的模型化合物,要注意考虑可能存在的是否共平面的影响。例如在鉴定马钱子碱的结构(a)时,如果选用结构 b 就不合适。如选用结构 c 作为模型化合物,则两者光谱非常吻合。马钱子碱(a)$\lambda_{max}=257nm(\varepsilon_{max}$ 16 000)、281nm(ε_{max}3700)、290nm(ε_{max}3400);模型化合物 c $\lambda_{max}=257nm(\varepsilon_{max}$16 000)、281nm($\varepsilon_{max}$3400)、290nm($\varepsilon_{max}$3200)。

笔记

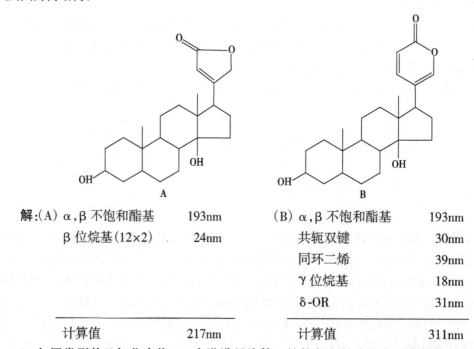

（二）确定未知结构中的共轭结构单元

紫外光谱是研究不饱和有机化合物结构的常用方法之一。对于确定分子中是否含有某种发色团（即不饱和部分的结构骨架）是很有帮助的。具体方法是：

1. 将 λ_{max} 的计算值与实测值进行比较　当用其他物理和化学方法判断某化合物结构为 A 或 B 时，则可分别计算出 A 和 B 的 λ_{max}，再与实测值进行对照。

例 2-10　甲、乙型两种强心苷的苷元，其结构分别为 A 和 B，现测得 UV 光谱 λ_{max}^{EtOH} 218nm，试问其为何结构？

解:(A) α,β 不饱和酯基　　193nm
　　　β 位烷基(12×2)　　24nm
　　　———————————————
　　　计算值　　　　　217nm

（B）α,β 不饱和酯基　　193nm
　　　共轭双键　　　　　30nm
　　　同环二烯　　　　　39nm
　　　γ 位烷基　　　　　18nm
　　　δ-OR　　　　　　31nm
　　　———————————————
　　　计算值　　　　　311nm

2. 与同类型的已知化合物 UV 光谱进行比较　结构复杂的有机物，尤其是天然有机化合物，难以精确计算出 λ_{max}，故在结构分析时，经常将被检品的紫外光谱与同类型的已知化合物的紫外光谱进行比较。根据该类型化合物的结构 - 紫外光谱变化规律，做出适宜的判断。现在，很多类型的化合物，如黄酮类、蒽醌类、香豆素类等，其结构与紫外光谱特征之间的规律比较清楚。同类型的化合物在紫外光谱上既有共性，又有个性。其共性可用于化合物类型的鉴定，个性可用于具体化合物结构的判断，例如，黄酮类化合物具有两个较强的吸收带:300~400nm（谱带Ⅰ）、

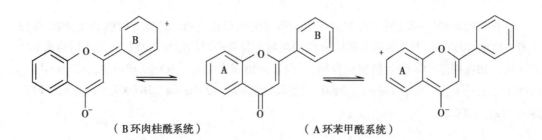

（B环肉桂酰系统）　　　　　（A环苯甲酰系统）

240~285nm（谱带Ⅱ），这是黄酮类化合物的共性；但具体化合物又因为结构的不同，其紫外光谱也各不相同。现以芦丁为例，说明紫外光谱在测定黄酮类化合物结构中的应用。谱带Ⅰ与 B 环的桂皮酰系统有关，而谱带Ⅱ则与 A 环的苯甲酰系统有关。

芦丁的甲醇溶液及加入各种鉴定试剂后的紫外光谱见图 2-6 及表 2-8。

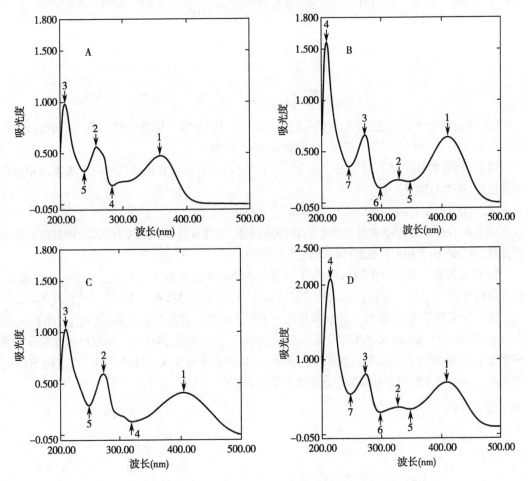

图 2-6 芦丁的甲醇溶液及加入各种鉴定试剂后的紫外光谱图

A. 芦丁的甲醇溶液；B. 芦丁的甲醇溶液 + 甲醇钠；C. 芦丁的甲醇溶液 + 三氯化铝；D. 芦丁的甲醇溶液 + 醋酸钠

表 2-8 芦丁的甲醇溶液及加入各种鉴定试剂后的 λ_{max}

试剂	λ_{max} (nm)	
	谱带Ⅰ	谱带Ⅱ
甲醇	$359(\varepsilon_{max}=17\ 700)$	$259(\varepsilon_{max}=20\ 900)$
+ 甲醇钠	$410(\varepsilon_{max}=23\ 800)$	$272(\varepsilon_{max}=24\ 800)$
+ 三氯化铝	$433(\varepsilon_{max}=15\ 000)$	$275(\varepsilon_{max}=21\ 900)$
+ 醋酸钠	$393(\varepsilon_{max}=25\ 800)$	$271(\varepsilon_{max}=30\ 400)$

以上芦丁的 UV 光谱行为可以做如下的解释：

（1）甲醇钠是强碱，可以使所有的酚羟基解离，使吸收峰红移。芦丁由于 B 环 3′、4′两个酚羟基的解离可使谱带Ⅰ红移 51nm（与甲醇中测定的紫外光谱比较）；又由于 A 环上，5、7 两个羟基的解离而使谱带Ⅱ也向长波方向移动。

（2）$AlCl_3$ 可与 B 环的邻二酚羟基以及 A 和 C 环 （迫位）结构形成螯合物，故分别引起谱带I和谱带II红移。这说明,比较黄酮类化合物的甲醇溶液加 $AlCl_3$ 试剂前后测得的紫外光谱,对判断结构中是否具有邻二酚羟基以及迫位等结构是有用的。

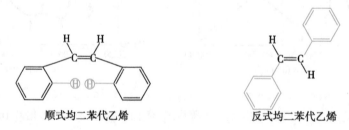

(3) 醋酸钠为弱碱,仅能使酸性较强的 7-OH 和 4'-OH 解离。若加入该试剂后,谱带I红移,说明 B 环上有 4'-OH(如芦丁),谱带II红移则表明有 7-OH 存在。

以上说明:紫外光谱不但可用于推定不饱和结构骨架,而且有助于判断在共轭系统中取代基的位置、种类和数目。

(三) 确定构型(configuration)和构象(conformation)

对于具有相同官能团和类似骨架的各种异构体,如位置异构和顺反异构等,用其他光谱法往往难以区别,而运用 UV 光谱可以得到满意的结果。

1. 确定构型 有机分子的构型不同,其紫外光谱的重要参数 λ_{max} 和 ε_{max} 也会不同。通常,反式异构体的 λ_{max} 和 ε_{max} 较相应的顺式异构体大,这是由立体障碍引起的。例如,反式均二苯代乙烯的分子是平面型,烯烃上的双键与同一平面上的苯环容易发生共轭,故 λ_{max}(295.5nm)较大,ε_{max}(29 000)也较大;而顺式均二苯代乙烯,则由于立体障碍,苯环与乙烯双键未能完全在同一平面上,因此相互共轭程度比反式异构体要小,故顺式异构体 λ_{max}(280nm)和 ε_{max}(10 500)值均较小。一些化合物构型与其紫外光谱的关系见表2-9。

顺式均二苯代乙烯   反式均二苯代乙烯

表 2-9   一些化合物构型与其紫外光谱的关系

化合物	顺式异构体		反式异构体	
	λ_{max}(nm)	ε_{max}	λ_{max}(nm)	ε_{max}
均二苯代乙烯	280	10 500	295.5	29 000
甲基均二苯代乙烯	260	11 900	270	20 100
1-苯基丁二烯	265	14 000	280	28 300
肉桂酸	280	13 500	295	27 000
β-胡萝卜素	449	92 500	452(全反式)	152 000
丁烯二酸	198	26 000	214	34 000
偶氮苯	295	12 600	315	50 100

2. 确定构象

(1) 共轭二烯类化合物构象:共轭二烯类化合物,围绕其单键旋转可生成两种构象异构体:相对于单键的反式(s-trans)和顺式(s-cis)。

笔记

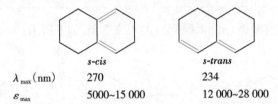

$$(s\text{-}trans) \qquad (s\text{-}cis)$$

反式比顺式稳定,所以 1,3- 丁二烯和大多数无环二烯类一样主要以反式存在,但对于一些环状二烯结构和有环的 α、β 不饱和酮类化合物,则可能具有顺式和反式两种构象,且顺式异构体比相应的反式异构体的吸收波长增加,但吸收强度减弱。

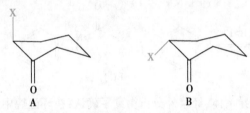

	$s\text{-}cis$	$s\text{-}trans$
λ_{max}(nm)	270	234
ε_{max}	5000~15 000	12 000~28 000

(2) α- 卤代环己酮构象:α- 卤代环己酮有以下 A 和 B 两种构象:

构象 A 中,卤原子处在竖键,有利于卤原子 n 轨道与羰基 π 电子轨道重叠,形成 p-π 共轭,因此吸收波长较长;构象 B 中,由于场效应(F 效应),使羰基的氧碳结合加强,羰基氧对其未成键的 n 电子拉得更紧,n 轨道电子能量降低,n→π* 跃迁的能力增加。相应吸收峰蓝移。故在 α- 取代环己酮中,a 键取代物的 λ_{max} 都比环己酮长,而 e 键取代物的 λ_{max} 都比环己酮短(表 2-10)。

表 2-10 α- 卤代环己酮 λ_{max} 的取代基位移值

α- 取代基	λ_{max} 的位移值		α- 取代基	λ_{max} 的位移值	
	直立键(a 键)	平伏键(e 键)		直立键(a 键)	平伏键(e 键)
—Cl	22	—7	—OH	17	—12
—Br	28	—5	—OAc	10	—5

例 2-11 胆甾烷 -3- 酮的 λ_{max} 286nm(lgε 1.36),若在其 2 位取代一个氯原子,其紫外光谱的 λ_{max} 279nm(lgε 1.16),则可以确定其氯原子为平伏键构象。

(四) 确定互变异构体

紫外光谱可以确定某些化合物的互变异构现象,一般共轭体系的 λ_{max}、ε_{max} 大于非共轭体系(表 2-11)。

笔记

表 2-11　某些有机化合物的互变异构体

化合物	共轭(醇式)λ_{max}/nm(ε)	非共轭(酮式)λ_{max}/nm(ε)
亚油酸	232	无吸收
苯酰乙酸乙酯	308	245
乙酰乙酸乙酯	245(18 000)	240(110)
乙酰丙酮	269(12 100)(水中)	277(1900)(已烷中)
异丙 α 丙酮	235(12 000)	220

1. 苯甲酰基乙酰苯胺有酮型(A)和烯醇型(B)互变现象,如下所示:

该化合物的两种互变异构体,经紫外分析得到了确认:在环已烷中测定时,λ_{max} 为 245nm 和 308nm。其 308nm 峰在 pH 12 情况下,红移至 323nm。这些实验结果说明:①245nm 处谱带为酮型异构体(A);②308nm 峰是烯醇型异构体(B)。在 pH 12 时,烯醇烃基失去质子变为烯醇离子(C)。故该峰在 pH 12 时红移至 323nm。

2. 乙酰乙酸乙酯有下述互变异构现象:

在极性溶剂中测定乙酰乙酸乙酯,出现一个弱峰,$\lambda_{max}=272$nm($\varepsilon_{max}=16$),说明该峰由 n→π* 跃迁引起,故可确定在极性溶剂中该化合物主要是以酮型异构体存在。这是由于酮型与极性溶剂(水)形成氢键,故稳定。在非极性溶剂中(hexane)测定时,形成 $\lambda_{max}=243$nm 强峰,表明此时为烯醇型(分子内可形成氢键)。

酮型与水形成分子间氢键　　　　烯醇型形成分子内氢键

α 或 γ 位羟基取代于氮杂芳环化合物也可产生互变异构现象。在水溶液中,主要以内酰胺或内硫酰胺形式存在,其光谱与未取代的母体或其他位置取代的羟基化合物不同。例如 2- 羟基吡啶($\lambda_{max}^{EtOH}=293$)与 3- 羟基吡啶($\lambda_{max}^{EtOH}=279$nm)的光谱不同,而与 α- 吡喃酮的光谱($\lambda_{max}^{EtOH}=289$nm)相似。溶液中异构体的比例随溶剂(乙醇有利于烯醇式)或其他取代基的存在而不同。巯基取代氮杂芳环化合物也可产生类似的互变异构现象。理论上,氨基应与羟基有类似的互变,但事实上却不同,氨基取代化合物以氨基而不以亚胺形式存在。

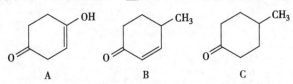

（烯醇型）　　　　　（酰胺型）

习题

1. 紫外吸收光谱是怎样产生的？为什么吸收光谱是带状光谱？

2. 分子的价电子跃迁有哪些类型？哪几种类型的跃迁能在紫外吸收光谱中反映出来？

3. 什么是发色基团？什么是助色基团？分别具有什么样的结构或特征？

4. 紫外吸收光谱能提供哪些分子结构信息？紫外光谱在化合物结构分析中有什么用途又有何局限性？

5. 摩尔吸光系数有什么物理意义？

6. 为什么助色基团能使烯双键的 $n \rightarrow \pi^*$ 跃迁波长红移？而使羰基 $n \rightarrow \pi^*$ 跃迁波长蓝移？

7. 为什么共轭多烯中双键数目愈多其 $\pi \rightarrow \pi^*$ 跃迁吸收带波长愈长？请解释其原因。

8. pH 对某些化合物的吸收带有一定的影响，例如苯胺在酸性介质中它的 K 吸收带和 B 吸收带发生蓝移，而苯酚在碱性介质中其 K 吸收带和 B 吸收带发生红移，为什么？

9. 苯甲醛能发生几种类型电子跃迁？在近紫外区能出现几个吸收带？

10. 化合物 A 在紫外区有两个吸收带，用 A 的乙醇溶液测得吸收带波长 $\lambda_1=256nm$，$\lambda_2=305nm$，而用 A 的己烷溶液测得吸收带波长为 $\lambda_1=248nm$、$\lambda_2=323nm$，这两个吸收带分别是何种电子跃迁所产生的？A 属哪一类化合物？

11. 某化合物的紫外光谱有 B 吸收带，还有 $\lambda=240nm$，$\varepsilon=13 \times 10^4$ 及 $\lambda=319nm$，$\varepsilon=50$ 两个吸收带，此化合物中有何电子跃迁？含有什么基团？

12. 某酮类化合物，当溶于极性溶剂（如乙醇）中时，溶剂对 $n \rightarrow \pi^*$ 及 $\pi \rightarrow \pi^*$ 跃迁有何影响？

13. 已知化合物的分子式为 $C_7H_{10}O$，可能具有 α，β 不饱和羰基结构，其 K 吸收带波长 $\lambda=257nm$（乙醇中），请推测其结构。

14. 已知氯苯在 $\lambda=265nm$ 处的 $\varepsilon=1.22 \times 10^4$，现用 2cm 吸收池测得氯苯在己烷中的吸光度 $A=0.448$，求氯苯的浓度。

15. 试估计下列化合物中哪一种化合物的 λ_{max} 最大，哪一种化合物的 λ_{max} 最小，为什么？

A　　　　　　　B　　　　　　　C

16. 2-(环己-1-烯基)-2-丙醇在硫酸存在下加热处理，得到主要产物的分子式为 C_9H_{14}，产物经纯化，测 UV λ_{max}(EtOH)=242nm（ε_{max}=10 100），推断这个主要产物的结构，并讨论其反应过程。

（周应军）

参考文献

1. 黄量，于德泉．紫外光谱在有机化学中的应用．北京：科学出版社，1988.

笔记

2. Pavia DL, Lampman GM, Kriz GS.Introduction To Spectroscopy.3rd edition. Washington：Thomson Learning Inc, 2001.

3. 吴立军 . 有机化合物波谱解析 . 北京：中国医药科技出版社, 2009.

4. 李发美 . 分析化学 . 北京：人民卫生出版社, 2012.

5. 万家亮, 李耀仓 . 仪器分析 . 武汉：华中师范大学出版社, 2011.

6. 叶宪曾, 张新祥 . 仪器分析教程 . 北京：北京大学出版社, 2007.

7. 谭仁祥 . 植物成分分析 . 北京：科学出版社, 2002.

8. 高卫东, 吴立蓉, 江珊 . 防己与伪品的紫外光谱鉴别 . 中国民族民间医药, 2014(19)：18.

第三章　红 外 光 谱

学习要求

1. 掌握：红外光谱吸收峰位置和峰强的影响因素；主要有机化合物类型的红外光谱特征；红外光谱在有机化合物结构测定中的作用。

2. 熟悉：分子的振动类型、振动自由度及吸收峰的数目与振动自由度的关系；红外光谱中的重要区段及主要官能团特征吸收频率。

3. 了解：红外光谱的基本原理及产生的基本条件。

第一节　红外光谱的基本原理

红外光谱（infrared spectroscopy，IR）属于分子振动 - 转动光谱，它与紫外光谱一样是一种分子吸收光谱。当样品受到频率连续变化的红外光照射时，若分子中某个基团的振动或转动频率与某一波长红外光的频率相同，分子就会吸收该频率的红外辐射，并由其振动或转动运动引起偶极矩的净变化，能级由原来的基态振（转）动能级跃迁到能量较高的振（转）动能级，使相应于这些吸收区域的透射光强度减弱。记录红外光的百分透射比与波长（λ）或波数（σ）关系的曲线，就得到红外光谱。

红外光谱法是有机化合物结构鉴定最常用的方法之一。根据红外光谱的峰位、峰强及峰形，可以判断化合物中可能存在的官能团，从而推断未知物的结构。红外光谱具有"指纹性"，有共价键的化合物都有其特征的红外光谱。除光学异构体及长链烷烃同系物外，几乎没有两种化合物具有相同的红外吸收光谱。

总的来说，红外光谱具有下列特点：

1. 特征性强，可用于定性分析和结构鉴定。

2. 应用范围广。可用于从气体、液体到固体，从无机物到有机物，从高分子到低分子化合物的分析。

3. 分析速度快，样品用量少，不破坏样品。

一、红外吸收产生的条件

在红外光谱分析中，只有照射光的能量 $E=h\nu$ 等于两个振动能级的能量差 ΔE 时，分子才能由低振动能级跃迁到高振动能级，产生红外吸收光谱。

红外吸收光谱产生的第二个条件是红外光与分子之间有偶合作用。为了满足这个条件，分子振动时其偶极矩必须发生变化。只有能引起分子偶极矩（μ）变化（$\Delta\mu\neq0$）的振动，才能观察到红外吸收光谱，这种振动称为红外活性振动；非极性分子在振动过程中无偶极矩变化，故观察不到红外光谱。不产生红外吸收的振动称为非红外活性振动。

单质的双原子分子（如 H_2、O_2、Cl_2、N_2 等），只有伸缩振动，这类分子的伸缩振动过程不发生偶极矩变化，因此没有红外吸收。对称性分子的对称伸缩振动（如 CO_2 的 $\nu_{O=C=O}$）也没有偶极矩变化，也不产生红外吸收。

笔记

31

二、红外光区的划分

根据红外线波长，习惯上将红外光谱分成三个区域：

近红外区：0.78~2.5μm（12 820~4000cm⁻¹），主要用于研究分子中的 OH、NH、CH 键的振动倍频与组频。

中红外区：2.5~25μm（4000~400cm⁻¹），主要用于研究大部分有机化合物的振动转动。

远红外区：25~300μm（400~33cm⁻¹），主要用于研究分子的转动光谱及重原子成键的振动。

其中，由于绝大多数有机化合物基团的振动频率处于中红外区，人们对中红外光谱研究得最多，仪器和实验技术最为成熟，应用最为广泛，通常所说的红外光谱即是指中红外区的红外吸收光谱。

红外光谱图多以波长 λ（μm）或波数 $\tilde{\nu}$（cm⁻¹）为横坐标，表示吸收峰的位置，现在主要以波数作横坐标。波数是频率的一种表示方法（表示每厘米长的光波中波的数目），它与波长的关系为：

$$\tilde{\nu}(\text{cm}^{-1}) = \frac{10^4}{\lambda(\mu\text{m})} \qquad \text{（式 3-1）}$$

纵坐标吸收峰的强度可以用吸光度（A）或透过率 $T\%$ 表示，现多以透光率 $T\%$ 来表示。峰的强度遵守朗伯 - 比耳定律。吸光度与透过率关系为

$$A = \lg(1/T) \qquad \text{（式 3-2）}$$

所以在红外光谱中"谷"越深（$T\%$ 小），吸光度越大，吸收强度越强。

图 3-1 是药物对乙酰氨基酚（paracetamol）的红外光谱图。

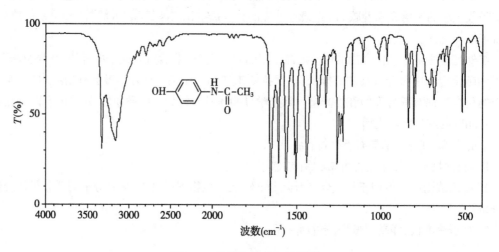

图 3-1　扑热息痛的红外图谱

三、分子振动模型

分子是非刚性的，具有柔曲性，因而可以发生振动。绝大多数分子是由多原子构成的，其振动方式非常复杂。但是多原子分子可以看成双原子分子的集合。为简单起见，我们把分子的振动模拟成简谐振动，即无阻尼的周期线性振动。把组成分子的不同原子看成各种不同质量的小球，把不同类型的化学键看成各种不同强度的弹簧，由此组成谐振子体系，进行简谐振动。

（一）双原子分子的振动及其频率

如果把化学键看成是质量可以忽略不计的弹簧，把 A、B 两原子看成两个小球，弹簧的长度 r 就是分子化学键的长度。双原子分子的化学键振动可以模拟为连接在一根弹簧两端的两个小球在其平衡位置作伸缩振动（图 3-2）。

笔记

根据 Hooke 定律,其谐振子的振动频率

$$\nu = \frac{1}{2\pi}\sqrt{\frac{k}{m}} \qquad \text{(式 3-3)}$$

式中,k 为力常数,单位是牛顿 / 米(N/m);m 为折合质量,$m = \frac{m_A m_B}{m_A + m_B}$。若表示双原子分子的振动时,$k$ 以毫达因 / 埃(mD/Å)为单位,m 以原子的摩尔质量表示,单位为克(g)。

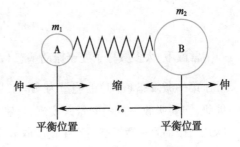

图 3-2　双原子分子振动示意图

红外光谱中常用波数($\tilde{\nu}$)表示频率。

$$\tilde{\nu} = \frac{1}{2\pi c}\sqrt{\frac{k}{m}} = 1307\sqrt{\frac{k}{m}} = 1307\sqrt{\frac{k}{\frac{m_A m_B}{m_A + m_B}}} \qquad \text{(式 3-4)}$$

式中,k 为化学键常数,含意为两个原子由平衡位置伸长 1Å 后的恢复力,m_A、m_B 分别为 A、B 原子的摩尔质量,单位是克(g)。

实验结果表明,不同化学键具有不同的力常数。单键力常数(k)的平均值为 5mD/Å,双键和三键的力常数分别为单键力常数的 2 倍及 3 倍,即双键的 $k=10$mD/Å,三键的 $k=15$mD/Å。

(二) 双原子分子的核间距与位能

由图 3-3 势能曲线可知:

1. 振动能(势能)是原子间距离的函数。振幅加大,原子间距离加大,振动能也相应增加。

2. 在常态下,分子处于较低的振动能级,化学键振动与简谐振动模型极为相似。只有当能级 υ 达到 3 或 4 时,分子振动势能曲线才逐渐偏离简谐振动势能曲线。通常的红外吸收光谱主要讨论从基态($\upsilon=0$)跃迁到第一激发态($\upsilon=1$)或第二激发态($\upsilon=2$)引起的红外吸收。因此,可以利用简谐振动的运动规律近似讨论化学键的振动。

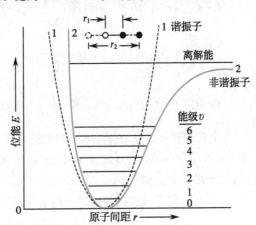

图 3-3　双原子分子的势能曲线

3. 振动量子数越大,振幅越宽,势能曲线的能级间隔将越来越密。

4. 从基态(υ_0)跃迁到第一激发态(υ_1)时所引起的一个强的吸收峰称为基频峰(fundamental bands)。基频峰的强度大,是红外主要吸收峰基。基频峰的峰位等于分子的振动频率。

从基态(υ_0)跃迁到第二激发态(υ_2)或更高激发态(υ_3)时所引起的弱的吸收峰称为倍频峰(overtone bands)。此外还包括合频峰和差频峰等。泛频峰是倍频峰、合频峰和差频峰的统称。它们之间的关系如下:

泛频峰 {
倍频峰 {
二倍频峰($\upsilon=0 \longrightarrow \upsilon=2$)
三倍频峰($\upsilon=0 \longrightarrow \upsilon=3$)
}
合频峰　$\nu_L = \nu_1 + \nu_2$
差频峰　即 $\nu=1 \longrightarrow \nu=2,3\cdots$产生的峰
}

5. 振幅超过一定值时,化学键断裂,分子离解,能级消失,势能曲线趋近于一条水平直线,此时 E_{max} 等于离解能。

(三) 双原子分子的振动能量

分子的振动能量:

笔 记

$$E_\nu = \left(\nu + \frac{1}{2}\right)h\nu \qquad\qquad \text{(式 3-5)}$$

常温下，大多数分子处于振动基态（$\nu=0$），分子在基态的振动能量 $E_0 = \frac{1}{2}h\nu$，分子受激发后，处于第一激发态（$\nu=1$）的能量为：$E_1 = \frac{3}{2}h\nu$。分子由振动基态（$\nu=0$），跃迁到振动激发态的各个能级，需要吸收一定的能量来实现，这种能量由照射体系红外光来供给。由振动的基态（$\nu=0$）跃迁到振动第一激发态所产生的吸收峰为基频峰。光子能量 $E_L = h\nu_L$，而基态和第一激发态能级差 $\Delta E = E_1 - E_0 = h\nu$，分子吸收能量是量子化的，即分子吸收红外光的能量必须等于分子振动基态和激发态能级差的能量 ΔE：

$$\Delta E = E_L，即\ h\nu_L = h\nu，\nu_L = \nu \qquad\qquad \text{(式 3-6)}$$

由此可见，分子由基态（$\nu=0$）跃迁到第一激发态（$\nu=1$）吸收红外光的频率等于分子的化学键振动频率。由于分子的振动频率取决于键力常数（k）和形成分子两原子的折合质量（μ），利用此式可近似计算出各种化学键的基频波数。例如碳-碳键的伸缩振动引起的基频峰波数分别为：

碳-碳键折合质量　$\mu' = \dfrac{m_A m_B}{m_A + m_B} = \dfrac{12 \times 12}{12 + 12} = 6$

C—C　$k=5mD/Å$　$\tilde{\nu} = 1307\sqrt{\dfrac{k}{\mu'}} = 1307\sqrt{\dfrac{5}{6}} = 1190\,(cm^{-1})$

C=C　$k=10mD/Å$　$\tilde{\nu} = 1307\sqrt{\dfrac{k}{\mu'}} = 1307\sqrt{\dfrac{10}{6}} = 1690\,(cm^{-1})$

C≡C　$k=15mD/Å$　$\nu = 1307\sqrt{\dfrac{k}{\mu'}} = 1307\sqrt{\dfrac{15}{6}} = 2060\,(cm^{-1})$

上式表明化学键的振动频率与键的强度和折合质量的关系。键常数（k）越大，折合质量（μ'）越小，振动频率越大。反之，k 越小，μ' 越大，振动频率越小。由此可以得出：

1. 由于 $k_{C≡C} > k_{C=C} > k_{C—C}$，故红外振动波数：$\tilde{\nu}_{C≡C} > \tilde{\nu}_{C=C} > \tilde{\nu}_{C—C}$。

2. 与 C 原子成键的其他原子随着原子质量的增加，μ' 增加，相应的红外振动波数减小：

$$\tilde{\nu}_{C—H} > \tilde{\nu}_{C—C} > \tilde{\nu}_{C—O} > \tilde{\nu}_{C—Cl} > \tilde{\nu}_{C—Br} > \tilde{\nu}_{C—I}$$

3. 与氢原子相连的化学键的红外振动波数，由于 μ' 小，它们均出现在高波数区：$\tilde{\nu}_{C—H}$ 2900cm^{-1}、$\tilde{\nu}_{O—H}$ 3600~3200cm^{-1}、$\tilde{\nu}_{N—H}$ 3500~3300cm^{-1}。

4. 弯曲振动比伸缩振动容易，其力常数小于伸缩振动的力常数，故弯曲振动在红外光谱的低波数区，如 $\delta_{C—H}$ 1340cm^{-1}，$\gamma_{=CH}$ 1000~650cm^{-1}。伸缩振动则位于红外光谱的高波数，如 $\nu_{C—H}$ 3000cm^{-1}。

四、分子振动方式

(一) 基本振动形式

有机化合物分子在红外光谱中的基本振动形式可分为两大类，一类是伸缩振动（ν），另一类为弯曲振动（δ）。

1. 伸缩振动 (stretching vibration) 以 ν 表示。沿键轴方向发生周期性的变化的振动称为伸缩振动。具体可分为：

(1) 对称伸缩振动（symmetrical stretching vibration）：以 ν_s 表示。

(2) 不对称伸缩振动（asymmetrical stretching vibration）：以 ν_{as} 表示。

2. 弯曲振动 (bending vibration) 以 δ 表示。使键角发生周期性变化的振动称为弯曲振动。其振动形式可分为：

(1) 面内弯曲振动（in-plane bending vibration，β）：弯曲振动在几个原子所构成的平面内进

笔记

行,称为面内弯曲振动。又可分为:

1）剪式振动（scissoring vibration, δ）:在振动过程中键角发生变化的振动。

2）面内摇摆振动（rocking vibration, ρ）:基团作为一个整体,在平面内摇摆的振动。

（2）面外弯曲振动（out-of-plane bending vibration, γ）:弯曲振动在垂直于几个原子所构成的平面外进行,称之为面外弯曲振动。分为面外摇摆振动（wagging vibration, ω）和扭曲变形振动（twisting vibration, τ）。

图 3-4 以亚甲基为例来说明各种振动形式:

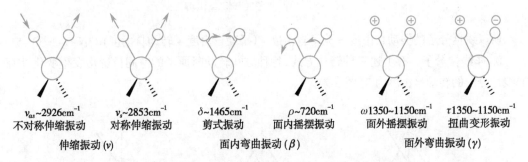

$\nu_{as}\sim2926cm^{-1}$ 不对称伸缩振动	$\nu_s\sim2853cm^{-1}$ 对称伸缩振动	$\delta\sim1465cm^{-1}$ 剪式振动	$\rho\sim720cm^{-1}$ 面内摇摆振动	$\omega1350\sim1150cm^{-1}$ 面外摇摆振动	$\tau1350\sim1150cm^{-1}$ 扭曲变形振动
伸缩振动（ν）		面内弯曲振动（β）		面外弯曲振动（γ）	

图 3-4　亚甲基（—CH_2—）的振动形式及相应的振动频率
箭头表示纸面上的振动,⊕和⊖表示纸面前、后的振动

以上几种振动形式,出现较多的是伸缩振动（ν_s 和 ν_{as}）、剪式振动（δ）和面外弯曲振动（γ）。按照能量高低顺序排列,一般为 $\nu_{as}>\nu_s>\delta>\gamma$。

对于 AX_3 型分子或基团,如甲基（—CH_3）,其弯曲振动还分为对称弯曲振动（δ_s）和不对称弯曲振动（δ_{as}）。δ_s 是指三个 C—H 键与轴线的夹角同时变大或变小的振动,δ_{as} 是指三个 C—H 键与轴线的夹角变化不一致的振动。甲基的弯曲振动见图 3-5。

对称弯曲振动（δ_s）$\sim1380cm^{-1}$
CH_3的三个C—H键同时向中心或向外振动

不对称弯曲振动（δ_{as}）$\sim1460cm^{-1}$
CH_3的三个C—H键,其中两个向内另一个向外或者一个向内另两个向外的振动

图 3-5　甲基（—CH_3）的对称及不对称弯曲振动及相应的振动频率

（二）分子振动自由度

双原子分子只有一种振动方式（伸缩振动）,所以只可以产生一个基本振动吸收峰。多原子分子随着原子数目的增加,可以出现一个以上基本振动吸收峰,并且吸收峰的数目与分子的振动自由度有关。

在研究多原子分子时,常把多原子的复杂振动分解为许多简单的基本振动,这些基本振动数目称为分子的振动自由度,简称分子自由度。分子自由度数目与分子中各原子在空间坐标中运动状态的总和紧密相关。

原子在三维空间的位置可用 x,y,z 三个坐标表示,称原子有三个自由度。当原子结合成分子时,自由度数目不损失。对于含有 N 个原子的分子,分子自由度的总数为 $3N$ 个。分子的总自由度是由分子的平动（移动）、转动和振动自由度构成。即分子的总的自由度 $3N=$ 平动自由度 + 转动自由度 + 振动自由度。

分子的平动自由度:分子在空间的位置由 x,y,z 三个坐标决定,所以有三个平动自由度。

分子的转动自由度:分子通过其重心绕轴旋转产生,故只有当转动时原子在空间的位置发生变化,才产生转动自由度。

1. 线性分子　线性分子的转动有以下 A、B、C 三种情况（图 3-6）,A 方式转动时原子的空间位置未发生变化,没有转动自由度,因而线性分子只有两个转动自由度。

笔记

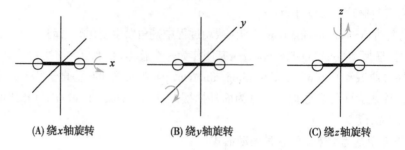

(A) 绕x轴旋转   (B) 绕y轴旋转   (C) 绕z轴旋转

图 3-6   线性分子的转动自由度

所以线性分子的振动自由度 = 分子自由度 −(平动自由度 + 转动自由度)=3N−3−2=3N−5。

2. **非线性分子**   有上述三种转动方式,每种方式转动时原子的空间位置均发生变化,因而非线性分子的转动自由度为 3(图 3-7)。

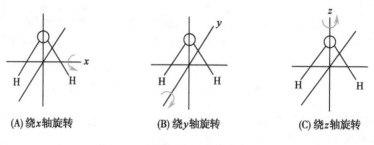

(A) 绕x轴旋转   (B) 绕y轴旋转   (C) 绕z轴旋转

图 3-7   非线性分子的转动自由度

所以非线性分子的振动自由度 = 分子自由度 −(平动自由度 + 转动自由度)=3N−3−3=3N−6。

理论上讲,每个振动自由度(基本振动数)在红外光谱区就将产生一个吸收峰。但是实际上,峰数往往少于基本振动的数目,其原因是:

(1) 当振动过程中分子不发生瞬间偶极矩变化时,不引起红外吸收。

(2) 频率完全相同的振动彼此发生简并。

(3) 弱的吸收峰位于强、宽吸收峰附近时被覆盖。

(4) 吸收峰太弱,以致无法测定。

(5) 吸收峰有时落在红外区域(4000~400cm^{-1})以外。

也有些因素会使峰数增多,如有泛频峰存在时,但泛频峰一般很弱或者超出了红外区。

例 3-1   计算 H_2O 分子的振动自由度。

H_2O 分子为非线性分子,其振动自由度 =3×3−6=3。其三种振动形式见图 3-8。

例 3-2   计算 CO_2 分子的振动自由度。

CO_2 为线性分子,振动自由度 =3×3−5=4,其四种振动形式见图 3-9。但在实际红外图谱中,只出现 666cm^{-1} 和 2349cm^{-1} 两个基频吸收峰。这是因为 CO_2 的对称伸缩振动偶极矩变化为零,不产生吸收,另外 CO_2 的面内弯曲振动(δ)和面外弯曲振动(γ)频率完全相同,谱带发生简并。

五、影响吸收峰的因素

(一)影响吸收谱带位置的因素

分子内各基团的振动不是孤立的,而是受到邻近基团和整个分子其他部分结构的影响,了解峰位的影响因素有利于对分子结构的准确判定。

影响基团频率位移的因素大致可分为内部因素和外部因素。

1. 内部因素

(1) 电子效应(electronic effect)

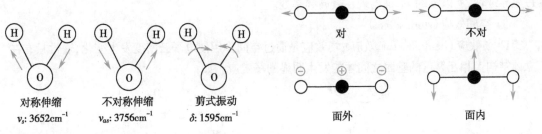

图 3-8　H_2O 分子的三种振动形式　　　　图 3-9　CO_2 分子的振动形式

1) 诱导效应 (inductive effect, I 效应)：由于电负性取代基的静电诱导作用引起分子中电子分布的变化，从而引起化学键力常数的变化并使基团的特征频率发生位移，这种作用称为诱导效应。诱导效应沿化学键传递，可分推电子诱导效应 (+I 效应) 和吸电子诱导效应 (−I 效应)。

如羰基伸缩振动频率 ($\nu_{C=O}$)，随着取代基电负性增大，吸电子诱导效应 (−I 效应) 增加，使羰基双键性加大，$\nu_{C=O}$ 向高波数移动。下面是不同取代类型的 $\nu_{C=O}$ 波数。

$1715cm^{-1}$　　　$1800cm^{-1}$　　　$1828cm^{-1}$　　　$1928cm^{-1}$

$1715cm^{-1}$　　　$1735cm^{-1}$　　　$1800cm^{-1}$　　　$1870cm^{-1}$

又如甲酸 (HCOOH)、乙酸 (CH_3COOH) 和硬脂酸 ($CH_3(CH_2)_{16}COOH$) 的 $\nu_{C=O}$ 分别是 $1739cm^{-1}$、$1722cm^{-1}$ 和 $1703cm^{-1}$，这是烷基的 +I 效应影响的结果。

2) 共轭效应 (conjugation effect, C 效应或 M 效应)：对于双键来说，共轭效应使 π 电子离域增大，即共轭体系中的电子云密度平均化，使双键的键强降低 (即电子云密度降低)、力常数减小，双键基团的吸收频率向低波数方向移动。例如酮羰基因与双键或苯环共轭而使羰基的力常数减小，振动频率降低。

$1715cm^{-1}$　　　$1690cm^{-1}$　　　$1680cm^{-1}$　　　$1665cm^{-1}$

值得注意的是，苯环上不同类型 (推电子或吸电子) 的取代基具有不同的共轭效应。一般来说，推电子共轭 (+C 效应) 使吸收频率降低，吸电子共轭 (−C 效应) 使吸收频率升高。

如在下列化合物中，NO_2 显示吸电子共轭效应，使 $\nu_{C=O}$ 升高；$N(CH_3)_2$ 显示推电子共轭效应，使 $\nu_{C=O}$ 减小。

$\nu_{C=O}$　$1710\ cm^{-1}$　　　　　$1695cm^{-1}$　　　　　$1655cm^{-1}$

3) 诱导效应和共轭效应的共同影响：当诱导效应和共轭效应同时存在时，则要看哪一种效应的影响更大。例如酰胺 R—C(=O)—NH_2 氮原子上的孤对电子与羰基形成 p-π 共轭，使 $\nu_{C=O}$ 红移；同时氮的电负性比碳大，吸电子诱导效应使 $\nu_{C=O}$ 蓝移。因共轭效应大于诱导效应，总的结果 $\nu_{C=O}$ 红移到 $1689cm^{-1}$ 左右。而在脂肪族酯中也同时存在共轭和诱导两种效应，但诱导效应

笔记

占主导地位,所以酯的 $\nu_{C=O}$ 出现在较高频率处。

(2) 空间效应(steric effect)

1) 场效应(field effect,F 效应):场效应是通过空间作用使电子云密度发生变化,通常只有在立体结构上相互靠近的基团之间才能发生明显的场效应。如:

I
1716cm⁻¹   Ⅱ
              1728cm⁻¹

Ⅱ中 C—Br 键处于平伏状态与 C=O 靠得较近,与 C=O 键产生同电荷的反拨,致使 Br 与 O 电负性减小(C—Br 与 C=O 的极性减小),C=O 的双键性增加,结果 $\nu_{C=O}$ 较 I 大。

2) 空间位阻(steric hindrance effect):共轭体系具有共平面的性质,如果因邻近基团体积大或位置太近而使共平面性偏离或破坏,就使共轭体系受到影响,原来因共轭效应而处于低频的振动吸收向高频位移。如下列化合物Ⅱ的立体障碍比较大,阻碍了环上双键与 C=O 的平面性,故Ⅱ的双键性强于 I,吸收峰出现在高波数区。

I
1663cm⁻¹   Ⅱ
              1715cm⁻¹

(3) 跨环共轭效应(transannular effect):生物碱克多平中 $\nu_{C=O}$ 为 1675cm⁻¹,比正常饱和酮的 $\nu_{C=O}$ 吸收(1715cm⁻¹)低,这是因为克多平存在以下的共振关系,使得 C=O 有趋于单键的性质,力常数减小。如果让克多平与高氯酸盐成盐,则 $\nu_{C=O}$ 峰消失,而在 3365cm⁻¹ 处出现 ν_{OH} 的吸收峰。

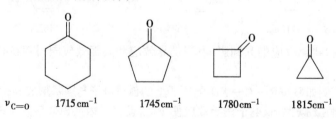

克多平   克多平高氯酸盐

(4) 环张力(ring strain):环上羰基从没有张力的六元环开始,每减少一个碳原子,使 $\nu_{C=O}$ 吸收频率升高 30cm⁻¹。这是由于构成小环的 C—C 单键,为了满足小内角的要求,需要 C 原子提供较多的 p 轨道成分(键角越小碳键的 p 轨道成分越多,如 sp 杂化轨道间夹角 180°;sp² 杂化为 120°;sp³ 为 109°),而使 C—H 键有多的 s 轨道成分,C、H 形成分子轨道时电子云重叠增加,C—H 键的强度增加,吸收频率升高。同样形成环外双键时,双键 σ 键的 p 轨道成分相应减少,而 s 轨道成分增加,C=C 力常数增加,频率升高。

$\nu_{C=O}$ 1715 cm⁻¹   1745 cm⁻¹   1780 cm⁻¹   1815 cm⁻¹

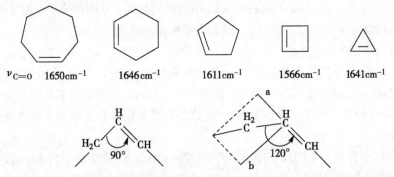

$\nu_{C=O}$ 1651cm^{-1} 1657cm^{-1} 1678cm^{-1} 1781cm^{-1}

环内双键的 $\nu_{C=C}$ 则随环张力的增加或环内角的变小而降低,环丁烯(内角 90°)达最小值,环内角继续变小(环丙烯内角 60°)吸收频率反而升高。

$\nu_{C=O}$ 1650cm^{-1} 1646cm^{-1} 1611cm^{-1} 1566cm^{-1} 1641cm^{-1}

这一现象可用 C=C 双键的振动与键合的 C—C 单键的振动偶合得到解释,当 C—C 单键与 C=C 双键相垂直(环丁烯中)时,C—C 键的振动与 C=C 键的振动正交因而不能偶合;而当内角大于(或小于)90°,ν_{C-C} 可分解成 a、b 两个矢量,其中 a 与 $\nu_{C=C}$ 在一条直线上,两种振动的偶合,导致吸收频率增高。

(5)氢键效应(hydrogen bond effects):氢键的形成使参与形成氢键的原有化学键的力常数降低,吸收频率向低频移动。氢键形成程度不同,对力常数的影响不同,使吸收频率有一定范围,从而使吸收峰变宽。形成氢键后,相应基团振动时偶极矩变化增大,因此吸收强度增大。例如醇、酚的 ν_{OH},当分子处于游离状态时,其振动频率为 3640cm^{-1} 左右,呈现一个中等强度的尖锐吸收峰;当分子因氢键而形成缔合状态时,振动频率红移到 3300cm^{-1} 附近。谱带增强加宽。因此,在气相或非极性的稀溶液中测定醇或酸的红外光谱。得到的是游离分子的红外光谱,此时没有氢键的影响。如果以液态的纯物质或浓溶液测定,得到的是有氢键缔合分子的红外光谱。

1)分子内氢键(Intramolecular hydrogen bond):分子内氢键的形成,可使吸收带明显向低频方向移动。

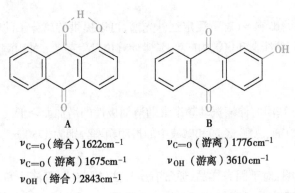

A
$\nu_{C=O}$(缔合)1622cm^{-1}
$\nu_{C=O}$(游离)1675cm^{-1}
ν_{OH}(缔合)2843cm^{-1}

B
$\nu_{C=O}$(游离)1776cm^{-1}
ν_{OH}(游离)3610cm^{-1}

2)分子间氢键(intermolecular hydrogen bond):分子内氢键不受浓度影响,分子间氢键则受浓度影响较大。在羧酸类化合物中,分子间氢键的生成使 ν_{OH} 移向低频至 3200~2500cm^{-1},而且 $\nu_{C=O}$ 也向低频方向移动。游离羧酸的 $\nu_{C=O}$ 在 1760cm^{-1} 左右,而缔合状态(固体或液体中)时,由于羧酸形成二聚体,因氢键作用使 $\nu_{C=O}$ 出现在 1700cm^{-1} 附近。

游离
$\nu_{C=O}$ 1760cm^{-1}

二聚体
$\nu_{C=O}$ 1700cm^{-1}

（6）互变异构（tautomerism）：分子发生互变异构，吸收峰也将发生位移，在红外图谱上能够看出各互变异构的峰形。如乙酰乙酸乙酯的酮式和烯醇式的互变异构，酮式 $\nu_{C=O}$1738cm^{-1}，1717cm^{-1}；烯醇式 $\nu_{C=O}$1650cm^{-1}，ν_{OH}3000cm^{-1}。

（7）振动偶合效应（vibrational coupling effect）：当相同的两个基团在分子中靠得很近时，其相应的特征吸收峰常发生分裂，形成两个峰，这种现象称振动偶合。

常见的振动偶合有以下几种：

1）酸酐，丙二酸，丁二酸及其酯类，由于两个羰基的振动偶合，使 $\nu_{C=O}$ 吸收峰分裂成双峰：丙二酸 $\nu_{C=O}$1740cm^{-1}，1710cm^{-1}，丁二酸 $\nu_{C=O}$1780cm^{-1}，1700cm^{-1}。又如二氧化碳分子中，$\nu_{as\ O=C=O}$（2350cm^{-1}）吸收峰位置不同于一般羰基吸收峰，这是在二氧化碳分子中两个羰基伸缩振动产生偶合作用的缘故。

2）当化合物中存在有—CH(CH$_3$)$_2$（异丙基）或—C(CH$_3$)$_3$（叔丁基）时，由于振动偶合，使甲基的对称面内弯曲振动（1380cm^{-1}）峰发生分裂，出现双峰。详见本章第三节烷烃类化合物的特征吸收。

3）伯胺或伯酰胺在3500~3100cm^{-1}有两个吸收带，是胺基中两个N—H键振动偶合的结果。

4）费米共振（Fermi resonance）。当倍频峰（或泛频峰）出现在某强的基频峰附近时，弱的倍频峰（或泛频峰）的吸收强度常常被增强，甚至发生分裂，这种倍频峰（或泛频峰）与基频峰之间的振动偶合现象称为费米共振。

如环戊酮的 $\nu_{C=O}$ 在1746cm^{-1} 和1728cm^{-1} 处出现双峰，这是由于环戊酮的骨架伸缩振动889cm^{-1} 的二倍频峰为1778cm^{-1}，与环戊酮的 $\nu_{C=O}$（1745cm^{-1}）峰离得很近，两峰产生费米共振，使倍频峰的吸收强度大大增大。当用重氢氘代后，由于环戊酮的骨架伸缩振动变成827cm^{-1}，其倍频峰变为1654cm^{-1}，离 C=O 伸缩振动较远，故不发生费米共振，结果此区域仅出现 $\nu_{C=O}$ 的单峰。

又如苯甲醛分子在2830cm^{-1} 和2730cm^{-1} 处产生两个特征吸收峰，这是由于苯甲醛中 ν_{C-H}（2800cm^{-1}）的基频峰和 δ_{C-H}（1390cm^{-1}）的倍频峰（2780cm^{-1}）费米共振形成的。

苯甲酰氯分子的1770cm^{-1} 和1730cm^{-1} 峰，则是羰基的 $\nu_{C=O}$ 和苯环的 γ_{CH} 的倍频峰费米共振形成的。

（8）样品物理状态的影响：气态下测定红外光谱，可以提供游离分子的吸收峰的情况，液态和固态样品，由于分子间的缔合和氢键的产生，常常使峰位发生移动。如丙酮 $\nu_{C=O}$ 气态1738cm^{-1}，液态1715cm^{-1}。

2. 外部因素

（1）溶剂效应：极性基团的伸缩振动频率常随溶剂极性的增加而降低。如羧酸中 $\nu_{C=O}$ 的伸缩振动在气态、非极性溶剂、乙醚、乙醇和碱液中的振动频率分别为1780cm^{-1}、1760cm^{-1}、1735cm^{-1}、1720cm^{-1} 和1610cm^{-1}。

（2）制样方法的影响：对于固态样品，通常有压片法、糊装法、溶液法和薄膜法；液态样品有液体池法和液膜法；气态样品可在气体吸收池内进行测定。同一样品用不同的制样方法测试，得到的光谱可能不同。化合物的红外谱图应注明其测试方法。

（3）仪器的色散元件：棱镜与光栅的分辨率不同，棱镜光谱与光栅光谱有很大不同。在4000~2500cm^{-1} 波段内尤为明显。

（二）影响吸收谱带强度的因素

1. 峰强度的表示 物质对红外光的吸收符合 Lambert-Beer 定律（参见紫外光谱部分的相关叙述），峰强可用摩尔吸光系数 ε 表示。通常 $\varepsilon>100$ 时，为很强吸收，用 vs 表示；$\varepsilon=20\sim100$ 时，为强吸收，用 s 表示；$\varepsilon=10\sim20$ 时，中强吸收，用 m 表示；$\varepsilon=1\sim10$，为弱吸收，用 w 表示；$\varepsilon<1$ 时，为很弱吸收，用 vw 表示。

2. 影响吸收带强度的因素 影响吸收带强度的因素主要有分子振动过程中的偶极矩变化和能级跃迁概率。

（1）偶极矩变化的影响：分子振动时偶极矩的变化不仅决定了该分子能否吸收红外光产生红外光谱，而且还关系到吸收峰的强度。根据量子理论，红外吸收峰的强度与分子振动时偶极矩变化的平方成正比。因此，振动时偶极矩变化越大，吸收强度越强。而偶极矩变化大小主要取决于下列四种因素。

瞬间偶极矩变化的大小与以下各种因素有关：

1）原子的电负性：化学键两端连接的原子，若它们的电负性相差越大（即基团极性越大），瞬间偶极矩的变化也越大，在伸缩振动时，引起的红外吸收峰也越强（有费米共振等因素时除外）。如 $\nu_{C=O}$ 吸收峰强于 $\nu_{C=C}$ 吸收峰，$\nu_{C=N}$ 吸收峰强于 $\nu_{C=C}$，ν_{C-X} 吸收峰强于 ν_{C-C} 吸收峰。

2）振动形式：振动形式不同对分子的电荷分布影响不同，故吸收峰强度也不同。通常不对称伸缩振动比对称伸缩振动的影响大（$\nu_{as}>\nu_s$），而伸缩振动又比弯曲振动影响大（$\nu>\delta$）。

3）分子的对称性：对称性越高的分子，振动过程中瞬间偶极矩变化越小，吸收峰的强度越小，完全对称的分子振动过程中偶极矩始终为零，不吸收红外光，没有吸收峰出现。

如 CO_2 的对称伸缩振动 $\vec{O}=C=\overset{\leftarrow}{O}$，没有红外吸收。

4）其他因素的影响

A. 费米共振：有频率相近的泛频峰与基频峰相互作用产生费米共振，结果使泛频峰强度大大增加或发生分裂。费米共振的相关介绍见前文。

B. 氢键的形成：氢键的形成往往使吸收峰强度增大，谱带变宽，因为氢键的形成使偶极矩发生了明显的变化。

C. 与偶极矩变化大的基团共轭：如 C=C 键的伸缩振动过程偶极矩变化很小，吸收峰强度很弱，但它与 C=O 键共轭时，则 C=O 与 C=C 两个峰的强度都增强。

又如当 C=C 基团与 O 连接成烯醇键（C=C—O—）结构时，$\nu_{C=C}$ 强度有明显增加。

（2）能级跃迁概率的影响：由于发生 $\Delta\upsilon=\pm1$ 能级跃迁的概率最大，一般基频峰强度大于泛频峰强度。倍频峰虽然跃迁时振幅加大，偶极距变化加大，但由于能级跃迁概率减小，结果峰反而很弱。此外，测试样品浓度加大，峰强随之加大，这也是跃迁概率增加的结果。

第二节 特征基团与吸收频率

按照红外光谱与分子结构的特征，红外光谱可大致分为两个区域，特征区（官能团区）（4000~1300cm⁻¹）和指纹区（1300~400cm⁻¹）。

一、特 征 区

特征区又叫官能团区（functional region），波数在 4000~1300cm⁻¹，是化学键和基团的特征振动频率区。在该区出现的吸收峰一般用于鉴定官能团的存在，在此区域的吸收峰称为特征吸收峰或特征峰。

1. 4000~2500cm⁻¹ 为 O—H、N—H、C—H 的伸缩振动区。

2. 2500~1600cm⁻¹ 为 C≡N、C≡C、C=O、C=C 等不饱和基团的特征区。

笔记

3. 1600~1450cm^{-1}是由苯环骨架振动引起的特征吸收区。

4. 1600~1300cm^{-1}区域主要有—CH_3、—CH_2—、—CH以及OH的面内弯曲振动引起的吸收峰,该区域对判断和识别烷基十分有用。

二、指纹区

红外光谱1300~400cm^{-1}的低频区称之为指纹区(fingerprint region)。指纹区的峰多而复杂,没有强的特征性,主要是由一些单键C—O、C—N和C—X(卤素原子)等的伸缩振动及C—H、O—H等含氢基团的弯曲振动以及C—C骨架振动产生。当分子结构稍有不同时,该区的吸收就有细微的差异,就像每个人都有不同的指纹一样,因而称为指纹区。

指纹区的峰常作为某些基团存在的凭证,也常用于帮助确定化合物的取代类型和顺反异构等。在鉴定某一化合物是否为某"已知物"时,指纹区起到的"指纹"作用具有较大的说服力。

三、相关峰

一个基团有数种振动形式,每种红外活动的振动都通常相应给出一个吸收峰,这些相互依存、相互佐证的吸收峰称为相关峰。主要基团可能产生数种振动形式,如羧酸中羧基基团的相关峰有五种:ν_{OH}、$\nu_{C=O}$、δ_{O-H}、ν_{C-O}和ν_{O-H}。

在确定有机化合物是否存在某种官能团时,首先应当注意有无特征峰,而相关峰的存在也常常是一个有力的旁证。

四、有机化合物官能团的特征吸收

(一) 烷烃类化合物

烷烃主要有C—H伸缩振动(ν_{CH})和弯曲振动(δ_{CH})吸收峰。

1. ν_{CH} 直链饱和烷烃ν_{CH}在3000~2800cm^{-1}范围内,环烷烃随着环张力的增加ν_{CH}向高频区移动。具体表现为:

—CH_3:ν_{CH}^{as}:2970~2940cm^{-1}(s),ν_{CH}^{as}2875~2865cm^{-1}(m)

—CH_2:ν_{CH}^{as}2932~2920cm^{-1}(s),ν_{CH}^{s}2855~2850cm^{-1}(m)

—CH:在2890cm^{-1}附近,但通常被—CH_3和—CH_2—的伸缩振动所覆盖。

—CH_2—(环丙烷):2990~3100cm^{-1}(s)

2. δ_{CH} 甲基、亚甲基的面内弯曲振动多出现在1490~1350cm^{-1},甲基显示出了对称与不对称面内弯曲振动两种形式。

—CH_3:δ_{CH}^{as}~1450cm^{-1}(m),ν_{CH}^{s}~1380cm^{-1}(s)

—CH_2—:δ_{CH}~1465cm^{-1}(m)

图3-10是正己烷的红外光谱图。其中2959cm^{-1}和2928cm^{-1}分别是甲基和亚甲基的ν_{CH}^{as}吸

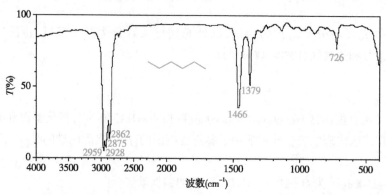

图3-10 正己烷的红外光谱

收峰,2875cm^{-1} 和 2862cm^{-1} 分别是甲基和亚甲基的 ν_{CH}^s 吸收峰。

当化合物中存在—CH(CH$_3$)$_2$(异丙基)或—C(CH$_3$)$_3$(叔丁基)时,由于振动偶合,使甲基的对称面内弯曲振动(1380cm^{-1})峰发生分裂,出现双峰。如异丙基由 1380cm^{-1} 分裂为 1385cm^{-1}(s)附近和 1370cm^{-1}(s)附近的两个吸收带,强度基本相等。叔丁基由 1380cm^{-1} 分裂为 1390cm^{-1}(s)附近和 1365cm^{-1}(s)附近的两个吸收带,且 1365cm^{-1} 附近谱带强度约为 1390cm^{-1} 附近谱带强度的 2 倍。图 3-11 是 2,4- 二甲基戊烷的红外光谱,异丙基分裂为 1386cm^{-1}(s)和 1368cm^{-1}(s)的两个峰。

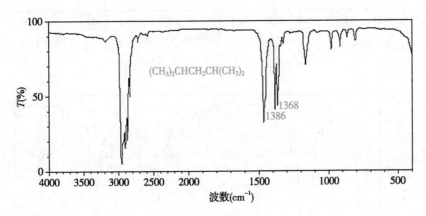

图 3-11 2,4- 二甲基戊烷的红外光谱

此外,甲氧基的 C—H 伸缩振动出现在 2835~2815cm^{-1} 范围,且呈现出尖锐的中等强度的吸收,具有很强的鉴别意义。乙酰基中的甲基以 1430cm^{-1} 和 1360cm^{-1} 的两个吸收带为特征吸收。当结构中含有—(CH$_2$)$_n$—,且 $n>4$ 时在 720cm^{-1} 处出现吸收峰;但当 $n>15$ 时,此类化合物的红外光谱不能给出特征的吸收峰,失去鉴别意义。

(二)烯烃类化合物

烯烃主要有 $\nu_{=CH}$、$\nu_{C=C}$ 和 $\gamma_{=CH}$ 吸收峰。

1. $\nu_{=CH}$ 烯烃类化合物的 $\nu_{=CH}$ 多大于 3000cm^{-1},一般在 3100~3010cm^{-1},强度都很弱,很容易与饱和烷烃的 $\nu_{C—H}$ 区分开。

2. $\nu_{C=C}$ 无共轭的 $\nu_{C=C}$ 一般在 1690~1620cm^{-1},强度较弱。共轭 $\nu_{C=C}$ 向低频方向移动发生至 1600cm^{-1} 附近,强度增大。$\nu_{C=O}$ 也发生在这一区域附近,但前者的强度弱且峰尖,后者由于氧原子的电负性大于碳原子的电负性,振动过程中 C=O 偶极矩变化大于 C=C 偶极矩变化,故峰强度很强。

3. $\gamma_{=CH}$ 多位于 1000~690cm^{-1},是烯烃类化合物最重要的振动形式,可用来判断双键的取代类型。取代类型与 $\gamma_{=CH}$ 发生的振动频率关系见表 3-1。图 3-12 和图 3-13 分别是顺式 -2- 戊烯和反式 -2- 戊烯的红外光谱图。其中顺式 -2- 戊烯的 $\gamma_{=CH}$ 位于 698cm^{-1},反式 -2- 戊烯的 $\gamma_{=CH}$ 位于 966cm^{-1},可用于鉴别。

表 3-1 不同取代类型的 $\gamma_{=CH}$

取代类型	振动频率(cm^{-1})	吸收峰强度
RCH=CH$_2$	900 和 910	s
R$_2$C=CH$_2$	890	m 至 s
RCH=CR'H(顺)	690	m 至 s
RCH=CR'H(反)	970	m 至 s
R$_2$C=CRH	840~790	m 至 s

笔记

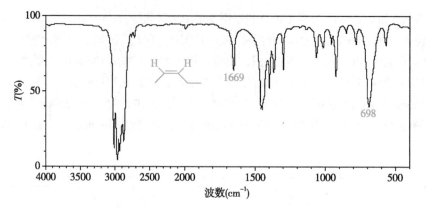

图 3-12　顺式 -2- 戊烯的红外光谱图

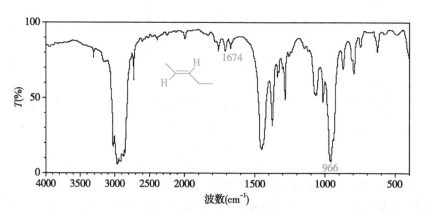

图 3-13　反式 -2- 戊烯的红外光谱图

(三) 炔烃类化合物

炔烃主要有 $\nu_{\equiv CH}$ 和 $\nu_{C\equiv C}$ 吸收峰。

1. $\pmb{\nu_{\equiv CH}}$　位于 3360~3300cm^{-1}，吸收峰强且尖锐，易于辨认。$\nu_{\equiv CH}>\nu_{=CH}>\nu_{-CH}$ 可用 C—H 中 C 原子的杂化类型不同进行解释，C 原子的杂化中 s 轨道的成分越多，与 H 原子的 s 轨道成键形成分子轨道时，重叠的部分就越多，化学键就越稳定，键常数就越大，振动频率就越高。

2. $\pmb{\nu_{C\equiv C}}$　位于 2100~2260cm^{-1}。$\nu_{C\equiv N}$ 也发生在这一区域附近，但 $\nu_{C\equiv N}$ 峰很强，可以加以区分。

RC≡CH：$\nu_{C\equiv C}$ 在 2100~2140cm^{-1} 之间；

R′C≡CR：$\nu_{C\equiv C}$ 在 2190~2260cm^{-1}（W）之间。

图 3-14 是 1- 戊炔的红外光谱图，其中 3307cm^{-1} 是 $\nu_{\equiv CH}$，2120cm^{-1} 是 $\nu_{C\equiv C}$ 吸收峰。

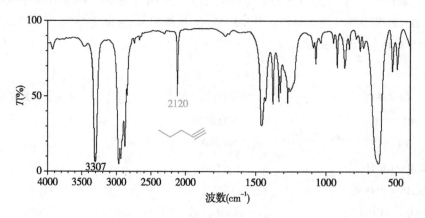

图 3-14　1- 戊炔的红外光谱图

笔记

(四) 芳香族化合物

芳香族化合物主要有 $\nu_{=CH}$、$\nu_{C=C}$、泛频区、δ_{CH} 和 $\gamma_{=CH}$ 五种振动形式。

1. $\nu_{=CH}$ 苯环的 =CH 伸缩振动中心频率通常发生在 3030cm^{-1}，中等强度。

2. $\nu_{C=C}$（苯环的骨架振动） 在 1650~1450cm^{-1} 范围内常常出现四重峰，其中 ~1600cm^{-1} 和 ~1500cm^{-1} 的两谱带最重要，它们与苯环的 =CH 伸缩振动结合，可作为芳香环存在的依据。此二峰的强度变化较大，非共轭时强度较小，有时甚至以其他峰的肩峰存在。当苯环与其他共轭时，这些峰强度大大增强。其他两个谱峰为 ~1580cm^{-1}（VW）和 ~1450cm^{-1}，后者与 —CH$_2$ 弯曲振动重叠，两者都不易识别，结构信息不明显，意义不大。

3. 泛频区 芳香族化合物出现在 2000~1666cm^{-1} 范围内的吸收峰称为泛频峰，其强度很弱，但这一范围的吸收峰的形状和数目，可以作为芳香族化合物取代类型的重要信息，它与取代基的性质无关。这个区域内典型的各种取代形式见图 3-13。

4. δ_{CH} 出现在 1225~955cm^{-1} 范围内，该区域的吸收峰特征性较差，结构解析意义不大。

5. $\gamma_{=CH}$ 芳香环的碳氢面外弯曲振动在 900~690cm^{-1} 范围内出现强的吸收峰，它们是由芳香环的相邻氢振动强烈偶合而产生的，因此它们的位置与形状由取代后剩余氢的相对位置与数量来决定，与取代基的性质基本无关。常见苯环各种取代形式见表 3-2 及图 3-15。

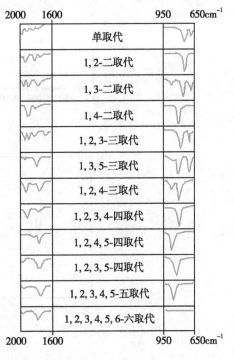

图 3-15 不同取代苯类化合物在 2000~1666cm^{-1} 的泛频峰和在 900~690cm^{-1} C—H 的面外弯曲振动吸收峰

表 3-2 不同取代类型苯衍生物的 $\gamma_{=CH}$

取代类型	剩余氢形式	振动频率（cm^{-1}）	强度
单取代	五个相邻氢	~750、~690	s,s
1,2-二取代	四个相邻氢	~750	s
1,3-二取代	孤立氢	900~860	m
	三个相邻氢	810~750、725~680	s,m~s
1,4-二取代	两个相邻氢	860~800	s
1,2,3-三取代	三个相邻氢	810~750、725~680	s,m 或 s
1,3,5-三取代	孤立氢	865~810、730~675	s,m
1,2,4-三取代	孤立氢	900~860	m
	两个相邻氢	860~800	s
1,2,3,5-取代	孤立氢	875~860	m 或 s
1,2,4,5-取代	孤立氢	875~860	m 或 s
1,2,3,4-取代	两个相邻氢	~800	s
五取代	孤立氢	875~860	m

图 3-16 是甲苯、邻二甲苯、间二甲苯和对二甲苯的红外光谱图。由图中可以看到不同取代类型的苯环的面外弯曲振动有着明显的不同。

笔记

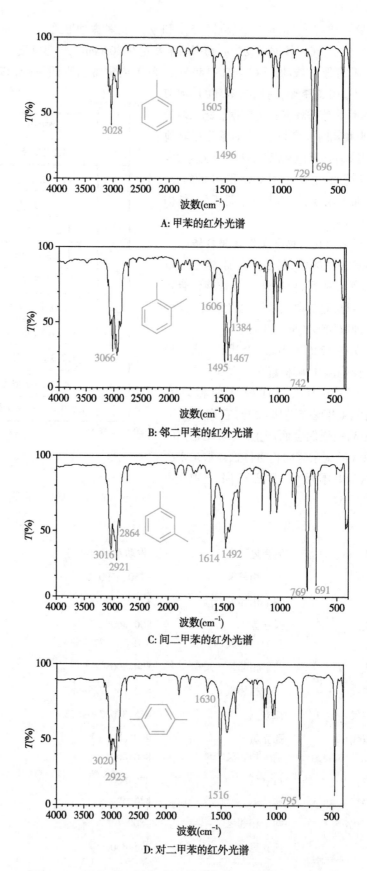

图 3-16   甲苯、邻二甲苯、间二甲苯和对二甲苯的红外光谱图

（五）醇类和酚类化合物

醇类和酚类化合物主要特征吸收为 ν_{OH}、ν_{C-O} 和 δ_{OH}。

1. **ν_{OH}** 游离的醇或酚 ν_{OH} 位于 3650~3600cm^{-1} 范围内，强度不定但峰形尖锐。形成氢键后，ν_{OH} 向低频区移动，在 3500~3200cm^{-1} 范围内产生一个强的宽峰。游离峰和氢键峰见图 3-17，样品中有微量水分时在 3650~3500cm^{-1} 区间内有干扰。

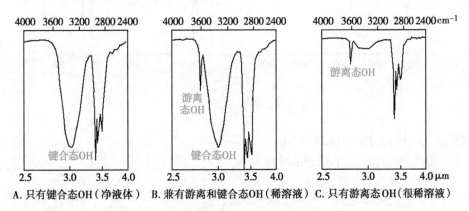

A. 只有键合态OH（净液体） B. 兼有游离和键合态OH（稀溶液） C. 只有游离态OH（很稀溶液）

图 3-17 OH 伸缩区的红外光谱

2. **ν_{C-O}** ν_{C-O} 位于 1250~1000cm^{-1} 范围内，可用于区别醇类的伯、仲、叔的结构。

醇类和酚类化合物 ν_{OH}、ν_{C-O} 见表 3-3。

表 3-3 醇类和酚类的 C—O 和 O—H 伸缩振动

化合物	C—O 伸缩振动（cm^{-1}）	O—H 伸缩振动（cm^{-1}）
酚类	1220	3610
叔醇	1150	3620
仲醇	1100	3630
伯醇	1050	3640

3. **δ_{OH}** 波数范围为 1400~1200cm^{-1}，与其他峰相互干扰，应用受到限制。图 3-18 是正丁醇的红外光谱图，其中 3333cm^{-1} 是 ν_{OH} 峰；1073cm^{-1} 是 ν_{C-O} 峰。图 3-19 是苯酚的红外光谱图，其中 3320cm^{-1} 是 ν_{OH} 峰；1235cm^{-1} 是 ν_{C-O} 峰。

（六）醚类化合物

醚类化合物主要是 ν_{C-O} 形式。脂肪族的醚类化合物 ν_{C-O} 一般发生在 1150~1050cm^{-1} 区间内，而芳香族的醚类化合物 ν_{C-O} 表现出了对称与不对称的两种振动形式，分别出现在 ν_{CO}^s

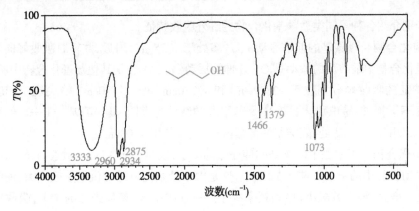

图 3-18 正丁醇的红外光谱

笔记

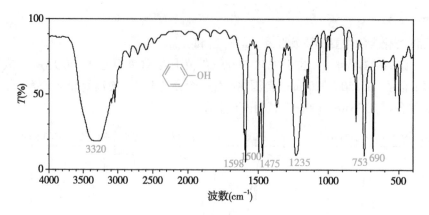

图 3-19　苯酚的红外光谱

$1275\sim1200\mathrm{cm}^{-1}$(s)和$\nu_{\mathrm{CO}}^{as}$$1075\sim1020\mathrm{cm}^{-1}$处。

图 3-20 是乙醚的红外光谱，$1126\mathrm{cm}^{-1}$是$\nu_{\mathrm{C-O}}$峰。

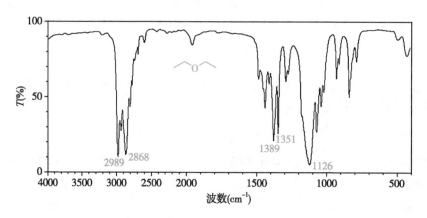

图 3-20　乙醚的红外光谱

（七）羰基化合物

羰基的伸缩振动是羰基的主要振动形式。$\nu_{\mathrm{C=O}}$多在$1850\sim1650\mathrm{cm}^{-1}$。由于在振动过程中偶极矩变化大，羰基的伸缩振动吸收强度很大，$\nu_{\mathrm{C=O}}$是羰基存在的有力证据。羰基化合物主要包括醛、酮、羧酸、酸酐、酯、酰卤、酰胺。各种羰基化合物$\nu_{\mathrm{C=O}}$具体峰位见表3-4。

表 3-4　各种羰基化合物羰基的伸缩振动的频率（cm^{-1}）

酸酐 I	酰氯	酸酐 II	酯	醛	酮	羧酸	酰胺
1810	1800	1760	1735	1725	1715	1710	1690

下面分别介绍各种不同类型羰基化合物的红外吸收特征。

1. 醛类化合物　醛羰基的伸缩振动$\nu_{\mathrm{C=O}}$多处于$1725\mathrm{cm}^{-1}$附近，共轭时吸收峰向低频方向移动。醛类化合物中最典型的振动是C—H伸缩振动（$\nu_{\mathrm{C-H}}$），这是其他羰基化合物中所没有的。出现两个特征的吸收峰分别位于$\sim2820\mathrm{cm}^{-1}$和$\sim2720\mathrm{cm}^{-1}$处，$\sim2720\mathrm{cm}^{-1}$峰尖锐，与其他C—H伸缩振动互不干扰，很易识别。图3-21是苯甲醛的红外光谱图，其中醛基的C—H伸缩振动出现在$2820\mathrm{cm}^{-1}$和$2736\mathrm{cm}^{-1}$处，醛羰基的伸缩振动$\nu_{\mathrm{C=O}}$位于$1703\mathrm{cm}^{-1}$。

2. 酮类化合物　正常酮中的羰基的伸缩振动$\nu_{\mathrm{C=O}}$发生在$1715\mathrm{cm}^{-1}$附近，共轭时吸收峰向低频方向移动。醛中的$\nu_{\mathrm{C=O}}>$酮中的$\nu_{\mathrm{C=O}}$，这是由于烃基比氢基的供电子效应大，使酮基中羰基C=O极性增大，键常数减小，振动频率减小。在环酮中，随着环张力的增大，吸收向高频方向移动。图3-22是薄荷酮的红外光谱图，其羰基出现在$1711\mathrm{cm}^{-1}$处。

笔记

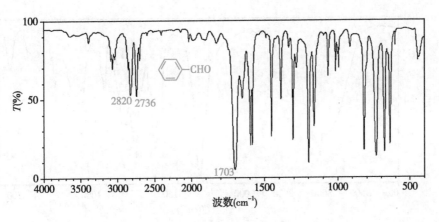

图 3-21 苯甲醛的红外光谱

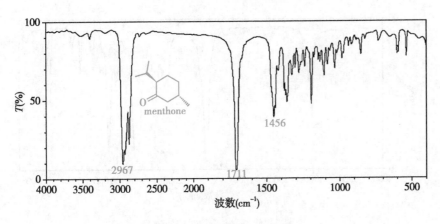

图 3-22 薄荷酮的红外光谱

3. 羧酸及羧酸盐 羧酸类化合物主要特征吸收为 ν_{OH}、$\nu_{C=O}$、ν_{C-O} 和 γ_{OH}。

(1) ν_{OH}：游离羟基的 ν_{OH} 一般位于 $3550cm^{-1}$ 处，峰形尖锐。缔合羟基的 ν_{OH} 由于氢键的形成，O—H 的键常数减小，向低频方向移动，一般发生在 $2500\sim3000cm^{-1}$，峰宽且强，常与脂肪族的 C—H 伸缩振动重叠。

(2) $\nu_{C=O}$：游离 $\nu_{C=O}$ 一般发生在 $1760cm^{-1}$ 附近。缔合 $\nu_{C=O}$ 由于氢键的形成，一般发生在 $1725\sim1705cm^{-1}$，峰宽且强，比醛或酮的 $\nu_{C=O}$ 更强更宽。如果发生共轭，使 $\nu_{C=O}$ 向低频方向移动，如芳香羧酸 $\nu_{C=O}$ 一般发生在 $1690cm^{-1}$ 左右。

(3) ν_{C-O}：在 $1320\sim1200cm^{-1}$ 区间产生中等强度的多重峰。

(4) γ_{OH}：多位于 $950\sim900cm^{-1}$ 区间，强度变化很大，可作为羧基是否存在的旁证。

图 3-23 是正丁酸的红外光谱图。ν_{OH} 位于 $3500\sim2400cm^{-1}$ 区间，峰宽且强；$\nu_{C=O}$ 位于 $1712cm^{-1}$；ν_{C-O} 是 $1285cm^{-1}$ 和 $1222cm^{-1}$ 的峰；γ_{OH} 位于 $937cm^{-1}$。

羧酸盐的羧基（CO_2^-）的伸缩振动位置有着显著变化，有着对称的伸缩振动和不对称的伸缩振动，其对称的伸缩振动位于 $1400cm^{-1}$ 左右；不对称的伸缩振动位于 $1610\sim1550cm^{-1}$，吸收峰都比较强，具有鉴别意义。

4. 酯类化合物 酯类化合物 $R{-}\overset{\overset{\text{O}}{\|}}{C}{-}OR'$ 主要特征吸收为 $\nu_{C=O}$ 和 ν_{C-O}。

(1) $\nu_{C=O}$：一般酯类化合物 $\nu_{C=O}$ 出现在 $1725\sim1745cm^{-1}$。如果羰基与 R 部分共轭时，峰向右移动；如果单键氧与 R' 部分共轭时，峰向左移动；内酯环张力增大，$\nu_{C=O}$ 向高波数位移。

(2) ν_{C-O}：位于 $1300\sim1050cm^{-1}$ 区间。

图 3-24 为乙酸乙酯的红外光谱。其中 $\nu_{C=O}$ 位于 $1743cm^{-1}$。ν_{C-O} 位于 $1243cm^{-1}$ 和 $1048cm^{-1}$。

笔记

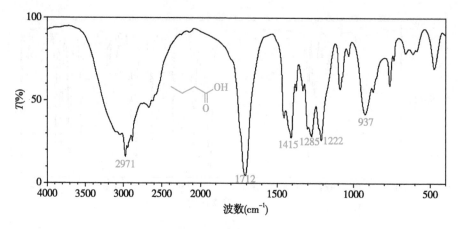

图 3-23　正丁酸的红外光谱

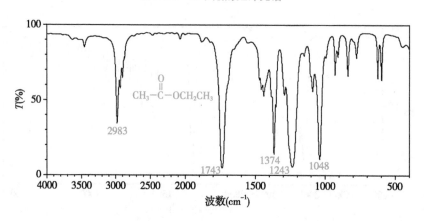

图 3-24　乙酸乙酯的红外光谱

5. 酰胺类化合物　酰胺类化合物主要特征吸收为 ν_{NH}、$\nu_{C=O}$（酰胺 I 峰）、δ_{NH}（酰胺 II 峰）和 ν_{C-N}（酰胺 III 峰）。

（1）ν_{NH}：多位于 3500~3100cm^{-1} 区间。伯酰胺在游离状态时 ν_{NH} 在 3500cm^{-1} 和 3400cm^{-1} 两处出现强度大至相等的双峰。缔合状态时使得此二峰向低频方向移动，位于 ~3300cm^{-1} 和 ~3180cm^{-1} 处。仲酰胺在游离状态时 ν_{NH} 在 3500~3400cm^{-1} 区域内出现一个峰，缔合状态时，一般位于 3330~3060cm^{-1}。叔酰胺中没有 N—H，故不出现 ν_{NH}。无论游离的还是缔合的 N—H 伸缩振动的峰都比相应氢键缔合的 O—H 伸缩振动的峰弱而尖锐。

（2）$\nu_{C=O}$：酰胺 I 峰。

伯酰胺：游离状态 ~1690cm^{-1}，缔合状态 ~1650cm^{-1}。

仲酰胺：游离状态 ~1680cm^{-1}，缔合状态 ~1640cm^{-1}。

叔酰胺：不缔合 ~1650cm^{-1}。

酰胺中的 $\nu_{C=O}$ 较一般羰基的 $\nu_{C=O}$ 在低频区，这是由于氮上的孤对电子与羰基发生共轭使电子云平均化，羰基的双键性减弱，单键性增强，键常数减小的缘故。环内酰胺随着环张力的增大 $\nu_{C=O}$ 向高波数区位移。

（3）δ_{NH}：酰胺 II 峰。

伯酰胺 δ_{NH} 出现在 1640~1600cm^{-1}，游离态在高波数区，缔合态在低波数区。仲酰胺出现在 1570~1510cm^{-1}，特征性非常强，足以区分伯、仲酰胺的存在。

（4）ν_{C-N}：酰胺 III 峰。

伯酰胺的 ν_{C-N} 出现在 1400cm^{-1} 左右，仲酰胺出现在 1300cm^{-1} 左右，这些峰都很强。

图 3-25 是丙酰胺的红外图谱。ν_{NH} 在 3363cm^{-1} 和 3192cm^{-1} 处；酰胺 I 峰 $\nu_{C=O}$ 位于 1650cm^{-1} 处，

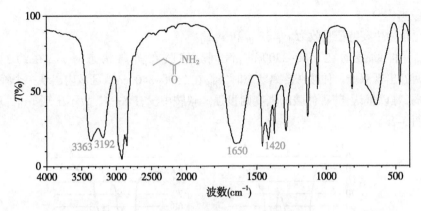

图 3-25 丙酰胺的红外图谱

与酰胺Ⅱ峰 δ_{NH} 合并；ν_{C-N} 出现在 $1420cm^{-1}$ 处。

6. 酰卤类化合物 脂肪酰卤的 $\nu_{C=O}$ 在 $1800cm^{-1}$ 附近，如果 C=O 与不饱和键共轭时，吸收在 $1850\sim1765cm^{-1}$。ν_{C-X} 吸收在 $1250\sim910cm^{-1}$ 区间，峰形较宽。

图 3-26 是丙酰氯的红外光谱。其中 $1792cm^{-1}$ 是 $\nu_{C=O}$ 吸收峰，$917cm^{-1}$ 是 ν_{C-Cl} 吸收峰。

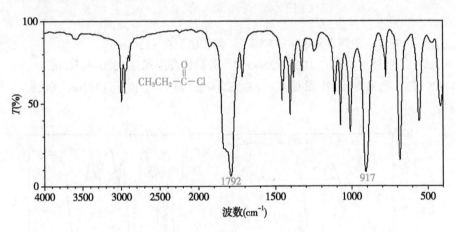

图 3-26 丙酰氯的红外光谱

7. 羧酸酐类化合物 羧酸酐中由于两个羰基的振动偶合，在 $1860\sim1800cm^{-1}$ 区间和 $1775\sim1740cm^{-1}$ 区间有两个强的吸收带，前者为 $\nu_{C=O}^{as}$，后者为 $\nu_{C=O}^{s}$。ν_{C-O} 位于 $1300\sim900cm^{-1}$ 区间，是一宽而强的吸收带。

图 3-27 是乙酸酐的红外光谱。$\nu_{C=O}$ 位于 $1827cm^{-1}$ 和 $1766cm^{-1}$，ν_{C-O} 位于 $1124cm^{-1}$。

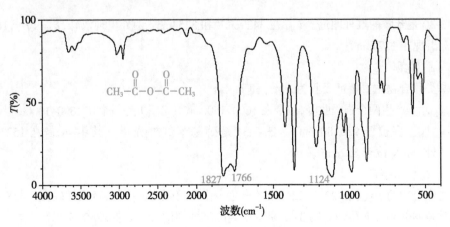

图 3-27 乙酸酐的红外光谱

笔记

（八）胺类化合物

胺类化合物主要特征吸收为 ν_{NH}、δ_{NH} 和 ν_{C-N}。

1. ν_{NH} 伸缩振动在 3500~3300cm^{-1} 区间。伯胺在游离状态时 ν_{NH} 在约 3490cm^{-1} 和 3400cm^{-1} 两处出现双峰。仲胺在游离状态时 ν_{NH} 在 3500~3400cm^{-1} 区域内出现一个峰。脂肪仲胺的强度弱，难以辨认，芳香仲胺的强度则很强。叔胺中没有 N—H，故不出现 ν_{NH}。ν_{NH} 与 ν_{OH} 的比较见图 3-28。

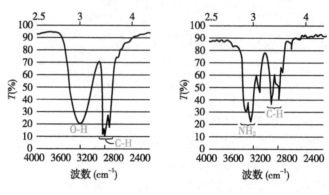

图 3-28 ν_{NH} 与 ν_{OH} 的比较

2. δ_{NH} 伯胺 δ_{NH} 出现在 1650~1570cm^{-1}。仲胺出现在 ~1500cm^{-1}。

3. ν_{C-N} 脂肪族胺出现在 1020~1250cm^{-1}。芳香族胺出现在 1380~1250cm^{-1}。

图 3-29 是二乙胺的红外图谱。ν_{NH} 在 3281cm^{-1} 处；δ_{NH} 位于 1462cm^{-1} 处；ν_{C-N} 出现在 1138cm^{-1}。

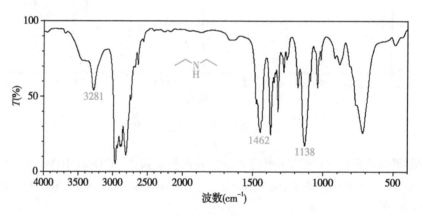

图 3-29 二乙胺的红外图谱

图 3-30 是苯胺的红外图谱。ν_{NH} 在 3429cm^{-1} 和 3354cm^{-1} 两处出现双峰；δ_{NH} 位于 1621cm^{-1} 处；ν_{C-N} 出现在 1277cm^{-1}。

（九）硝基类化合物

硝基类化合物主要特征吸收为 $\nu_{N=O}$ 和 ν_{C-N}。

1. $\nu_{N=O}$ 产生两个强吸收峰，一个在 1600~1500cm^{-1}（$\nu_{N=O}^{as}$），另一个在 1390~1300cm^{-1}（$\nu_{N=O}^{s}$）。

2. ν_{C-N} 多位于 920~800cm^{-1}。图 3-31 是硝基苯红外光谱。其中 $\nu_{N=O}$ 在 1523cm^{-1} 和 1347cm^{-1} 处，ν_{C-N} 位于 852cm^{-1} 处。

（十）氰类化合物

氰类化合物的 $\nu_{C\equiv N}$ 在 2260~2215cm^{-1} 产生一个中等强度的尖峰，特征性较强。与双键或苯环共轭时峰向低频方向移动。图 3-32 是苯甲腈的红外图谱，$\nu_{C\equiv N}$ 在 2230cm^{-1} 处。

笔记

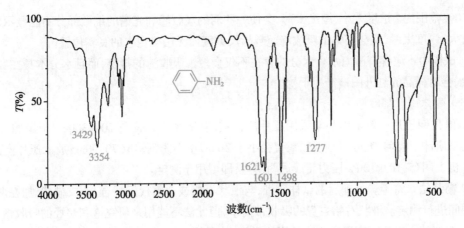

图 3-30　苯胺的红外图谱

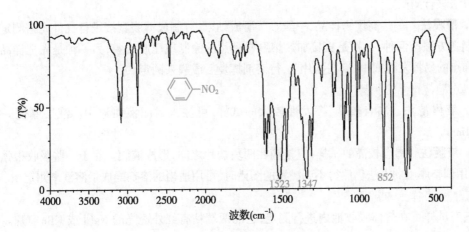

图 3-31　硝基苯的红外图谱

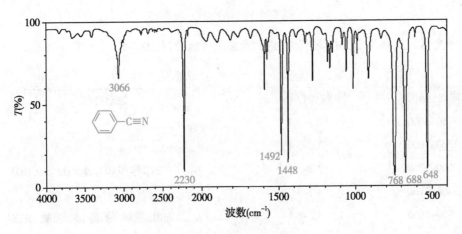

图 3-32　苯甲腈的红外图谱

第三节　红外光谱在结构解析中的应用

一、样品制备技术

红外光谱的试样可以是液体、固体或气体，一般应要求：

1. 试样应是单一组分的纯物质，纯度应 >98%。

2. 试样的浓度和测试厚度应选择适当，以使光谱图中大多数吸收峰的透射比处于

笔记

15%~70% 范围内。浓度太小,厚度太薄,会使一些弱的吸收峰和光谱的细微部分不能显示出来;浓度过大,厚度太厚,又会使强的吸收峰超越标尺刻度而无法确定它的真实位置。

3. 试样中不应含有游离水。水分的存在不仅会侵蚀吸收池的盐窗,而且水分本身在红外区有吸收,会对样品的红外图谱产生干扰。

(一) 固体样品制备

1. **溴化钾压片**　粉末样品常采用压片法,一般取试样 2~3mg 与 200~300mg 干燥的 KBr 粉末在玛瑙研钵中混匀,充分研细至颗粒直径小于 2μm,用不锈钢铲取 70~90mg 放入压片模具内,在压片机上用 $(5~10)×10^7Pa$ 压力压成透明薄片,即可用于测定。

2. **糊装法**　将干燥处理后的试样研细,与液状石蜡或全氟代烃混合,调成糊状,加在两 KBr 盐片中间进行测定。液状石蜡自身的吸收带简单,但此法不能用来研究饱和烷烃的吸收情况。

3. **溶液法**　对于不宜研成细末的固体样品,如果能溶于溶剂,可制成溶液,按照液体样品测试的方法进行测试。

4. **薄膜法**　一些高聚物样品,一般难于研成细末,可制成薄膜直接进行红外光谱测定。薄膜的制备方法有两种,一种是直接加热熔融样品然后涂制或压制成膜,另一种是先把样品溶解在低沸点的易挥发溶剂中,涂在盐片上,待溶剂挥发后成膜来测定。

(二) 液体样品的制备

1. **液体池法**　沸点较低,挥发性较大的试样,可注入封闭液体池中。液层厚度一般为 0.01~1mm。

2. **液膜法**　沸点较高的试样,直接滴在两块盐片之间,形成液膜。对于一些吸收很强的液体,当用调整厚度的方法仍然得不到满意的图谱时,可用适当的溶剂配成稀溶液来测定。

(三) 气态样品的制备

气态试样可在气体吸收池内进行测定,它的两端粘有红外透光的 NaCl 或 KBr 窗片。先将气体池抽真空,再将试样注入。

二、红外光谱的八大区域

红外光谱的八大区域是由日本的岛内武彦总结得出的,见表 3-5。

表 3-5　红外光谱的八大区域

波数 (cm⁻¹)	波长 (μm)	振动类型
3750~3000	2.7~3.3	ν_{OH}、ν_{NH}
3300~3000	3.0~3.4	$\nu_{=CH} > \nu_{≡CH} ≈ \nu_{ArH}$
3000~2700	3.3~3.7	ν_{CH} (—CH₃,饱和 CH₂ 及 CH, —CHO)
2400~2100	4.2~4.9	$\nu_{C≡C}$、$\nu_{C≡N}$
1900~1650	5.3~6.1	$\nu_{C=O}$ (酸酐、酰氯、酯、醛、酮、羧酸、酰胺)
1675~1500	5.9~6.2	$\nu_{C=C}$、$\nu_{C=N}$
1475~1300	6.8~7.7	δ_{CH} (各种面内弯曲振动)
1300~1000	7.7~10.0	$\nu_{C=O}$ (酚、醇、醚、酯、羧酸)
1000~650	10.0~15.4	$\gamma_{=CH}$ (不饱和碳 - 氢面外弯曲振动)

三、红外吸收光谱法的应用

1. **鉴定是否为某一已知化合物**

(1) 待鉴定样品与标准品在同样的条件下测定红外光谱,完全一致可初步断定为同一化合物(也有例外,如对映异构体)。

(2)无标准品,但有标准图谱时,也可与标准图谱对照。但要注意所用的仪器是否相同,测绘条件(如检品的物理状态、浓度及使用的溶剂)是否一致。

2. **化合物构型与立体构象的研究**   如化合物 $CH_3HC=CHCH_3$ 具有顺式与反式两种构型,这两个化合物的红外光谱在 $1000\sim650cm^{-1}$ 区域内有显著不同,顺式 $\gamma_{=CH}$ 在 $\sim690cm^{-1}$ 出现吸收峰(s),反式 $\gamma_{=CH}$ 在 $\sim970cm^{-1}$ 出现吸收(vs)。

顺式$(cis)\gamma_{=CH}$ $\sim690cm^{-1}$ 反式$(trans)\gamma_{=CH}$ 在$\sim970cm^{-1}$

又如:1,3-环己二醇和1,2-环己二醇优势构象的确定。此二化合物在红外光谱的 $3450cm^{-1}(\nu_{OH})$ 中都有一宽而强的吸收峰,用四氯化碳稀释后,两者的谱带位置和强度都不改变,说明这两个化合物均可能形成分子内氢键,据此可以断定第一种化合物的优势构象是双直立键优势,而第二种化合物的优势构象是双平伏键优势。

顺式1,3-环己二醇   反式1,2-环己二醇

3. **检验反应是否进行,某些基团的引入或消去**   对于比较简单的化学反应,基团的引入或消去可根据红外图谱中该基团相应特征峰的存在或消失加以判定。对于复杂的化学反应,需与标准图谱比较做出判定。

4. **未知结构化合物的确定**   红外光谱可用于确定比较简单的未知有机化合物的结构。对复杂的全未知的化合物结构测定,则必须配合 UV、NMR、MS、元素分析及理化性质综合确定。

四、红外光谱解析程序和实例

(一) 红外光谱解析的一般程序

首先检查光谱图是否符合基本要求,即基线透过率在 90% 左右,吸收峰的透过率适当,不应有吸收峰强度过弱或过强现象。

其次要排除可能出现的"假谱带"。如样品含水时,在 $3400cm^{-1}$、$1640cm^{-1}$ 和 $650cm^{-1}$ 有可能出现水的吸收峰;大气中的二氧化碳在 $2350cm^{-1}$ 和 $667cm^{-1}$ 有吸收峰,解析图谱时应排除其干扰。图 3-33 是水和二氧化碳的红外吸收光谱图。

接下来就可以对图谱进行解析。根据红外图谱的特征,把红外图谱分为特征区($4000\sim1333cm^{-1}$)和指纹区($1333\sim400cm^{-1}$)两大部分。

特征区可帮助确定化合物是芳香族还是脂肪族,饱和烃还是不饱和烃,主要通过 C—H 伸缩振动来判断。C—H 伸缩振动多发生在 $3100\sim2800cm^{-1}$ 之间,以 $3000cm^{-1}$ 为界,高于 $3000cm^{-1}$ 多为不饱和烃,低于 $3000cm^{-1}$ 为饱和烃。芳香族化合物的苯环骨架振动吸收在 $1620\sim1470cm^{-1}$ 之间,若在 $(1600\pm20)cm^{-1}$、$(1500\pm25)cm^{-1}$ 有吸收,可确定化合物含有芳香族结构片段。

指纹区是作为化合物含有什么基团的旁证,可以帮助确定化合物的细微结构。指纹区许多吸收峰都是特征区吸收峰的相关峰。

总的图谱解析可归纳为:先特征,后指纹;先最强峰,后次强峰;先粗查,后细找;先否定,后肯定。一抓一组相关峰。

"先特征,后指纹,先最强峰,后次强峰"是指先由特征区第一强峰入手,因为特征区峰疏,易

笔记

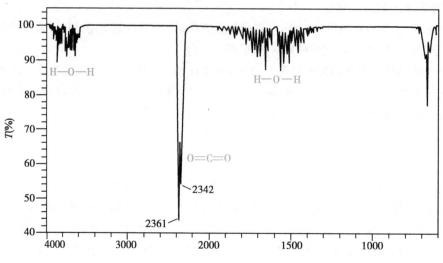

图 3-33 水和二氧化碳的红外吸收光谱

于辨认。然后找出与第一强峰相关的峰。第一强峰确认后,再依次解析特征区第二强峰、第三强峰,方法同上。对于简单的光谱,一般解析一、两组相关峰即可确定未知物的分子结构。

"先粗查"指按上面强峰的峰位查找光谱的八大区域(表 3-5),初步了解该峰的起源与归属。"后细找"是指根据这种可能的起源与归属,细找主要基团的红外特征吸收峰。若找到所有相关峰了,此峰的归属便可基本确定。

"先否定,后肯定",因为吸收峰的不存在,对否定官能团的存在比吸收峰的存在对肯定一个官能团的存在要容易得多,根据也确凿得多。因此,在解析过程中,采取先否定的办法,以便逐步缩小未知物的范围。

总之是先识别特征区第一强峰的起源(由何种振动所引起)及可能的归属(属于什么基团),而后找出该基团所有或主要相关峰进一步确定或佐证第一强峰的归属。同样的方法解析特征区的第二强峰及相关峰,第三强峰及相关峰等。有必要再解析指纹区的第一强峰、第二强峰及其相关峰。无论解析特征区还是指纹区的强峰都应掌握:"抓住"一个峰解析一组相关峰的方法,它们可以互为佐证,提高图谱解析的可信度,避免孤立解析造成结论的错误。简单的图谱,一般解析三、四组图谱即可解析完毕。但结果的最终确定,还需与标准图谱进行对照。

在解析图谱时有时会遇到特征峰归属不清的问题,如化合物中含有若干个羰基($C=O$)、碳碳双键($C=C$)或芳环时,它们的吸收峰均出现在 $1850\sim1600cm^{-1}$ 区间内,此时需通过其他辅助手段来区别,如改变溶剂。溶剂极性增加,极性的 $\pi\to\pi*(C=O)$ 跃迁的吸收向低频方向移动,而非极性的 $\pi\to\pi*(C=C)$ 跃迁的吸收不受影响。也可以利用化学手段进行一些官能团的归属及酯化、酰化、水解、还原等方法对化合物的结构进行辅助测定。

上述解析图谱程序只适用于较简单的光谱的解析,复杂化合物的光谱,由于各种官能团间的相互影响要与标准光谱对照。

目前常用的红外光谱图集有由国家药典委员会编写的药品红外光谱集、Sadtler 红外光谱图集、Aldrich 红外光谱谱图库等。

(二)红外光谱解析实例

例 3-3 图 3-34 是含有 C、H、O 的有机化合物的红外光谱图,试问:

(1)该化合物是脂肪族还是芳香族?

(2)是否为醇类?

(3)是否为醛、酮、羧酸类?

(4)是否含有双键或三键?

笔记

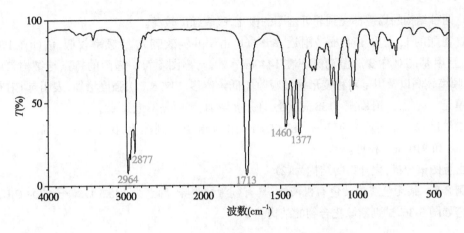

图 3-34　例 3-3 未知化合物的红外光谱

解:(1) 在 3000cm^{-1} 以上无 ν_{C-H} 的伸缩振动,在 1600~1450cm^{-1} 无芳环的骨架振动,所以不是芳香族化合物。2960~2930cm^{-1} 的 ν_{C-H} 峰提示脂肪族化合物。

(2) 在 3500~3300 区间无任何吸收,故此化合物不是醇类化合物。

(3) 在 1713cm^{-1} 有一强吸收,示可能为醛、酮、羧酸类化合物。但在 2830cm^{-1} 和 2730cm^{-1} 处没有醛基 C—H 的特征吸收峰,故可否定是醛类化合物;又在 3000cm^{-1} 没有 COOH 伸缩振动的宽而强的吸收峰,故也可否定羧酸的存在。故该化合物只能是酮类化合物。

(4) 在 1680~1610cm^{-1}($\nu_{C=C}$)及 2200cm^{-1}($\nu_{C\equiv C}$)附近没有明显的吸收,说明此化合物除 C=O 外,无三键或双键。

综上所述该化合物应该是脂肪族的酮类。

例 3-4　由元素分析某化合物的分子式为 $C_4H_6O_2$,测得红外光谱如图 3-35,试推测其结构。

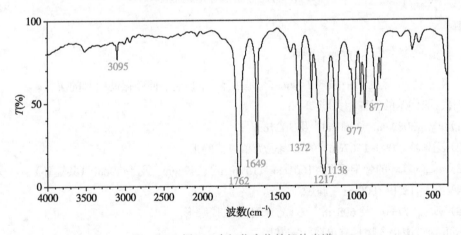

图 3-35　例 3-4 未知化合物的红外光谱

解:由分子式计算不饱和度 $\Omega = \dfrac{2\times4+2-6}{2} = 2$

特征区:3095cm^{-1} 有弱的不饱和 C—H 伸缩振动吸收,与 1649cm^{-1} 的 $\nu_{C=C}$ 谱带对应表明有烯键存在,谱带较弱,是被极化了的烯键。

1762cm^{-1} 强吸收谱带表明有羰基存在,结合最强吸收谱带 1217cm^{-1} 和 1138cm^{-1} 的 C—O—C 吸收应为酯基。

这个化合物属不饱和酯,根据分子式有如下结构:

(1) CH_2=CH—COO—CH_3　丙烯酸甲酯

(2) CH_3—COO—CH=CH_2　醋酸乙烯酯

笔记

这两种结构的烯键都受到邻近基团的极化,吸收强度较高。

普通酯的 $\nu_{C=O}$ 在 1745cm^{-1} 附近,结构(1)由于共轭效应 $\nu_{C=O}$ 频率较低,估计在 1700cm^{-1} 左右,且甲基的对称变形振动频率在 1440cm^{-1} 处,与谱图不符。谱图的特点与结构(2)一致,$\nu_{C=O}$ 频率较高以及甲基对称变形振动吸收向低频位移(1372cm^{-1}),强度增加,表明有 CH$_3$COC— 结构单元。ν_{sC-O-C} 升高至 1138cm^{-1} 处,且强度增加,表明是不饱和酯。

指纹区:$\delta_{=CH}$ 出现在 977cm^{-1} 和 877cm^{-1},由于烯键受到极化,比正常的乙烯基 $\delta_{=CH}$ 位置(990cm^{-1} 和 910cm^{-1})稍低。

由上图谱分析,化合物的结构为(2)。

例 3-5 某无色或淡黄色有机液体,具有刺激性嗅味,沸点为 145.5℃,分子式为 C$_8$H$_8$,其红外光谱如图 3-36,试判断该化合物的结构。

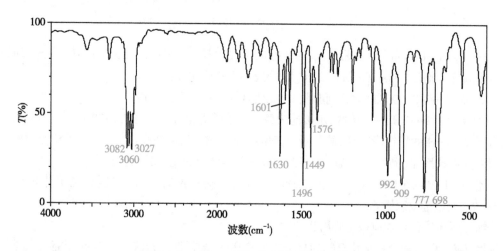

图 3-36　例 3-5 未知化合物的红外光谱

解:

1. $\Omega = \dfrac{2 \times 8 + 2 - 8}{2} = 5$(可能有苯环)

2. 粗查:特征区的第一强峰 1496cm^{-1},是由苯环的 $\nu_{C=C}$ 伸缩振动引起的。

细找:取代苯的五种相关峰如下:

(1) $\nu_{\Phi-H}$ 3082cm^{-1}、3060cm^{-1} 及 3027cm^{-1};

(2) 泛频峰:2000~1667cm^{-1} 的峰表现为单取代峰形;

(3) $\nu_{C=C}$(苯环的骨架振动):1601cm^{-1}、1576cm^{-1}、1496cm^{-1} 及 1449cm^{-1}(共轭环);

(4) $\delta_{\Phi-H}$ 1250~1000cm^{-1},弱峰。

(5) $\gamma_{\Phi-H}$ 777cm^{-1} 及 698cm^{-1}(双峰)苯环单取代峰形。

故可判定该化合物具有单取代苯基团。

3. 粗查:特征区第二强峰 1630cm^{-1} 该峰起源于烯烃。

细找:烯烃的四种振动形式相关峰:

(1) $\nu_{=CH}$　3082cm^{-1}、3060cm^{-1} 及 3027cm^{-1};

(2) $\nu_{C=C}$　1630cm^{-1};

(3) $\delta_{=CH}$　1430~1260cm^{-1} 出现中等强度峰;

(4) $\gamma_{=CH}$　992cm^{-1} 及 909cm^{-1} 为乙烯基单取代。

由此可知未知物可能结构为苯乙烯:

$$\text{CH}=\text{CH}_2$$

笔记

查 Sadtler 光谱对照与苯乙烯的光谱完全一致。

例3-6 某化合物的红外光谱如图 3-37,试判断是下述三个化合物中的哪一个?

(1) 因存在 3300cm^{-1} 峰($\nu_{C≡CH}$),故排除了I和III。

(2) 又因缺少 $\nu_{C=O}$ 峰(1900~1650cm^{-1}),故进一步排除I和III。

(3) 2200cm^{-1} 处出现的弱峰是 $\nu_{C≡C}$ 引起的振动吸收峰。

(4) 2900cm^{-1}、2800cm^{-1} 为饱和 ν_{CH} 的伸缩振动吸收峰,否定I。

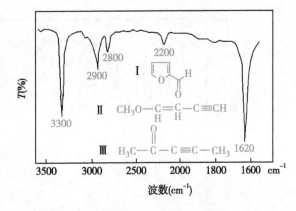

图 3-37　例 3-6 未知化合物的红外光谱

(5) 1620cm^{-1} 由 $\nu_{C=C}$ 的振动引起,故此化合物中同时存在 C=C 和 C≡CH,正确的结构是II。

例3-7 某化合物分子式为 C_8H_8O,IR 光谱见图 3-38,沸点 202℃,试推断其结构。

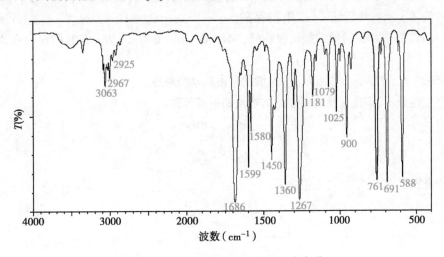

图 3-38　例 3-7 未知化合物的红外光谱

解: $\Omega = \dfrac{2×8+2-8}{2} = 5$(可能有苯环)

在 3500~3000cm^{-1} 无任何吸收(3400cm^{-1} 附近吸收为水干扰峰),证明分子中无 OH。1686cm^{-1} 是共轭的酮羰基。

3000cm^{-1} 以上的 $\nu_{\Phi-H}$ 及 1599cm^{-1}、1580cm^{-1}、1450cm^{-1} 等峰的出现,泛频区弱的吸收证明为芳香族化合物,而 $\nu_{\Phi-H}$ 的 761cm^{-1} 及 691cm^{-1} 出现提示为单取代苯。2967cm^{-1}、2925cm^{-1} 及 1360cm^{-1} 出现提示有—CH$_3$ 存在。

综上所述,结合分子式说明化合物只能是苯乙酮,结构式为:

经与标准图谱核对,并对照沸点等数据,证明结构推断正确。

例3-8 某化合物分子式为 C_7H_9N,其红外光谱见图 3-39,试判断该化合物的结构。

解: $\Omega = \dfrac{2×7+2-9+1}{2} = 4$,推测可能有苯环。

在特征区 1498cm^{-1}、1585cm^{-1}、1469cm^{-1} 的三个强峰及泛频区弱峰提示有苯环存在,同时在 752cm^{-1} 出现单峰提示为苯环邻二取代化合物。

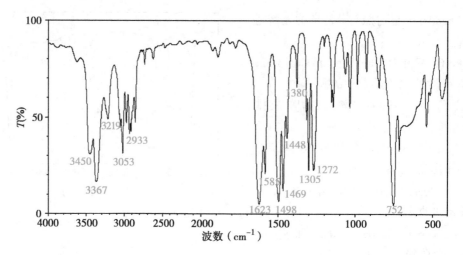

图 3-39　例 3-8 未知化合物的红外光谱

3450cm^{-1} 和 3367cm^{-1} 的双峰提示为—NH$_2$ 基团的伸缩振动吸收峰,与苯环的 ν_{CH} 峰重叠;1623cm^{-1} 的 δ_{NH} 吸收峰佐证了—NH$_2$ 的存在。

2933cm^{-1} 为—CH$_3$ 的伸缩振动吸收峰,1448cm^{-1} 和 1380cm^{-1} 为—CH$_3$ 的面内弯曲振动吸收峰。

1305cm^{-1} 和 1272cm^{-1} 可能为 C—N 键的弯曲振动吸收峰。

综合上述分析,该化合物的可能的结构是邻甲基苯胺:

与标准图谱核对,结论完全正确。

习题

1. 下列化合物(A)与(B)在 C—H 伸缩振动区域中有何区别?

（A）　　　　　　　（B）

2. 下列化合物的红外光谱有何不同?

（A）　　　　　　　（B）

3. 下列化合物的红外光谱有何不同?

A　　　　　　　B

4. 下列 A、B、C 三个化合物在 3650~1650cm^{-1} 区间内红外光谱有何不同?

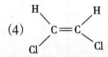

5. 判断下列各分子的碳碳对称伸缩振动在红外光谱中是活性还是非活性的。

(1) $CH_3—CH_3$　　　　　　(2) $CH_3—CCl_3$　　　　　(3) $HC≡CH$

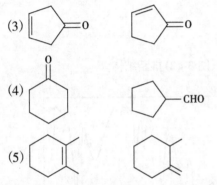

(4)　　　　　　　　　(5)

6. 试用红外光谱法区别下列异构体：

(1) $CH_3CH_2CH_2CH_2OH$　　　　$CH_3CH_2OCH_2CH_3$

(2) CH_3CH_2COOH　　　　CH_3COOCH_3

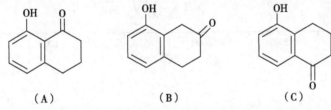

(3)

(4)

(5)

7. 已知一化合物的分子式为 $C_{10}H_{10}O_2$，它的 IR 谱图(稀溶液)在 $1685cm^{-1}$、$3360cm^{-1}$ 处有吸收，推测其结构式可能为下列 A、B、C 三种。你认为哪一种结构式最符合？为什么？

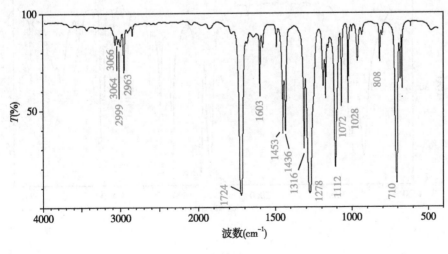

(A)　　　　　　　　(B)　　　　　　　　(C)

8. 某化合物分子式为 $C_8H_8O_2$，根据下面红外光谱(图 3-40)，判断该化合物为苯乙酸、苯甲酸甲酯还是乙酸苯酯。

（图：红外光谱，纵轴 $T(\%)$ 0~100，横轴 波数(cm⁻¹) 4000~500，标注峰：3064、3066、2999、2963、1724、1603、1453、1436、1316、1278、1112、1072、1028、808、710）

图 3-40

9. 根据下列红外图谱(图 3-41)推断化合物 C_8H_7N 的结构,熔点 29.5℃。

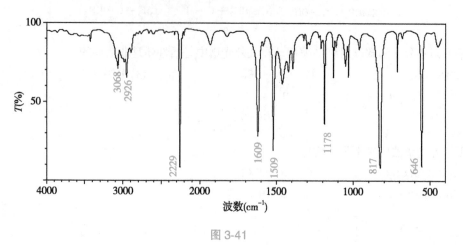

图 3-41

10. 某化合物分子式为 C_3H_7NO,试根据从下列红外光谱(图 3-42)推断结构。

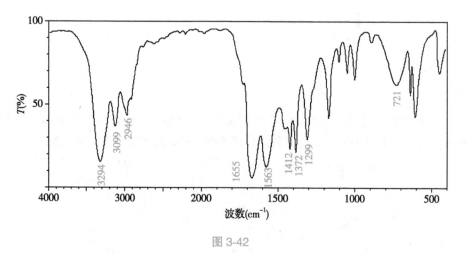

图 3-42

11. 某化合物的分子式为 C_3H_5NO,根据红外光谱(图 3-43)解析其结构。

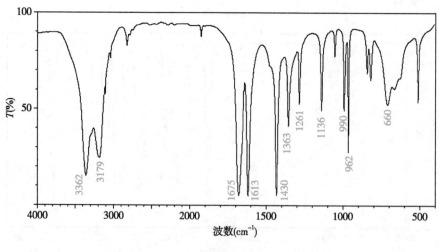

图 3-43

笔记

12. 某化合物的分子式为 $C_7H_8O_2$,其红外光谱见图 3-44,推测其结构。

13. 某化合物分子式是 C_5H_8O,其红外光谱见图 3-45,推测其结构。

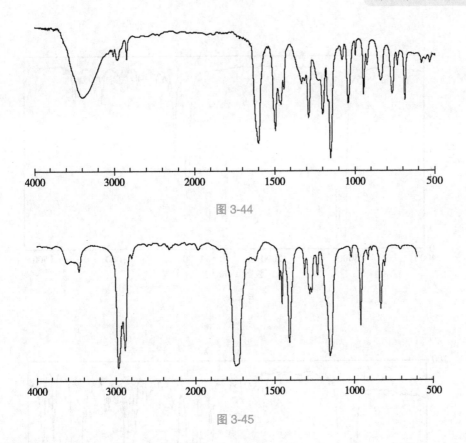

图 3-44

图 3-45

14. 找出下列化合物 A~F 对应的红外图谱(图 3-46~ 图 3-51)。

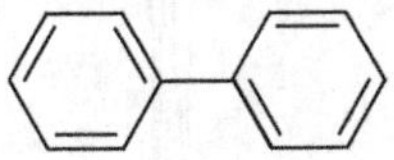

A

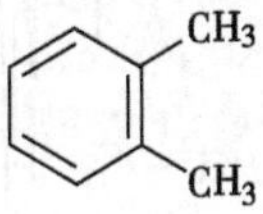

B

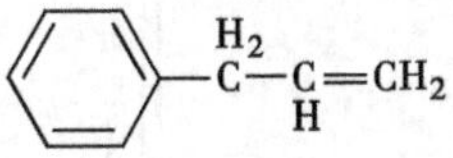

C

$CH_3CH_2CH_2CH_2CH_3$

D

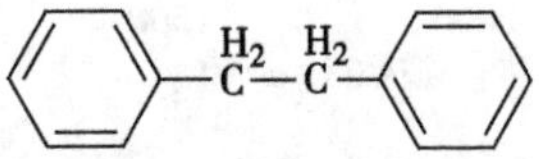

E

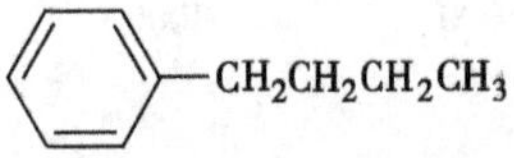

F

(1)

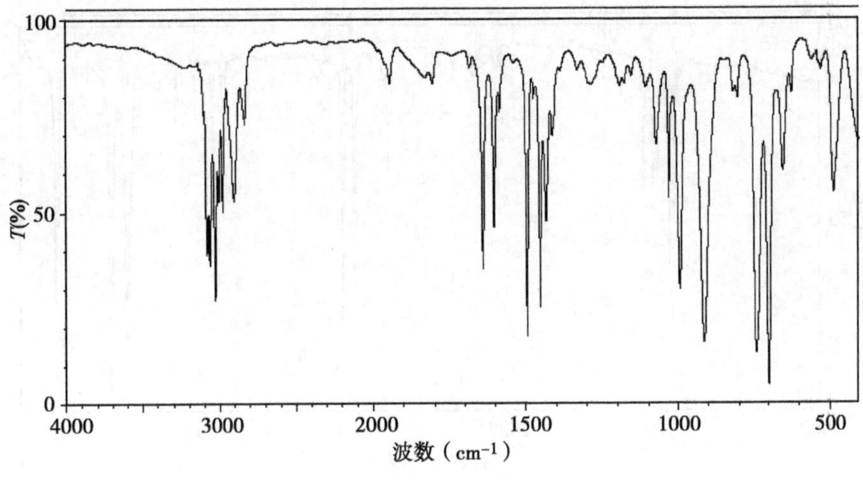

波数(cm⁻¹)

图 3-46

(2)

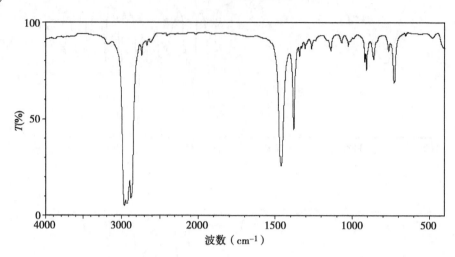

图 3-47

(3)

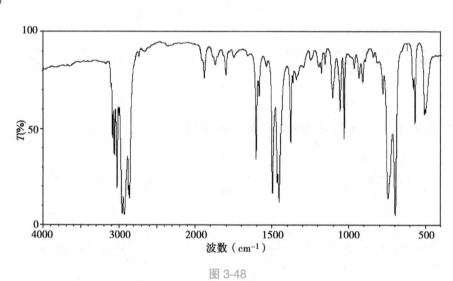

图 3-48

(4)

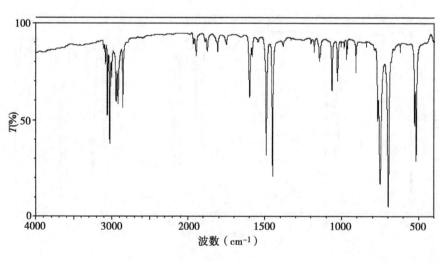

(5)

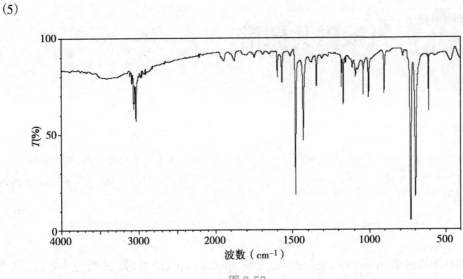

图 3-50

(6)

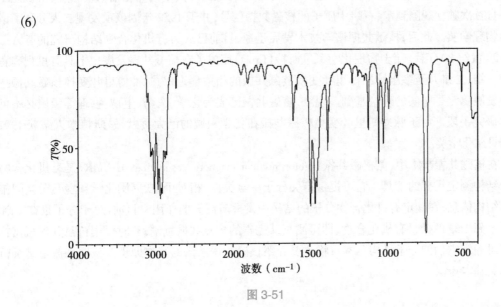

图 3-51

（阮汉利）

参考文献

1. 谢晶曦 . 红外光谱在有机化学和药物化学中的应用 . 北京：科学出版社，2001.

2. 张正行 . 有机光谱分析 . 北京：人民卫生出版社，2009.

3. 姚新生 . 有机化合物波谱分析 . 第 2 版 . 北京：中国医药科技出版社，2004.

4. 中西香尔 P.H. 索罗曼 . 红外光谱分析 100 例 . 北京：科学出版社，1984.

5. 宁永成 . 有机化合物结构鉴定与有机波谱学 . 第 2 版 . 北京：科学出版社，2000.

6. 西尔弗斯坦 . 药学有机化合物波谱解析 . 上海：华东理工大学出版社，2007.

笔记

第四章 氢核磁共振谱

学习要求

1. 掌握氢核磁共振谱在结构解析中的一般程序和应用；简单化合物氢的信号归属。

2. 熟悉原子基团在氢核磁共振谱中的大致峰位；影响化学位移的因素；氢信号的偶合裂分。

3. 了解氢核磁共振谱在谱图测定中的注意事项以及核磁共振测试技术。

核磁共振波谱学（nuclear magnetic resonance spectroscopy，NMR）是20世纪中叶起步并发展起来的。1946年，Harvard大学的珀塞尔（Purcell）和Stanford大学的布洛赫（Bloch）两个研究小组各自首次独立观测到水、石蜡中质子的核磁共振信号，并于1952年因该项发现二人分享了诺贝尔物理学奖。此后，核磁共振谱学技术发展迅速，目前已成为有机化合物结构研究的有力工具。20世纪80年代，瑞士物理化学家恩斯特（Ernst）完成了在核磁共振发展史上具有里程碑意义的一维、二维乃至多维脉冲傅里叶变换核磁共振的相关理论，为脉冲傅里叶变换核磁共振技术的发展奠定了坚实的理论基础。现今，核磁共振已成为化学、医药、生物、物理等领域必不可少的研究手段。由于脉冲傅里叶变换核磁共振在化学领域的巨大贡献，恩斯特本人荣获1991年诺贝尔化学奖。

在核磁共振技术中，氢核磁共振（proton nuclear magnetic resonance，^{1}H-NMR）是有机化合物分子结构测定重要的工具。它可提供有关分子中氢类型、相对个数、周围化学环境乃至空间排列等结构信息，在确定有机化合物分子的结构中发挥着巨大的作用。目前，对于分子量在1000以下不到1mg的微量有机化合物，即可测试其完整的核磁共振氢谱，有时仅用核磁共振氢谱技术即可确定它们的分子结构。本章将主要介绍核磁共振波谱的基本原理及核磁共振氢谱解析的相关基本知识。

第一节 核磁共振基本理论

一、核磁共振的基本原理

核磁共振，系指原子核的磁共振现象。将磁性原子核放入强磁场后，用适宜频率的电磁波照射，它们会吸收能量，发生原子核能级跃迁，同时产生核磁共振信号，从而我们能观察到原子核的磁共振现象。然而，并不是元素周期表中所有元素的原子核都能产生这种现象。只有显示磁性的原子核才会产生核磁共振现象，成为核磁共振的研究对象。本节围绕具有哪些特性的原子核在满足什么条件时产生磁共振的问题，着重讲述核磁共振的几个基本概念。

（一）原子核的自旋与自旋角动量、核磁矩及磁旋比

部分同位素的原子核（如^{1}H、^{13}C等）之所以能够产生磁共振现象是因为这些核显示磁性，而产生磁性的内在根本原因在于这些核具有本身固有的"自旋"这一运动特性。

众所周知，原子核是由质子和中子组成的带正电荷的粒子。原子核的自旋会导致正电荷在同一轴心圆面上沿同一方向高速旋转，其效果相当于逆向产生了旋转电流，从而会因感应沿自旋轴方向产生磁场（图4-1），这是自旋核显示磁性的原因所在。

笔记

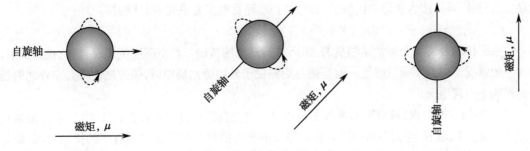

图 4-1　核的自旋与核磁矩

自旋运动的原子核具有自旋角动量 P（spin angular moment，P），同时也具有由自旋感应产生的核磁矩 μ（nuclear magnetic moment，μ）。自旋角动量 P 是表述原子核自旋运动特性的矢量参数，而核磁矩 μ 是表示自旋核磁性强弱特性的矢量参数。矢量 P 与矢量 μ 方向一致，且具有如下关系：

$$\mu=\gamma P \qquad\qquad (式 4-1)$$

式中，γ 称作磁旋比（magnetogyric ratio）或旋磁比（gyromagnetic ratio），是核磁矩 μ 与自旋角动量 P 之间的比例常数，也是原子核的一个重要特性常数。

自旋角动量 P 的数值大小可用核的自旋量子数 I（spin quantum number，I）来表述，如式（4-2）所示：

$$P=\sqrt{I\cdot(I+1)}\cdot h/2\pi \qquad\qquad (式 4-2)$$

式中，h 为普朗克（Planck）常数；I 为量子化的参数，不同的核具有 0，1/2，1，3/2 等不同的固定数值。

一种原子核有无自旋现象，可用自旋量子数 I 判断。自旋量子数 $I=0$ 时，原子核的自旋角动量 P 等于 0，核磁矩 μ 也等于 0，从而没有自旋现象，不显示磁性，不产生磁共振现象。例如 ^{12}C、^{16}O 等属于这种无磁性的原子核，不产生核磁共振信号。因此，在有机化合物的氢核磁共振谱中就观测不到分子中某一质子与其相邻 ^{12}C 或 ^{16}O 之间的相互偶合作用。只有 $I>0$ 的原子核才有自旋角动量，具有磁性，并成为核磁共振研究的对象。自旋量子数（I）与质量数（A）及原子序数（Z）之间存在如表 4-1 所示的相互关系，可参照表 4-1，由某个原子的质量数（A）及原子序数（Z）推断该原子核的自旋量子数 I 是零、半整数还是整数，并可推断它有无自旋角动量。

表 4-1　自旋量子数与质量数及核的原子序数的关系

质量数（A）	原子序数（Z）	自旋量子数（I）	例
偶数	偶数	零	^{12}C，^{16}O，^{32}S
偶数	奇数	整数（1，2，3，…）	^{2}H，^{14}N
奇数	奇数或偶数	半整数（1/2，3/2，5/2，…）	^{13}C，^{1}H，^{19}F，^{31}P，^{15}N
			^{17}O，^{35}Cl，^{79}Br，^{125}I

原子序数等于该原子核内的质子数，相对原子质量等于该原子的质子数和中子数之和。如果质子和中子个数的总和为偶数，I 为 0 或整数（0，1，2，3，…），其中，质子和中子个数均为偶数者，I 为 0；如果质子和中子个数的总和为奇数，I 为半整数（1/2，3/2，5/2…）。在有机化合物中最常见的 ^{1}H、^{13}C 核以及较常见的 ^{19}F、^{31}P 核自旋量子数 I 为 1/2，并具有均匀的球形电荷分布。这类核不具有电四极矩，核磁共振的谱线窄，能够反映出核之间的偶合裂分，宜于检测。自旋量子数 I 为 1 或大于 1 的原子核具有非球形电荷分布，具有电四极矩，导致核磁共振的谱线加宽，反映不出偶合裂分的真实情况，不利于结构解析。

总之，部分原子核固有的自旋运动特性是使这些自旋核显示磁性、成为核磁共振研究对象的内在根本原因。只有自旋量子数 $I>0$ 的原子核才具有自旋运动特性，具有角动量 P 和核磁矩 μ，

笔记

显示出磁性,可以成为核磁共振波谱的研究对象,而目前主要研究 $I=1/2$ 的核。

（二）磁性原子核在外加磁场中的行为特性

原子核的自旋运动通常是随机的,因而自旋产生的核磁矩在空间随机无序排列、相互抵消,在一般情况下对外不呈现磁性。但当把自旋核置于外加静磁场中时,核的磁性将会在外加磁场的影响下表现出来。

1. 核的自旋取向、自旋取向数与能级状态 当把自旋核置于外加静磁场中时,在外加磁场强大的磁力作用下,无数个核磁矩 μ 将由原来的无序随机排列状态趋向有序的排列状态,最终使每个核的自旋空间取向被迫趋于整齐有序。

根据量子理论,磁性核在外加磁场中的自旋取向数可按式(4-3)计算:

$$自旋取向数 = 2I + 1 \qquad (式 4-3)$$

每个自旋取向将分别代表原子核的某个特定的能级状态,并可以用磁量子数 m 来表示,$m = I, I-1, \cdots, -I$,共有 $2I+1$ 种自旋取向。以有机化合物中常见的 ^1H 及 ^{13}C 核为例,因 $I = 1/2$,故自旋取向数 $= 2 \times (1/2) + 1 = 2$,$m = -1/2, +1/2$,即有两种自旋相反的取向。如果某个原子核 $I = 1$,则其 $m = -1, 0, +1$,即有三种自旋取向,依此类推。如图 4-2 所示。

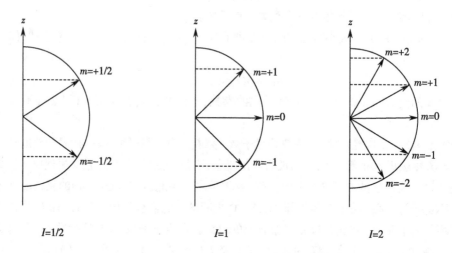

图 4-2　磁性核在外加磁场中的自旋取向数

图 4-3 中,$I=1/2$ 的核每种自旋取向都有特定的能量,当自旋取向与外加磁场 H_0 方向一致($\uparrow$ 或 α)时,$m=+1/2$,核处于一种低能级状态,$E_1 = -\mu H_0$;相反时($\downarrow$ 或 β),$m= -1/2$,核则处于一种高能级状态,$E_2 = +\mu H_0$。两种取向间的能级差 ΔE 可用式(4-4)表示:

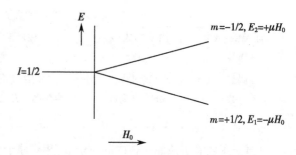

图 4-3　$I=1/2$ 的核在外加磁场中的两种能级

$$\Delta E = E_2 - E_1 = 2\mu H_0 \qquad (式 4-4)$$

式中,μ 表示核磁矩在 H_0 方向的分量,H_0 表示磁场强度。

式(4-4)表明,核(^1H 及 ^{13}C)由低能级向高能级跃迁时需要的能量(ΔE)与外加磁场强度(H_0)及核磁矩(μ)成正比。显然,随着 H_0 增大,发生核跃迁时需要的能量也相应增大;反之,则相应减少。

2. 核在能级间的定向分布及核跃迁 以 $I=1/2$ 的核为例,在外磁场中,核自旋仅能取核磁矩 μ 与外磁场 H_0 方向一致的低能状态($-\mu H_0$)或相反的高能状态($+\mu H_0$),形成核自旋的两种能级状态。如果这些核平均分配在高能状态、低能状态,就无法实现核磁共振信号的测定。但实际上,在热力学温度零度时,所有氢核都处于低能态,而在常温下,两种能态都有核存在,且在热力学平衡条件下,自旋核在两个能级间的定向分布数目遵从 Boltzmann 分配定律,低能态核的数目比高能态核的数目稍微多一些。如以 100MHz(外磁场强度为 2.35T)的仪器条件为例,如果低能态的核有 100 万个,高能态的核就有 999 987 个,低能态核的数目仅仅多 13 个。这仅仅百万分之几的分布差异恰恰正是我们能够检测到核磁共振信号的主要基础。

在一定条件下,低能态的核能够吸收外部能量从低能态跃迁到高能态,并给出相应的吸收信号即核磁共振信号。

3. 饱和(saturation)与弛豫(relaxation)　如前所述,自旋量子数 I=1/2 的核(^{1}H 及 ^{13}C)在外加磁场中分为 m=+1/2(低能态)及 –1/2(高能态)两个能级。在热平衡状态下,处于 +1/2 能级的核数要稍稍多一些,如图 4-4(a)。当对此体系采用共振频率的电磁辐射照射时,即发生能量吸收,+1/2 能级的核将跃迁至 –1/2 能级,如图 4-4(b)。

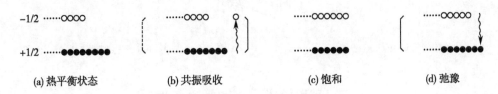

(a) 热平衡状态　　　(b) 共振吸收　　　(c) 饱和　　　(d) 弛豫

图 4-4　核磁共振过程的示意图

当 +1/2 能级的核与 –1/2 能级的核数量相等时,不再吸收能量。这种状态谓之饱和,如图 4-4(c)。另外,比热平衡状态多的 –1/2 能级的核又可通过释放能量回到 +1/2 能级,直至恢复到 Boltzmann 分布的热平衡状态,这种现象谓之弛豫,如图 4-4(d)。正是核的“弛豫”这种特性才使得检测核磁共振的连续吸收信号成为可能。

上述“弛豫”过程主要有两种,即自旋 - 晶格弛豫(spin-lattice relaxation)和自旋 - 自旋弛豫(spin-spin relaxation)。

自旋 - 晶格弛豫(又称纵向弛豫)是处于高能态的核自旋体系与其周围的环境之间的能量交换过程,其结果是部分核由高能态回到低能态,核的整体能量下降。

一个体系通过自旋 - 晶格弛豫过程达到热平衡状态所需要的时间,称自旋 - 晶格弛豫时间,用 T_1 表示。T_1 越小,表明弛豫过程的效率越高,T_1 越大则效率越低。T_1 值的大小与核的种类、样品的状态、温度有关。固体样品的振动、转动频率较小,纵向弛豫时间 T_1 较长,可达几小时。对于气体或液体样品,T_1 一般只有 $10^{-4} \sim 10^2$ 秒。

自旋 - 自旋弛豫(又称横向弛豫)是指一些高能态的自旋核把能量转移给同类的低能态核,同时一些低能态的核获得能量跃迁到高能态的过程。其结果是各种取向的核的总数并没有改变,核的整体能量也不改变,但是影响具体的(任一选定)核在高能级停留的时间。自旋 - 自旋弛豫时间用 T_2 来表示,对于固体样品或黏稠液体,核之间的相对位置较固定,利于核间能量传递转移,T_2 较短,约 10^{-3} 秒。非黏稠液体样品,T_2 较长,约 1 秒。

4. 核的进动与拉摩尔频率(Larmor frequency)　自旋核形成的核磁矩可以看成是个小磁针,当置于外加磁场中时,将被迫对外加磁场自动取向,并且核会在自旋的同时绕外磁场的方向进行回旋,这种运动称为拉摩尔进动(或称拉摩尔回旋,Larmor procession)。如图 4-5 所示,在外加磁场 H_0 作用下,核磁矩 μ 在与外加磁场方向成一夹角(θ)进行拉摩尔进动,这恰与自旋的陀螺在与地球重力场的重力线倾斜时作进动的情况相似。

核的进动频率或称拉摩尔频率 ω(Larmor frequency, ω)可用下式表示:

$$\omega = \gamma H_0 / 2\pi \qquad\qquad (式 4-5)$$

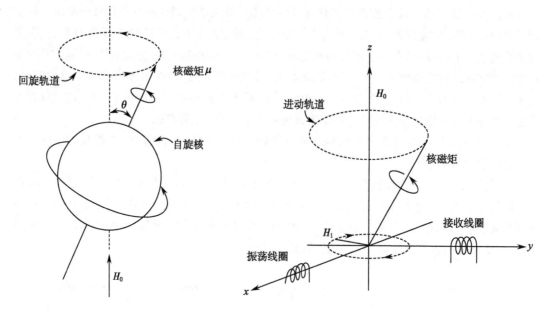

图 4-5　核磁矩的拉摩尔进动　　　　　图 4-6　振荡线圈产生旋转磁场 H_1

二、产生核磁共振的必要条件

已知在外加静磁场中,核从低能级向高能级跃迁时需要吸收一定的能量。通常,这个能量可由照射体系的电磁辐射来供给。对处于进动中的核来说,只有当照射用电磁辐射的频率与自旋核的进动频率(或称拉摩尔频率)相等时,能量才能有效地从电磁辐射向核转移,使核由低能级跃迁至高能级,实现核磁共振。

如图 4-6 所示,具体做法是在与外加磁场垂直的平面上沿 x 轴设置一振荡线圈,由振荡线圈沿其轴心(x 轴)方向施加一直线振荡的磁场(在振荡线圈中施以交变电流即可)。直线振荡的磁场可分解成两个在 xy 平面上回旋的强度相等、方向相反的旋转磁场 H_1。如果在外磁场强度 H_0 保持不变的情况下,改变振荡线圈的振荡频率,旋转磁场 H_1 的频率就会随着振荡频率的变化而变化。当旋转磁场 H_1 的频率和方向与核的拉摩尔进动频率和方向一致时,磁性核即从 H_1 中吸收能量并产生能级跃迁。此时,在 y 轴上的接受线圈就会感应到 NMR 信号。

因为核的跃迁能 $\Delta E = 2\mu H_0$,电磁辐射的能量 $\Delta E' = h\nu$,而在发生 NMR 时,$\Delta E = \Delta E'$,故 $h\nu = 2\mu H_0$。由此可得到满足核磁共振所需辐射频率和外加磁场强度之间的关系式:

$$\nu = (2\mu/h)H_0 \qquad\qquad (\text{式 4-6})$$

或

$$H_0 = h\nu/2\mu = (h/2\mu)\nu \qquad\qquad (\text{式 4-7})$$

由上可知:

(1) μ 与 h 均为常数,最初实现 NMR 有下列两种方法:①固定外加磁场强度(H_0),逐渐改变电磁辐射频率(ν),处于不同环境的原子核在不同的频率处发生共振,这种方法称为扫频(frequency sweep);②固定电磁辐射频率(ν),逐渐改变磁场强度(H_0),处于不同环境的原子核在不同的磁场强度处发生共振,这种方法称为扫场(field sweep)。

(2) 对不同种类的核来说,因核磁矩各异(表 4-2),故即使是置于同一强度的外加磁场中,发生共振时所需要的辐射频率也不相同。

以 $I=1/2$ 的 ^1H 及 ^{13}C 核为例,两者的核磁矩相差 4 倍(^1H,$\mu=2.79$;^{13}C,$\mu=0.70$),故 ^1H 核磁共振所需射频约为 ^{13}C 核的 4 倍。当外加磁场强度(H_0)为 2.35T 时,^1H 核磁共振所需射频(ν)为 100MHz,而 ^{13}C 核磁共振只需要约 25MHz(见表 4-2)。同理,若固定射频(ν),则不同原子核的共振信号将会出现在不同强度的磁场区域。因此,在某一磁场强度和与之相匹配的特定射频条

笔记

件下，只能观测到一种核的共振信号，不存在不同种类的原子核信号相互混杂的问题。

表 4-2　同位素的天然丰度、磁性及共振频率与场强的比较

同位素	天然丰度 (%)	磁矩 μ (β_N)	磁旋比 γ A·m²/(J·s)	NMR 频率 ν (MHz)	
				H=1.4092T	H=2.3500T
^{1}H	99.985	2.79	26.753×10^4	60.0	100
^{2}H	0.015	0.86		9.21	15.4
^{12}C	98.893	—		—	—
^{13}C	1.107	0.70	6.728×10^4	15.1	25.2
^{14}N	99.634	0.40			
^{15}N	0.366	−0.283	-2.712×10^4		
^{16}O	99.759	—			
^{17}O	0.037	−1.89			
^{18}O	0.204	—			
^{19}F	100	2.63	25.179×10^4	56.4	94.2
^{31}P	100	1.13	10.840×10^4	24.3	40.5

三、核的能级跃迁

由前述似乎可以得出这样的结论：有机化合物中的同一类磁性核（如 ^{1}H 核）不论其所处的化学环境如何，只要电磁辐射的照射频率相同，共振吸收峰就将出现在同一强度的磁场中。如果是这样，那么 NMR 对有机化学家来说就毫无用处了。事实并非如此，以 CH_4 及 H^+ 为例，CH_4 上的氢核外围均有电子包围，而 H^+ 则可看成一个"裸露的"氢核（当然，这样的氢核实际上不可能存在，只能是以 H_3O^+、RO^+H_2 等形式存在），外围没有电子。实践中发现，核外电子在与外加磁场垂直的平面上绕核旋转同时将产生一个与外加磁场相对抗的第二磁场，如图 4-7 所示。结果对氢核来说，等于增加了一个免受外加磁场影响的防御措施。

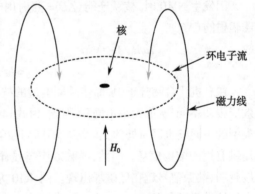

图 4-7　核外电子流动产生对抗磁场

这种作用叫作电子的屏蔽效应（shielding effect）。上例中，CH_4 中的氢核因电子屏蔽效应较大，故实受磁场比外加磁场低；而 H^+ 因电子屏蔽效应较小，故实受磁场比 CH_4 中的氢核高。

假如用 H_0 代表外加磁场强度，σH_0 代表电子对核的屏蔽效应，H_N 代表核的实受磁场，

则　　　　　　　　　　　　　　$H_N = H_0 - \sigma H_0$

故　　　　　　　　　　　　　　$H_N = H_0(1 - \sigma)$　　　　　　　　　（式 4-8）

式中，σ 表示屏蔽常数（shielding constant）。

屏蔽常数 σ 表示电子屏蔽效应的大小。其数值取决于核外电子云密度，而后者又取决于其所处的化学环境，如相邻基团（原子或原子团）的亲电能力或供电能力等。例如在 CH_3CH_2Br 分子中，因 Br 的吸电效应影响，—CH_2—上的电子云密度比—CH_3 低，电子屏蔽作用减弱，故—CH_2—氢核的实受磁场比—CH_3 高，共振峰将出现在低场，而—CH_3 氢核的共振峰则出现在高场，两者可以区别如图 4-8 所示。

显然，核的能级跃迁所需能量因有无电子屏蔽作用以及这种屏蔽作用的强弱而不同。如图 4-9 所示，$I = 1/2$ 的核在外加磁场中在有屏蔽效应时两个能级间的能级差为：

笔记

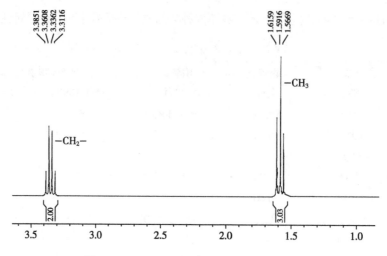

图 4-8　CH_3CH_2Br 的 ^1H-NMR 谱(300MHz)

$$\Delta E = 2\mu H_N \qquad (式 4-9)$$

将式(4-8)代入其中,则

$$\Delta E = 2\mu H_0(1-\sigma) \qquad (式 4-10)$$

显然,屏蔽效应越强,核跃迁能越小;反之,则核跃迁能越大。当 $\sigma = 0$,即无电子屏蔽效应时,$\Delta E = 2\mu H_0$。

因发生 NMR 时,核跃迁能(ΔE)= 照射用电磁辐射能($\Delta E'$)

故 $$2\mu H_0(1-\sigma) = h\nu$$

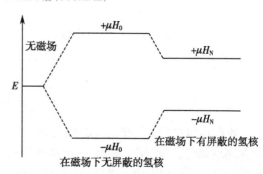

图 4-9　核跃迁与电子屏蔽效应

$$H_0 = h\nu / [2\mu(1-\sigma)] \qquad (式 4-11)$$

在有机化合物分子中,即使是同类型的核,每个核也因所处化学环境不同,而所受电子屏蔽效应强弱不同(σ 值大小不同)。因此,由式(4-11)可知,即使在同一频率的电磁辐射照射下,同类型的不同核也因所处的化学环境不同而在强度稍有差异的不同磁场区域给出共振信号,从而提供有用的结构信息。当然,屏蔽效应越强,即 σ 值越大,共振信号越在高磁场出现;而屏蔽效应越弱,共振信号越在低磁场出现。图 4-10 为常见不同类型氢核共振峰位的大致情况,可供确定氢核类型时参考。

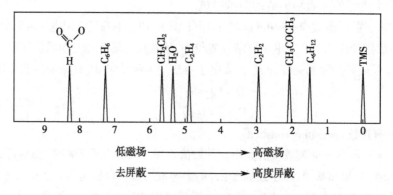

图 4-10　不同类型氢核共振峰的大致情况

四、核磁共振仪

核磁共振仪按磁体可分为永久磁体、电磁体和超导磁体。按照射频率可分为 60MHz、100MHz、300MHz、400MHz、600MHz、800MHz、900MHz 等。按照射源又可分为连续波扫描波谱

笔记

仪（CW-NMR）和脉冲傅里叶变换波谱仪（PFT-NMR）。

（一）连续波扫描核磁共振仪（CW-NMR）

连续波（continuous wave，CW）是指射频的频率和外磁场的强度是连续变化的，即进行连续扫描，直至到被观测的核依次被激发产生核磁共振。

连续波谱仪的组成包括（图 4-11）：

1. **磁铁** 用来产生一个强的外加磁场。按磁场的种类分为永久磁铁、电磁铁、超导体三种。前两种磁铁的仪器最高可以做到 100MHz，超导磁铁可高达 950MHz。

2. **射频振荡器** 用来产生射频。一般情况下，射频频率是固定的。在测定其他核如 ^{13}C、^{15}N 时，要更换其他频率的射频振荡器。

3. **射频接收器和记录仪** 产生核磁共振时，射频接收器能检出的被吸收的电磁波能量。此信号被放大后，用仪器记录下来就是 NMR 谱图。

4. **探头和样品管座** 射频线圈和射频接收线圈都在探头里。样品管座能够旋转，使样品受到均匀的磁场。

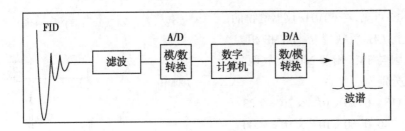

图 4-11 连续波核磁共振仪示意图

5. **电子计算机（工作站）** 用于控制测试过程，作数据处理，如累加信号等。CW-NMR 仪有很多优点，适用于大磁矩、自旋 $I=1/2$ 和高天然丰度的核的波谱测定。这些核称为灵敏核素，例如 ^{1}H、^{19}F 和 ^{31}P，而 ^{13}C 和 ^{15}N 均不属于此类核。

（二）脉冲傅里叶变换核磁共振仪（PFT-NMR）

一般连续波核磁共振仪是在核进动的频率范围内用扫频或扫场的方式来观察 NMR 信号的。由于每一时刻只能观察到一条谱线，所以效率低。为了解决这一问题，目前采用脉冲傅里叶变换核磁共振仪（pulse Fourier transform NMR spectroscope，PFT-NMR）（图 4-12）。在 PFT-NMR 中，采用恒定磁场，用一定频率宽度的射频强脉冲辐照试样，激发全部欲观测的核，得到全部共振信号。当脉冲发射时，试样中每种核都对脉冲中单个频率产生吸收。接收器得到自由感应衰减信号（free induction decay signal，FID），这种信号是复杂的干涉波，产生于核激发态的弛豫过程。FID 信号是时间的函数，经滤波、转换数字化后被计算机采集，再由计算机进行傅里叶变换转变成频率的函数，最后经过数模转换器变成模拟量，显示到屏幕上或记录在记录纸上，得到通常的 NMR 谱图。

图 4-12 脉冲傅里叶变换核磁共振仪示意图

现在生产的脉冲傅里叶变换核磁共振仪大多是超导核磁共振仪，采用超导磁铁产生高的磁场。超导线圈浸泡在液氦中，为了减少液氦的蒸发，液氦外面用液氮冷却。这样的仪器可以做到 200~900MHz。仪器性能大大提高，但消耗也大大增加。

第二节　氢核磁共振谱的主要参数

氢核磁共振谱(^{1}H-NMR)是目前研究最充分的核磁共振波谱,已经总结了很多规律用于化合物的分子结构研究。质子的化学位移和偶合常数反映了质子所处的化学环境,即分子的部分结构及其邻近基团的性质。从 ^{1}H-NMR 中可以得到如下结构信息:从化学位移判断分子中存在基团的类型;从积分曲线计算每种基团中氢的相对数目;从偶合裂分判断各基团之间的连接关系。

一、化学位移及影响因素

(一) 化学位移的定义

不同类型氢核因所处化学环境不同,共振峰将分别出现在磁场的不同区域。当照射频率为 60MHz 时,这个区域为 $(14\,092 \pm 0.1141)\,G$,即只在一个很小的范围内变动,故精确测定其绝对值相当困难,而且不同仪器测得的数据难以直接比较。因此,实际工作中多将待测氢核共振峰所在位置(以磁场强度或相应的共振频率表示)与某基准物氢核共振峰所在位置进行比较,求其相对距离,称之为化学位移(chemical shift),以 ppm 为单位表示。

$$\delta = \left[(\nu_{sample} - \nu_{ref})/\nu_0 \right] \times 10^6 \qquad (式 4\text{-}12)$$

式中,ν_{sample} 为试样吸收频率;ν_{ref} 为基准物氢核的吸收频率;ν_0 为照射试样用的电磁辐射频率。

(二) 基准物质

理想的基准物质氢核应是外围没有电子屏蔽作用的"裸露"氢核,但这在实际上是做不到的。常用四甲基硅烷(tetramethylsilane,简称 TMS)加入试样中作为内标准应用。TMS 因其结构对称,在 ^{1}H-NMR 中只给出一个尖锐的单峰;加上屏蔽作用较强,共振峰位于高磁场,绝大多数有机化合物的氢核共振峰均将出现在它的左侧,故作为参考标准十分方便。此外,它还有沸点较低(26.5℃)、化学性质不活泼、与试样不发生缔合、易于溶解等优点。

根据国际纯粹与应用化学联合会(IUPAC)的规定,通常把 TMS 的共振峰位规定为零,待测氢核的共振峰位则按"左正右负"的原则分别用 $+\delta$ 及 $-\delta$ 表示。以 1,2,2- 三氯丙烷为例,其 ^{1}H-NMR(60MHz)如图 4-13 所示。

由图 4-13 可见,在 60MHz 仪器测得的 ^{1}H-NMR 谱上,CH_3 氢核峰位与 TMS 相差 134Hz,CH_2 则与 TMS 相差 240Hz,故两者化学位移值分别为:

$$\delta(CH_3) = \left[(134-0)/60 \times 10^6 \right] \times 10^6 = 2.23$$
$$\delta(CH_2) = \left[(240-0)/60 \times 10^6 \right] \times 10^6 = 4.00$$

同一化合物在 100MHz 仪器测得的 ^{1}H-NMR 谱(图 4-14)上,两者化学位移值(δ)虽无改变,但它们与 TMS 峰的间隔以及两者之间的间隔($\Delta\nu$)却明显增大了。—CH_3 为 223Hz,—CH_2— 则为 400Hz。由此可见,

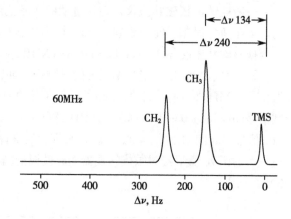

图 4-13　1,2,2- 三氯丙烷的 ^{1}H-NMR 谱(60MHz)

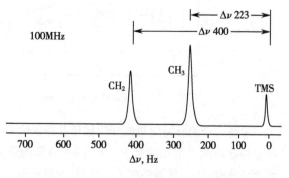

图 4-14　1,2,2- 三氯丙烷的 ^{1}H-NMR 谱(100MHz)

随着外加磁场强度的增强和照射用电磁辐射频率的增大,共振峰频率及 NMR 谱中横坐标的幅度也相应增大,但化学位移值并无改变。

对于糖等水溶性化合物,当测定溶剂采用重水时,可选用 2,2- 二甲基 -2- 硅杂戊烷 -5- 磺酸钠(DSS)、叔丁醇、丙酮等其他基准物。另外,苯、三氯甲烷、环己烷等有时也可用作化学位移的参照标准。高温下测定时可用 HMDS。常用基准物质见表 4-3。

表 4-3　常见基准物质

缩写	全名	结构式	δ
TMS	四甲基硅烷	$(CH_3)_4Si$	0.00
DSS	2,2- 二甲基 -2- 硅杂戊烷 -5- 磺酸钠	$(CH_3)_3Si(CH_2)_3SO_3Na$	0.00~2.90*
HMDS	六甲基二硅氧烷	$(CH_3)_3SiOSi(CH_3)_3$	0.04

＊除甲基外还出现亚甲基信号

(三) 化学位移的影响因素

1. 电负性对化学位移的影响　化学位移(δ)受电子屏蔽效应的影响,而电子屏蔽效应的强弱则取决于氢核外围的电子云密度,后者又受与氢核相连的原子或原子团的电负性强弱的影响。相连基团电负性的影响,即诱导效应,是通过化学键传递的,相隔化学键增加,诱导效应减弱。

表 4-4 为与不同电负性基团连接时—CH_3 氢核的化学位移数值。显然,随着相连基团电负性的增加,CH_3 氢核外围电子云密度不断降低,相应的化学位移值(δ)不断增大。当电负性原子与氢核的距离增大时,氢核外围电子云密度增高,相应的化学位移值(δ)减小。当电负性原子增多时,氢核外围电子云密度降低,相应的化学位移值(δ)增大。因此可根据 ^1H-NMR 中共振峰的化学位移数值大体推断氢核所在的碳与何种取代基相连。

表 4-4　取代烃中取代基对氢核化学位移值的影响

化合物	氢核的化学位移	化合物	氢核的化学位移
$(CH_3)_4Si$	0.0	CH_3NO_2	4.3
$(CH_3)_3Si(CD_2)_2CO_2^-Na^+$	0.0	CH_2Cl_2	5.5
CH_3I	2.2	$CHCl_3$	7.3
CH_3Br	2.6	CH_3CH_2Br	1.6
CH_3Cl	3.1	$CH_3(CH_2)_2Br$	1.0
CH_3F	4.3	$CH_3(CH_2)_3Br$	0.9

2. 磁的各向异性效应对化学位移的影响　在 CH_3—CH_3、CH_2═CH_2 及 CH≡CH 中,如果仅就电子屏蔽效应而言,理论上根据碳原子电负性强弱 $sp(CH$≡$CH)>sp^2(CH_2$═$CH_2)>sp^3(CH_3$—$CH_3)$,将氢化学位移可排列为 $\delta(CH$≡$CH)>\delta(CH_2$═$CH_2)>\delta(CH_3$—$CH_3)$。然而氢核化学位移的实际排列顺序却为:$\delta($═$CH_2)>\delta($≡$CH)>\delta($—$CH_3)$。又如苯的芳香氢核,其共振峰应在与烯烃氢核相似的频率处出现,因为两者均为 sp^2 杂化碳上的氢原子。但实际上芳香氢核出现在远比烯烃氢核共振峰低的磁场处,其原因在于,化学键尤其是 π 键,因其电子的流动将产生一个小的诱导磁场,并通过空间影响到邻近的氢核。在电子云分布不是球形对称时,这种影响在化学键周围也是不对称的,有的地方与外加磁场方向一致,将增强外加磁场,并使该处氢核共振峰向低磁场方向位移(负屏蔽效应,deshielding effect),故化学位移值(δ)增大;有的地方则与外加磁场方向相反,将会削弱外加磁场,并使该处氢核共振峰移向高场(正屏蔽效应,shielding effect),故化学位移值(δ)减小,上述两种效应叫作磁的各向异性效应(magnetic anisotropic effect)。π 电子

笔记

环流产生的磁各向异性效应是通过空间传递的,不是通过化学键传递的。

(1) C=X 基团(X=C,N,O,S)中磁的各向异性效应:以烯烃为例,在外加磁场中,双键 π 电子环流产生的磁的各向异性效应如图 4-15 所示。

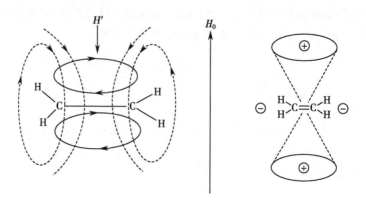

图 4-15　双键的磁各向异性效应

即双键平面的上下方为正屏蔽区(+),平面周围则为负屏蔽区(−)。烯烃氢核因正好位于 C=C 键 π 电子云的负屏蔽区(−),故其共振峰移向低场,δ 值较大,为 4.5~5.7。

醛基氢核除与烯烃氢核相同位于双键 π 电子环流的负屏蔽区,还受相连氧原子强烈电负性(吸电诱导作用)的影响,故其共振峰位将移向更低场,δ 值在 9.4~10.0 处,易于识别。

(2) 芳环的磁的各向异性效应:以苯环为例,情况与双键类同(图 4-16)。苯环六个 π 电子形成一个首尾闭合的大 π 键。苯环平面上下方为正屏蔽区,平面周围为负屏蔽区。苯环氢核因位于负屏蔽区,故共振峰也移向低场,δ 值较大。与孤立的 C=C 双键不同,苯环是环状的离域 π 电子形成的环电流,其磁的各向异性效应要比双键强得多,故其 δ 值比一般烯氢更大,为 6.0~9.0。

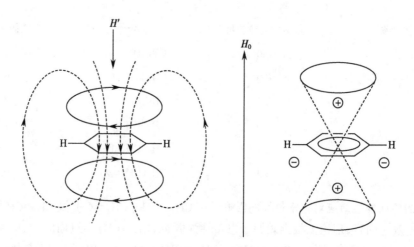

图 4-16　苯的磁各向异性效应

(3) C≡C 三键的各向异性效应:炔烃分子为直线型,形成对称圆筒状的 π 电子环流,其上氢核正好位于 π 电子环流形成的诱导磁场的正屏蔽区,如图 4-17 所示,故 δ 值移向高场,小于烯氢,为 1.8~3.0。

(4) 单键的磁的各向异性效应:C—C 单键也有磁的各向异性效应,但比上述 π 电子环流引起的磁的各向异性效应要小得多。

如图 4-18 所示,因 C—C 键为负屏蔽圆锥的轴,故当烷基相继取代甲烷的氢原子后,剩下的氢核所受的负屏蔽效应即逐渐增大,故 δ 值移向低场。

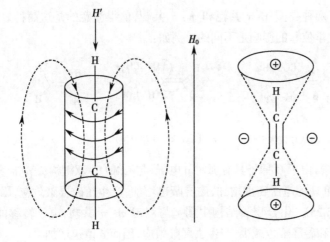

图 4-17 炔烃磁各向异性效应

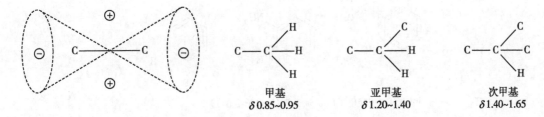

图 4-18 单键的磁的各向异性效应

又如,环己烷在 -89℃ 稳定的椅式构象中如图 4-19 所示,平伏键上的 H_a 及直立键上的 H_b 受 C_1—C_2 及 C_1—C_6 键的影响大体相似,但受 C_2—C_3 及 C_5—C_6 键的影响则并不相同。H_a 因正好位于 C_2—C_3 键及 C_5—C_6 键的负屏蔽区,故共振峰将移向低场,δ 值比 H_b 大 0.2~0.5,结果图上出现两个峰如图 4-20A 所示,但当温度升高至室温时,因构象式之间的快速翻转平衡,图上将只表现为一个单峰如图 4-20B 所示。

3. 共轭效应对化学位移的影响 在具有多重键或共轭多重键的分子体系中,由于 π 电子的转移导致某基团电子云密度和磁屏蔽的改变,此种效应称为共轭效应(conjugative effect,C 效

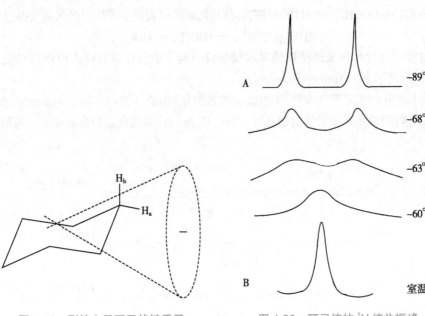

图 4-19 刚性六元环平伏键质子   图 4-20 环己烷的 ^1H 核共振峰

笔记

应）。共轭效应主要有两种类型：p-π 共轭和 π-π 共轭，值得注意的是这两种效应电子转移方向是相反的，所以对化学位移的影响是不同的。例如：

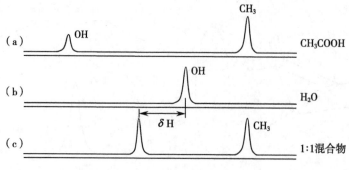

π-π 共轭（从 β 位吸电子）   p-π 共轭（斥电子给 β 位）

化合物 B 的结构中，由于 O 原子具有孤对 p 电子，与乙烯（C）双键构成 p-π 共轭，电子转移的结果，使 β 位的 C 和 H 的电子密度增加，磁屏蔽也增加，产生正磁屏蔽效应，因而 β 位 δ 值减小（C，乙烯的 δ 值为 5.25）。化合物 A 结构中羰基与双键 π-π 共轭，电子转移的结果，使 β 位的 C 和 H 的电子密度和磁屏蔽也减少，产生去屏蔽效应，因而 δ 值也增加。

π-π 共轭（从 β 位吸电子）   p-π 共轭（斥电子给 β 位）

在化合物 E 中，具有 p-π 共轭的结构，使邻位 H 的电子密度增加，产生正屏蔽，因而 δ 值减小（E，苯的 δ 值为 7.27），化合物 D 的结构正好与之相反，π-π 共轭的结果使邻位 H 的电子密度减少，产生去屏蔽作用，δ 值增加。当芳环或 C=C 与—OR、—C=O、—NO$_2$ 等吸电、供电基团相连时，δ 值发生相应的变化，而且这种效应具有加和性。例如：

4. 氢核交换对化学位移的影响   有些酸性氢核，如与 O、N、S 等电负性较大的原子相连的活泼氢（—OH，—COOH，—NH$_2$、—SH 等），彼此之间可以发生如下所示的氢核交换过程：

$$ROH_{(a)} + R'OH_{(b)} \longrightarrow ROH_{(b)} + R'OH_{(a)}$$

交换过程的进行与否及速率快慢对氢核吸收峰的化学位移以及峰的形状都有很大影响。一般来说，交换速率为—OH＞—NH$_2$＞—SH。

以乙酸水溶液为例，乙酸与水的 ^{1}H-NMR 谱模式图分别如图 4-21a、b 所示。与水比较，乙酸—OH 基中的氢核吸收出现在强度很低的磁场处，而—CH$_3$ 基氢核则出现在较高磁场处。当两者以 1：

图 4-21   乙酸、水和 1：1 的乙酸与水的混合物的 ^{1}H-NMR 谱

1 等摩尔混合时,如图 4-21c 所示,—CH₃ 基峰虽然可以看到,来自水和乙酸的两种—OH 基吸收却看不到了,在相应的两个峰位之间出现了一个新峰,该峰代表由乙酸及水中两种—OH 氢核快速交换所产生的平均峰。

通常,由酸性氢核快速交换产生的平均峰,其化学位移是两种酸性氢核化学位移的摩尔平均值。酸性氢核的化学位移是不稳定的,它取决于氢核交换反应是否进行以及交换速度的快慢。通常,在系统中加入酸或碱,或者加热,即可对氢核交换过程起催化作用,使交换速度大大加快。

分子中存在的酸性氢核通过加入含有活泼氢的氘代试剂(或在含有活泼氢的氘代试剂中测定)即可以消除。例如,利用活泼氢与 D_2O 的 D 核的快速交换,可以方便地确认活泼氢核的存在。在试样中加入重水(D_2O),使酸性氢核通过下列反应与 D_2O 交换而使其信号得以消除。

$$ROH + D_2O \rightarrow ROD + HOD$$

图 4-22 为加入 D_2O 前(图 4-22A)、后(图 4-22B)测得的 2,4- 二羟基苯乙酮的 ^1H-NMR 谱。加入 D_2O 后从图上消失的信号即为 2,4- 二羟基苯乙酮分子中的 OH 信号。

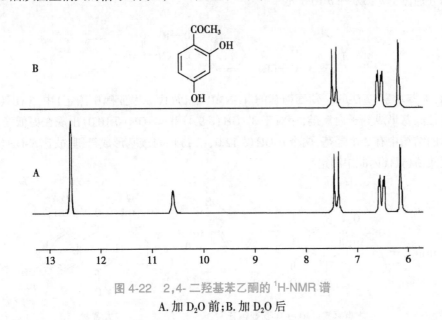

图 4-22　2,4- 二羟基苯乙酮的 ^1H-NMR 谱
A. 加 D_2O 前;B. 加 D_2O 后

5. 氢键缔合对化学位移的影响　如前所述,当化合物分子中含有—OH、—COOH、—NH、—SH 等活泼氢基团时,这些活泼氢的 δ 值和峰形随测试条件的变化(如温度、浓度、溶剂等)而有较大的变动。例如,活泼氢是否出现信号与测试用溶剂的种类有直接关系,通常用惰性溶剂如氘代二甲亚砜(DMSO-d_6)、氘代吡啶(C_5D_5N)、氘代丙酮[(CD_3)$_2$CO,acetone-d_6]等测定时,容易观测到活泼 H 信号,还可能出现活泼氢因与相邻碳上氢之间偶合而产生的裂分峰;用活泼溶剂如重水(D_2O)、氘代甲醇(CD_3OD)测定时,不易观测到活泼 H 信号。

氢键的形成将氢核拉向形成氢键的给予体,从而使氢被去屏蔽,如羧酸强氢键的形成使羧基氢的 δ 值超过 10,醇 -OH 的 δ 为 0.5~5。无论分子内还是分子间氢键的形成都使氢受到去屏蔽作用,吸收峰将移向低场,δ 值增大。分子间氢键的形成及缔合程度取决于试样浓度、溶剂性能、温度等。显然,试样浓度越高,则分子间氢键缔合程度越大,δ 值也越大。而当试样用惰性溶剂稀释时,则因分子间氢键缔合程度的降低,吸收峰将相应向高场方向位移,故 δ 值不断减小。温度的变化也会影响相应氢核的化学位移,高温下分子热运动加剧,不利于氢键的形成。以苯酚为例,在溶液中存在下列平衡:

$$2C_6H_5OH \rightleftharpoons C_6H_5OH\cdots O-C_6H_5$$

（未缔合）　　　（氢键缔合）

如表 4-5 所示,在 CCl_4 中测定苯酚的 ^{1}H-NMR 谱时,苯基吸收始终表现为一组多重峰,位于 δ 7.0 左右,而酚羟基的吸收则因在氢键缔合及非缔合形式之间建立的快速平衡,将表现为一个单一的共振峰,且峰位随着惰性溶剂(CCl_4)的不断稀释而移向高场。

表 4-5　在 CCl_4 溶液中不同浓度的苯酚羟基的化学位移值

苯酚浓度	100%	20%	10%	5%	2%	1%
δ_{OH}	7.45	6.75	6.45	5.96	4.89	4.35

除分子间氢键外,分子内氢键的形成也对氢核的化学位移有很大影响。例如,β- 二酮有酮式和烯醇式两种互变异构体,其烯醇式结构由于能形成共轭六元环分子内氢键,故其烯醇质子的化学位移很大,可以达到 δ 16.0 左右。因此,乙酰丙酮和二苯甲酰甲烷的烯醇式羟基上氢核的共振峰分别位于 δ 15.0 和 δ 16.6 处。

例如,木樨草素 -7-O-β-D- 葡萄糖苷的 ^{1}H-NMR 谱(氘代二甲亚砜中测定)中,5-OH(δ 13.0)由于和 4 位羰基形成分子内氢键,相对于 3′ -OH(δ 9.4)和 4′ -OH(δ 10.0)出现在更低场;同样,在大黄素的结构中有 3 个羟基,两个 α-OH(δ 12.0、12.1)均与羰基形成氢键,故比 β-OH(δ 10.2)出现在更低场(氘代丙酮中测定)。

木樨草素-7-O -β -D-葡萄糖苷　　　大黄素

对于分子内氢键缔合,浓度的变化并不影响形成氢键的两个基团的碰撞概率,故对氢键强度的影响甚微,据此可与分子间氢键缔合相区别。但温度升高将使基团的振动加剧,不利于氢键的形成,因此随温度的升高,活泼氢的化学位移将向高场移动。在低温下活泼氢与邻近质子有偶合会产生信号峰的裂分,但在常温下一般不考虑活泼氢与其他质子的偶合。

除了上述几种主要的影响因素外,氢核化学位移还可能受其他一些因素的影响,如溶剂效应及试剂位移、分子内范德华力、不对称因素等,有些以后还会介绍。

(四) 化学位移与官能团类型

综上所述,各类型氢核因所处化学环境不同,共振信号将分别出现在磁场的某个特定区域,即具有不同的化学位移值。故由实际测得的化学位移值可以帮助推断氢核的结构类型。常见重要类型氢核化学位移值如表 4-6 所示。

笔记

表 4-6　不同类型氢核化学位移（δ）的大致范围

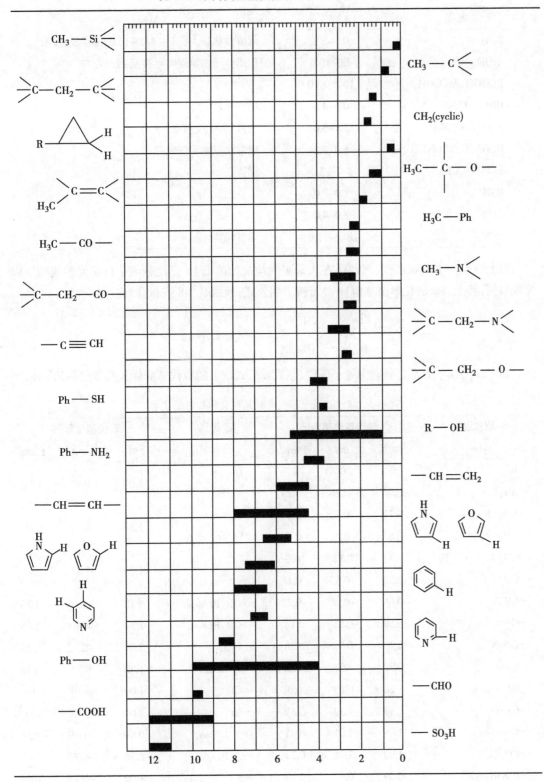

　　—OH、—NH—、—SH 的氢核化学位移受溶剂及温度、浓度的影响较大，并可因加入重水而消失。它们的一般特征如表 4-7 所示。

表 4-7　—OH、—NH—、—SH 氢核的化学位移范围及特征

基团	δ	特征
ROH	0.5~5.0	烯醇位移较大,可达 11.0~16.0,易形成宽峰
ArOH	4.0~10.0	形成分子内氢键时可移至 12.0 左右
RCOOH,ArCOOH	10.0~13.0	
RNH_2,RNHR′	0.4~3.5	通常矮宽
$ArNH_2$,ArNHR′	3.5~6.0	通常矮宽,位移也大
$RCONH_2$,RCONHR′	5.0~8.5	通常矮宽而无法观测
RCONHCOR′	9.0~12.0	矮宽
RSH	1.0~2.0	
ArSH	3.0~4.0	
═NOH	10.0~12.0	通常矮宽

以上只是一个大致范围。现在,在大量实践与统计基础上,已经积累了许多经验规律。以烯烃为例,其上氢核的化学位移值(δ_H)可按下列公式,参照表 4-8 进行计算。

$$\delta_H = 5.28 + Z_{gem} + Z_{cis} + Z_{trans}$$

其中,Z_{gem}、Z_{cis} 及 Z_{trans} 分别为处于偕位、顺式或反式位上的取代基对烯氢化学位移的影响。

表 4-8　取代乙烯上取代基对烯氢化学位移的影响

取代基	取代基位移值			取代基	取代基位移值		
R	gem	cis	trans	R	gem	cis	trans
—H	0	0	0	$\overset{H}{\underset{}{-C=O}}$	1.03	0.97	1.21
—Alkyl	0.44	−0.26	−0.29				
—Alkyl-Ring [a]	0.71	−0.33	−0.30	$\overset{N}{\underset{}{-C=O}}$	1.37	0.93	0.35
$—CH_2O$,　$—CH_2$	0.67	−0.02	−0.07				
$—CH_2Cl$,　$—CH_2Br$	0.72	0.12	0.07	$\overset{Cl}{\underset{}{-C=O}}$	1.10	1.41	0.99
$—CH_2S$	0.53	−0.15	−0.15				
$—CH_2N$	0.66	−0.05	−0.23	—OR,R: aliph	1.18	−1.06	−1.28
—C≡C	0.50	0.35	0.10	—OR,R: conj [b]	1.14	−0.65	−1.05
—C≡N	0.23	0.78	0.58	—OCOR	2.09	−0.40	−0.67
—C═C	0.98	−0.04	−0.21	—Aromatic	1.35	0.37	−0.10
—C═C conj [b]	1.26	0.08	−0.01	—Cl	1.00	0.19	0.03
—C═O	1.10	1.13	0.81	—Br	1.04	0.40	0.55
—C═O conj [b]	1.06	1.01	0.95	—N R: conj [b]	0.69	−1.19	−1.31
—COOH	1.00	1.35	0.74	—N R: conj [b]	2.30	−0.73	−0.81
—COOH conj [b]	0.69	0.97	0.39	—SR	1.00	−0.24	−0.04
—COOR	0.84	1.15	0.58	$—SO_2$	1.58	1.15	0.95
—COOR conj [b]	0.68	1.02	0.33				

[a] Alkyl-Ring 指双键为环 $R\overset{C}{\underset{C}{\|}}$ 的一部分

[b] 指取代基或双键进一步与其他基团共轭

笔记

例如,某烯烃化合物除 C=C 双键外,其上四个基团分别为—H、—CH₃×2 及—Cl,¹H-NMR 上于 δ 5.78 处有一烯氢信号,试推测其结构式。

解:上述四个基团可能排列出下列三种结构

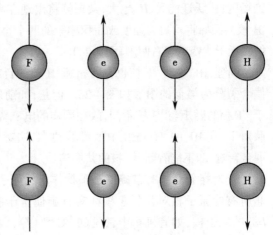

(A)　　　　　(B)　　　　　(C)

按上述公式计算,

$$\delta_{Ha}=5.28+0.44\big[Z_{gem}(CH_3)\big]+0.19\big[Z_{cis}(Cl)\big]-0.29\big[Z_{trans}(CH_3)\big]=6.20$$

$$\delta_{Hb}=5.28+0.44\big[Z_{gem}(CH_3)\big]-0.26\big[Z_{cis}(CH_3)\big]+0.03\big[Z_{trans}(Cl)\big]=5.49$$

$$\delta_{Hc}=5.28+1.00\big[Z_{gem}(Cl)\big]-0.26\big[Z_{cis}(CH_3)\big]-0.29\big[Z_{trans}(CH_3)\big]=5.73$$

显然,δ Hc 与给出条件最为相符,故式(C)应为该化合物的正确结构。

二、峰的裂分及偶合常数

(一) 峰的裂分

在 ¹H-NMR 谱图上,共振峰并不总表现为一个单峰,而是双峰、三重峰、四重峰或多重峰。以 CH₃ 及 CH₂ 为例,在 ClCH₂C(Cl)₂CH₃ 中(图 4-13),都表现为一个单峰,但在 CH₃CH₂Br 中(图 4-8),却分别表现为相当于三个氢核的一组三重峰(CH₃)及相当于两个氢核的一组四重峰(CH₂),这种情况叫作峰的裂分现象。

1. 共振峰裂分的原因　相邻的两个(组)磁性核的共振峰发生裂分是由它们之间的自旋偶合(spin-spin coupling)或自旋干扰(spin-spin interaction)引起的。为了简化起见,先以 HF 分子为例说明如下:

氟核(¹⁹F)自旋量子数 I 等于 1/2,与氢核(¹H)相同,在外加磁场中也应有两个方向相反的自旋取向。其中,一种取向与外加磁场平行(自旋↑或 α),m =+1/2;另一取向与外加磁场反

图 4-23　HF 中 ¹⁹F 核不同自旋取向对 ¹H 核实受磁场的影响

平行(自旋↓或 β),m=-1/2。在 HF 分子中,因 ¹⁹F 与 ¹H 挨得特别近,故 ¹⁹F 核的这两种不同的自旋取向将通过键合电子的传递作用,对相邻 ¹H 核的实受磁场产生一定影响如图 4-23 所示。

当 ¹⁹F 核的自旋取向为 α(↑)、m= +1/2 时,因与外加磁场方向一致,传递到 ¹H 核时将增强外加磁场,使 ¹H 核的实受磁场增大,故 ¹H 核共振峰将移向强度较低的外加磁场区;反之,当 ¹⁹F 核自旋取向为 β(↓)、m=-1/2 时,则因与外加磁场方向相反,传递到 ¹H 核时将削弱外加磁场,故 ¹H 核共振峰将向高磁场方向位移。由于 ¹⁹F 核这两种自旋取向(↑、↓ 或 α、β)的概率相等,故 HF 中 ¹H 核共振峰将如图 4-24 所示,表现为一组二重峰(doublet)。该二重峰中分裂的两个小峰面积或强度相等(1:1),总和正好与无 ¹⁹F 核干扰时未分裂的单峰面积一致,峰位则对称、均匀地分布在未分裂的单峰的左右两侧。其中一个在强度较高的外加磁场区,因 ¹⁹F 核自旋取向为 ↓(β)、m=-1/2 所引起;另一个在强度较低的外加磁场区,因 ¹⁹F 核的自旋取向为 ↑(α)、m=+1/2 所引起。两个小峰间的距离叫作自旋 - 自旋偶合常数(spin-spin coupling constant),简称偶合常数 J,用以表示两个核之间相互干扰的强度,单位以赫兹(Hz)或 c/s 表示。偶合常数和化学位移、偶合裂分都是结构解析的重要信息。偶合常数是代表自旋核之间相互作用的常数,与外加磁场强度

无关。相互偶合的自旋核的峰间距相等,即偶合常数相等。

偶合常数 J 的物理含义可用图 4-24 和图 4-25 作进一步说明。

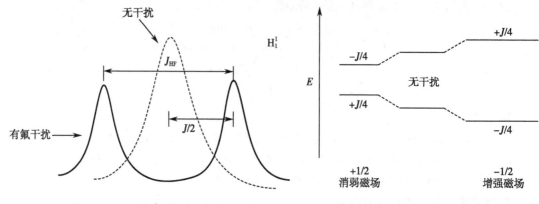

图 4-24　HF 中 ^{1}H 核的共振峰　　　　图 4-25　偶合常数 J 的物理意义

如图 4-25 所示,在 HF 中,因有 ^{19}F 核的自旋干扰,^{1}H 核的能级差可增强或削弱 $J/4$,并相应伴有两种类型的核跃迁。与无 ^{19}F 核干扰时相比较,一种类型跃迁将增强 $J/2$ 的能量,另一种类型跃迁则减少 $J/2$ 的能量。两者能量相差为 J。显然,核跃迁能小,H_0 也小,共振峰将出现在低磁场区;核跃迁能大,H_0 也大,共振峰将出现在高磁场区。因此,在 ^{1}H-NMR 谱中,HF 分子中的 ^{1}H 核共振峰将均裂为强度或面积相等的两个小峰。小峰间的距离(偶合常数)为 J_{HF},位置则正好在无干扰峰的左右两侧(图 4-24)。

同理,HF 中的 ^{19}F 核也会因相邻 ^{1}H 核的自旋干扰,偶合裂分为类似的图形如图 4-26。但是,如前所述,由于 ^{19}F 核的磁矩与 ^{1}H 核不同,故在同样的电磁辐射频率照射下,在 HF 的 ^{1}H-NMR 中虽可看到 ^{19}F 核对 ^{1}H 核的偶合影响,却不能看到 ^{19}F 核的共振信号。

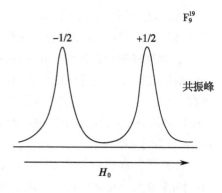

2. 对相邻氢核有自旋偶合干扰作用的原子核　并非所有的原子核对相邻氢核都有自旋偶合干扰作用。$I=0$ 的原子核,如有机物中常见的 ^{12}C、^{16}O 等,因无自旋角动量,也无磁矩,故对相邻氢核将不会引起任何偶合干扰。

图 4-26　HF 中 ^{19}F 核的共振峰

^{35}Cl、^{79}Br、^{127}I 等原子核,虽然 $I \neq 0$,预期对相邻氢核有自旋偶合干扰作用,但因它们的电四极矩(electric quadrupole moments)很大,会引起相邻氢核的自旋去偶作用(spin-decoupling),因此依然看不到偶合干扰现象。

^{13}C、^{17}O 虽然 $I=1/2$,对相邻氢核可以发生自旋偶合干扰,但因两者自然丰度比甚小(^{13}C 为 1.1%,^{17}O 仅约为 0.04%),故影响甚微。以 ^{13}C 为例,由其自旋干扰产生的影响在 ^{1}H-NMR 谱中只在主峰两侧表现为"卫星峰"的形式,如图 4-27 所示,非氘代的三氯甲烷,常会在其氢信号的两旁看到 ^{13}C-^{1}H 偶合产生的对称 ^{13}C 卫星峰,强度甚弱,常被噪音所掩盖,氢信号两侧的旋转边带是由于试样管旋转所致的受力磁场不均匀引起的。^{17}O 则更是如此,故通常均可不予考虑。当然,在用 ^{13}C、^{17}O 人工标记的化合物中则又另当别论。

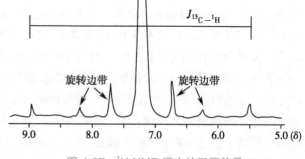

图 4-27　^{1}H-NMR 谱中的卫星信号

氢核相互之间也可发生自旋偶合,这种偶合叫作同核偶合(homo-coupling),在 ^{1}H-NMR 谱中影响最大。以图 4-28 结构为例,假定 H_a 及 H_b 分别代表化学环境不同(化学不等价)的两种类型氢核,则两者因相互自旋偶合将分别作为二重峰出现在 ^{1}H-NMR 谱的不同区域。其中,$J_{Ha,Hb}=J_{Hb,Ha}$。

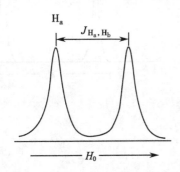
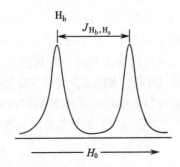

图 4-28　同核偶合裂分

3. 相邻干扰核的自旋组合及对共振峰裂分的影响　对某个(组)氢核来说,其共振峰的裂分或小峰数目取决于干扰核的自旋方式共有几种排列组合。以 1,1,2- 三氯乙烷为例,共有 H_a 及 H_b 两种类型氢核。对 H_a 来说,起干扰作用的相邻氢核 H_b 有 2 个。如以"↑"代表 +1/2 自旋,"↓"代表 –1/2 自旋,则它们总共可能有下列 4 种自旋组合,见表 4-9。

表 4-9　1,2,2- 三氯乙烷中 H_b 对 H_a 的综合影响

自旋组合 (spin combination)			总的影响(total effect)
	H_{b_1}	H_{b_2}	
(a)	↑	↑	$J/2+J/2=J$
(b)	↓	↓	$-J/2+(-J/2)=-J$
(c)	↑	↓	$J/2+(-J/2)=0$
(d)	↓	↑	$-J/2+J/2=0$

结构式:
$$\begin{array}{c}\text{Ha } \text{Hb}_1\\ | \quad |\\ \text{Cl}-\text{C}-\text{C}-\text{Hb}_2\\ | \quad |\\ \text{Cl } \text{ Cl}\end{array}$$

因(c)、(d)两种自旋偶合给出的综合影响结果相同,故归纳起来只有 3 种,H_a 共振峰将裂分为如图 4-29 所示相当于一个质子的三重峰。其中,自旋组合的综合影响为零时(↑↓及↓↑)得到的小峰面积是另两种自旋组合(↑↑及↓↓)的两倍,故小峰的相对面积比为 1:2:1。

同理,对两个 H_b 来说,因为是磁等同氢核,相互之间的自旋偶合不会表现裂分,对它们偶合并使之裂分的只有 H_a,故两个 H_b 将综合表现为相当于两个质子的一组二重峰见表 4-10 和图 4-30。

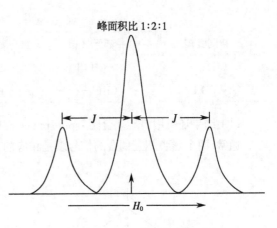

峰面积比 1:2:1

图 4-29　H_a 的共振峰形

表 4-10　1,2,2- 三氯乙烷中 H_a 对 H_b 的综合影响

自旋组合 H_a	总的影响	自旋组合 H_a	总的影响
↑	$+J/2$	↓	$-J/2$

笔 记

综上所述,氢核因自旋偶合干扰而裂分的小峰数(N)可按下式求算:

$$N=2nI+1 \qquad (式\ 4\text{-}13)$$

式中,I 表示干扰核的自旋量子数;n 表示干扰核的数目。

因氢核的 $I=1/2$,故 $N=n+1$,即有 n 个相邻的磁不等同氢核时,将显示"$n+1$"个小峰,这就是"$n+1$"规律。可见,裂分成多重峰的数目和与基团本身的氢核数目无关,而与其邻接基团的氢核数目有关。

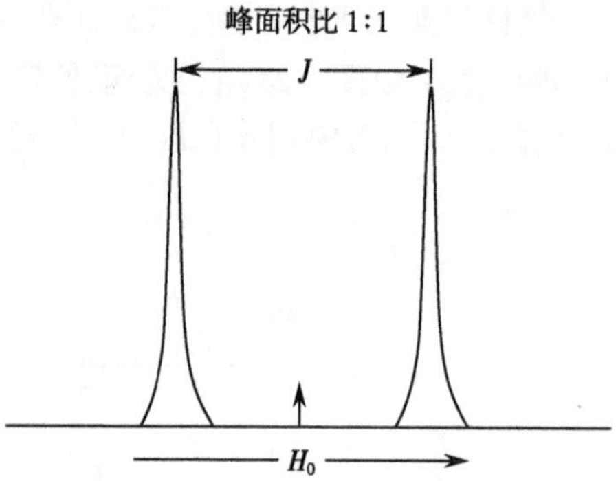

另外,共振峰精细结构中小峰的相对面积比或强度,可按下列二项式展开后取每项前的系数来表示:

$$(X+1)^m \qquad\qquad (式\ 4\text{-}14)$$

式中 $m = N\text{-}1$。

以上规律可用 Pascal 三角图表示,如图 4-31 所示。

例如,在 CH_3CH_2Br 中,试求 $CH_3(H_a)$ 及 $CH_2(H_b)$ 吸收峰精细结构上的小峰数(N)及各小峰的相对面积比。

解:(1) 求 N

$$N(H_a) = 2nI+1 = 2(2)(1/2)+1 = 3$$
$$N(H_b) = 2nI+1 = 2(3)(1/2)+1 = 4$$

(2) 求各小峰的相对面积比

H_a:$(X+1)^2 = X^2+2X+1$; 　小峰面积比 $=1:2:1$

H_b:$(X+1)^3 = X^3+3X^2+3X+1$; 　小峰面积比 $=1:3:3:1$

综上,H_a 将表现为相当于三个氢核的一组三重峰,小峰相对面积比为 $1:2:1$,H_b 则表现为相当于两个氢核的一组四重峰,小峰相对面积比为 $1:3:3:1$,如图 4-8。

例如,$CHCl_2CH_2Cl$ 中,试表示其上氢核吸收峰的精细结构及小峰相对强度。

解:上述两组氢核的化学环境不同,间隔又在三个单键以下,故彼此均有自旋干扰,结果如表 4-11 所示。

图 4-30　H_b 的共振峰形

n	小峰的相对强度比
0	1
1	1:1
2	1:2:1
3	1:3:3:1
4	1:4:6:4:1
5	1:5:10:10:5:1
6	1:6:15:20:15:6:1

图 4-31　Pascal 三角图(n 为相邻干扰核的数目)

表 4-11　$CHCl_2CH_2Cl$ 中氢核的相互偶合情况

待测氢核	相邻干扰核	n	N	小峰相对面积比
$CHCl_2$—	—CH_2Cl	2	3	1:2:1
—CH_2Cl	$CHCl_2$—	1	2	1:1

以上结果还可用自旋偶合图(spin-spin coupling diagram)表示,如图 4-32 所示。

通常,两个(组)相互偶合的信号多是相应的"内侧"峰偏高,而"外侧"峰偏低,如图 4-33。

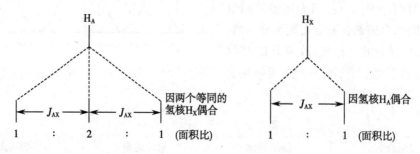

图 4-32　$CHCl_2CH_2Cl$ 中氢核的自旋偶合图

据此,再结合偶合常数相同等特征,常能帮助我们识别图谱中哪些氢核之间发生偶合。但是,在有多重偶合影响时,由于峰的裂分图形非常复杂,故对偶合体系的识别还需要借助各种去偶(decoupling)方法。

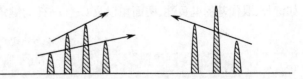

图 4-33 两个互相偶合的信号峰形

(二)偶合常数

两个(组)氢核之间相互偶合产生氢信号裂分,其裂距称为偶合常数(coupling constant),用 J 值表示,单位通常以赫兹(Hz)表示。质子之间的偶合是通过成键电子传递的,相互偶合的质子根据相隔的化学键的数目,偶合常数可表示为 $^2J, ^3J, ^4J, \cdots$。

偶合常数的计算方法:常见的氢核磁共振谱中各个信号峰上标注的是其化学位移值,包括各个裂分小峰的 δ 值,因此,从图谱中并不能直接看到裂分峰的 J 值。那么 J 值怎样得到呢?根据 δ 值的表示方法,我们知道 J 值可以通过计算得到,$J=(\delta_\alpha-\delta_\beta)\times$ 测试仪器兆数。例如:在某化合物中—CH—CH_3 的结构片段中,—CH_3 受—CH—上氢的影响裂分为双重峰,当用 500MHz 核磁共振仪测定时,其 δ 值分别为 3.8086、3.7923,计算—CH_3 的 J 值为:$(3.8086-3.7923)\times500=8.15Hz$。又如在图 4-34(400MHz)中,该氢为单质子双二重峰(dd),有 2 种偶合常数,计算 J_1 值为:$(7.153-7.133)\times400=8.0Hz$,或者 $(7.149-7.128)\times400=8.4Hz$,取平均值 8.2Hz;$J_2$ 值为 $(7.153-7.149)\times400=1.6Hz$,或者 $(7.133-7.128)\times400=2.0Hz$,取平均值 1.8Hz。

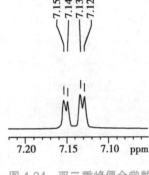

图 4-34 双二重峰偶合常数的计算

根据 J 值大小可以判断偶合氢核之间的相互干扰强度,推测氢核之间的相互关系。再结合峰的裂分情况、化学位移即可推断化合物中的结构片段。常见的偶合体系如下:

1. 偕偶(geminal coupling) 是指位于同一碳原子上的两个氢核因相互干扰所引起的自旋偶合,也叫同碳偶合,偶合常数用 $J_{偕}(J_{gem})$ 或 ^2J 表示,一般为负值,双键上的偕偶常数可为正值。自旋偶合是始终存在的,由它引起的峰裂分只有当相互偶合的自旋核的化学位移值不等时才能表现出来。偕偶偶合常数变化范围较大,并与结构密切相关,通常其绝对值在 0~17Hz。详见表 4-12。

表 4-12 同碳氢核之间偶合常数

类型	J_{ab}(Hz)	类型	J_{ab}(Hz)
(H_a, H_b on C)	12.0~18.0	(C=C with H_a, H_b)	0.5~3.0
(H_a, H_b on C=N—OH)	7.6~10.0 (取决于溶剂)	(H_a, H_b on —N=C)	7.6~17.0
(H_a, H_b on C—O—C)	5.4~6.3	(H_a, H_b cyclohexane)	12.6

2. 邻偶(vicinal coupling) 是指位于相邻的两个碳原子上两个(组)氢核之间产生的相互偶合,其偶合常数可用 $J_{邻}(J_{vic})$ 或 ^3J 表示。邻偶偶合常数的符号一般为正值。邻位偶合在氢谱中占有突出的位置,常为化合物的结构与构型确定提供重要的信息。$J_{邻}$ 值大小与许多因素有关,

笔记

如键长、取代基的电负性、两面角以及 C—C—H 间键角大小等,见表 4-13。

表 4-13　邻碳氢核之间偶合常数($J_{邻}$,Hz)

类型	J_{ab}	类型	J_{ab}
CH_a—CH_b (自由旋转)	6.0~8.0	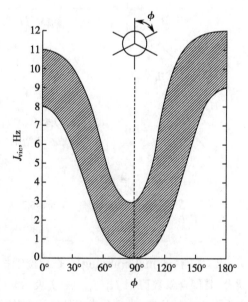 (cis or trans)	0.0~7.0
ax.-ax	6.0~14.0		
ax.-eq	0.0~5.0	(cis or trans)	6.0~10.0
aq.-eq	0.0~5.0		
(cis or trans)	3.0~5.0		4.0
	2.5	(ring) 三元环	0.5~2.0
		四元环	2.5~4.0
		五元环	5.1~7.0
		六元环	8.8~11.0
		七元环	9.0~13.0
		八元环	10.0~13.0
CH_a—C—H_b (O)	1.0~3.0	C=CH_a—CH_b=C	9.0~13.0
	12.0~18.0		6.0~12.0

$J_{邻}$ 与两面角(ϕ)的关系对决定分子的立体化学结构具有重要的意义,并可由下列 Kaplus 式计算求得:

$$J_{邻}(Hz)=4.2-0.5\cos\phi+4.5\cos2\phi$$

(式 4-15)

如图 4-35 所示, ϕ =90° 时, $J_{邻}$ 值最小,约为 0.3Hz;而 ϕ 为 0° 或 180° 时, $J_{邻}$ 值最大。葡萄糖等多数单糖以及它们的苷类化合物中,因糖上的 H-2 位于直立键上,故端基上氧取 β- 构型时,端基质子与 H-2 的两面角为 180°, $^3J_{H1,H2}$ 值约为 6~8Hz; α- 构型时,两面角为 60°, $^3J_{H1,H2}$ 值为 1~3Hz,如图 4-36A。对 H-2 位于直立键的吡喃糖可根据 ^{1}H-NMR 谱上测得的端基氢的 $^3J_{H1,H2}$ 值判断糖的端基构型。但是,在甘露糖及鼠李糖苷中,因 H-2 位于平伏键上,在端基为 α 及 β 构型中,两质子的

图 4-35　 $J_{邻}$ 与两面角的关系

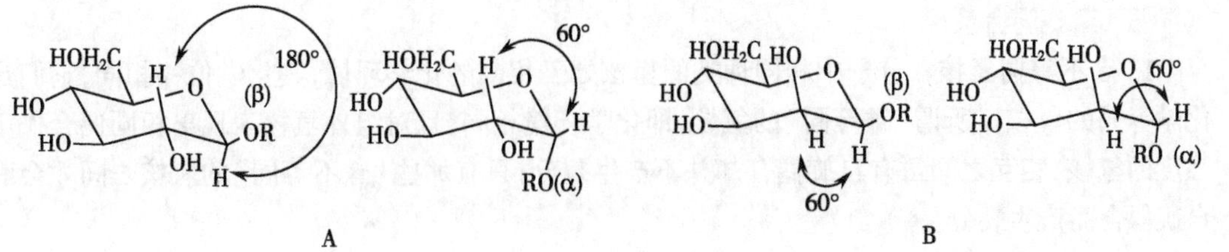

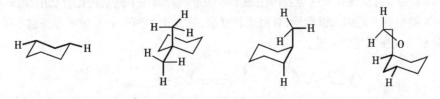

图 4-36　端基氢 $^3J_{H1,H2}$ 值与糖苷构型

二面角均为 60°,如图 4-36B,故无法根据 $^3J_{H1,H2}$ 值进行区别。

3. 远程偶合(long range coupling)　是指间隔三根以上化学键的原子核之间的偶合,其偶合常数用 $J_{远}$ 表示。远程偶合的作用较弱,偶合常数一般在 0~3Hz。

饱和化合物中,间隔三根以上单键时,$J_{远} \approx 0$,一般可以忽略不计。但我们常可以发现间隔三根以上化学键的远程偶合:

(1) 当两个氢核正好位于英文字母"W"的两端时,虽然间隔四根单键,相互之间仍可发生远程偶合,但 J 值很小,仅约为 1Hz,谓之 W 型偶合,如图 4-37。

图 4-37　W 型偶合(^4J)

(2) π 系统,如烯丙基、高烯丙基以及芳环系统中,因为 π 电子的存在,其电子流动性较大,故即使是间隔四根或五根键,相互之间仍可发生偶合,但作用较弱($J_{远}$0~3Hz),见表 4-14,在低分辨 ^1H-NMR 谱中多不易观测出来,但在高分辨 ^1H-NMR 谱上则比较明显。

表 4-14　π 系统中远程偶合常数

类型		J_{ab}(Hz)	类型		J_{ab}(Hz)
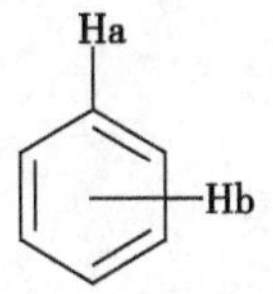 Ha, Hb (苯环)	$J_{邻}$	6.0~10.0	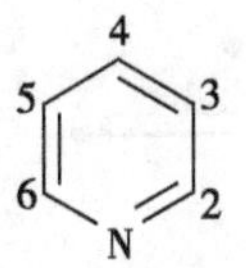 吡啶	$J_{(2-3)}$	5.0~6.0
	$J_{间}$	1.0~3.0		$J_{(3-4)}$	7.0~9.0
	$J_{对}$	0.0~1.0		$J_{(2-4)}$	1.0~2.0
				$J_{(3-5)}$	1.0~2.0
				$J_{(2-5)}$	0.0~1.0
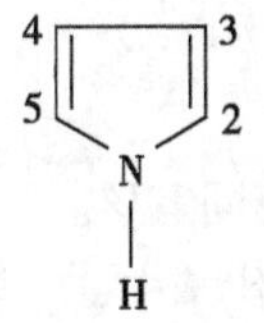 吡咯	$J_{(1-2)}$	2.0~3.0		$J_{(2-6)}$	0.0~1.0
	$J_{(1-3)}$	2.0~3.0			
	$J_{(2-3)}$	2.0~3.0	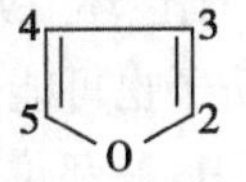 呋喃	$J_{(2-3)}$	1.3~2.0
	$J_{(3-4)}$	3.0~4.0		$J_{(3-4)}$	3.1~3.8
	$J_{(2-5)}$	1.5~2.5		$J_{(2-4)}$	0.0~1.0
				$J_{(2-5)}$	1.0~2.0
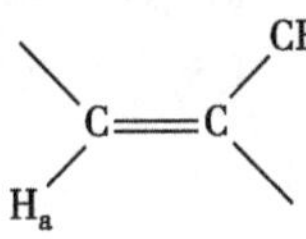 Ha, CHb (烯)	J_{ab}	0.0~3.0	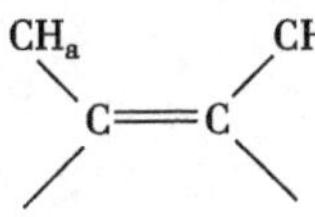 CHa, CHb (烯)	J_{ab}	0.0~3.0
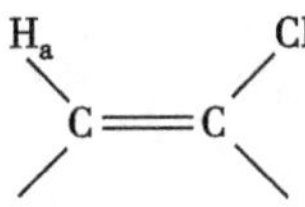 Ha, CHb (烯)	J_{ab}	0.0~3.0			

(三) 自旋偶合系统

1. 磁不等同氢核　分子中相同种类的氢核处于相同的化学环境,其化学位移相同,它们是化学等同的氢核。所谓"磁等同"的氢核,即化学环境相同,且对组外氢核表现出相同偶合作用强度的氢核,相互之间虽有自旋偶合却并不产生裂分;只有那些"磁不等同"的氢核之间才会因自旋偶合而产生裂分。

磁不等同氢核包括:

(1) 化学环境不同的氢核一定是磁不等同的。

(2) 处于末端双键上的两个氢核,由于双键不能自由旋转,也是磁不等同的。以 1,1- 二氟乙烯为例,H_a 及 H_b 两个氢核虽然在化学上等价,但对两个氟核的偶合作用并不相同。H_a 对 F_1 的偶合为顺式偶合,对 F_2 的偶合为反式偶合;H_b 对 F_1 及 F_2 的偶合则恰好相反。故 H_a 及 H_b 是磁不等同氢核,相互之间也可因自旋偶合而产生裂分。

$$H_a \diagdown \; \diagup F_1$$
$$C = C$$
$$H_b \diagup \; \diagdown F_2$$

(3) 若单键带有双键性质时也会产生磁不等同氢核。如在下列酰胺化合物中,因 p-π 共轭作用使 C—N 键带有一定的双键性质,自由旋转受阻,故 N 上的两个 CH_3 氢核也是磁不等同氢核,共振峰分别出现在不同的位置。

(4) 与手性碳原子(C*)相连的 CH_2 上的两个氢核也是磁不等同氢核。以 1- 溴 -1,2- 二氯乙烷为例,虽然碳碳单键可以任意旋转,但与 C*(X、Y、Z)相连的 CH_2 上的两个 H 在下列 Newman 投影式表示的任一种构象式中所处化学环境均不相同,故为非磁等价氢核,化学位移也不相同,如图 4-38 所示:

$$R - CH_2 - \overset{X}{\underset{Z}{\overset{|}{\underset{|}{C^*}}}} - Y$$

图 4-38　Cl(Br)CH—CH₂Cl 的 Newman 投影式

(5) CH_2 上的两个氢核位于刚性环上或不能自由旋转的单键上,也为磁不等同氢核。

(6) 芳环上取代基的邻位质子也可能是磁不等同的。例如,在下列对二取代苯中,H_A 与 $H_{A'}$ 的化学位移虽然相同,但 H_A 与 H_X 是邻位偶合,$H_{A'}$ 与 H_X 则为对位偶合,$J_{H_A,H_X} \neq J_{H_{A'},H_X}$,故 H_A 与 $H_{A'}$ 也为磁不等同。

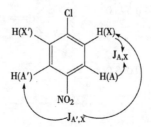

笔记

但是,磁不等同氢核之间并非一定存在自旋偶合作用。由于自旋偶合作用是通过键合电子间传递而实现的,故间隔键数越多,偶合作用越弱。通常,磁不等同的两个(组)氢核,当间隔超过三根单键以上时(如下列系统中的 H_a 与 H_b),相互自旋干扰作用很弱,通常可以忽略不计。

$$
\begin{array}{ccccccc}
& H & & Cl & & H & \\
& | & & | & & | & \\
H\!-\!&C&\!-\!&C&\!-\!&C&\!-\!Cl \\
& | & & | & & | & \\
& H_a & & Cl & & H_b &
\end{array}
$$

2. 低级偶合与高级偶合　几个(组)相互偶合的氢核可以构成一个偶合系统。自旋干扰作用的强弱与相互偶合的氢核之间的化学位移差距有关。若系统中两个(组)相互干扰的氢核化学位移差距 $\Delta\nu$(单位为 Hz)比偶合常数 J 大得多,即 $\Delta\nu/J>6$ 时,干扰作用较弱,谓之低级偶合;反之,若 $\Delta\nu \approx J$ 或 $\Delta\nu < J$ 时,则干扰作用比较严重,谓之高级偶合。

(1) 低级偶合系统的特征及其表示方法:低级偶合系统因偶合干扰作用较弱,故裂分图形比较简单,分裂的小峰数符合 $n+1$ 规律,小峰面积比大体可用二项式展开后各项前的系数表示,δ 或 ν 值可由图上直接读取。低级偶合图谱又称一级图谱。

偶合系统中涉及的氢核用英文字母表上相距较远的字母,如 A、M、X 等表示。这里,A、M 及 X 分别代表化学位移彼此差距较大的各个(组)氢核。

常见的低级偶合系统及其特征如表 4-15 所示。

表 4-15　常见低级偶合系统及其特征

系统名称	实例	引起吸收的氢核数	相邻干扰氢核数	裂分[a]
A	ns—C(HA)(ns)—ns	1	0	s
A_2	ns—C(HA)(ns)—HA	2	0	s
AX	ns—C(HA)(ns)—C(Hx)(ns)—ns	1(HA)	1(Hx)	d
		1(Hx)	1(HA)	d
AX_2	ns—C(HA)(ns)—C(Hx)(ns)—Hx	1(HA)	2(Hx)	t
		2(Hx)	1(HA)	d
AMX	ns—C(HA)(ns)—C(HM)(ns)—C(Hx)(ns)—ns	1(HA)	1(HM)	d[b]
		1(HM)	2(HA,Hx)	dd
		1(Hx)	1(HM)	d[b]

[a] s=singlet(单峰)　d=doublet(二重峰)　t=triplet(三重峰)
q=quartet(四重峰)　m=multiplet(多重峰)　dd=double doublet(双二重峰)
[b] 在用低分辨率 NMR 仪器测试时,所示 AMX 系统中的 $J_{AX}(J_{AX}=J_{XA})$ 可以忽略不计

此外,还有 A_2X_2、A_3X、A_3X_2 及 AA′XX′等系统。其中,英文字母右下角数字分别代表该类型磁等同氢核的数目。AA′XX′系统中,AA′ 及 XX′ 分别代表化学等同、但磁不等同的氢核,如 1,1-二氟乙烯中的两个氢核以及对氯硝基苯上的两组氢核。

(2) 高级偶合系统的特征及其表示方法:高级偶合中,由于自旋核的相互干扰作用比较严重,故分裂的小峰数将不符合 $n+1$ 规律,峰强变化也不规则,且裂分的间隔各不相等,δ 及 J 值多不能由图上简单读取,而需要通过一定的计算才能求得[9]。

1) 旋系统（AB 系统）：如表 4-15 所示，在低级偶合的 AX 系统中共有 4 条谱线（图 4-39），其中 H_A 及 H_X 各有两条线，两线间隔等于偶合常数 J_{AX} 或 J_{XA}；H_A 及 H_X 的化学位移 δ_{HA} 及 δ_{HX} 各位于所属两线的中心；图中 4 条谱线的高度大体相等，即强度比为 1：1：1：1。但在高级偶合的 AB 系统中则不然（图 4-40）。谱线虽然仍为 4 根，即组成两组二重峰，中心点周围 4 个小峰也大体对称分布，但强度并不相等。

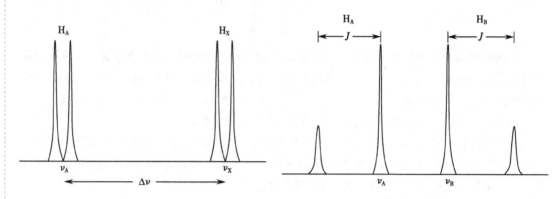

图 4-39　AX 系统谱图特征（$\Delta\nu/J > 6$）　　　图 4-40　AB 系统谱图特征（$\Delta\nu/J \leqslant 6$）

如图 4-41 所示，随着 $\Delta\nu_{AB}/J_{AB}$ 值的减小，内侧两根谱线的强度逐渐增加，外侧两根谱线强度相应减弱。此时偶合常数虽仍可由图上直接读得（这一点与 AX 系统一致），但化学位移的差距（$\Delta\nu_{AB}$）却缩小了。有关数据可由下列计算获得：

偶合常数　　　　　　　　　$J_{AB} = \nu_1 - \nu_2 = \nu_3 - \nu_4$

化学位移差距　　　　　　　$\Delta\delta_{AB} = \sqrt{(\nu_1 - \nu_4)(\nu_2 - \nu_3)}$

谱线相对强度比为

$$I_2/I_1 = I_3/I_4 = (\nu_1 - \nu_4)/(\nu_2 - \nu_3)$$

H_A 的化学位移：　　　　　$\delta_A = \nu_1 - \left[(\nu_1 - \nu_4) - \Delta\nu_{AB}\right]/2$

H_B 的化学位移：　　　　　$\delta_B = \delta_A - \Delta\delta_{AB}$

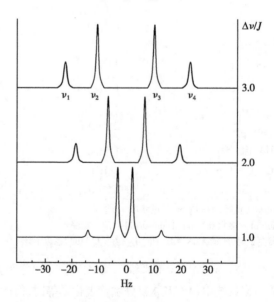

图 4-41　AX 系统→AB 系统

笔记

2) 三旋系统（ABX、ABC 系统等）

ABX 系统：在低级偶合的 AMX 系统中，因三个氢核均为非磁等同氢核，且 $\Delta\nu/J$ 值较大，显示三种化学位移及三种偶合常数(J_{AM},J_{MX} 及 J_{AX}),故理论上应能给出由 12 个小峰组成的三组双二重峰,如图 4-42。在较低分辨率的 ^{1}H-NMR 谱图上,有时因远程偶合较小,只能看到由 2 组二重峰(分别为 H_A 及 H_X 给出)及一组双二重峰(H_M)组成的八根谱线。

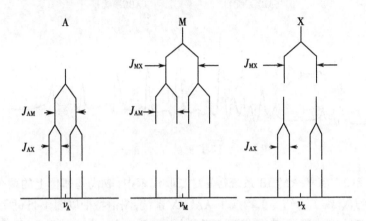

图 4-42　AMX 系统的谱图特征

从 AMX 系统出发,若其中两个氢核的化学位移相距较近时,即构成高级偶合的 ABX 系统。谱线裂分情况与 AMX 系统相似,最多可得 14 条谱线,但因其中两个综合峰(相当于两个核同时跃迁)往往难以观测,通常只显 12 个小峰。其中,氢核 A、B 分别由两组对称的 AB 四重峰所组成,各占四条谱线,它们的相对位置及强度遵从 AB 系统计算公式;而氢核 X 则由 4~6 个小峰组成。有时因部分重叠或简并,ABX 系统显示的小峰数甚至可以少于 12 个,如图 4-43 所示。

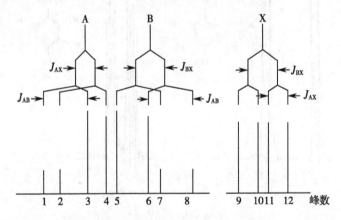

图 4-43　ABX 系统的谱图特征

能给出 ABX 系统偶合谱图的化合物,有 2- 氯 -3- 氨基吡啶、2,3- 二氯吡啶等。

2-氯-3-氨基吡啶　　　　2,3-二氯吡啶

ABC 系统:此类系统在有机化合物中比较多见,因 $\Delta \nu_{AB} \approx \Delta \nu_{BC}$,故图形比较复杂,小峰最多可以给出 15 个。如图 4-44 所示,丙烯腈的图谱中给出 14 条谱线。

单取代乙烯因取代基 R 的性质不同,可能构成 ABX 系统,也可能构成 ABC 系统。苯乙烯、丙烯酸乙酯及氯乙烯等均构成 ABC 系统。

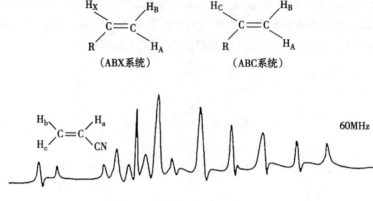

图 4-44　丙烯腈的 ^{1}H-NMR 谱

3) 四旋系统（AA′XX′，AA′BB′系统等）：对二取代苯中，取代基邻位上的两个质子为磁不等同氢核（$J_{AX} \neq J_{A'X}$ 或 $J_{AX} \neq J_{AX'}$），构成了 AA′XX′系统，图谱特征以图 4-45a 所示的对羟基苯甲酸为例，峰型表现对称、简单，若仔细观察可见大峰两侧还有一些小的裂分，且峰面积相当于 4 个氢核。若两个取代基对两组对称取代的四个芳香氢核影响接近，AA′XX′系统则变为 AA′BB′系统。

事实上，对称邻二取代苯上四个芳香氢核多构成 AA′BB′系统，图谱特征如图 4-45b 所示。

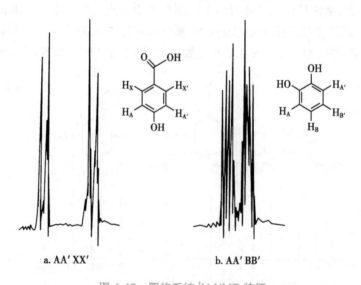

a. AA′XX′　　　　　b. AA′BB′

图 4-45　四旋系统 ^{1}H-NMR 特征
a. 对二取代苯上芳环分子的 ^{1}H-NMR 谱特征；b. 对称的邻二取代苯
上芳环分子的 ^{1}H-NMR 谱特征

ZCH$_2$CH$_2$Y 型结构在 Newman 投影式中可以看到下列三种构象，如图 4-46，应为 AA′XX′系统，但常表现为 A$_2$X$_2$ 系统的谱图特征。

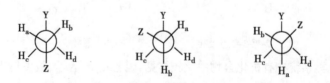

图 4-46　ZCH$_2$CH$_2$Y 型结构的 Newman 投影式

以 2- 二甲氨乙醇基乙酸酯为例,其中的—CH_2CH_2—部分即呈现出 AA′ XX′或 A_2X_2 系统的谱图特征,如图 4-47a,但当 $\Delta\nu/J$ 值逐渐降低,吸收峰相互靠近时,即变为 AA′ BB′系统,表现为内侧峰增强,并出现一些新的裂分,外侧峰逐渐减弱,一些裂分可能消失在基线或噪音之中,如图 4-47b、c、d。若 $\Delta\nu/J$ 值再小,直至 2 个 CH_2 化学位移完全相等时,即成为 A_4 系统。

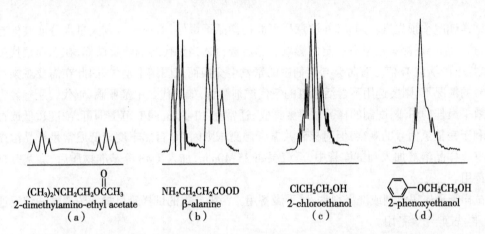

$$(CH_3)_2NCH_2CH_2OCCH_3$$
2-dimethylamino-ethyl acetate
（a）

$$NH_2CH_2CH_2COOD$$
β-alanine
（b）

$$ClCH_2CH_2OH$$
2-chloroethanol
（c）

—OCH_2CH_3OH
2-phenoxyethanol
（d）

图 4-47 ZCH₂CH₂Y 型结构中 AA′ XX′系统转变为 AA′ BB′系统的过程（60MHz）

三、峰面积与氢核数目

在 ¹H-NMR 谱上,各吸收峰覆盖的面积与引起该吸收的氢核数目成正比。NMR 谱仪器都配有自动积分仪,对每组峰的峰面积进行自动积分,在谱中以积分高度或数字显示。积分曲线的总高度(用 cm 或小方格表示)和吸收峰的总面积相当,即相当于氢核的总个数;而每一阶梯高度则取决于引起该吸收的氢核数目。对于非活泼氢信号而言,通常各组峰的积分面积之比,代表了相应的氢核数目之比。如图 4-48 从左至右,两组峰的积分面积之比为 2:3,其氢核数目之比也为 2:3。在分析图谱时,只要通过比较共振峰的面积,就可判断氢核的相对数目;当化合物分子式已知时,就可求出每个吸收峰所代表的氢核的绝对个数。目前氢核的峰面积已很少采用积分曲线的画法,更多的是利用计算机工作站自动给出积分数值。例如,在前述 CH_3CH_2Br 的 300MHz ¹H-NMR 谱(图 4-8)上,工作站的软件系统自动给出了各个峰的相对积分数值。此外,在决定峰面积时,同型氢核应当归纳在一起考虑。因此,必须首先学会判断氢核类型是否相同以及一个分子中含有几个类型的氢核。

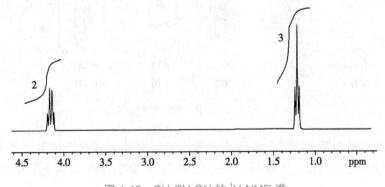

图 4-48 CH₃CH₂OH 的 ¹H-NMR 谱

笔记

第三节 核磁共振氢谱测定技术

一、样品制备

试样纯度须预先进行确认,并注意尽可能把样品干燥好,避免含有较大量水分或其他有机溶剂,这些都会对测试结果有一定的影响。随后选择适当氘代溶剂溶解试样,在选择氘代溶剂时,试样中的活泼 H 信号有时会与溶剂中的氘发生交换而从图谱上消失,因此在需要观察活泼氢信号的情况下,则要选用不含活泼氢的氘代试剂溶解,如氘代二甲基亚砜、氘代丙酮等。为了测出效果最佳的图谱,配制的样品浓度要适宜,通常在 10~50mmol/L 范围即可,浓度过低或过高都不利于完整氢信号的观察,但对核磁共振碳谱测试则因 ^{13}C 自然丰度较低通常是样品浓度越大越好。样品溶液加入到试样管中,至液层高 35~40mm,加入 TMS 等基准物质后,加塞并贴上标签待用。

试样管预先用溶剂或洗涤剂洗净,干燥备用。污染严重的试样管可加入浓硫酸洗液浸泡数天后,再洗净、干燥备用。

市售 ^{1}H-NMR 测定用试样管一般为外径 5mm ± 0.01mm、内径 4.2mm、长 180mm 的硬质细玻璃管。管口可用聚氟乙烯塑料塞塞住。试样量少时,可用图 4-49 所示底部抬起的管(A)、内套管(B)或小形内套管(C)等。另外,试样与基准物互不混合时,可将基准物装入毛细管中放入试样管(D)内测试。

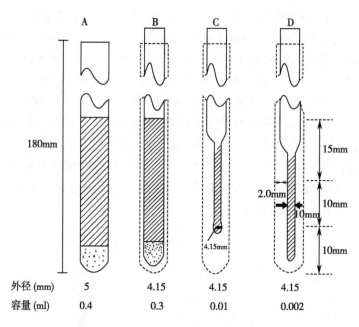

| 外径 (mm) | 5 | 4.15 | 4.15 | 4.15 |
| 容量 (ml) | 0.4 | 0.3 | 0.01 | 0.002 |

图 4-49 ^{1}H-NMR 测定用试样管

溶解试样用的溶剂要求溶解性能强、与试样不发生作用、对试样图谱不会带来什么干扰。常用溶剂性能如表 4-16 所示。实践中可根据试样溶解度、测定目的、观测范围及测定条件等因素灵活运用。

^{1}H-NMR 测定中多采用氘代溶剂,目的是为避免溶剂自身信号的干扰。但因氘代程度难于达到100%,溶剂中残存的约1% 的 ^{1}H 信号在谱图上仍可看到,且因化学位移各不相同,将分别出现在不同的位置,如表 4-16,在解析图谱时须注意与试样信号相区别。

测试样品信号的化学位移常因所用溶剂种类不同而发生改变。故在信号重叠时,有时改变

笔记

溶剂重新测定,往往会收到意想不到的效果。某些类型化合物,其信号的化学位移有一定规律,可据以判断取代基的位置。还有,在测定已知化合物时,为了方便与文献数据或标准图谱进行对比,宜尽量选用与文献报道相同的溶剂。

表 4-16 ^{1}H-NMR 谱测定用溶剂及性状

溶剂名称	结构式	bp[a]（℃）	mp[a]（℃）	^{1}H[a]（δ）	备注
四氯化碳	CCl_4	76.6	−22.6	—	通用
二硫化碳	CS_2	46.5	−112.0	—	通用,用于低温
氘代丙酮	$(CD_3)_2CO$	56.3	−94	2.1	通用,用于极性物质
氘代三氯甲烷	$CDCl_3$	61.2	−63.5	7.3	用于小极性物质
氘代二氧六环	$C_4D_8O_2$	101.4	11.8	3.5	用于难溶物质
氘代环己烷	C_6D_{12}	80.7	6.5	1.4	用于脂溶性物质
氘代二甲基亚砜	$(CD_3)_2SO$	189	18.5	2.5	用于难溶物质及高温
重水	D_2O	101.4	1.1	4.7	用于水溶性物质
氘代二氯甲烷	CD_2Cl_2	40.2	−96.8	5.3	用于低温
氘代苯	C_6D_6	80.1	5.5	7.2;7.0	用于芳香物质[c]
氘代吡啶	C_5D_6N	116	−41.8	7.3;8.5	用于芳香物质等
氘代甲醇	CD_3OD	64.7	−97.8	3.3;4.8[b]	通用,用于低温

[a] 除 D_2O 外均为未氘代溶剂的常数
[b] 因溶质而改变
[c] 溶剂中有苯的吸收,应予注意

因条件限制须委托他人测试时,应向操作者详细介绍有关情况,如溶剂及试样浓度、基准物质的种类及添加数量、测试目的及测定条件等,以取得较好结果。

二、高分辨核磁技术

^{1}H-NMR 谱中,不同类型氢核信号分布范围在 δ 0~20(主要在 δ 0~10),加之相互可能偶合裂分,故信号之间有时重叠严重,难以分辨。对初学者来说,从谱图中准确识别出不同类型的氢核自旋偶合体系,判断其信号的化学位移及偶合常数并非易事。这种情况在有高级偶合存在时尤为严重。

前已述及,已知偶合常数(J)是一定值,不受磁场强度的影响,但信号之间的间距则随着外加磁场强度(H_0)的增强而拉大,图谱的分辨率也明显得到提高。故一些原来用低磁场 NMR 仪测定时分离度不好,且可能表现为复杂难辨的高级偶合谱图的试样,在改用强磁场 NMR 仪测定时,因信号之间的分离度得到了改善,可能简化为类似一级偶合的谱图。以图 4-50 所示,(A)为丙烯腈采用 60MHz 核磁共振仪测得的结果,产生了 14 条谱线,各个质子的吸收峰重叠严重,无法分辨;(B)为 100MHz 核磁共振仪测定的结果,分离度有一定的改善;(C)为 300MHz 核磁共振仪测定的结果,共产生 12 条谱线,三组氢信号分离度得到明显的改善,识别起来十分容易。

三、核磁双共振

1. 去偶试验 ^{1}H-NMR 谱中,因相邻氢核之间的自旋偶合造成的信号裂分包含着化合物结构的许多重要信息。通常,相互偶合的氢核信号其偶合常数或裂分大小相等,故通过仔细测量

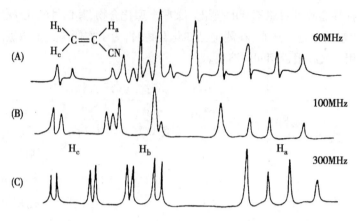

图 4-50　丙烯腈用不同场强仪器测试的 ^{1}H-NMR 谱图

并比较裂分间距,可以对哪些氢核之间偶合相关做出一定的判断。但因为这种方法不是直接证明,所以在图谱复杂尤其有多重偶合影响时易出现判断失误。此时,可以采用去偶试验方法。

^{1}H-NMR 中采用的是同核去偶试验(homonuclear decoupling),即通过选择照射(irradiation,简称 IRR)偶合系统中某个(组)(单照射)或某几个(组)(双重照射或多重照射)质子并使之饱和,则由该质子造成的偶合影响将会消除,原先受其影响而裂分的质子信号在去偶谱上将会变为单峰(在只有单重偶合影响时),或者得到简化(当还存在其他偶合影响时)。以正丁醇为例,其 300MHz ^{1}H-NMR 谱如图 4-51所示。(A)为正常图谱,其上出现四组信号,按磁场由低到高顺序,分别为—CH$_3$(H$_a$,三重峰)、—CH$_2$—(H$_b$,多重峰)、—CH$_2$—(H$_c$,多重峰)及—CH$_2$OH(H$_d$,三重峰)。(B)为照射 H$_d$ 核后测得的去偶谱,照射 H$_d$ 核后,消除了 H$_d$ 核对 H$_c$ 核的偶合作用,H$_c$ 变为三重峰。去偶试验显示 H$_d$ 与 H$_c$ 偶合相关,构成一组自旋偶合体系。

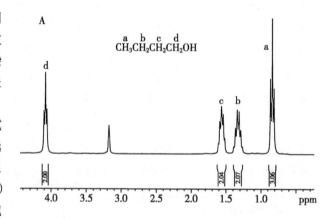

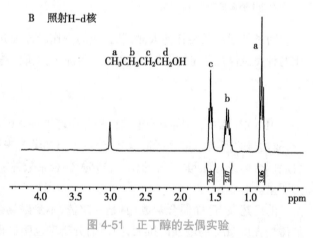

图 4-51　正丁醇的去偶实验

2. 核的 Overhauser(NOE)效应及去偶差谱　两个(组)不同类型质子即使没有偶合,若空间距离较接近,照射其中一个(组)质子会使另一个(组)质子的信号强度增强。这种现象称为核 Overhauser 效应,简称 NOE。

NOE 通常以照射后信号增强的百分率表示。图 4-52 以 2-羟基-4-甲氧基苯乙酮为例,照射 δ 3.8 处 —OCH$_3$ 质子时,其邻位 H$_a$ 和 H$_b$ 核因在空间距离与之相近,发生了 NOE 效应,信号强度较照射前增加了约 30%。

NOE 与空间距离的 6 次方成反比,故其数值大小直接反映了相关质子的空间距离,可据此确定分子中某些基团的空间相对位置、立体构型及优势构象,对研究分子的立体化学结构具有

笔记

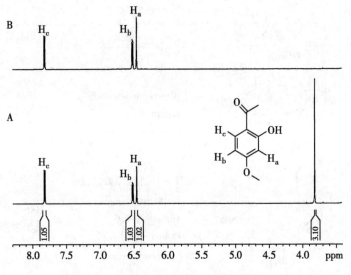

图 4-52　2- 羟基 -4- 甲氧基苯乙酮的 NOE 谱

A. ^{1}H-NMR 谱；B. NOE 谱

重要的意义。

实际工作中，当信号相互重叠且 NOE 效应较小时，观测信号强度的微小变化十分困难，可采用 NOE 差光谱测定技术，原理可用模式图简单表示。如图 4-53 所示，H_b 与 H_a 在空间相近，但 H_b 与其他信号重叠（A）；照射 H_a 后，H_b 信号强度因 NOE 效应增强，H_a 信号因饱和而消失（B）；从图谱（B）扣除（A）后，仅表现 H_b 信号所增强部分。在测定 NOE 差光谱时，因为 FT-NMR 技术，可以方便地进行信号强度的加减运算，故照射前后强度没有改变的信号在光谱中将全部扣去，剩下的信号中，朝下伸出的为被照射质子，朝上伸出的即为照射后强度增加的质子信号。

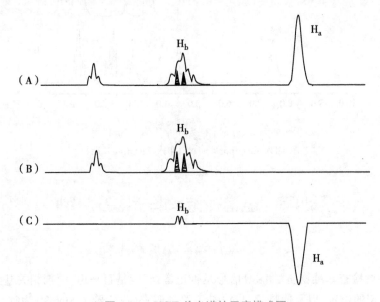

图 4-53　NOE 差光谱的示意模式图

四、位 移 试 剂

含氧或含氮的化合物，如醇、胺、酮、醚、酯等，其中某些质子信号，可因加入特殊的化学试剂而发生位移，位移的程度随质子和官能团之间距离的增加而减弱。该类试剂叫作位移试剂，多为镧系金属化合物，见表 4-17。

笔记

表 4-17　常用位移试剂

缩写名	结构	全名	m.p.(℃)	位移方向
Eu(dpm)₃ [Pr(dpm)₃]	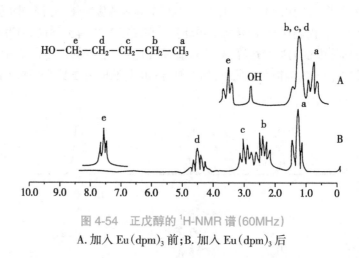	Trisᵃ (dipivalometanato) europium [praseodymium]	188 220	低磁场 高磁场
Eu(fod)₃ [Pr(fod)₃]		Tris(1,1,1,2,2,3,3- Heptafluoro-7,7- Dimethy1-4,6- Octanedionato) [praseodymium]	100~200 180~225	低磁场 高磁场

ᵃ或命名为 Tris(2,2,6,6-tetramethy1-3,5-heptanedionato)europium,Eu(thd)₃

图 4-54 为正戊醇在 $CDCl_3$ 中,于 60MHz 仪器上测得的 ^{1}H-NMR 谱。图中,A 为未加入 Eu(dpm)₃ 时测得的图谱;B 为加入 Eu(dpm)₃ 时测得的图谱。显然,质子信号将按它们与含氧基团(—OH 基)的距离远近而位移不同的幅度。距离越近,位移幅度越大;距离越远,位移幅度越小,甚至不发生位移,因而相互间得到了良好分离。

图 4-54　正戊醇的 ^{1}H-NMR 谱(60MHz)

A. 加入 Eu(dpm)₃ 前;B. 加入 Eu(dpm)₃ 后

第四节　氢谱在结构解析中的应用

一、^{1}H-NMR 谱解析的基本程序

1. 首先注意检查基准物质 TMS 等信号是否正常,底线是否平坦,溶剂相关基团的 ^{1}H 信号是否出现在预定的位置,以及信噪比(S/N)是否符合要求(一般希望 $S/N>30$ 为宜)。如有问题,解析图谱时应当注意,必要时应重新处理图谱或重新测定。

2. 根据积分曲线高度算出各个信号对应的 H 数,目前的核磁共振氢谱利用计算机处理可直接获得相对氢核数。可能条件下宜在 $\delta<4.5$ 的区域先找出,如 CH₃O—、CH₃—Ar、CH₃CO—、CH₃—C— 等孤立 CH₃ 基(3H,s)信号,并按其积分曲线高度去复核其他信号相应的氢核数目。

笔记

3. 把滴加 D_2O 后测得的图谱与加 D_2O 前比较,解析消失的活泼氢信号。但须注意,有些—$CONH_2$ 或具有分子内氢键的—OH 基信号不会消失。相反,有时某些 $>CH$— 信号却会消失。

4. 解析在 $\delta10\sim16$ 低磁场区域处出现的—COOH 及具有分子内氢键缔合的—OH 信号等。

5. 参考化学位移、峰裂分数目及偶合常数,解析低级偶合系统。

6. 解析芳香氢核信号及高级偶合系统。

7. 必要时,可以采用更换溶剂、加入位移试剂或采用去偶试验、NOE 测定等特殊技术,或改用强磁场 NMR 仪测定,以利简化图谱,方便解析。

8. 对推测出的结构再利用取代基位移加和规律,或结合化学方法,或 UV、IR、MS、^{13}C-NMR 等情报信息进行反复推敲加以确定,并对信号的归属一一作出确认。

以上程序可供未知化合物结构测定时参考。已知化合物的图谱解析比较容易,应参照标准图谱或文献数据进行结构确定。

二、^{1}H-NMR 谱结构解析实例

例 4-1 一未知化合物分子式 $C_6H_8O_4$,IR 在 $3078cm^{-1}$,$1721cm^{-1}$,$1700cm^{-1}$,$1638cm^{-1}$,$1635cm^{-1}$,$1313cm^{-1}$,$1176cm^{-1}$,$994cm^{-1}$,$776cm^{-1}$ 处有吸收,^{1}H-NMR 谱(300MHz,$CDCl_3$)如图 4-55 所示,试解析并推断其结构。

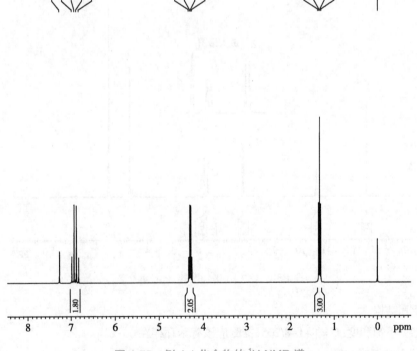

图 4-55 例 4-1 化合物的 ^{1}H-NMR 谱

解析:(1) 不饱和度:$\Omega=6+1-8/2=3$。

(2) IR 光谱有 2 个羰基吸收峰,位于 $1721cm^{-1}$,$1700cm^{-1}$ 处。

(3) ^{1}H-NMR 谱峰归属:

$\delta1.33$,3H,三重峰(t),$J=7.2Hz$,为 CH_3 信号,与两个质子偶合,可能为—CH_2CH_3;

$\delta4.28$,2H,四重峰(q),$J=7.2Hz$,为 CH_2 信号,与三个质子偶合,结合化学位移,推测应为—OCH_2CH_3 片段(A);

$\delta6.95$ 和 6.85,2H,分别为双峰(d),$J=15.9Hz$,为典型的反式双键 CH=CH 上的氢信号,两

个氢信号可以看作是 AB 系统,根据化学位移值,结合 IR 光谱,该双键应与羰基相连,即—CO—CH=CH—CO—片段(B);

(4) 片段(A)和(B)相加后为 $C_6H_7O_3$,而该化合物的分子式为 $C_6H_8O_4$,因此还应有—OH 基团(C)。

综上所述,将(A)、(B)和(C)连接在一起,确定未知化合物的化学结构为:

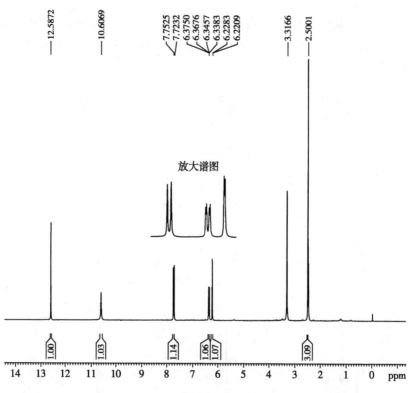

经与文献核磁数据对照确认无误。

例 4-2 一晶形固体,分子式为 $C_8H_8O_3$,^{1}H-NMR 谱(300MHz,DMSO-d_6)如图 4-56 所示,试

图 4-56 例 4-2 化合物的 ^{1}H-NMR 谱

解析并推断其结构。

解析:(1) 不饱和度:$\Omega = 8+1-8/2=5$,推测应该有苯环存在。

(2) ^{1}H-NMR 谱峰归属:

$\delta2.50,3H$,单峰(s),为 CH_3 信号,结合化学位移,推测 CH_3 应与 CO 连接,即—$COCH_3$(A)。

$\delta6.22,1H$,双重峰(d),$J=2.1Hz$;$\delta6.35,1H$,双二重峰(dd),$J=9.0,2.1Hz$;$\delta7.24,1H$,双重峰(d),$J=9.0Hz$ 为苯环上的 ABX 系统氢信号,如片段(B)。

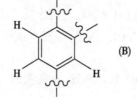

$\delta 10.61$ 和 12.59 的两个氢信号为苯环上两个活泼氢信号,其中 $\delta 12.59$ 处的信号应为与羰基形成分子内氢键的活泼氢。

综上所述,将结构中的各个基团连接在一起,推测未知化合物结构应为:

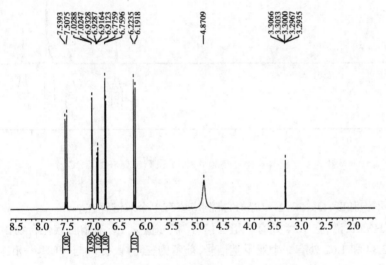

经与文献核磁数据对照确认无误。

例 4-3　一晶形固体,分子式为 $C_9H_6O_4$,^1H-NMR 谱(500MHz,CD_3OD)如图 4-57 所示,试解析并推断其结构。

图 4-57　例 4-3 化合物的 ^1H-NMR 谱(500MHz,CD_3OD)

解析:(1) 不饱和度:$\Omega = 9+1-6/2=7$,推测应该存在 1 个苯环和 1 个双键。

(2) 分析 ^1HNMR 谱,除了在 3.30 处的溶剂峰外,共有 5 个氢信号,分别在 7.51,7.15,7.02,6.85,6.23。

(3) 其中 7.02 处的峰为双二重峰(dd),提示有 2 个不同的氢对该质子产生偶合。4 个裂分小峰的化学位移值分别为:6.9328,6.9287,6.9164,6.9123,该 dd 峰有 2 个偶合常数,大的偶合常数为(6.9328–6.9164)×500=8.2Hz,或者(6.9287–6.9123)×500=8.2Hz,小的偶合常数为(6.9328–6.9287)×500=2.0Hz,或者(6.9164–6.9123)×500=2.0Hz。

(4) 其他 4 个峰均为双重峰,7.15(1H,d,J=2.0Hz),6.85(1H,d,J=8.0Hz),6.23(1H,d,J=16.0Hz),7.51(1H,d,J=16.0Hz)。

(5) 根据 6.23(d,J=16.0Hz)和 7.51(d,J=16.0Hz)这 2 个峰的偶合常数,推测为反式双键的 2 个氢,2 个氢化学位移相差较大,提示可能与羰基相连;其他 3 个氢根据峰型和偶合常数推断,应为苯环上的 ABX 系统氢信号。

(6) 根据分子式推断,其结构应为咖啡酸。

例 4-4   某化合物为白色片状结晶,分子式 $C_{20}H_{40}O_2$,EI-MS m/z: 311(M-1)$^+$。^{1}H-NMR 谱(500MHz,CDCl$_3$)如图 4-58 所示,试解析并推断其结构。

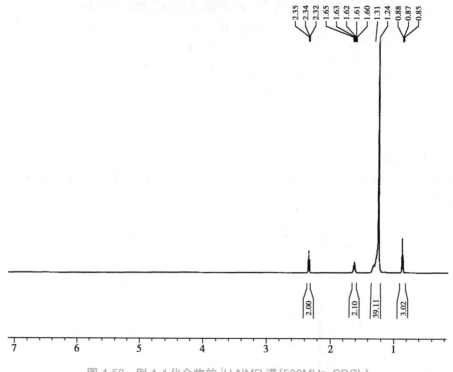

图 4-58   例 4-4 化合物的 ^{1}H-NMR 谱(500MHz,CDCl$_3$)

解析:(1) 不饱和度:Ω = 20+1-40/2=1,推测应该有 1 个双键存在。

(2) 分析 ^{1}HNMR 谱,在 1.24 处有一组氢信号,积分值为 19,是脂肪族化合物中多个亚甲基信号;另外在 2.34 和 1.62 处有 2 个亚甲基信号,前者为三重峰,提示与—CH$_2$—相连。0.87 处有 1 个甲基氢信号,呈现三重峰,提示与—CH$_2$—相连。这是脂肪族化合物的典型特征。

(3) 2.34 处的—CH$_2$—处于较低场,推断与吸电子基—COOH 相连。

(4) 根据分子式 $C_{20}H_{40}O_2$,推测为花生酸(二十烷酸)。

^{1}HNMR 谱:2.34(2H,t,J=7.2Hz,H-2),1.62(2H,m,H-3),1.24(16×CH$_2$),0.87(3H,t,J=7.2Hz,H-16)。

例 4-5   某化合物为白色片状结晶,分子式 $C_7H_6O_2$,^{1}HNMR(CDCl$_3$,500MHz)如图 4-59 所示,试解析并推断其结构。

解析:(1) 不饱和度:Ω=7+1-6/2=5,推测应该有 4 个双键存在。根据分子式推算,含有 1 个苯环和 1 个双键。

(2) 分析 ^{1}HNMR 谱,在 δ 8.1~7.4 之间有 5 个氢出现,说明有 1 个单取代苯环,结合含有 2 个氧原子和 1 个双键,说明为苯甲酸。

分析 5 个芳氢的峰型和偶合常数,δ 8.00 处的氢为双质子 d 峰,J=7.1Hz,应为 2,6-H;δ7.57 处的氢为单质子 t 峰,J=7.5Hz,应为 4-H;δ 7.5 处的氢为双质子 t 峰,J=7.8Hz,应为 3,5-H。

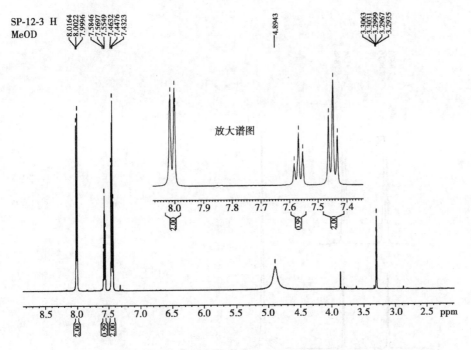

图 4-59 例 4-5 化合物的 ^{1}H-NMR 谱 (500MHz,CDCl$_3$)

习题

1. 简答下列问题。

1）化学位移的影响因素有哪些？

2）如何从一个化合物的核磁共振氢谱读取氢信号的化学位移的数值？

3）如何计算某个裂分氢信号的偶合常数？

2. 请归属乙醇（图 4-60）和对羟基苯甲酸（图 4-61）的核磁共振氢谱中的各氢信号（写出结构中各氢的化学位移和偶合常数）。

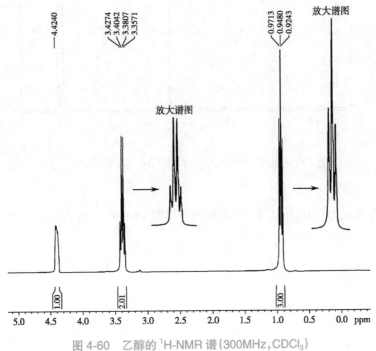

图 4-60 乙醇的 ^{1}H-NMR 谱 (300MHz,CDCl$_3$)

笔记

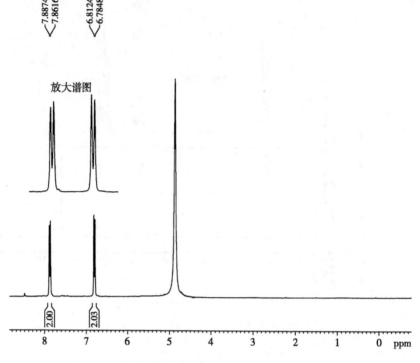

图 4-61　对羟基苯甲酸的 ^{1}H-NMR 谱(300MHz,CD$_3$OD)

3. 某化合物分子式为 $C_4H_{10}O$,根据其 ^{1}H-NMR 图谱(图 4-62)推定其化学结构,并写出推导过程。

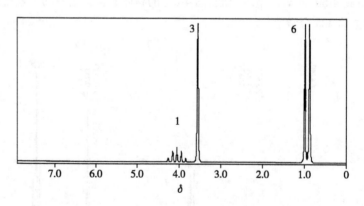

图 4-62　习题 3 化合物的 ^{1}H-NMR 谱(300MHz,CD$_3$OD)

4. 某化合物分子式为 $C_9H_{11}NO$,其 ^{1}H-NMR 图谱如图 4-63 所示,解析该图谱,并推导出其化学结构。

笔记

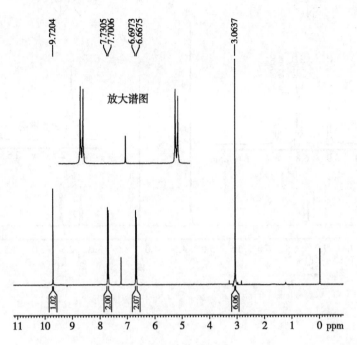

图 4-63 习题 4 化合物的 ^{1}H-NMR 谱（300MHz，CDCl$_3$）

5. 某化合物分子式为 C$_{10}$H$_{10}$O$_4$，试根据其 ^{1}H-NMR 图谱（图 4-64）推导其可能的化学结构，并写出其推导过程。

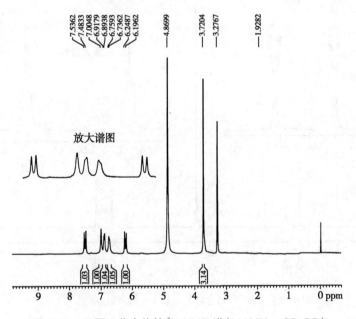

图 4-64 习题 5 化合物的 ^{1}H-NMR 谱（300MHz，CD$_3$OD）

6. 某化合物分子式为 C$_{10}$H$_{12}$O$_4$，试根据其 ^{1}H-NMR 图谱（图 4-65）推导其可能的化学结构，并写出其推导过程。

笔记

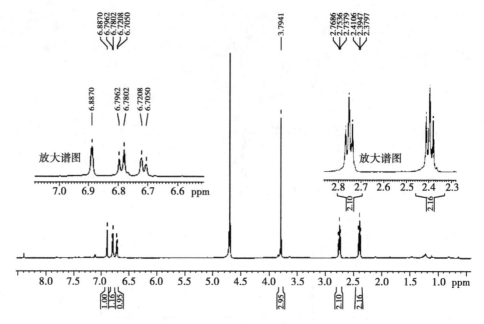

图 4-65 习题 6 化合物的 ^{1}H-NMR 谱(500MHz,D_2O)

7. 某化合物分子式为 $C_9H_{10}O_3$,试根据其 ^{1}H-NMR 图谱(图 4-66)推导其可能的化学结构,并写出其推导过程。

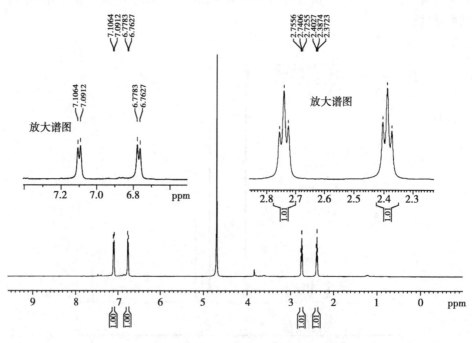

图 4-66 习题 7 化合物的 ^{1}H-NMR 谱(500MHz,D_2O)

8. 白藜芦醇为白色片状结晶,分子式为 $C_{14}H_{12}O_3$,图 4-67 为其 ^{1}H-NMR 谱,分析图谱并归属氢质子信号。

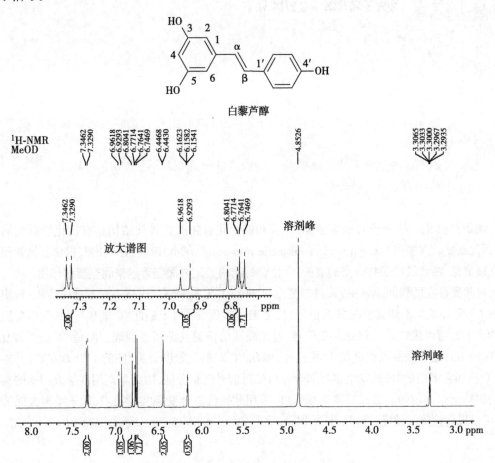

图 4-67　习题 8 白藜芦醇的 ^{1}H-NMR 谱(500MHz ,CD$_3$OD)

（冯卫生　王彦志）

参考文献

1. 孟令芝,龚淑玲,何永炳.有机化合物波谱分析.第 3 版.武汉:武汉大学出版社,2009.

2. 宁永成.有机化合物结构鉴定与有机波谱学.第 2 版.北京:科学出版社,2009.

3. 吴立军.有机化合物波谱解析.第 3 版.北京:中国医药科技出版社,2009.

4. 梁晓天.核磁共振——高分辨氢谱的解析和应用.北京:科学出版社,1976.

5. Jacobsen NE. NMR Spectroscopy explained: Simplified Theory, Applications and Examples for Organic Chemistry and Structural Biology. New York: Wiley-Interscience press,2007.

6. Macomber RS. A complete introduction to modern NMR spectroscopy. New York: Wiley-Interscience press, 1997.

7. Silverstein RM,Webster FX,Kiemle DJ. Spectrometric identification of organic compounds. 7th edition. New York: John Wiley & Sons. Inc.,2005.

8. Becker ED. High Resolution NMR: Theory and chemical applications. 3rd edition. NY: Academic Press,1999.

9. Pascual C,Meier J,Simon W. Regel zur Abschätzung der chemischen Verschiebung von Protonen an einer Doppelbindung. Helv Chim Acta,1966,49:164-168.

笔记

第五章 碳核磁共振谱

学习要求

1. 掌握碳核磁共振谱在结构解析中的一般程序和应用以及简单化合物碳的信号归属。

2. 熟悉不同类型碳在 ^{13}C-NMR 谱中的大致峰位以及影响碳化学位移的因素。

3. 了解碳核磁共振测试技术。

碳是有机化合物分子的基本骨架,环状和链状化合物的碳骨架结构是有机化学研究的核心,因此碳核磁共振谱(carbon nuclear magnetic resonance,^{13}C-NMR)可以给出有机化合物骨架的最直接信息,结合氢核磁共振谱的解析,在化合物结构鉴定方面起着越来越重要的作用。

自然界存在的碳同位素中,天然丰度占 98.9% 的 ^{12}C 核就像 ^{16}O 核一样不是磁性核(自旋量子数 I 为零),观察不到其核磁共振信号,只有天然丰度仅占 1.1% 的 ^{13}C 核和 ^{1}H 核一样自旋量子数为 1/2,可以观察到其核磁共振信号,遵循相同的核磁共振基本原理。但是 ^{13}C 的磁旋比 γ 是 ^{1}H 的 1/4,磁共振的灵敏度与 γ^3 成正比,因此 ^{13}C 观测灵敏度只有 ^{1}H 的 1/5700 左右,另外由于 ^{13}C 核和它周围的 ^{1}H 核发生多次偶合裂分使得信号严重分散,因此早期用连续波扫描的实验方法很难记录其信号。通过提高磁场强度、采用脉冲傅里叶变换实验技术、质子噪声去偶等措施,可以提高检测灵敏度并清除 ^{1}H 的偶合,完成各种 ^{13}C-NMR 实验,碳谱才得到了广泛应用。

第一节 碳谱的特点

第四章介绍过 NMR 基础理论和 ^{1}H-NMR 的基本知识,与氢谱相比碳谱有以下特点:

1. **碳化学位移范围宽** 碳化学位移(δ)一般在 0~220,而氢化学位移(δ)一般在 0~10,最大也只有 20。由于碳谱化学位移范围比氢谱大几十倍,因此分子结构中细小差异引起的化学位移的不同在碳谱中可以反映出来。分子量小于 500 的化合物,如果分子无对称性,消除碳和氢之间的偶合,那么分子中每个碳原子都会在碳谱上找到一条尖锐的、可分辨的谱线与之对应。氢谱由于化学位移差距小以及相邻质子之间的偶合裂分,氢谱谱线会重叠,难分辨。

2. **碳谱峰型简单** 在常用的全氢去偶 ^{13}C-NMR 谱中,峰型呈单峰(s),除非分子中含有其他磁性核,如 D、^{31}P 或 ^{19}F。氢谱中由于相邻质子之间的偶合常出现双峰(d)、三重峰(t)、双二重峰(dd)、四重峰(q)以及多重峰(m)等。

3. **碳谱能给出季碳的信息** 由于季碳不与氢直接相连,在氢谱中得不到直接的信息,只能通过分析分子式及与其相邻的碳上质子的信号来判断其存在。在碳谱中可以直接得到季碳的碳信号。

4. **碳 - 氢偶合常数大** ^{13}C -^{1}H 直接偶合的偶合常数很大,一般在 110~320Hz。由于 ^{13}C 天然丰度很低,这种偶合对氢谱影响不大,但在碳谱中是主要的,所以不去偶的碳谱,各个裂分的谱线彼此交叠,很难识别。氢谱中由于只能看到 ^{1}H 核之间的偶合,所以偶合常数比较小,一般不会超过 20Hz。

5. **碳弛豫时间长** ^{13}C 的弛豫时间比 ^{1}H 长得多,不同类型碳原子弛豫时间也不同,因此可以通过测定弛豫时间得到更多的结构信息。由于各种碳原子的弛豫时间不同以及去偶造成的

NOE 效应大小不同,在常规全去偶碳谱中,峰的强度不能反映碳原子的数量。

6. 碳谱测试技术多　碳谱除全去偶谱外,还有偏共振去偶谱,可以获得 ^{13}C -^1H 偶合信息;反转门控去偶谱,可获得定量信息等。

7. 碳谱灵敏度低　核磁共振一般以一个基准物质的信号(S)和噪声(N)的比即信噪比(S/N)作为灵敏度,信噪比正比于核磁共振仪的磁场强度 H_0、测定核的磁旋比 γ、待测核的自旋量子数 I 及其核的数目 n,反比于测试时的绝对温度 T。^{13}C NMR 的总灵敏度是 ^1H NMR 的 1/5700,在氢谱测定条件下很难测定碳谱。因此为了提高 ^{13}C 的灵敏度,需要提高样品量和磁场强度,或者增加扫描次数。常规碳谱,以 75.5MHz 仪器为例,5mm 外径核磁管,在 0.5ml 氘代溶剂中通常需要溶解 10mg 的样品,而使用 2.5mm 外径核磁管的探头,只要 100μg 样品就能达到较高的灵敏度。

第二节　碳谱的主要参数

一、化 学 位 移

和 ^1H-NMR 一样,^{13}C-NMR 的频率轴被转换成无单位标量,以 δ 为单位(本章除特殊标明,δ 均代表碳化学位移值)。通常用四甲基硅烷(TMS)做内标,TMS 的碳信号 $\delta=0$,一般将出现在 TMS 低场一侧(左边)的 ^{13}C 信号的 δ 值规定为正值,在 TMS 右侧即高场的 ^{13}C 信号规定为负值。碳谱的化学位移范围在 0~220,为氢谱的近 20 倍。除用 TMS 作内标外,CS_2($\delta=192.5$)和一些氘代溶剂峰均可作为内标(表 5-1)。在测定碳谱时,尽量选择溶剂峰不影响待测样品化学位移值的氘代溶剂溶解样品。

表 5-1　常用氘代溶剂的 ^{13}C 化学位移及谱线多重性

名称	结构	δ_C	谱线多重性
三氯甲烷 -d_1	$CDCl_3$	77.0 ± 0.5	三重峰
甲醇 -d_4	CD_3OD	49.0	七重峰
丙酮 -d_6	$(CD_3)_2CO$	29.8	七重峰
		206.5	多重峰
二甲基亚砜 -d_6	$(CD_3)_2SO$	39.7	七重峰
二甲基甲酰胺 -d_7	$\overset{O}{\overset{\|}{DCN(CD_3)_2}}$	29.8	七重峰
		34.9	七重峰
		163.2	三重峰
苯 -d_6	C_6D_6	128.0 ± 0.5	三重峰
吡啶 -d_5	C_6D_5N	123.5	三重峰
		135.5	三重峰
		149.2	三重峰
二氧六环 -d_8	$\begin{array}{c} D_2C-O-CD_2 \\ \| \quad\quad \| \\ D_2C-O-CD_2 \end{array}$	66.5	五重峰
乙酸 -d_4	CD_3COOD	20.2	七重峰
		178.4	多重峰

如果磁场强度已知,可用基本的 NMR 公式 $[\nu=(\gamma/2\pi)H_0]$ 计算 ^{13}C 核共振频率。如一台 600MHz 仪器(^1H 核),其 ^{13}C 核的共振频率为 150.9MHz,约为 4:1。

碳谱化学位移范围广,去偶峰很尖锐,各峰重叠的可能性很小,碳化学位移值能直接反映碳

笔记

核周围的电子云分布,即屏蔽情况,因此对分子构型、构象的微小差异也很敏感。

与氢谱不同,碳化学位移值受分子间影响较小。氢处在分子外部,邻近分子对它影响较大,如氢键缔合等。碳处在分子骨架上,所以分子间效应对碳化学位移值影响很小。影响碳化学位移值的主要因素有结构性因素和外部因素,主要受分子内相互作用影响,即主要取决于碳原子的杂化类型、周围的化学环境对碳原子电子云密度的影响以及磁的各向异性效应、分子内空间效应以及溶剂效应等。

(一)影响碳化学位移的结构性因素

碳化学位移值主要与碳核周围电子云密度有关,碳负离子核外电子云密度增大,屏蔽效应增强,δ 向高场位移。当碳原子失去电子时,产生强烈的去屏蔽效应,化学位移值移向低场,如碳正离子化学位移值在 $\delta=300$ 左右。

$$CH_3\overset{+}{C}(C_2H_5)_2 \quad (CH_3)_2\overset{+}{C}C_2H_5 \quad (CH_3)_3\overset{+}{C} \quad (CH_3)_2\overset{+}{C}H$$
$$\delta_C \quad\quad 334.7 \quad\quad\quad 333.8 \quad\quad\quad\quad 330.0 \quad\quad\quad 319.6$$

当碳正离子与含未共享孤电子对的杂原子相连时,碳化学位移值向高场移动。

$$(CH_3)_2\overset{+}{C}OH \quad CH_3\overset{+}{C}(OH)C_6H_5 \quad CH_3\overset{+}{C}(OH)OC_2H_5$$
$$\delta_C \quad\quad 250.3 \quad\quad\quad 220.2 \quad\quad\quad\quad 191.1$$

这个效应可用来解释羰基碳化学位移处于较低场,就是因为存在下述关系。

$$>C=O \rightleftharpoons >C^+-O^-$$

影响碳核周围电子云密度的因素主要有碳原子杂化状态、碳原子连接基团的诱导效应、共轭效应以及空间效应等。

1. 碳原子的杂化　碳原子杂化状态是影响碳化学位移值的重要因素,一般地说,碳化学位移值与该碳上氢的化学位移值次序基本上平行。化合物中碳原子杂化轨道有 sp^3、sp^2 和 sp 三种,碳原子杂化影响见表 5-2。

表 5-2　不同杂化碳原子化学位移范围

碳原子杂化	所在基团	δ_C
sp^3	$CH_3<CH_2<CH<$ 季 C(无杂原子取代)	0~60
sp	—C≡C—H, —C≡C—(无杂原子取代)	60~90
sp^2	烯碳和芳碳	100~167
sp^2	羰基	160~220

2. 诱导效应　吸电子基团会使邻近的碳核去屏蔽而使其化学位移向低场位移,这种位移随取代基电负性增大而增加,并且随着离电负性基团的距离增大而减小。

$$CH_3F \quad CH_3Cl \quad CH_3Br \quad CH_4 \quad CH_3I$$
$$\delta_C \quad 75.4 \quad\quad 24.9 \quad\quad 10.0 \quad\quad -2.5 \quad\quad -20.7$$

取代基的 α 位影响最大,β 位次之,γ 位反而向高场移动,这是由 γ- 效应引起的(后面将讲到),一般情况下,对于 γ 位以上的碳,诱导效应可以忽略不计。

$$CH_3—CH_2—CH_2—CH_2—CH_2—CH_3$$
$$\delta_C \quad 14.1 \quad 23.1 \quad 32.2 \quad 32.2 \quad 23.1 \quad 14.4$$

$$\overset{\alpha}{F}CH_2—\overset{\beta}{CH_2}—\overset{\gamma}{CH_2}—CH_2—CH_2—CH_3$$
$$\delta_C \quad 84.2 \quad 30.9 \quad 25.4 \quad 32.2 \quad 23.1 \quad 14.1$$

$$ClCH_2—CH_2—CH_2—CH_2—CH_2—CH_3$$
$$\delta_C \quad 45.1 \quad 33.1 \quad 27.1 \quad 31.7 \quad 23.1 \quad 14.1$$

烷基虽然是供电子基团,但是由于碳的电负性比氢大,所以烷基取代也会使该碳化学位移值向低场移动。

一般来说,碳上烷基或吸电子取代基数目增加,引起该碳化学位移值向低场移动增加,如:

$$CH_4 \quad CH_3CH_3 \quad CH_2(CH_3)_2 \quad CH(CH_3)_3 \quad C(CH_3)_4$$
$$\delta_C \quad -2.5 \quad\quad 5.7 \quad\quad 15.4 \quad\quad\quad 24.3 \quad\quad\quad 31.4$$

$$CH_3Cl \quad CH_2Cl_2 \quad CHCl_3 \quad CCl_4$$
$$\delta_C \quad 23.8 \quad\quad 52.8 \quad\quad 77.7 \quad\quad 95.5$$

另外,邻位碳上取代的甲基数目越多,由于碳的电负性比氢大,所以化学位移值也越大。如:

$$\delta_C \quad RCH_2C(CH_3)_3 > RCH_2CH(CH_3)_2 > RCH_2CH_2CH_3 > RCH_2CH_3$$

3. 共轭效应　共轭效应使得电子在共轭体系中分布不均匀,导致碳化学位移值向低场或向高场位移。如与 1- 丁烯相比,1,3- 丁二烯共轭体系中双键的离域作用引起键极减小导致中心碳原子屏蔽作用增大,化学位移向高场移动。

在羰基碳邻位引入双键(α,β- 不饱和醛或酮)或含孤对电子的杂原子(羧酸、酰胺、酰氯等),由于形成了共轭体系,羰基碳上电子云密度相对增加,屏蔽作用增大,使得羰基碳化学位移值向高场移动。

在共轭体系中除了羰基碳受影响外,双键上的碳也受影响,共轭体系中共轭链上交替出现 δ+ 和 δ- 电子分布,使得反式 2- 丁烯醛中的 α,β- 不饱和羰基的 β 位烯碳带有部分正电荷(δ+)出现在较低场,α 位烯碳带有部分负电荷(δ-)出现在较高场。

苯环中氢被取代基取代后,苯环上碳原子的化学位移值变化是有规律的。如果苯环上氢被—NH₂ 或—OH 等饱和杂原子基团取代,则这些基团的孤对电子将离域到苯环的 π 电子体系上,增加了邻位和对位碳上的电荷密度,屏蔽增加,δ 变小;如果氢被吸电子共轭基团—CN 或—NO₂ 取代后,苯环上 π 电子离域到这些吸电子基团上,减少了邻位和对位碳的电荷密度,屏蔽减小,δ 变大。这些基团对间位的影响都很小。

4. 空间效应　碳化学位移值容易受到分子空间结构的影响,相隔几个键的碳由于空间上接近可能会产生相互作用。通常的解释是空间上接近的碳上氢之间的斥力作用使碳上电子云密度有所增加,从而增大屏蔽效应,化学位移向高场移动。

链状结构中 α 位上取代基与 γ 位碳原子空间距离较近,相互排斥,将电子云推向双方的核附近,使化学位移向高场移动,这就是链烃的 γ- 效应,又称为 γ- 旁氏效应或 γ- 邻位交叉效应(γ-gauche 立体效应)。γ- 效应普遍存在,当环己烷 1 位取代基处于直立键时,对 γ 位(3 位和 5 位)

产生 γ- 效应，使其化学位移值向高场移动。同样道理，直立键上甲基比平伏键上甲基处在更高场。如：齐墩果烷型五环三萜类化合物 29 位甲基为 e 键，化学位移出现在低场 δ 33.1，30 位甲基为 a 键，由于 γ- 效应出现在高场 δ 23.6。刚性构象的 2- 甲基降冰片烷中也可以观察到典型的 γ- 效应。

在烯类化合物中，处于顺式的两个取代基也有这种立体效应。顺式丁二烯中的 1 位碳比反式丁二烯中的 1 位碳向高场位移约 5 个单位。

如果分子中空间位阻导致共轭程度降低，也会影响化学位移值。如苯乙酮随着邻位甲基的引入，空间位阻增大，导致苯环和羰基所在平面扭转角（φ）增大，共轭下降，羰基碳的化学位移值向低场位移。

5. **重原子效应**　大多数电负性基团的作用是去屏蔽的诱导效应，但对于较"重"的卤素，除了诱导效应外，还存在一种"重原子"效应，即随着原子序数增加，抗磁屏蔽增大。CH_3I 的 δ 值比 CH_4 位于较高场，是由于碘原子核外围有丰富的电子，碘原子引入对与其相连的碳原子产生抗磁性屏蔽作用，碘取代越多，作用越大。

CH_4	CH_3I	CH_2I_2	CHI_3	CI_4
−2.5	−20.7	−54.0	−139.9	−292.5

6. **分子内氢键的影响**　邻羟基苯甲醛和邻羟基苯乙酮中羟基和羰基形成分子内氢键，使得羰基碳去屏蔽，δ 值增大。

（二）影响碳化学位移的外部因素

1. **介质效应**　溶剂不同、样品浓度不同或者 pH 不同都会引起碳化学位移值改变，变化范围由几个 δ 单位至十几个 δ 单位。由溶剂不同引起的化学位移值的变化，称为溶剂效应，通常

笔记

是样品中的氢与极性溶剂通过氢键缔合产生去屏蔽作用的结果。一般来说,溶剂对碳化学位移值的影响要大于对氢化学位移值的影响。如苯乙酮的羰基碳在 $CDCl_3$ 中的峰比在 CCl_4 中向低场位移了 2.4 个 δ 单位。

当碳核附近有易随 pH 变化而影响其离解度的基团(如—OH,—COOH,—NH_2,—SH 等)时,这些基团上电子云密度随 pH 变化会影响邻碳的屏蔽作用,从而使邻碳的化学位移值发生变化。胺、羧酸盐阴离子和 α-氨基羧酸等在质子化时产生相当大的高场位移,特别是在质子化基团的 β 位置上,主要是由核电基团的电场造成的,在 α 和 γ 位置上主要是诱导和空间效应起作用。

$$-\overset{|}{\underset{|}{C}}-\overset{|}{\underset{|}{C}}-\overset{|}{\underset{|}{C}}-NH_2 \rightleftharpoons -\underset{\gamma}{\overset{|}{\underset{|}{C}}}-\underset{\beta}{\overset{|}{\underset{|}{C}}}-\underset{\alpha}{\overset{|}{\underset{|}{C}}}-\overset{+}{N}H_3$$

$$\Delta\alpha \sim -1.5$$
$$\Delta\beta \sim -5.5$$
$$\Delta\gamma \sim -0.5$$

溶液稀释可引起碳化学位移值变化几个 δ 单位,但对于不易离解的化合物,这种稀释效应可忽略不计。

2. **温度效应** 温度变化可使碳化学位移值有几个 δ 单位的变化。当分子中有构型、构象变化或有交换过程时,温度变化直接影响动态过程的平衡,从而使谱线的数目、分辨率、线形发生明显变化。因此改变温度可以改善图谱的质量,使之便于解析。

一般来说,温度升高,溶液黏度减小,可以减轻谱峰的宽化程度;温度升高,样品的溶解度增加,可以提高溶解度小样品的核磁共振谱的信噪比。反之,温度降低,可降低交换速度,有利于观察可交换质子以及与其他核的偶合。

此外,分子的内部运动常常受温度影响,从而使碳谱产生一些微妙的变化,如化合物 N,N-二甲基甲酰胺中,N—C 键有部分 π 键性质,部分 δ 键性质。在室温时,N—C 键的旋转受到限制,N 上的两个甲基是不等同的,谱图上出现两个甲基峰。当温度逐渐升高时,N—C 键的旋转加快,两个甲基变得等同起来,于是两个甲基峰逐渐靠近。当温度继续升高时,最后两个甲基峰变为一个峰。从中药酸枣仁中分离得到一个黄酮类化合物 spinosin,TLC 检识和 HPLC 检识均为单一成分,但是碳谱(图 5-1)显示数据成对出现,进行变温实验,当温度升高到 393K 时(图 5-2),变为一组碳谱数据,温度降到室温时,又成对出现,解释为 C-6 位取代的糖基由于形成 C-苷,受到 C-5 位羟基和 C-7 位甲氧基的位阻,旋转受到阻滞形成一对构象异构体。

N,N-二甲基甲酰胺   spinosin

二、偶合常数

核之间的自旋偶合作用是通过成键电子自旋相互作用造成的,与分子取向无关,是一种标量偶合。偶合常数由分子结构决定,与外磁场大小及外界条件无关。^{13}C 和 ^1H 均为磁性核,在间隔一定键数范围内均可以通过相互自旋偶合干扰,使得对方信号产生一定裂分。由于 ^{13}C 核天然丰度很低,氢谱中不显示 ^{13}C 核对 ^1H 核的偶合,碳谱中也不显示 ^{13}C 核对相邻 ^{13}C 核的偶合(^{13}C-^{13}C 偶合),但是 ^1H 核天然丰度很高(>99%),因此 ^1H 核对 ^{13}C 核有很强的偶合。

笔记

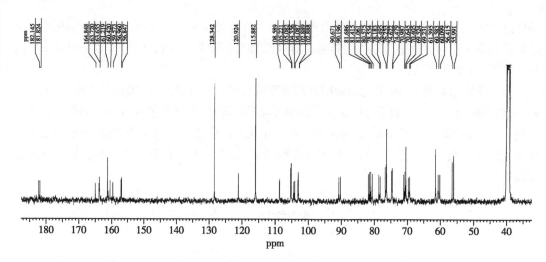

图 5-1　spinosin 的 ^{13}C-NMR 谱（125MHz，DMSO-d_6，298K）

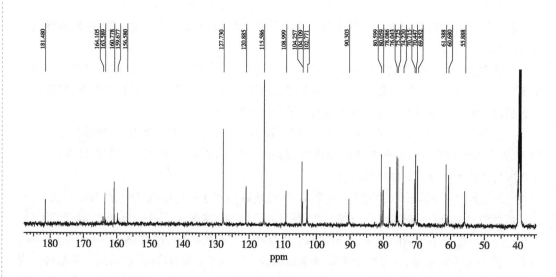

图 5-2　spinosin 的 ^{13}C-NMR 谱（125MHz，DMSO-d_6，393K）

（一）直接碳 - 氢偶合（$^1J_{CH}$）

碳谱中，相隔一键的 ^{13}C-^{1}H 直接偶合具有很大的偶合常数值（$^1J_{CH}$ 为 110~320Hz）。CH$_n$ 中 ^{1}H 核对 ^{13}C 核偶合干扰产生的裂分数目遵守 $n+1$ 规律，在只考虑一键偶合时，^{13}C 信号将分别表现为四重峰 q（CH$_3$）、三重峰 t（CH$_2$）、二重峰 d（CH）及单峰 s（C）。影响 $^1J_{CH}$ 值的因素如下：

1. $^1J_{CH}$ 与杂化轨道 s 电子成分有关　$^1J_{CH}$ 值与 s 电子成分占的比例（%S）的近似经验关系式（5-1）：

$$^1J_{CH}=500 \times (\%S)\,Hz \qquad\qquad （式5-1）$$

在杂化轨道中，%S 越大，$^1J_{CH}$ 越大，如乙烷中碳 sp^3 杂化，%S 为 25%，$^1J_{CH}$ 约为 125Hz，乙烯中碳 sp^2 杂化，%S 为 33%，$^1J_{CH}$ 约为 165Hz，乙炔中碳 sp 杂化，%S 为 50%，$^1J_{CH}$ 约为 250Hz。

2. $^1J_{CH}$ 与键角有关　环越小，键角越小，$^1J_{CH}$ 越大。

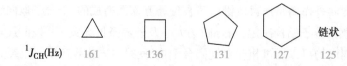

| $^1J_{CH}$(Hz) | 161 | 136 | 131 | 127 | 125 |

3. $^1J_{CH}$ 受取代基的电负性影响　取代基的电负性越大，碳核的有效核电荷增加越多，$^1J_{CH}$ 也增加越多。

笔记

	CH$_4$	CH$_3$Cl	CH$_3$F	CH$_2$F$_2$	CHF$_3$
$^1J_{CH}$(Hz)	125.0	150.0	149.1	184.5	239.1

(二) 远程碳 - 氢偶合($^2J_{CH}$ 和 $^3J_{CH}$)

间隔 2 个键以上的碳 - 氢偶合都称为远程偶合,主要指间隔 2 个键和间隔 3 个键的碳 - 氢偶合,一般情况下,间隔 4 个键以上的碳 - 氢偶合常数非常小,很难分辨,往往形成一个单峰。

1. 间隔 2 个键的碳 - 氢偶合($^2J_{CH}$)　间隔 2 个键(^{13}C —C—^{1}H)的碳 - 氢偶合常数 $^2J_{CCH}$(简写为 $^2J_{CH}$)范围为 −5~60Hz,遵循直接碳 - 氢偶合的一般规律,即杂化轨道 s 特征增加时 $^2J_{CH}$ 增大,偶合碳上吸电子杂原子或取代基使 $^2J_{CH}$ 增大。如:

| | $^2J_{CH}$(Hz) | −4.5 | 5.9 | 1-16 | 49.3 | 26.7 |

总的说来,$^2J_{CH}$ 与杂化轨道有关,与相连的电负性基团也有关,具体大小比较难预测。

2. 间隔 3 个键的碳 - 氢偶合($^3J_{CH}$)　间隔 3 个键(^{13}C—C—C—^{1}H)的碳 - 氢偶合常数 $^3J_{CCCH}$(简写为 $^3J_{CH}$)除与杂化类型和相连的电负性基团有关外,还与基团的几何构型有关。sp^3 杂化碳原子的 $^3J_{CH}$ 值和 $^2J_{CH}$ 值大致相等,芳香环中 $^3J_{CH}$ 的特征值比 $^2J_{CH}$ 大,如苯环 $^3J_{CH}$=7.6Hz,$^2J_{CH}$=1.0Hz。$^3J_{CH}$ 和 $^3J_{HH}$ 类似,也与二面角 ϕ 有关,因此可提供分子几何构型方面的信息。如:

| | $^3J_{CH}$(Hz) | ~0 | 5-7 | ≤12 | ≤18 |

(三) 其他核对 ^{13}C 的偶合

在常规的碳谱即全去偶谱中,只是去掉了 ^{1}H 核对 ^{13}C 核的偶合,其他核(如 D、^{31}P 和 ^{19}F 等)对 ^{13}C 核的偶合仍存在,了解其他核对 ^{13}C 的偶合有助于解析碳谱信号。对于任意原子构成的 CX$_n$ 系统,计算裂分峰的通式为($2nI_X+1$)。当 X 为 ^{1}H 时,I_H=1/2,($2nI_H+1$)=$n+1$。

1. D 对 ^{13}C 的偶合　D 的自旋量子数 I_D=1,n 个 D 使碳裂分为($2n+1$)重峰。例如 CDCl$_3$ 在碳全去偶谱中 δ 77 出现三重峰($2 \times 1+1=3$),CD$_3$COCD$_3$ 的甲基碳原子在 δ 29.8 出现七重峰($2 \times 3+1=7$),$^1J_{CD}$ 值为 20~30Hz。

2. ^{19}F 对 ^{13}C 的偶合　氟没有同位素,只有 ^{19}F 一种核,^{19}F 的自旋量子数 I_F=1/2,n 个 F 使碳裂分为($n+1$)重峰。$^1J_{CF}$ 值为 158~370Hz,$^2J_{CF}$ 值为 30~45Hz,$^3J_{CF}$ 值为 0~8Hz。

3. ^{31}P 对 ^{13}C 的偶合　磷没有同位素,只有 ^{31}P 一种核,^{31}P 的自旋量子数 I_P=1/2,n 个 P 使碳裂分为($n+1$)重峰。磷与碳的偶合常数大小与磷的价态、化合物种类及相隔的键数有关,一般 $^1J_{CP}$ 值为 −14~150Hz。

三、峰　强　度

与氢谱不同,碳全去偶谱中信号强度(峰面积或峰高)与碳的数目不完全呈定量关系,主要是两大因素影响 ^{13}C-NMR 中峰的强度。

1. 自旋 - 晶格弛豫时间　不同种类的碳原子自旋 - 晶格弛豫时间(纵向弛豫,即 T_1)不同。通常,碳核上直接相连的质子数越多,T_1 越小,峰强度越大。T_1 越大,信号越弱。通常随着与碳原子相连的 ^{1}H 核数目增加,T_1 减小。换言之,连接 ^{1}H 核数目越少,碳原子信号强度越低。如 CH$_3$ T_1 几秒,季碳 T_1 近 1 分钟,因此,季碳峰最弱,它的弛豫恢复最慢。

笔记

2. 质子对直接相连碳原子的 NOE 增益　由质子宽带去偶产生的异核 NOE 效应表现为与氢相连的碳原子谱峰增强。对于季碳,因为没有 ^{13}C-^{1}H 偶极弛豫,NOE 效应为零,因此季碳表现为低峰。

第三节　碳谱的种类

在碳谱中,由于 ^{13}C-^{1}H 具有很大的 $^{1}J_{CH}$ 值(110~320Hz),$^{2}J_{CH}$ 和 $^{3}J_{CH}$ 甚至 $^{4}J_{CH}$ 也会存在,虽然可以给出丰富的结构信息,但是与质子偶合的谱图常常表现为难以解释的复杂重叠的多重峰,谱线交叠严重,信噪比低,很难解析。为了解决这个问题,采用一些技术使得碳谱变得简单,更容易解析。碳谱类型很多,有全去偶谱、偏共振去偶谱、质子选择性去偶谱、DEPT 谱、INEPT 谱和 APT 谱等。这些技术在解析天然产物结构时起到不同的作用,最常用的是全去偶谱和DEPT 谱。

一、全去偶谱

全去偶谱是简称,全称为宽带去偶(broadband decoupling,BBD),也称为质子噪声去偶(proton noise decoupling)或全氢去偶(proton complete decoupling,COM)。在测定碳谱时,采用宽频的电磁辐射(包括样品中所有氢核的共振频率,一般去偶频率采用 1000Hz 以上的宽频带)照射样品以去除所有 ^{1}H 核对 ^{13}C 核的偶合影响,这是碳谱测试时最常采用的去偶方式。如没有特别说明,本教材以及文献和各种标准 ^{13}C-NMR 谱图中给出的均是全去偶谱(图 5-3)。全去偶谱中只是去掉了 ^{1}H 核对 ^{13}C 核的偶合,^{19}F、^{31}P、D 等核对碳的偶合仍然存在。

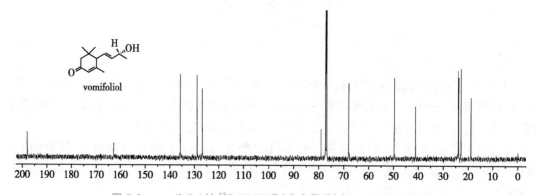

图 5-3　vomifoliol 的 ^{13}C-NMR 谱(全去偶谱)(125MHz,CDCl$_3$)

在全去偶谱中,分子中所有碳原子均表现为单峰(有 D、F、P 等原子时会有多重峰),图谱大大简化,可以准确判断磁不等同碳原子数目及其化学位移,但是不能区分碳的类型。一般如果分子中没有对称因素并且不含 D、F、P 等会使碳裂分的原子时,每个碳对应一个峰,互不重叠,但有时也有两个碳化学位移相同而重叠的情况。在全去偶谱中,由于异核 NOE 效应,伯碳、仲碳和叔碳信号比较强,季碳信号最低。

二、DEPT 谱

全去偶谱虽然谱图简单,能给出所有碳的信号,但是失去了某些有用的结构信息,如碳的类型和偶合情况等,DEPT 谱能解决碳类型的问题。

DEPT 谱即无畸变极化转移增益(distortionless enhancement by polarization transfer),通过改变质子脉冲角度 θ 从而调节 CH、CH$_2$、CH$_3$ 信号的强度,季碳信号检测不到(图 5-4)。θ 角设为45°,得到 DEPT 45 谱图,CH$_3$、CH$_2$ 和 CH 均为正信号;θ 角设为 90°,得到 DEPT 90 谱图,CH 为

正信号,CH_3 和 CH_2 检测不到;θ 角设为 135°,得到 DEPT 135 谱图,CH_3 和 CH 为正信号,CH_2 为负信号。通过分析全去偶谱和 DEPT 谱图,可以确定每个碳的类型。实际工作中经常测定全去偶谱和 DEPT 135 谱即能解决区别碳类型的问题。有时也对测定的 DEPT 谱图进行加减处理,分别给出甲基、亚甲基和次甲基的碳信号(图 5-5)。

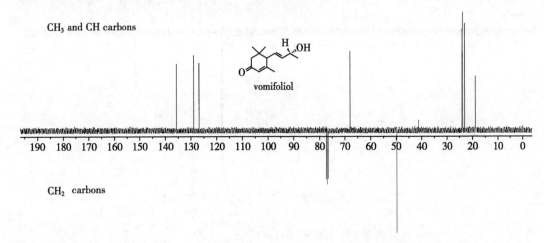

图 5-4　vomifoliol 的 DEPT135 谱(125MHz,CDCl₃)

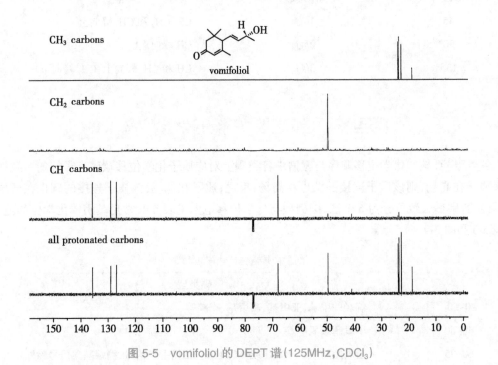

图 5-5　vomifoliol 的 DEPT 谱(125MHz,CDCl₃)

三、APT 和 INEPT 谱

　　除了 DEPT 谱,APT 和 INEPT 谱也能解决碳类型问题,但 DEPT 谱使用更普遍。

　　APT 谱即连接质子测试(attached proton test),是以次甲基、亚甲基和甲基这些不同级数的 ^1H-^{13}C 偶合为基础,通过调整脉冲序列的时间间隔,使 CH_3 和 CH 基团相位朝上(正信号),季碳和 CH_2 基团相位朝下(负信号),见图 5-6。因为相位是任意调节的,所以这个规律也可相反。

　　INEPT 谱即非灵敏核极化转移增益(insensitive nuclei enhanced by polarization transfer),通过调节 Δ 时间来调节 CH、CH_2、CH_3 信号的强度,季碳信号检测不到。INEPT 谱图与 DEPT 形状类似,其对应关系见表 5-3。

笔记

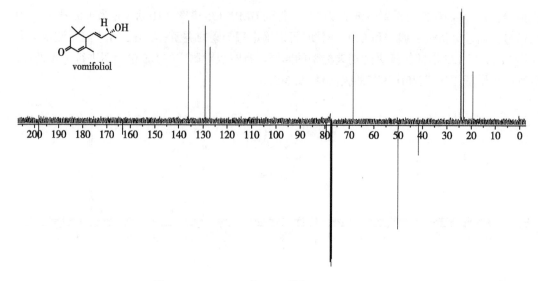

图 5-6   vomifoliol 的 APT 谱(125MHz,CDCl$_3$)

表 5-3   DEPT 和 INEPT 图谱关系

DEPT	INEPT	碳谱
45°	1/4J	CH、CH$_2$ 和 CH$_3$ 峰向上
90°	2/4J	CH 峰向上
135°	3/4J	CH 和 CH$_3$ 峰向上,CH$_2$ 峰向下

第四节   各类型 ^{13}C 核的化学位移

各类型 ^{13}C 核的化学位移顺序与氢谱中各类碳上对应质子化学位移顺序有很好的一致性。如果质子在高场,则该质子连接的碳也在高场;反之,质子在低场,该质子连接的碳也在低场。根据经验,碳谱大致可分为 6 个区,碳类型与化学位移范围见表 5-4,常见基团碳化学位移范围见表 5-5 和图 5-7。

表 5-4   碳谱中碳类型与化学位移范围

δ_C	碳类型
0~60	烷烃的甲基、亚甲基、次甲基、季碳等
40~60	甲氧基或氮甲基
60~85	连氧脂肪碳(—OCH 或—OCH$_2$,包括糖上碳信号,糖端基碳信号除外)
100~135	未取代的芳碳及烯碳
123~167	取代的芳碳或烯碳
160~220	羰基碳

表 5-5   常见基团 ^{13}C-NMR 化学位移范围(TMS 为内标)

基团	δ_C(ppm)	基团	δ_C(ppm)
—CH$_3$	0~30	>C<(季碳)	36~70
仲碳	10~50	CH$_3$—O—	40~60
>CH—(叔碳)	31~60	—CH$_2$—O—	40~70

笔记

续表

基团	δ_C(ppm)	基团	δ_C(ppm)
>CH—O—	60~76	—CONHR(酰胺)	158~180
—C≡C—	70~100	—COOH	158~185
>C=C<	110~150	—CHO	175~205
—Ar(未取代芳碳)	110~135	α,β- 不饱和醛	175~196
—Ar—y(取代芳碳)	123~167	α,β- 不饱和酮	180~213
—COOR(酯)	155~175		

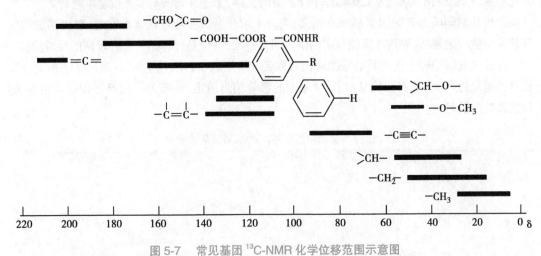

图 5-7 常见基团 ^{13}C-NMR 化学位移范围示意图

一、脂 肪 烃 类

1. 链状烷烃 未被杂原子取代的烷烃化学位移 $\delta=0\sim60$,在链状烷烃中,每一个碳的化学位移与它直接相连的碳原子数和相近的碳原子数有关,伯碳在较高场,季碳在较低场。一般可以应用取代基加和位移效应计算得到计算值。

取代基加和位移效应:未被杂原子取代的烷烃化学位移 $\delta=0\sim60$(甲烷 δ 为 −2.5),在此范围内,可以根据化学位移计算公式(式 5-2)和加和位移参数(表 5-6)计算每个碳的化学位移值。

$$\delta=-2.5+\sum nA \qquad (式 5-2)$$

式中,δ 是碳原子预测值,A 是加和位移参数,n 是具有相同加和位移参数的碳原子个数,−2.5 是甲烷的化学位移值。

表 5-6 加和位移参数

^{13}C 原子	$A(\delta)$	^{13}C 原子	$A(\delta)$
α	9.1	2°(3°)	−2.5
β	9.4	2°(4°)	−7.2
γ	−2.5	3°(2°)	−3.7
δ	0.3	3°(3°)	−9.5
ε	0.1	4°(1°)	−1.5
1°(3°)	−1.1	4°(2°)	−8.4
1°(4°)	−3.4		

1°(3°)表示与叔碳邻接的甲基;

2°(4°)表示与季碳邻接的仲碳;

4°(2°)表示与亚甲基碳邻接的季碳

笔记

下面以 3- 甲基己烷为例介绍计算各个碳的预测值的方法。

$$
\underset{1}{CH_3}-\underset{2}{CH_2}-\underset{3}{CH}-\underset{4}{CH_2}-\underset{5}{CH_2}-\underset{6}{CH_3}
$$
$$
\overset{7\ CH_3}{|}
$$

在 3- 甲基己烷中，C_1 有一个 α 基团（C_2），一个 β 基团（C_3），两个 γ 基团（C_4 和 C_7），一个 δ 基团（C_5），一个 ε 基团（C_6），因此 $\delta_1=-2.5+(9.1\times1)+(9.4\times1)+(-2.5\times2)+(0.3\times1)+(0.1\times1)=11.4$；$C_3$ 有三个 α 基团（C_2、C_4 和 C_7），两个 β 基团（C_1 和 C_5），一个 γ 基团（C_6），C_3 本身是叔碳与两个仲碳（C_2 和 C_4）相连，即两个 $3°$（$2°$），因此 $\delta_3=-2.5+(9.1\times3)+(9.4\times2)+(-2.5\times1)+(-3.7\times2)=33.7$；依此类推，$\delta_2=29.8$，$\delta_4=38.9$，$\delta_5=20.4$，$\delta_7=19.6$。查阅文献，上述计算值与实测值基本吻合。

取代基的影响是各种因素的综合结果，当多个取代基或多种取代基存在时，取代基加和位移效应会使问题复杂，导致计算值与实测值之间误差较大，但是计算结果仍有较高的参考价值。

直链和支链烷烃中氢被其他基团取代后取代效应见表 5-7，取代基对 α- 碳原子的影响与取代基的电负性有关，所有取代基对 β- 碳原子的影响相当稳定，γ- 碳原子向高场位移是由 γ- 邻位交叉效应引起的。

表 5-7　烷烃中取代基 Y 的加和位移参数（δ）

Y	α		β		γ
	端位	侧链	端位	侧链	
CH_3	9	6	10	8	−2
$CH=CH_2$	20		6		−0.5
$C\equiv CH$	4.5		5.5		−3.5
COOH	21	16	3	2	−2
COOR	20	17	3	2	−2
C_6H_5	23	17	9	7	−2
OH	48	41	10	8	−5
OR	58	51	8	5	−4
OCOR	51	45	6	5	−3
NH_2	29	24	11	10	
Cl	31	32	11	10	−4
Br	20	25	11	10	−3
NO_2	63	57	4	4	

表 5-8 给出了一些直链和支链烷烃的碳化学位移值，在后面学习各种类型碳化学位移时可以同烷烃数据进行对比。

笔记

表 5-8 烷烃的 ^{13}C 化学位移（TMS 内标）

化合物	C-1	C-2	C-3	C-4
甲烷	−2.5			
乙烷	5.7			
丙烷	15.8	16.3		
丁烷	13.4	25.2		
戊烷	13.9	22.8	34.7	
己烷	14.1	23.1	32.2	
庚烷	14.1	23.2	32.6	29.7
辛烷	14.2	23.2	32.6	29.9
异丁烷	24.5	25.4		
异戊烷	22.2	31.1	32.0	11.7
2,2- 二甲基丁烷	29.1	30.6	36.9	8.9
2,2,3- 三甲基丁烷	27.4	33.1	38.3	16.1

2. 环烷烃　环烷烃中碳化学位移值与环大小无明显内在关系,除环丙烷外,环烷烃中碳的化学位移变化幅度不会超过 $\delta=6$。一些常见环烷烃的 δ 值如下:

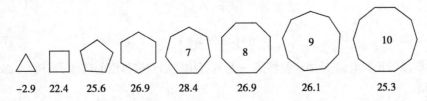

环烷烃为张力环时,δ 位于较高场。如果在环上引入烷基取代基后,可使环烷烃的 α 位碳和 β 位碳的 δ 值向低场位移,γ 位碳的 δ 值向高场位移。

3. 烯烃　烯碳为 sp^2 杂化,未被杂原子取代的烯碳化学位移在 110~150,通常末端烯烃双键碳($=CH_2$)的 δ 值比与烷烃相连的双键碳($=CH-$)向高场移动 10~40 个单位,顺式烯碳比反式烯碳在较高场,烯碳也符合烷烃规律,即烯碳化学位移值:δ(季碳)$>\delta$(叔碳)$>\delta$(仲碳)。

4. 炔烃　炔碳为 sp 杂化,仅被烷基取代的炔烃,其化学位移 δ 范围在 60~90,与极性基团直接相连的炔碳化学位移 δ 范围在 20~95。与三键直接相连的 sp³ 杂化碳原子和相应的烷烃碳相比向高场位移 5~15 个单位,端基炔碳比中间炔碳在较高场。

$$HC \equiv CH \quad HC \equiv C-CH_2CH_3 \quad H_3C-C \equiv C-CH_3 \quad HC \equiv CCH_2CH_2CH_3$$

$$71.9 \qquad 67.0 \quad 84.7 \qquad\qquad 73.6 \qquad\qquad 66.0 \quad 83.0$$

$$HC \equiv CCH_2OH$$
$$73.8 \quad 83.0$$

110.1　18.6
141.3
75.8　82.5

26.1
107.6　12.7
148.1
75.7　82.5

二、芳环化合物

在 $CDCl_3$ 或 CCl_4 中,芳环上碳原子在 δ=128.5,取代基效应可使与其相连的碳原子位移变化 $\Delta\delta$ ± 35。一般情况下,未取代芳碳 δ 在 110~135,取代芳碳 δ 在 123~167。表 5-9 列出了常见单取代苯的取代参数,应用取代基加和性原则,根据苯的化学位移值,可近似求出多取代苯环上碳原子的化学位移值。

$$\delta = 128.5 + \sum nA \qquad\qquad (式5-3)$$

式中,δ 是碳原子预测值,A 是加和位移值,n 是具有相同加和位移值的碳原子个数,128.5 是苯的化学位移值。

表 5-9　单取代苯环上常见取代基加和位移值及取代基上碳原子化学位移值(TMS 内标)

取代基 X	加和位移值(δ)				取代基上碳的 δ 值
	相连位(i)	邻位(o)	间位(m)	对位(p)	
CH_3	9.3	0.7	−0.1	−2.9	21.3
$CH=CH_2$	9.1	−2.4	0.2	−0.5	137.1(CH),113.3(CH_2)
$C \equiv CH$	−5.8	6.9	0.1	0.4	84.0(C),77.8(CH)
C_6H_5	12.1	−1.8	−0.1	−1.6	
COOH	2.9	1.3	0.4	4.3	168
CH_2OH	13.3	−0.8	−0.6	−0.4	64.5
OH	26.6	−12.7	1.6	−7.3	
OCH_3	31.4	−14.4	1.0	−7.7	54.1
NH_2	19.2	−12.4	1.3	−9.5	
NO_2	19.6	−5.3	0.9	6.0	
F	35.1	−14.3	0.9	−4.5	
Cl	6.4	0.2	1.0	−2.0	
Br	−5.4	−3.4	2.2	−1.0	

笔记

在 4- 羟基甲苯中，C_1 有一个相连位甲基(9.3)，一个对位羟基(−7.3)，因此 $\delta_1=128.5+(9.3\times1)+(−7.3\times1)=130.5$；$C_2$ 有一个邻位甲基(0.7)，一个间位羟基(1.6)，因此 $\delta_2=128.5+(0.7\times1)+(1.6\times1)=130.8$；$C_3$ 有一个间位甲基(−0.1)，一个邻位羟基(−12.7)，因此 $\delta_3=128.5+(−0.1\times1)+(−12.7\times1)=115.7$；$C_4$ 有一个对位甲基(−2.9)，一个相连位羟基(26.6)，因此 $\delta_4=128.5+(−2.9\times1)+(26.6\times1)=152.2$。

三、醇 和 醚

1. 醇　烷烃中 H 被 OH 取代后，α 碳向低场位移 $+\Delta\delta$ 35~52 个单位，β 碳向低场位移 $+\Delta\delta$ 5~12 个单位，γ 碳向高场位移 $−\Delta\delta$ 0~6 个单位，离羟基更远的碳受羟基影响较小。在脂环醇中，由于立体效应使 γ 碳向高场位移，当羟基为直立键时更明显。

单糖中 CH_2OH 在 $\delta=62$ 左右，环醇 CHOH δ 在 68~85，端基半缩醛碳 δ 在 95~105。

醇羟基酰化(通常乙酰化)后，C-1 向低场位移 2.5~4.5 个单位，C-2 以相近的数量向高场位移，1,3- 二直立键的相互作用引起 C-3 略向低场位移 1 个单位，这种化学位移的变化称为酰化位移。叔醇乙酰化 C-1 向更低场位移 10 个单位，C-2 位移同上。糖的部分羟基被乙酰化而形成的乙酰化糖苷在天然产物中比较常见，通过上述规律可以确定乙酰化糖苷的结构。

糖与苷元成苷后，苷元的 α-C、β-C 和糖端基碳的化学位移值均发生改变，这种改变称为苷化位移(glycosidation shift)。苷化位移值与苷元的结构有关,与糖的种类无关。

　　糖与醇羟基成苷时,糖端基碳向低场位移,位移幅度与苷元的醇种类有关,苷元为甲醇时,糖端基碳向低场位移最大($+\Delta\delta$ 7),苷元为伯醇($+\Delta\delta$ 6)、仲醇($+\Delta\delta$ 4)、叔醇($+\Delta\delta$ 0)时,糖端基碳向低场位移幅度依次减小。醇成苷后,一般情况下,苷元的 α-C 向低场位移 5~7 个单位、β-C 向高场位移约 4 个单位。但是,当苷元结构为环仲醇时,苷化位移大小还与苷元羟基 β 位有无烷基取代、苷元 α-C 和糖端基碳构型等有关,这里不详细讨论,苷元 α-C 最多可以向低场位移约 10 个单位(见齐墩果酸葡萄糖苷)。

齐墩果酸　　　　　　　　　　齐墩果酸葡萄糖苷

　　糖与羧基、酚羟基、烯醇羟基形成苷时,苷化位移值比较特殊,苷元 α-C 向高场位移 0~4 个单位,糖端基碳在酚苷和烯醇苷中向低场位移,在酯苷中向高场位移,位移幅度不大(0~4 个单位)。实例见齐墩果酸葡萄糖苷和芹菜素 7-O 葡萄糖苷。

芹菜素　　　　　　　　　　　芹菜素7-O-葡萄糖苷

　　2. 醚　与 OH 取代相比,烷氧取代基会引起 C-1 较大的低场位移($+\Delta\delta$ 11 个单位)。如在甲乙醚中,甲氧基中的 C-1′ 碳原子相对于 C-1 来说,具有与 β- 碳原子相同的影响,O 原子可认为是 C-1 的"α-C"。C-2 上存在 γ- 效应,向高场位移。同样,乙氧基也影响着甲基(与甲醇比较)。

四、羰　基

　　羰基碳化学位移 δ 在 160~220。除了醛羰基碳在偏共振去偶谱中以双峰出现外,其余的羰基碳均以单峰出现。在全去偶谱中由于无 NOE 效应,羰基碳信号都很弱。各类化合物羰基碳化学位移值 $\delta_{C=O}$ 顺序:酮、醛 > 酸 > 酯 ≈ 酰氯 ≈ 酰胺 > 酸酐。

　　1. 醛和酮　醛羰基碳在 δ=200±5,酮羰基碳在 δ=210±5,随着 α- 碳上取代基数目增加,羰基碳向低场位移,羰基与苯环相连会使羰基碳向高场位移,α,β- 不饱和醛以及 α,β- 不饱和酮由

笔记

于 π-π 共轭作用,羰基碳向高场位移 −Δδ 5~10 个单位。

（结构图及化学位移数据）

- 30.7 200.5
- 202.7
- 204.9
- 30.6 206.7
- 34.5 7.9 211.0
- 215.5
- 22.7 37.9 219.6

- 24.6 26.6 41.8 209.7
- 30.6 24.4 43.9 215.0
- 137.1 197.6 26.3
- 136.4 192.4
- 137.5 128.6 196.9
- 136.4 136.0 192.1

2. 羧酸及其衍生物　羧酸及其衍生物,如酯、酰胺、酰氯的羰基与杂原子(O、N、Cl)相连,由于 p-π 共轭作用,使羰基碳的化学位移值比酮和醛羰基碳在较高场,δ 范围在 150~185,相应的阴离子向低场位移 +Δδ 3~5 个单位。当与不饱和基团相连时羰基碳化学位移值向高场位移。

羧基碳 δ 在 160~185,羧基使烷基部分的 α、β 和 δ 位碳化学位移值移向低场,使 γ 位碳移向高场;α,β- 不饱和有机酸与饱和有机酸比羰基碳化学位移值向高场位移 −Δδ 8~10 个单位。有机酸酯中羰基碳 δ 在 163~179,酰胺中羰基碳 δ 在 158~180。

- H_3C—C—OH　20.6　178.1
- Cl_3C—C—OH　89.1　168.0
- H_3C—C—NH_2　25.5　174.3
- H_3C—C—Cl　33.8　169.5
- 18.5　179.6 COOH　13.4　36.3

- 33.5　24.6　185.5 COOH　9.3　42.7
- H_3C—COO⁻Na^+　181.5 in D_2O
- 20.0　170.3　60.0　13.8
- 129.9　128.7　164.5　52.0
- 27.7　177.9　22.2　68.6

- 168.0　142.4　20.8　97.4
- 167.3　20.2
- 8.4　27.1　170.3
- 28.4　171.7
- 136.7　164.3

- 125.3　136.1　165.5　131.1
- 29.8　171.2　19.1　69.4　22.7
- 169.4 COOH　130.3　130.3　128.7　134.0
- 166.0　51.5 COOCH₃　130.2　129.9　128.7　133.1

五、含杂原子化合物

1. 杂环化合物　在环烷烃环上引入杂原子,会使杂原子相邻碳原子(C-2)向低场位移,C-3 也向低场位移,C-4 向高场位移。不饱和杂环化合物中,含氧和含氮杂环上 C-2 比 C-3 在较低场。

- O 39.5
- O 22.9　72.6
- O 26.5　68.4
- O 24.9　27.7　69.5
- O 109.9　143.0

- S 18.1
- S 28.1　26.1
- S 31.2　31.7
- S 26.6　27.9　29.1
- S 126.4　124.9

[Chemical structures with chemical shift values:]

18.2 (aziridine N); 19.0, 48.1 (azetidine); 25.7, 47.1 (pyrrolidine); 25.4, 27.2, 47.3 (piperidine); 107.7, 118.0 (pyrrole); 104.7, 133.3 (pyrazole); 122.3, 136.2 (imidazole)

67.6 (1,4-dioxane); 67.5, 94.8, 27.5 (1,3-dioxane); 101 (benzodioxole); 143.2, 152.7, 118.6 (thiazole); 126.8 (triazole)

136.0, 123.8, 149.9 (pyridine); 125.7, 127.2, 139.4 (pyridine N-oxide); 122.1, 157.4, 159.5 (pyrimidine); 110.0, 157.9, 163.4, NH₂ (2-aminopyrimidine); 142.6, 145.4, 154.6, 144.6, 24.0 (methylpyrazine)

2. 卤化物   卤素的取代效应很复杂。从电负性考虑,在甲烷中引入一个氟原子,会引起很大的低场位移,引入氯原子也会引起低场位移,随着引入氯原子数目增多,碳化学位移会向低场位移。在引入溴和碘原子时,除考虑电负性效应(向低场位移)外,还应考虑重原子效应(向高场位移),从 CH₃I 开始向高场位移,其化学位移值比甲烷更偏向于高场。氯和溴对 C-3 有 γ- 效应(碘没有),使其向高场位移。表 5-10 给出了常见卤代物化学位移值。

表 5-10   常见卤代物化学位移值

化合物	C-1	化合物	C-1	化合物	C-1	C-2	C-3
CH₄	−2.5	CH₂Br₂	21.4	CH₃CH₂F	79.3	14.6	
CH₃F	75.4	CHBr₃	12.1	CH₃CH₂Cl	39.9	18.7	
CH₃Cl	24.9	CBr₄	−28.5	CH₃CH₂Br	28.3	20.3	
CH₂Cl₂	54.0	CH₃I	−20.7	CH₃CH₂I	−0.2	21.6	
CHCl₃	77.5	CH₂I₂	−54.0	CH₃CH₂CH₂Cl	46.7	26.5	11.5
CCl₄	96.5	CHI₃	−139.9	CH₃CH₂CH₂Br	35.7	26.8	13.2
CH₃Br	10.0	CI₄	−292.5	CH₃CH₂CH₂I	10.0	27.6	16.2

3. 胺   NH₂ 与烷基相连使 C-1 向低场位移约 +Δδ=30,C-2 向低场位移约 +Δδ=11,C-3 向高场位移约 −Δδ=4。N- 烷基化使 N 邻位的 C-1 向低场位移增加。

[Chemical structures of amines with chemical shift values:]

CH₃NH₂ (26.9); 18.8, 36.7 (ethylamine); 11.4, 44.4, 27.1 (propylamine); 26.2, 42.8 (isopropylamine); 47.5 (trimethylamine); 13.9, 28.2, 42.0, 20.1, 36.1 (butylamine)

34.3, 48.9, 14.0 (cyclobutylamine); 24.0, 36.4, 53.4 (cyclopentylamine); 25.8, 25.3, 37.0, 50.6 (cyclohexylamine); 26.3, 25.1, 33.3, 58.6, 33.6 (N-methylcyclohexylamine); 26.4, 25.8, 29.0, 63.8, 41.6 (N,N-dimethylcyclohexylamine); 29.3, 22.8, 37.1, 71.3 (cycloheptylamine)

22.6, 32.0, 46.0, 50.7, 34.5, 25.1, 36.7 (trans-methylcyclohexylamine); 21.3, 26.7, 42.4, 46.0, 33.8, 20.0, 34.7 (cis-methylcyclohexylamine); 117.3, 136.0, 63.0, 45.2 (N,N-dimethylallylamine); 116.9, 136.2, 56.4, 46.7, 11.8 (N,N-diethylallylamine)

笔记

第五节　碳谱在结构解析中的应用

碳核磁共振谱可用于有机化合物的结构鉴定、有机反应机制研究、动态过程和平衡过程的研究等,其中,在有机化合物的结构鉴定中应用最普遍。

碳谱中碳信号的归属主要依靠与文献对照的方法,目前国内外文献已经积累了非常多的不同类型化合物的碳谱数据,也有很多综述性文章总结各种类型化合物的碳谱规律,因此,在解析化合物碳谱前,首先要了解不同类型化合物的碳化学位移范围以及影响化学位移的因素。需要注意的是,文献中碳谱数据可能使用不同的溶剂,另外,早期文献中使用了不同的参照物,可能导致化学位移有几个 δ 单位的差别。

一、碳谱解析的一般程序

1. 利用其他方法提供的信息

(1) 通过质谱分析可获得分子量信息,参考元素分析或结合 ^{1}H-NMR 和 ^{13}C-NMR 所给出的氢原子和碳原子数可推测分子式。如果测定高分辨质谱则可以直接给出分子式。

(2) 通过分子式计算不饱和度 Ω。

(3) 根据 IR、UV、MS 和 ^{1}H-NMR 所提供的数据初步判断可能存在哪些特征基团,用于分析 ^{13}C-NMR 信息。

2. 利用全去偶谱提供的信息

(1) 全去偶谱中每条谱线与一种类型碳原子相对应,因此,当谱线数目与分子式中碳原子数相等时,说明分子无对称性;如果谱线数目小于分子式中碳原子数,表明分子有一定的对称性。需要说明的是,化学环境不完全相同的碳原子,其信号也有可能重合。

(2) 观察低场区域碳信号,常常可以确定羧基、羰基、烯基和芳香基等基团。

(3) 根据常见基团化学位移数据可以初步确定化合物可能存在的基团。也可以根据各峰的 δ 值确定碳原子的杂化情况。一般 sp^3 杂化的碳并且碳上不连接杂原子时 δ 在 0~60,sp 杂化的碳 δ 在 60~90,sp^2 杂化的烯碳和芳碳 δ 在 100~167,sp^2 杂化的羰基碳 δ 在 160~220。

3. 利用 DEPT 等其他实验提供的信息　通过分析 DEPT(INEPT 或 APT)谱,确定各个谱线所对应碳原子是伯碳、仲碳、叔碳还是季碳。

综合上述分析,对于简单的小分子化合物,基本可以确定存在哪些结构单元并合理组合成一个或几个可能的结构式。根据化学位移值经验计算公式验证确定可能性较大的结构式。查阅文献,与文献报道的波谱数据对比确定结构。在与文献数据对比时,需要注意的是不同溶剂会因为溶剂效应导致化学位移值出现差异。

如果是复杂化合物,有必要根据后面介绍的 HSQC、HMBC 以及各种二维核磁共振谱的综合解析确定结构。

二、碳谱解析实例

例 5-1　某化合物分子式为 $C_5H_{10}O_2$,^{13}C-NMR(75MHz,CDCl$_3$)给出 5 个碳信号 δ 174.0,51.2,36.0,18.5,13.5。试推测该化合物的结构并归属碳信号。

解析:通过该化合物分子式确定不饱和度 $\Omega=1$,^{13}C-NMR 给出 δ 174.0,表明结构中有羧基或酯基,δ 51.2 是与氧相连的碳信号,因此确定该化合物结构为丁酸甲酯。

$$\underset{18.5}{\overset{13.5\quad 36.0}{\diagup\diagdown}}\underset{\underset{174.0}{O}}{\diagdown}\overset{O}{\diagup}51.2$$

笔记

例 5-2   某化合物分子式为 $C_5H_{10}Br_2$，^{13}C-NMR(75MHz, CDCl$_3$)给出 3 个碳信号 δ 33.2, 31.9, 26.8。试推测该化合物的结构并归属碳信号。

解析:通过该化合物分子式确定不饱和度 $\Omega=0$，^{13}C-NMR 给出 3 个碳信号，表明该化合物为对称结构，可能的结构有 a 或 b，根据取代基加和位移效应计算的数值与 a 接近，因此确定该化合物结构为 1,5- 二溴戊烷。

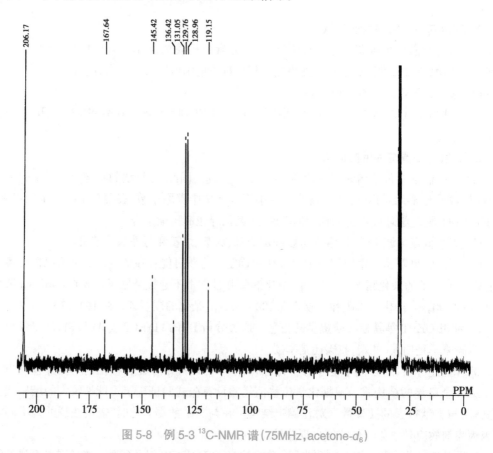

例 5-3   白色块状结晶(甲醇)，UV λ$_{max}$(MeOH)nm: 275; ^{1}H-NMR(300MHz, acetone-d_6)δ: 7.69 (1H, d, J=15.9Hz), 6.68(2H, m), 7.44(3H, m), 6.55(1H, d, J=15.9Hz); ^{13}C-NMR(75MHz, acetone-d_6) 谱见图 5-8。试推测该化合物可能的结构并归属碳信号。

图 5-8   例 5-3 ^{13}C-NMR 谱(75MHz, acetone-d_6)

解析:从氢谱数据可知该化合物有 2 个共轭的反式烯氢信号, 5 个芳氢信号(单取代苯环), 从碳谱可知有 7 个芳(烯)碳信号, 结合氢谱及紫外数据, 推测分子中有部分对称结构, 碳谱中 δ167.6 可能为 α,β- 不饱和羧基碳信号, 推测结构为反式桂皮酸。归属 ^{13}C-NMR 数据 δ: 167.6 (C-1), 145.4(C-3), 136.4(C-4), 131.1(C-7), 129.8(C-6,8), 129.0(C-5,9), 119.2(C-2)。以上数据与文献报道的反式桂皮酸(trans-cinnamic acid)一致。

例 5-4   白色无定形粉末。UV λ$_{max}$(MeOH)nm: 251, 295; ^{1}H-NMR(300MHz, acetone-d_6)δ: 12.78, 9.67(各 1H, s), 8.07(1H, d, J=5.7Hz), 6.40(1H, d, J=1.8Hz), 6.26(1H, d, J=1.8Hz), 6.23(1H, d,

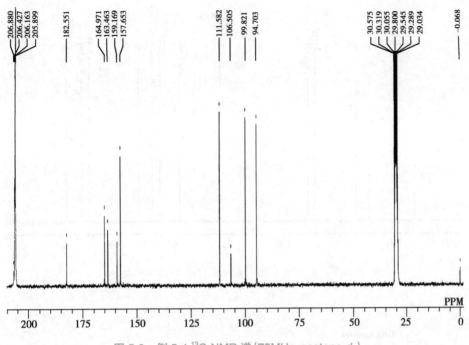

图 5-9　例 5-4 ^{13}C-NMR 谱 (75MHz, acetone-d_6)

J=5.7Hz); ^{13}C-NMR (75MHz, acetone-d_6) 谱见图 5-9。试推测该化合物可能的结构。

解析: 从氢谱可知该化合物有 2 个酚羟基,其中一个酚羟基 δ 12.78 处于羰基负屏蔽区;有 2 个间位偶合芳香质子信号 δ 6.40, 6.26;2 个互相偶合的顺式烯氢信号 δ 8.07, 6.23。碳谱给出 9 个碳信号,其中 1 个羰基碳信号 δ 182.6,4 个连氧芳(烯)碳信号 δ 165.0, 163.5, 159.2, 157.7,4 个未取代芳(烯)碳信号 δ 111.6, 106.5, 99.8, 94.7。综合分析 UV、氢谱和碳谱数据,推测其结构为 5,7- 二羟基色原酮,以上数据与文献报道数据一致。

例5-5　白色针晶,mp 87~89 ℃,碘化铋钾反应阳性。EI-MS m/z: 233 (M$^+$)。^{1}H-NMR (500MHz, CDCl$_3$) δ: 6.61 (1H, s), 6.57 (1H, s), 3.85 (3H, s), 3.84 (3H, s), 3.48 (1H, m), 3.18 (1H, m), 3.07 (1H, m), 3.01 (1H, m), 2.75 (1H, m), 2.67 (1H, m), 2.61 (1H, m), 2.34 (1H, m), 1.94 (1H, m), 1.88 (1H, m), 1.73 (1H, m)。^{13}C-NMR 和 DEPT 谱见图 5-10 和图 5-11,试推测该化合物可能的结构。

解析: 该化合物为白色针晶,mp 87~89℃,碘化铋钾反应阳性,EI-MS 给出分子离子峰 233 (M$^+$),提示可能为生物碱类化合物,结合氢谱和碳谱数据,推测分子式为 C$_{14}$H$_{19}$O$_2$N,不饱和度 6。^{1}H-NMR 给出 2 个芳香质子单峰信号 δ 6.61 (1H, s), 6.57 (1H, s),2 个甲氧基信号 δ 3.85 (3H, s), 3.84 (3H, s),11 个脂肪质子信号 δ 1.73~3.48。^{13}C-NMR 给出 14 个碳信号,其中 2 个甲氧基碳信号 δ 55.8, 55.9;5 个 CH$_2$ 碳信号 δ 53.1, 48.2, 30.5, 27.8, 22.2;1 个脂肪 CH 碳信号 δ 62.8,2 个芳香 CH 碳信号 δ 111.2, 108.8;剩余 4 个芳香季碳信号 δ 147.3, 147.2, 130.6, 126.0。根据上述数据推测其结构中有一个 1,2,4,5- 四取代苯环,因为只有 6 个低场碳信号,所以除苯环外没有双键,剩余的不饱和度 2 形成 2 个饱和脂肪环。由于脂肪叔碳信号在较低场 δ 62.8,推测结构母核为四氢异喹啉,剩余三个亚甲基成环,结合 2D-NMR 谱分析(略),确定该化合物结构为飞廉碱 A (crispine A)。

笔记

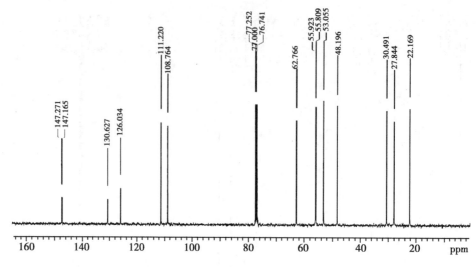

图 5-10   例 5-5 ^{13}C-NMR 谱(125MHz,CDCl$_3$)

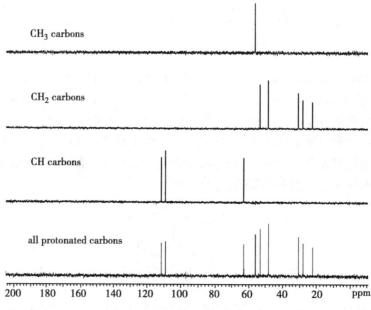

图 5-11   例 5-5 DEPT 谱(125MHz,CDCl$_3$)

习题

1. 某化合物分子式为 C$_7$H$_{14}$O,^{13}C-NMR(75MHz,CDCl$_3$)给出 4 个碳信号 δ 212.0,44.5,17.8,13.5。试推测该化合物的结构并归属碳信号。

2. 某化合物分子式为 C$_7$H$_{14}$O,^{13}C-NMR(75MHz,CDCl$_3$)给出 5 个碳信号 δ 79.5,55.0,32.1,25.9,24.9。试推测该化合物的结构并归属碳信号。

3. 某化合物分子式为 C$_5$H$_{10}$,^{13}C-NMR(75MHz,CDCl$_3$)给出 5 个碳信号 δ 114.7,138.9,36.7,22.8,13.7。试推测该化合物的结构并归属碳信号。

笔记

4. 某化合物分子式为 C_5H_{10}，^{13}C-NMR(75MHz,CDCl$_3$)给出 5 个碳信号 δ 133.2, 123.2, 25.8, 17.3, 13.6。试推测该化合物的结构并归属碳信号。

5. 某化合物分子式为 C_6H_7ON，^{13}C-NMR(75MHz,CDCl$_3$)给出 5 个碳信号 δ 164.9, 150.7, 109.4, 55.0。试推测该化合物的结构并归属碳信号。

6. 某化合物分子式为 $C_8H_{10}O$，^{13}C-NMR(75MHz,CDCl$_3$)给出 6 个碳信号 δ 159.0, 129.3, 120.4, 114.5, 63.2, 14.9。试推测该化合物的结构并归属碳信号。

7. 某化合物分子式为 $C_8H_{14}O$，^{13}C-NMR(75MHz,CDCl$_3$)给出 8 个碳信号 δ 208.0(s), 133.0(s), 123.0(d), 43.5(t), 29.5(q), 26.5(q), 22.5(t), 17.0(q)。试推测该化合物的结构并归属碳信号。

8. 某化合物分子式为 $C_7H_{12}O$，^{13}C-NMR(125MHz,CDCl$_3$)及 DEPT 谱见图 5-12。试推测该化合物的结构并归属碳信号。

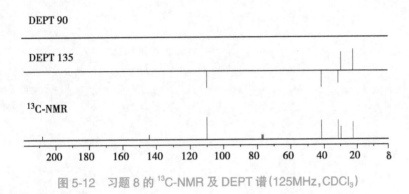

图 5-12 习题 8 的 ^{13}C-NMR 及 DEPT 谱(125MHz,CDCl$_3$)

9. 某化合物分子式为 $C_{16}H_{22}O_4$，^{13}C-NMR(125MHz,CDCl$_3$)及 DEPT 谱见图 5-13。试推测该化合物的结构并归属碳信号。

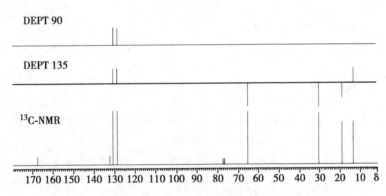

图 5-13 习题 9 的 ^{13}C-NMR 及 DEPT 谱(125MHz,CDCl$_3$)

（梁 鸿）

参考文献

1. Silverstein RM, Webser FX, Kiemle DJ. 有机化合物的波谱解析. 药明康德新药开发有限公司分析部, 译. 上海:华东理工大学出版社, 2009.

2. 布里特梅尔 E, 沃尔特 W. 碳 -13 核磁共振波谱学. 刘立新, 田雅珍, 译. 大连:大连工学院出版社, 1986.

3. 朱淮武. 有机分子结构波谱解析. 北京:化学工业出版社, 2006.

4. 常建华, 董绮功. 波谱原理与解析. 北京:科学出版社, 2005.

5. 斯蒂芬·勃格, 希格玛·布朗. 核磁共振实验 200 例 - 实用教程. 陶家洵, 李勇, 杨海军, 译. 北京:化学工业出版社,2008.

6. 吴立军.有机化合物波谱解析.第3版.北京:中国医药科技出版社,2009.

7. 于德泉,杨峻山.分析化学手册:第七分册.北京:化学工业出版社,1999.

8. 龚运淮,丁立生.天然产物核磁共振碳谱分析.昆明:云南科技出版社,2006.

9. 龚运淮.天然有机化合物的 ^{13}C 核磁共振化学位移.昆明:云南科技出版社,1986.

10. 彭师奇.药物的波谱解析.北京:北京大学医学出版社,2006.

第六章 二维核磁共振谱

学习要求

1. 掌握几种常用 2D-NMR 谱的特征及提供的结构信息参数。

2. 熟悉综合应用几种 2D-NMR 谱的参数解决有机化合物的结构问题。

3. 了解几种常用 2D-NMR 技术的基本原理及基本脉冲序列。

二维核磁共振(two dimensional NMR spectroscopy,简称 2D NMR)方法是由 Jeener 于 1971 年首先提出的。二维核磁共振谱可看成是一维核磁共振谱(one dimensional NMR spectroscopy,简称 1D NMR)的自然推广。实验表明,核的自旋具有某种记忆能力,在不同的演变期内进行测量,所给出信息的质和量皆不相同。因此,引入一个新的维数必然会从另一方面给出相关的信息,从而会大大增加创造新实验的可能性。但在较长的时间内,这种设想没被人们理解和重视。1976 年 R. R. Ernst 确立了 2D NMR 的理论基础,并用实验加以证明,其后 Ernst 和 Freeman 等研究小组又为 2D NMR 的发展和应用进行了深入的研究,迅速发展了多种二维方法并把它们应用到物理化学和生物学的研究中,使之成为近代 NMR 中一种广泛应用的新方法。2D NMR 谱是在 1D NMR 的基础上引入第二维后,使得在 1D NMR 谱中拥挤在一起的共振信号在 2D NMR 谱的一个平面上展开,减少了共振信号的重叠,提供了核与核之间相互关联的新信息。因此,2D NMR 是近代核磁共振波谱学的最重要的里程碑,极大地方便了复杂化合物的核磁共振图谱解析和化学结构鉴定。这些方法已成功地用于有机化合物,特别是用于解析溶液中结构复杂的生物大分子的结构,可测定中等大小的蛋白质及分子量高达 15 000 的核苷酸片段,并能测定蛋白质在溶液中的立体结构。1991 年 Ernst 因创立脉冲傅里叶变换核磁共振(FT-NMR)及发展二维核磁共振(2D NMR)这两项杰出贡献荣获诺贝尔化学奖。

第一节 基 本 原 理

一维核磁共振谱(1DNMR)的信号是一个频率的函数,可记为 $S(\omega)$,共振信号分布在一个频率轴上。二维核磁共振谱是两个独立频率(或磁场)变量的函数,记为 $S(\omega_1,\omega_2)$,有两个时间变量,经两次傅里叶变换得到两个独立的频率,变量图一般用第二个时间变量 t_2 表示采样时间,第一个时间变量 t_1 则是与 t_2 无关的独立变量,是脉冲序列中的某一个变化的时间间隔,共振信号分布在两个频率轴组成的平面上。二维核磁共振谱的特点是将化学位移、偶合常数等核磁共振参数展开在二维平面上,这样在一维谱中重叠在一个频率坐标轴上的信号分别在两个独立的频率坐标轴上展开,不仅减少了谱线的拥挤和重叠,而且提供了自旋核之间相互作用的信息。二维核磁共振谱对于解析、确定有机化合物结构,尤其是用一维核磁共振谱难以解析的复杂化合物结构具有重要作用。

一、1D NMR 到 2D NMR 的技术变化

(一)一维核磁共振谱及脉冲序列

一维核磁共振谱(1D NMR)的信号是一个频率(或磁场)的函数,共振峰分布在一个频率轴

笔记

（或磁场）上，记为 $S(\omega)$。一维核磁共振脉冲如图 6-1 所示，图 6-2 是阿魏酸的 ^{1}H-NMR 谱图。

（二）二维核磁共振

1. 基本脉冲序列 二维核磁共振实验的脉冲序列一般可划分为下列几个区域：预备期（preraration period）→演化期 t_1（evolution period）→混合期 t_m（mixing period）→检测期 t_2（detection period）。检测期完全对应于一维核磁共振的检测期，在对时间域 t_2 进行 Fourier 变换后得到 F_2 频率域的频率谱。

二维核磁共振的关键是引入了第二个时间变量演化期 t_1。当样品中的核自旋被激发后，它以确定频率进动，并且这种进动将延续相当一段时间。在这个意义上讲，可以把核自旋体

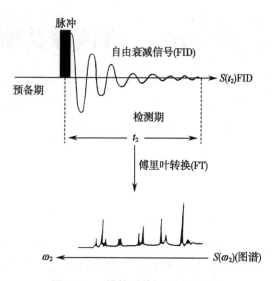

图 6-1　一维核磁共振脉冲示意图

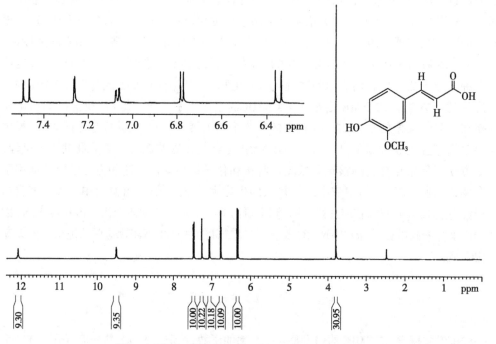

图 6-2　阿魏酸的 ^{1}H-NMR 谱（600MHz，DMSO-d_6）

系看成有记忆能力的体系，Jeener 就是利用这种记忆能力，通过检测其间接演化期中核自旋的行为，即在演化期内用固定的时间增量 Δt_1 进行一系列实验，每一个 Δt 产生一个单独的 FID，在检测期 t_2 被检测，得到多个 FID。这里每个 FID 所用的脉冲序列完全相同，只是演化期内的延迟时间逐渐增加。这样获得的信号是两个时间变量 t_1 和 t_2 的函数 S，对每个这样的 FID 做通常的 Fourier 变换可得到多个在频率域 F_2 中的频率谱 $S(t_1, F_2)$，对不同的 Δt_1 增量它们的频率谱的强度和相位不同，在 F_2 域的每一个化学位移从某个不同的谱中得到不同的数据点，它们组成了一个在 t_1 方向的"准 FID"或干涉图，然后再进行第二次 Fourier 变换，就得到两个频率的二维谱 $S(F_1, F_2)$。

准备期（preparation period）：$t < 0$，通常由较长的延迟时间 t_d 和激发脉冲组成。t_d 的作用是等待核自旋体系达到热平衡，使核自旋体系处于某种适当的初始平衡状态，在预备期末加一个或多个射频脉冲，以产生所需要的单量子或多量子相干。其中可能涉及饱和、极化传递和各种激

笔记

发技术。

演化期(evolution preiod):$0<t<t_1$,此时间系控制磁化强度运动,并根据各种不同的化学环境的不同进动频率对它们的横向磁化矢量作出标识,以便在检测期检测信号,采样累加,在此期间用来标记要间接测定的核或相干。

混合期(mixing preiod):$t_1<t<t_1+\tau$,它由一组固定长度的脉冲和延迟组成,在此期间通过相干或极化的传递,建立检测的条件,但有时也可以不设混合期。

检测期(detection preiod):$t>t_1+\tau$,在此期间检测作为 t_2 函数的各种横向矢量的 FID 变化,它的初始相及幅度则受到 t_1 函数的调制。

用固定时间增量 Δt_1 依次递增 t_1 进行一系列实验,反复累加,因 t_2 时间检测的信号 $S(t_2)$ 的振幅或相位受到 t_1 的调制,则接收机接收到的信号不仅与 t_2 有关,还与 t_1 有关,每改变一个 t_1,记录 $S(t_2)$,由此得到分别以时间变量 t_1、t_2 为行、列排列的数据矩阵,即在检测期内获得一组 FID 信号,组成二维时间域信号 $S(t_1,t_2)$。因 t_1、t_2 是两个独立的时间变量,可以分别对它们进行傅里叶变换,一次对 t_2,另一次对 t_1,两次傅里叶变换的结果可得到两个频率变量的函数 $S(\omega_1,\omega_2)$,如图 6-3 所示。

2. **实验方法** 应用 2D NMR 可根据具体研究和解决的问题,采用不同的脉冲序列。因此,必须备有脉冲持续时间、等待时间和相位等均能自由改变的脉冲程序。此外,由于二维实验需要快速处理实验数据,数据处理和记录都较费时,须用大存贮量的辅助记忆装置、陈列数据处理器、梯度场探头等新技术装备,它们对实验操作至关重要。通常 2DNMR 实验需要进行较长时间的测定,要求磁场能长期稳定,并采用分辨率高的超导核磁共振仪,以获得更多的信息。在做 2DNMR 实验之前,一定要把一维谱尽可能地做好并进行分析。

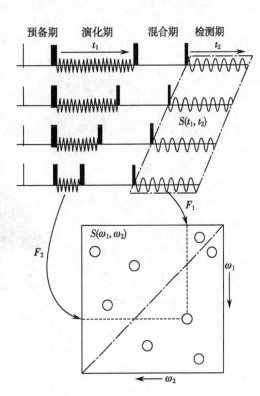

图 6-3　2D NMR 脉冲及实验示意图

二、常用 2D NMR 图谱的表现形式

2D NMR 实验的记录主要采用两种图谱类型:

1. **堆积图(stacked plot)** 多线记录法,如图 6-4 是准三维表示,看起来富有立体感,两个频率变量表示二维,信号强度为第三维,它实际上是一组固定增量 F_1(或 F_2)所对应的 $S(F_2)$[或 $S(F_1)$],其记录方法与 t_1 测量时所用的方法基本相同,其区别是在软件上配备了"白洗程序",它可以使运行中的笔在遇到前次画出的峰轨迹时自动抬起不画,避免了线条重叠,得到"纯净"的显示,看起来非常清晰悦目。但由于峰的频率坐标很难确定,实际上很难获得正确的定量信息。其另一缺点是大峰后面的小峰完全被淹没。

2. **等高线图(contour plot)** 等高线图又叫平面等高线图或俯视图,一般 2D NMR 常使用这种图。它是把堆积图在两个频率轴组成的平面上画共振峰强度的等高线图,从每个等高线图能提取有关频率的定量数据,只要数一下等高线的圈数即可得到峰的幅度值。因此,只用较少的等高线即可表示动态范围大的信号,而且作一幅图所花的时间远少于叠迹法。其缺点是强信号的最低等高线可能会波及很宽范围,并掩盖掉附近的弱信号,因此在解析二维谱时最好将这

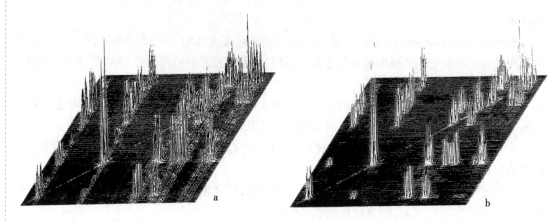

图 6-4   2D NMR 堆积图

a. 非对称；b. 对称

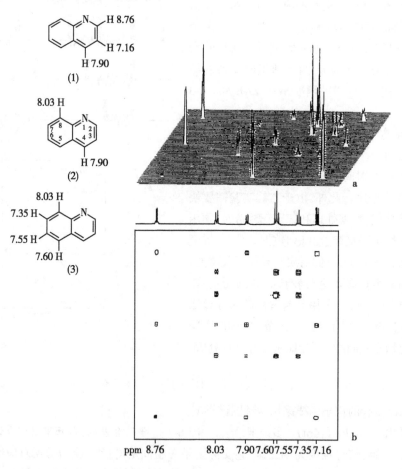

图 6-5   喹啉的 ^{1}H-^{1}H COSY 谱[400MHz,（CD$_3$）$_2$CO]

a. 堆积图；b. 等高线图

两种方法结合使用,见图 6-5。

三、二维谱共振峰的命名

根据共振峰在二维谱中的位置可以分为:

1. 对角峰(diagonal peak)   位于对角线（ω_1,ω_2）上的峰称为对角峰。这意味着在发展期和检测期的进动频率相同,而且在混合期中未发生相干转移。对角峰在 F_2 和 F_1 轴的投影,视不同

笔记

的实验方案而得到常规的偶合谱或去偶谱。

2. 交叉峰（cross peak）　也称相关峰，出现在 $\omega_1 \neq \omega_2$ 处（即非对角线上），它表明存在相干转移，在发展期的进动频率不等于检测期的进动频率。从峰之间的位置关系可以判定哪些峰之间有偶合关系，从而得到哪些核之间有偶合作用，交叉峰是二维谱中最有用的部分。

3. 轴峰（axis peak）　出现在 F_2 轴（$\omega_1 = 0$）上的峰称为轴峰。轴峰是由发展期在 Z 方向的磁化矢量转化成为检测期可观测的横向磁化分量，它不受 t_1 函数的调制，不含任何偶合关系的信息，但它含有在发展期中纵向弛豫过程的信息。由于轴峰的信号很强，尾部又长，使谱中许多有用的小信号被淹没而不能分辨，因此应尽量设法抑制轴峰。

磁化矢量的传递包括极化传递和相干传递。极化通常指不同能级间的粒子数之差，可用 M_z 表示。极化传递即把从氢核的自旋极化传递到另一个核（如 ^{13}C）上去。相干传递是通过核间的某种相互作用（通常是 J 偶合作用）实现的。

图 6-6 是阿魏酸的 ^1H-^1H COSY 谱（等高线图），横坐标和纵坐标上标有一维阿魏酸的 ^1H-NMR 图及相对应的化学位移（δ, ppm）值。

从图 6-6 中可以看到两组对角峰和交叉峰可以组成一个正方形，并且由此来推测这两组核 $A(\delta_A, \delta_A)$ 和 $X(\delta_X, \delta_X)$ 有偶合关系。

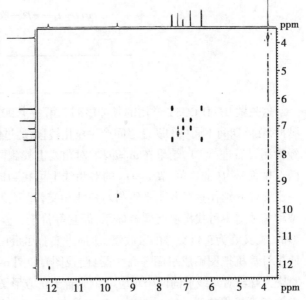

图 6-6　阿魏酸的 ^1H-^1H COSY 谱（等高线图，600MHz，DMSO-d_6）

第二节　同核化学位移相关谱

一、基本概念和原理

同核化学位移相关谱（homonuclear chemical shift correlated spectroscopy）是 1971 年 Jeener 在一次未公开发表的演讲中首次描述的二维实验技术之一。对于二维相关谱，若 t_1 和 t_2 期之间存在混合期和混合脉冲，不同核的磁化之间有转移，这种实验得到的是二维相关谱；若不同核的磁化之间的转移是由 J 偶合作用传递的，即相干转移是由标量偶合作用传递的，则称为二维化学位移相关谱（two-dimensional shift correlated spectroscopy，2D-COSY 或 COSY）。二维相关谱提供了新的结构信息，可直接表明某一核跃迁与其他核跃迁有偶合，它是比二维 J 分解谱更重要、更有用的实验技术之一。同核化学位移相关谱主要有氢 - 氢化学位移相关谱和碳 - 碳化学位移相关谱，下面将分别介绍这两种实验技术。

二、氢 - 氢化学位移相关谱（^1H-^1H COSY）

氢 - 氢化学位移相关谱（^1H-^1H COSY）系指同一自旋偶合体系里质子之间的偶合相关。若从某一确定的质子着手分析，即可依次对其自旋系统中质子的化学位移进行精确指定。同核相关谱（^1H-^1H COSY）可提供 ^1H-^1H 之间通过成键作用的相关信息，类似于一维谱中的同核去偶，不仅能提供全部偶合核间的关联，相敏 COSY 还可根据相位信息确定偶合常数，其最大改进是把众多的信息量放入第二维,许多重迭峰的偶合关系可以由此确定。^1H-^1H COSY 可提供全部 ^1H-^1H 之间的关联,是归属谱线、推导结构及确定结构的有力工具。

AX 系统的 ^1H-^1H COSY 谱中有一类为对角峰,这是那些在 t_2 和 t_1 期间具有相同频率的组分,第二脉冲期间没有进行磁化转移,对角线上呈现出正常的 AX 系统的一维谱,代表化学位移。另一类是偏离对角峰的交叉峰,它又分为两类,靠近对角线的交叉峰是同类核多重峰的一部分,远离对角线的交叉峰是具有共同偶合常数的不同类核的多重峰。

(一) 脉冲序列

^1H-^1H 同核化学位移相关谱的基本脉冲序列(COSY-90°)如下:

$$\pi/2 — t_1 — \pi/2 — 收集信号$$

这是做 ^1H-^1H COSY 常用的脉冲序列。第一个 90° 脉冲为准备脉冲;第二个 90° 脉冲为混合脉冲,在此期间不同核的跃迁之间产生极化转移,通过偶合,磁化强度由 A(X)核转移给 X(A)核,经检测 t_2 后进行 FT,结果在 $\omega_1=\omega_2$ 的对角线上找到同一维 NMR 相对应的共振信号。此图的两个轴都是 ^1H 的 δ 值,在 $\omega_1=\omega_2$ 的对角线上可找到同一维 ^1H 谱相对应的谱峰信号。通过任一交叉峰分别作垂线及水平线与对角线相交,即可找到相应的偶合的氢核。因此从一张同核位移相关谱中可找出所有偶合体系,即它等价于一整套双照射实验的谱图。若对角峰为色散型时,交叉峰为正负交替的吸收型,应通过实验尽量压低对角峰,以突出交叉峰。为便于分析,通过计算机把图画成平面等高线图(俯视图),如图 6-7 阿魏酸的 ^1H-^1H COSY 部分谱,图中每对交叉峰与对角线上的两个对应峰组成若干正方形图案(表示不同质子间的相互偶合);图 6-8 中上图是薄荷醇的一维 ^1H-NMR,下图是 ^1H-^1H COSY 谱,同样每对交叉峰与对角线上的两个对应峰组成若干正方形图案,而每组因偶合而裂分的多重峰又组成若干组小的正方形图案,即在非对角线上出现的点只要与对角线上的点能构成一个正四边形,则表示对角线上的两点代表的信号间有偶合作用。因而各组峰间的相互偶合关系一目了然,给复杂谱的解析带来很大的方便。

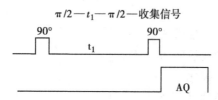

阿魏酸

薄荷醇

(二) 图谱举例

图 6-9 是 N-methyl benzoisocbstyril 的 ^1H-^1H COSY 谱,根据 2DNMR 谱中的相关峰,可以找出 1DNMR 谱各峰之间的偶合关系。图 6-10 为中药鬼针草中发现的一个葡萄糖 1,6- 双桂皮酸衍生物的 ^1H-^1H COSY 谱(600MHz,DMSO-d_6),根据它的 COSY 谱上的交叉峰和相关峰可以明确各组峰之间的相互偶合关系,对确定化学结构非常有用,也是该技术的主要用途。

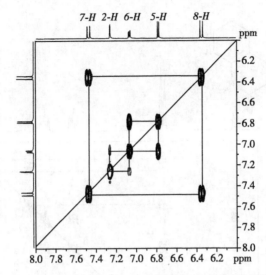

图 6-7 阿魏酸的 ¹H-¹H COSY 部分谱(600MHz,DMSO-d_6)

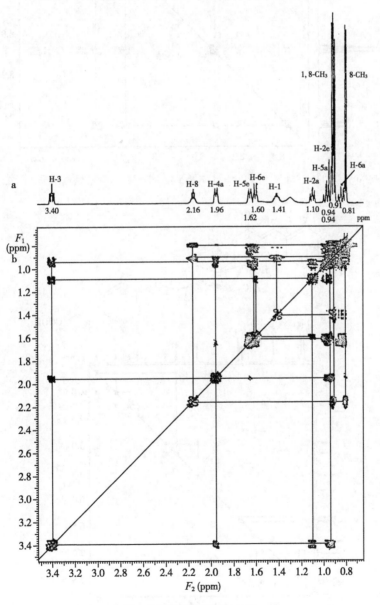

图 6-8 薄荷醇的 NMR 图

a. 一维 ¹H-NMR;b. ¹H-¹H COSY 谱

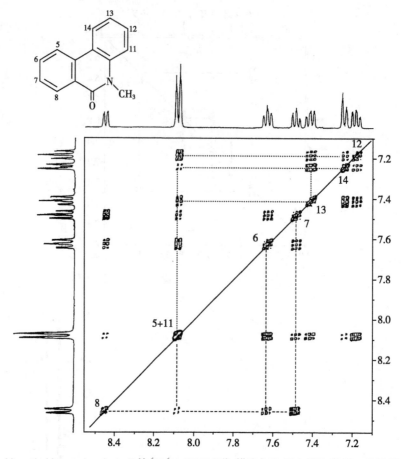

图 6-9 *N*-methyl benzoisocbstyril 的 ^{1}H-^{1}H COSY 谱:横坐标和纵坐标为常规一维质子 NMR 谱

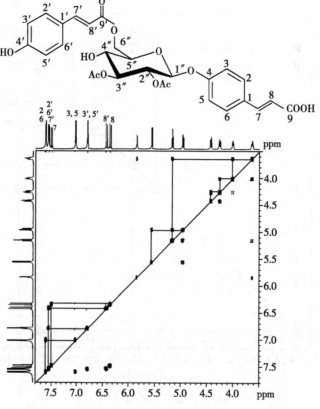

图 6-10 葡萄糖 1,6- 双桂皮酸衍生物的 ^{1}H-^{1}H COSY 谱(600MHz,DMSO-d_6)

三、碳 - 碳化学位移相关谱(^{13}C-^{13}C COSY)

碳 - 碳化学位移相关亦属同核化学位移相关,测定碳 - 碳相关谱一般采用 INADEQUATE (incredible natural abundance double quantum transfer experiment)方法,属于一种双量子相关实验方法,它检测的信号是碳谱中的碳与碳(^{13}C-^{13}C)之间的偶合。在天然丰度的样品中,由于 ^{13}C 核的天然丰度很低(约 1.1%),所以 ^{13}C 信号很弱,^{13}C-^{13}C 直接相连而相互偶合的概率更低,故做该实验需要较多的样品和很长时间的扫描累加,才能得到较理想的图谱。由于该实验测定的是 $J_{^{13}C\text{-}^{13}C}$ 的偶合信息,对于确定被测样品的碳骨架结构很有用。图 6-11 是正丁醇的 INADEQUATE 谱。

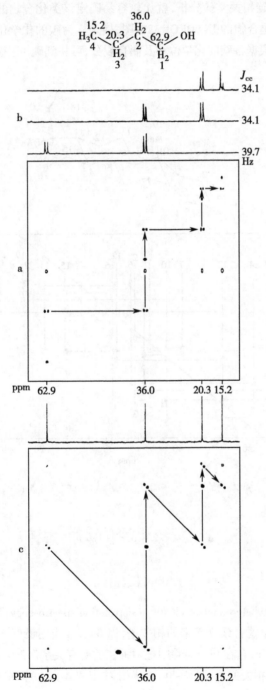

图 6-11　正丁醇的 INADEQUATE 谱[50MHz，(CD$_3$)$_2$CO]
a. 具有 AB 系统偶合碳原子在水平轴上的等高线图;b. 来自于 a 图的分子中 3 个 J_{CC} AB 偶合系统说明;c. 表现碳 - 碳键合对称的 INADEQUATE 实验等高线图

（一）INADEQUATE 的脉冲序列

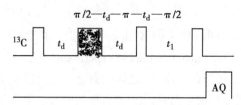

（二）图谱举例

　　甾体化合物中碳的化学位移差较小，^{1}H-NMR 谱中多数氢的共振信号重叠在一起，欲解析结构比较困难，如进行碳 - 碳相关实验分析，就比较容易确定该类化合物的碳骨架结构。图 6-12 是黄体酮（progesterone）化合物的 INADEQUATE 图，横坐标为碳的化学位移（δ, ppm），纵坐标是碳 - 碳（$^1J_{CC}$）偶合常数。根据各碳的化学位移及偶合裂分，可找到碳 - 碳彼此间的连接。

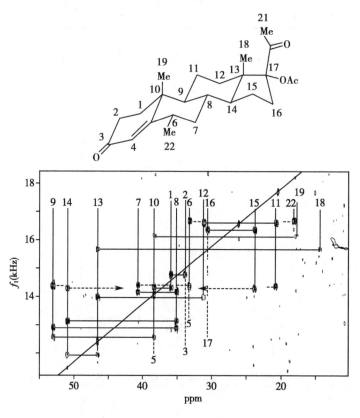

图 6-12　黄体酮的高场区的 INADEQUATE 谱（100MHz，C_6D_6）

第三节　异核化学位移相关谱

一、基本概念和原理

　　异核化学位移相关谱（heteronuclear chemical correlation spectroscopy；XH COSY）即两种不同核的 Larmor 频率通过标量偶合建立起来的相关谱，以 $\delta_{^{13}C}$-$\delta_{^1H}$ 应用最广。谱中的质子多重线按照 ^{13}C 化学位移很好地分开，它在同一实验中把两种核的所有关系都建立起来，得到直接偶合的 ^{1}H 和 ^{13}C 之间的化学位移相关关系，即 ^{1}H-^{13}C 直接相关，其基本脉冲序列在去偶谱中由图中各点在两条轴上的投影即可得到直接键合的 C-H 原子之间的相关关系。图 6-13 中的一个轴是 ^{13}C 的 δ_C 值，另一个轴是 ^{1}H 的 δ_H 值。在确定 ^{1}H 信号归属的同时也确定了 ^{13}C 信号的归属。异核化学位移相关谱在 t_1 期间异核去偶，去掉了碳 - 氢间的 J 偶合，保留 ^{1}H-^{1}H 间的偶合，并按照 δ_C 显示出来。即以碳的化学位移为标尺,显示出连接在该碳上的质子的偶合谱,即使两种氢的化学位移完全相同,只要所连碳的化学位移不同,谱线仍可分开。这种二维间接 J 谱,F_1 轴上的谱宽一般不超过 30Hz,故可得到相当好的分辨率,但在解谱时要注意氢谱中强偶合的二维间接 J 谱可能变成弱偶合,而在氢谱中不属于强偶合的却可能变成强偶合。基本的异核位移相关(简称 X-H COSY)与 COSY 是二维谱中两个最基本、最重要的方法,它能提供 X 与 H 核化学位移的关联信息。

目前,新的高分辨 NMR 仪器都采用反转探头进行质子检测异核相关谱(proton detected heteronuclear correlation spectroscopy),灵敏度比常规方法提高几倍,对于解决较复杂的有机结构十分有用,如溶液状态的蛋白、核酸、糖蛋白以及其他生物分子的结构。异核二维相关实验对于在 $\omega_1 = \omega_2$ 反射是非对称的,因为在 t_1 检测的核不同于在 t_2 检测的核,为了得到高分辨率需要在检测期完成对选择核的检测。在演化期间(evolution time)分辨率受到实验核限制。因此,质子检测方法即试图对于相关异核共振在演化期增加分辨率,最常用的实验技术是 ^1H 检测的异核多量子相干相关谱(^1H detected heteronuclear multiple-quantum coherence;HMQC)和 ^1H 检测的异核多键相关谱(^1H detected heteronuclear multiple bond connectivity;HMBC)。

二、^{13}C-^1H COSY 脉冲序列

常规的 ^{13}C-^1H COSY 是指直接键连的 C-H 间的偶合相关($^1J_{CH}$),对于信号的指定非常有效。若取 $^1J_{CH}=130\sim150Hz$,$\Delta_1=3\sim4ms$,$\Delta=1/2\Delta_1$,谱图中的各类 ^{13}C-^1H 相关峰均较强,两域清除了异核偶合,以便简化谱峰和获得最佳灵敏度。

(一) 基本脉冲序列

(二) ^{13}C-^1H COSY 谱

图 6-13 中横坐标为 ^{13}C 化学位移,纵坐标为 ^1H 化学位移,没有对角峰,其相关峰(交叉峰)表明 ^{13}C-^1H 偶合信息。从一已知的 ^1H 核信号,根据相关关系,即可找到与之相连的 ^{13}C 信号;反之亦然。该实验的关键是选择一个合适的混合期,以使 ^{13}C 核和 ^1H 核的信息充分转移,使 ^1H 核的极化转移到 ^{13}C 核上。^{13}C-^1H COSY 谱的分辨率问题不十分突出,但灵敏度却相当重要。由 ^{13}C-^1H COSY 谱可以方便地得到全部 ^{13}C-^1H 偶合信息,若由 COSY 谱已得到了 ^1H 谱线归属,则可归属 ^{13}C 谱线;反之,若可以确定一条或几条 ^{13}C 谱线,由 ^{13}C-^1H 相关峰(交叉峰)找到相应的 ^1H 谱线,从 COSY 找到 ^1H-^1H 偶合相关,反过来再由 ^{13}C-^1H 相关峰(交叉峰)找到全部 ^{13}C 谱线归属。图 6-14 为乙酰化胆固醇(cholestrylacetate)的 ^{13}C-^1H COSY 谱。

乙酰化胆固醇

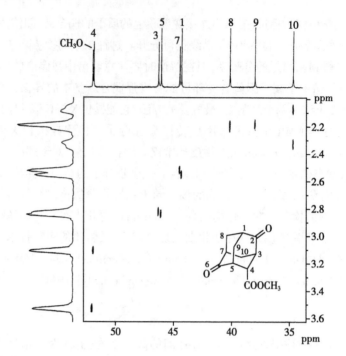

图 6-13   4- 甲氧基羰基 - 金刚烷 -2,6- 二酮(4-methoxyladamantane-2,6-dione)的 ^{13}C-^{1}H COSY 谱

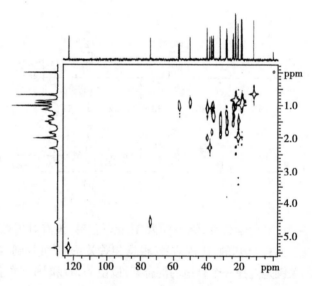

图 6-14   乙酰化胆固醇(cholestrylacetate)的 ^{13}C-^{1}H COSY 谱(CDCl$_3$)

三、^{1}H 检测的异核多量子相干相关谱(HMQC)

异核多量子相干相关谱(^{1}H detected heteronuclear multiple-quantum coherence;HMQC)的特点为仅仅检测 ^{13}C-^{1}H 相关,其图谱上仅显示 ^{13}C-^{1}H 直接相关信号。HMQC 的优点是脉冲序列较简单,参数设置容易。反转式检测氢谱的一维(F_2)分辨率较高,灵敏度较高;缺点为碳谱的一维(F_1)分辨率低。对 ^{15}N-^{1}H 相关谱而言,其主要缺点是由于 t_1 演化期是多量子信号,故 t_1 期间弛豫更快,得到的峰在 t_1 维都较宽,峰的质量差。对 ^{13}C-^{1}H 相关谱而言,单量子和多量子大的弛豫速率差别就不明显,所以 HMQC 一般用于测定 ^{13}C-^{1}H 相关谱。HMQC 的优点是压水峰简单。

笔记

（一）HMQC 的脉冲序列

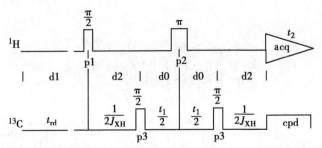

HMQC（^{1}H detected heteronuclear multiple-quantum coherence）即用脉冲技术将 ^{1}H 信号的振幅及相位分别依 ^{13}C 化学位移及 ^{1}H 间的同核标量偶合信息调节，并通过直接检测调制后的 ^{1}H 信号来获得有关 ^{13}C-^{1}H 化学位移的相关数据。它所提供的信息及谱图与 ^{13}C-^{1}H COSY 完全相同，即图上的两个轴别为 ^{1}H 及 ^{13}C 化学位移，直接相连的 ^{13}C 与 ^{1}H 将在对应的 ^{13}C 化学位移与 ^{1}H 化学位移的交点处给出相关信号。因而，如同 ^{1}H-^{13}C 出 COSY 一样，由相关信号分别沿两轴的平行线即可将相连的 ^{13}C 及 ^{1}H 信号予以直接归属。它只是提供直接相连的 ^{13}C 与 ^{1}H 间的相关信号，不能得到有关季碳的结构信息，目前应用较普遍。

（二）图谱举例

图 6-15 是 5,3',4',5'- 四甲氧基 -6,7- 亚甲二氧基异黄酮的 HMQC 谱，横坐标是一维的氢谱，纵坐标为一维宽带去偶的碳谱。图 6-16 是海南狗牙花素的 HMQC 谱，横坐标为一维宽带去偶的碳谱，纵坐标是一维的氢谱。

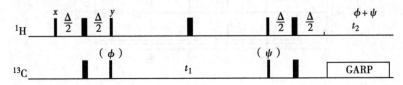

海南狗牙花素

四、^{1}H 检测的异核单量子相干相关谱（HSQC）

^{1}H 检测的异核单量子相干相关谱（^{1}H detected heteronuclear single quantum coherence，HSQC）的优点是反式检测氢核的一维（f_2）分辨率高，灵敏度高；缺点是碳核的一维（f_1）分辨率低，相关峰的强度差大（如单峰甲基的交叉峰远高于多重峰 CH_2 的交叉峰），要求参数设置较精确。当样品量少时，测定 HSQC 更好。一般来说有机小分子通常用 HMQC 测试较多；生物大分子常用HSQC，无论是 ^{13}C-^{1}H 还是 ^{15}N-^{1}H。对于生物大分子通常使用的 HSQC 叫做增敏 HSQC（sensitivity enhancement HSQC），脉冲序列中增加了重聚焦 INEPT（refocusing INEPT），可以把部分在普通 HSQC 中不能被检测的信号转化为可检测的信号，从而提高灵敏度。

（一）HSQC 脉冲序列

（二）图谱举例

图 6-17 是阿魏酸的 HSQC 谱，图 6-18 是佛手酚（bergaptol）的 HSQC 谱。两个图谱中，横坐标为一维氢谱，纵坐标为宽带去偶的碳谱，二维谱中的交叉峰即表示各个碳 - 氢相连的信息，可进一步确认各个碳 - 氢的化学位移。

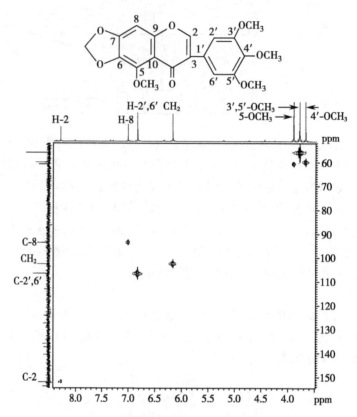

图 6-15 5,3′,4′,5′- 四甲氧基 -6,7- 亚甲二氧基异黄酮的 HMQC 谱（DMSO-d_6）

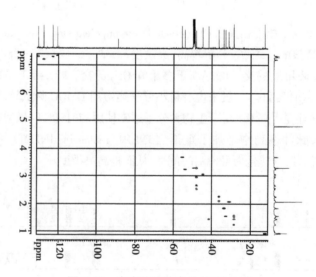

图 6-16 海南狗牙花素的 HMQC 谱

笔 记

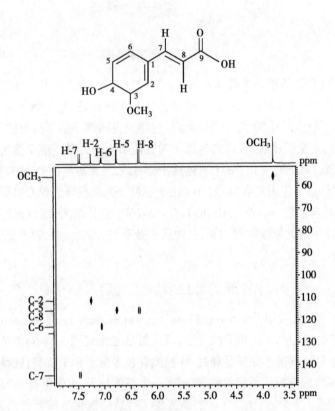

图 6-17 阿魏酸的 HSQC 谱（DMSO-d_6）

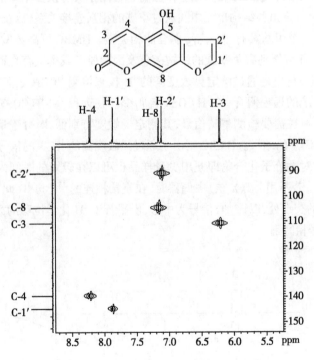

图 6-18 佛手酚（bergaptol）的 HSQC 谱

笔记

第四节 异核远程相关谱

一、基本概念和原理

远程异核 ^{13}C-^{1}H 化学位移相关谱（long range ^{1}H-^{13}C COSY）如果在 ^{13}C-^{1}H COSY 脉冲序列中，Δ_1 和 Δ_2 对应于远程 ^{13}C-^{1}H 偶合常数 $^{n}J_{LR}$（有的是 $^{2}J_{CH}$，大部分是 $^{3}J_{CH}$），而不是一键偶合的 $^{1}J_{CH}$，就能得到通过一键以上的 ^{13}C-^{1}H 偶合相关信息，它能提供两键或多于两键的 ^{13}C-^{1}H 偶合信息，建立 C-C 间的关联，甚至跃过氧、氮或其他原子的官能团间的关联。由于该法能够将季碳和相邻碳上的质子相关联，对于确定分子的 C-C 连接十分有效，其灵敏度比 INADEQUATE 谱高得多，可提供更多的结构信息。应用常规的 ^{13}C-^{1}H COSY 脉冲序列来获得远程 C-H 偶合的方法有许多缺点，例如有关的偶合常数 $^{n}J_{CH}$=0~15Hz，n>1，J_{HH}=0~20Hz 变化较大，难以进行最佳实验参数的选择，而且由于脉冲序列的持续时间太长，会使质子弛豫在 t_1 和 Δ_1 内，以及碳弛豫在 Δ_2 内丢失相当多的磁化矢量。

二、^{1}H 检测的异核多键相关谱（HMBC）

^{1}H 检测的异核多键相关谱（^{1}H detected heteronuclear multiple bond connectivity；HMBC）是一种用反转探头测定的远程 ^{13}C-^{1}H 相关的方法，其灵敏度是常规探头的 6 倍，它给出远程 ^{13}C-^{1}H（$^{2}J_{CH}$、$^{3}J_{CH}$）的相关信息。其基本原理是通过 ^{1}H 检测异核多量子相干调制，选择性地增加某些碳信号的灵敏度，使孤立的自旋体系相关联，而组成一个整体分子。由于甲基 3 个质子的协同作用，对于与甲基质子相隔 2、3 个键（$^{2}J_{CH}$、$^{3}J_{CH}$）的碳提供了有效的极化转移而得到强的相关信息，却抑制了直接偶合信息（$^{1}J_{CH}$），使得到的相关谱大为简化（有时可见旋转边峰产生的相关信号），其灵敏度高于一般 COSY 的相敏二维相关谱。该法特别适用于具有众多甲基的天然产物，如三萜类化合物的结构鉴定。定出各结构单元之间通过季碳的相互连接关系，以及各 CH$_3$ 在分子中的位置，从中得到同每一个甲基具有 $^{2}J_{CH}$、$^{3}J_{CH}$ 偶合的相关碳。HMBC 可高灵敏度地检测 ^{13}C-^{1}H 远程偶合（$^{2}J_{CH}$、$^{3}J_{CH}$），由此可得到有关季碳的结构信息及因杂原子或季碳存在而被切断的 ^{1}H 偶合系统之间的结构信息，它也是通过测定灵敏度高的 ^{1}H 核来检测 ^{13}C-^{1}H 之间的远程偶合相关信号，因而灵敏度比传统的远程偶合 ^{13}C-^{1}H COSY 高得多。在远程 ^{13}C-^{1}H COSY 中，检测 ^{1}H-^{13}C 远程偶合相关信号时，往往需要检测季碳信号，其测定灵敏度特别低，对分子量大的化合物，当样品量少时，很难测得满意的结果。HMBC 则由于通过灵敏度高的 ^{1}H 核的信号来检测 ^{13}C 核之间的远程偶合信息，故对大分子化合物即便用少量样品也可以在较短的时间内测得可靠的数据。另外，在 HMBC 谱中，若不用 ^{13}C（X 核）去偶器时，在直接相连的 ^{13}C 与 ^{1}H 间残留的相关信号对应的 ^{13}C 与 ^{1}H 信号的交点处，以该 ^{13}C 信号为中心，沿平行于 ^{1}H 化学位移的方向裂分为二重峰，故易与远程偶合信号相区别。

（一）HMBC 脉冲序列

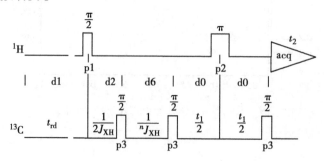

（二）HMBC 图谱特征

图 6-19 为抗生素丝氨霉素 3mg 样品的 $^{13}C-^1H$ 远程（异核多键，氢与碳一般显示出相隔 2 和 3 个键的交叉峰）化学位移相关谱。a 为 COLOC 谱，b 为 HMBC 谱，两图比较可见 HMBC 谱显示的信息明显比 COLOC 谱上的多；c 为缩短测定时间使 F_1 轴变窄所得到的 HMBC 谱。如通过 N 上的甲基质子即可把甲基碳和 C-3′ 相关联，通过 15-CH₃ 质子可将 C-14 和 C-13 相关联，然后依次可将 C-12、C-11 直至 C-1 相关联。

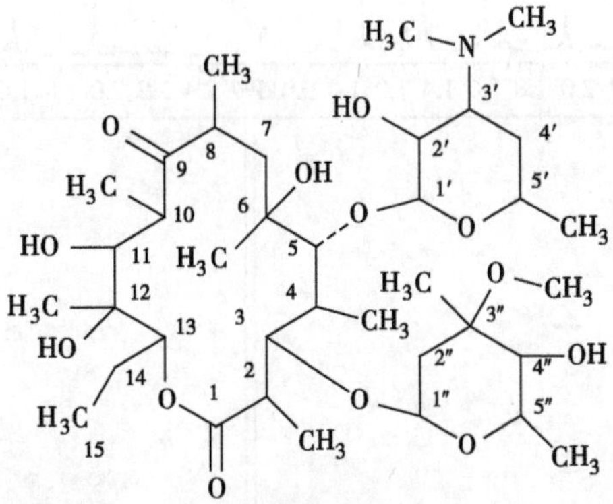

丝氨霉素的结构

图 6-20 是一个三萜类化合物 lycoclavanol 的 HMBC 谱，该化合物有 6 个甲基，甲基质子与其邻近的碳显示了清晰的远程偶合交叉峰，据此即可确定一系列的分子骨架片段（粗线部分）。例如 23-CH₃（δ 1.61）的质子信号与 C-4、C-5、C-24 和 C-3 有偶合交叉峰，25-CH₃ 的质子信号与 C-1、C-10、C-5 和 C-9 有偶合交叉峰，依此类推。

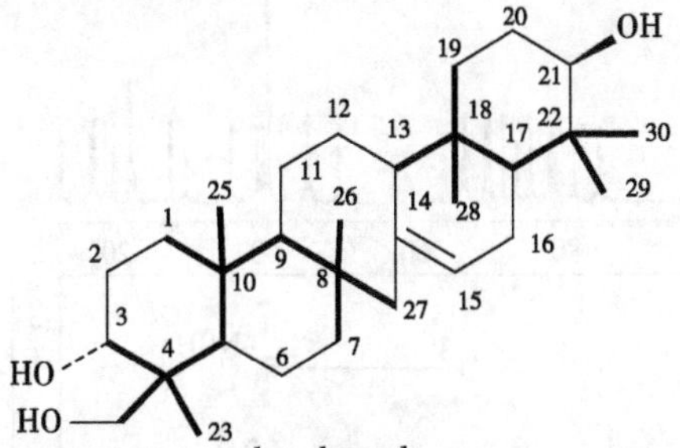

lycoclavanol

图 6-21 是阿魏酸的 HMBC 谱，在图谱上可清晰地看到 2 个烯质子（δ 6.33、7.44）分别通过 2 和 3 个键与 C=O 碳相关。图 6-22 是 5- 羟基呋喃香豆素的 HMBC 谱。两个图谱中，横坐标为一维氢谱，纵坐标为宽带去偶的碳谱。在 HMBC 图谱中，由于是远程化学位移相关，故显示较多的相关交叉峰。

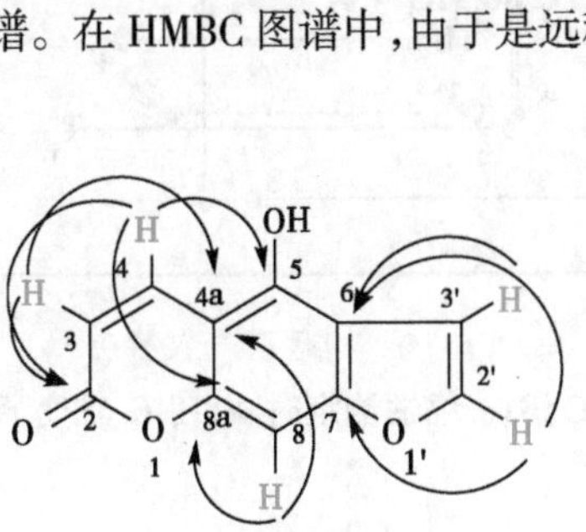

5- 羟基呋喃香豆素

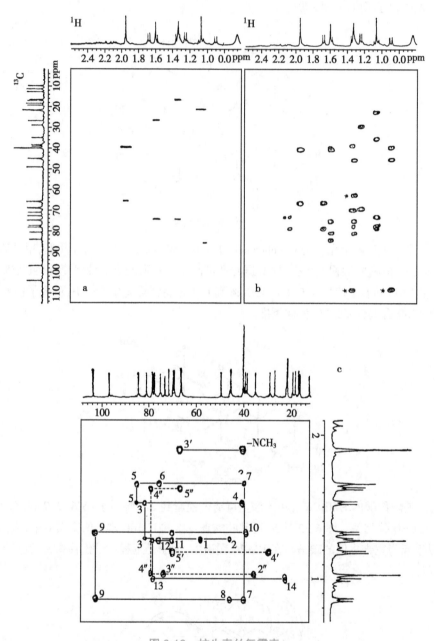

图 6-19   抗生素丝氨霉素

a. COLOC 谱；b. HMBC 谱；c. 缩短测定时间，使 F_1 轴变窄所得到的 HMBC 谱

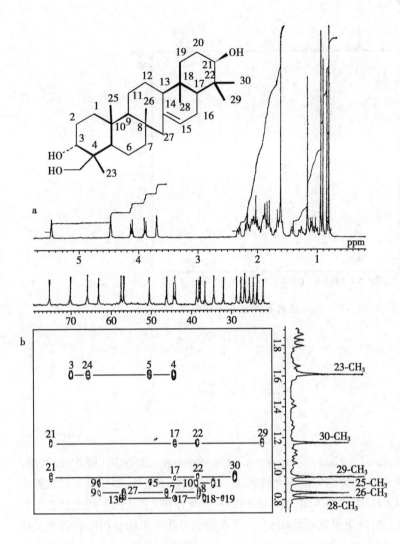

图 6-20 三萜类化合物
lycoclavanol 的 NMR 谱
a. ¹H-NMR 谱；b. HMBC 谱

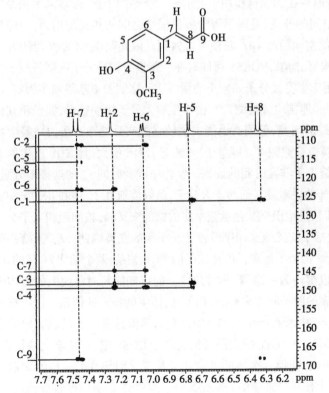

图 6-21 阿魏酸的 HMBC 谱

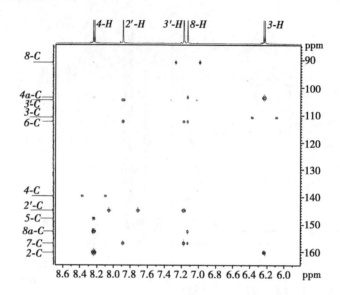

图 6-22　5- 羟基呋喃香豆素的 HMBC 谱

第五节　二维 NOE 谱

一、NOESY 谱

二维 NOE 谱(two dimentional nuclear overhauser effect spectroscopy, 2D-NOE) 即 NOESY 谱。相干转移是由交叉弛豫和非各向同性的样品核间的偶极 - 偶极偶合传递的,即借助交叉弛豫完成磁化传递而进行的二维实验称为二维 NOE 谱(NOESY)。它与 COSY 实验的不同之处在于交叉峰之间不存在正负交替现象,故记录其吸收线型,而不必担心分辨率不够会引起相邻交叉峰间相互抵消的问题。为了避免普遍存在的偶合作用引起的相干传递的干扰,通常采用相循环测量交叉弛豫。NOE 是一种跨越空间的效应,是磁不等价核偶极矩之间的相互作用,它与磁核之间的空间距离有关,当质子之间的空间距离 <4Å 时便可观察到。因此利用 NOESY 可研究分子内部质子之间的空间距离,分析构型、构象,NOESY 可同时在一张谱上描述分子内部各质子之间的空间关系。NOESY 技术多应用于生物大分子如较小的蛋白质和寡肽的氨基酸顺序测定,以及寡糖和配糖体中糖基的连接顺序和连接位置的测定。由于生物大分子滚动较慢,偶极相互作用不能有效地被平均掉,常引起谱线的增宽,但同时也能提供较强的交叉弛豫。蛋白质等生物大分子在溶液中翻转较慢,偶极 - 偶极弛豫使 W_0(零量子)占主导,NOE 值大,且 NOE 产生的速率也大,为蛋白质的三维结构研究提供了非常有利的证据。实验中混合时间 τ_m 的选择十分重要,对小分子应选择 $\tau_m \sim t_1$,以得到最佳的灵敏度。而对于大分子,最好能取几个不同的 τ_m(τ_m=0.05、0.1 和 0.3 秒)进行实验,第一个实验只给出交叉弛豫速率快的核的交叉峰,核间距相当于 2~3Å;而当取较长的 τ_m 值时,因为还包括了交叉弛豫速率较慢的质子间的交叉峰,所以交叉峰将明显地增加,所包括的核间距可达 5Å。NOESY 谱表示的是质子的 NOE 关系,两个轴均为 ^{1}H 的 δ 值。45° 对角线上的各点在两轴上的投影均为一维谱,非对角线上的点如能与对角线上的点构成正四边形,则对角线上的两点所作表的质子间应有 NOE 相关性,即空间传递的信息。这类谱最大的优点是在一张谱中同时显示分子中所有质子间的 NOE 信息,目前这种方法已成为研究有机化合物立体化学的必不可少的工具。NOESY 的谱图特征类似于 COSY 谱,在化学交换位置上,两个化学位移之间出现交叉峰,NOE 使得一个核的 Z 磁化矢量变化而导致另一核的 Z 磁化矢量变化,一维谱中出现 NOE 的两个核在二维谱中显示交叉峰。NOESY 的灵敏度较低,做实验时

笔记

花费的时间较长。

（一）NOESY 的基本脉冲序列

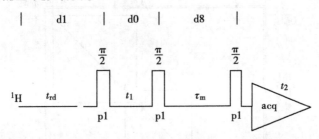

NOESY 的基本脉冲序列就是在 COSY 序列的基础上,加一个固定延迟和第三脉冲,以检测 NOE 和化学交换信息。有化学交换存在时,核的 Z 分量在 t_1 期间受到一个化学位移的调制,在 τ_m 期间该核有可能迁移到另一位置,t_2 期间检测出另一化学位移值。混合时间 τ_m 是 NOESY 实验的关键参数,τ_m 的选择对检测化学交换或 NOESY 效果有很大影响,选择合适的 τ_m 可在最后一个脉冲采集 Z 磁化矢量之前产生最大的交换或建立最大的 NOE。化学交换可能以任何速率进行,而 NOESY 检测的交换过程是慢交换过程,仅仅提供交换途径的定性说明,不能直接得到速度常数的定量信息。如何选择 τ_m 和缺乏定量结果是用 NOESY 研究化学交换存在的问题。NOESY 与化学交换不同,在许多情况下,NOE 的建立受纵向弛豫的制约,比 $1/t_1$ 慢得多,若在 $1/t_1$ 范围内选择 τ_m,就有可能观察到相近核之间的 NOE 交叉峰。

（二）NOESY 谱图分析

同其他谱的解析方法一样,分析谱图时也需要找到一个明确的起始点,如烯氢或甲基峰等,首先解释与这个信号的相关峰,得到一组新的信息。图 6-23 是阿魏酸的 NOESY 谱,在图谱中 δ 3.83(OCH$_3$,s)与 7.25 的 H(1H,d,J=2Hz)相关,说明 OCH$_3$ 应在 3 位,同时还显示 OH 与 5 位氢有相关,5 位氢与 6 位氢也相关,说明两者互为邻位。图谱中 4 位 OH 与 COOH 上的 OH 相关信号很强,是由于在溶液中分子间缔合造成的。图 6-24 是一种生物碱 9-O-demethylhomolycoline 的 NOESY 图,图 6-25 一种吲哚生物碱 naucleactonin C 的 NOESY 图,图中的连线显示出不同氢核在空间上的相关。

9-O-demethylhomolycoline

二、ROESY 谱

ROESY(rotating frame neuclear overhauser and exchange spectroscopy)是采用一个弱自旋锁场,则在旋转坐标系中产生交叉弛豫 NOE 得到的 ROESY 谱。也称为 rotating frame NOE enhancement spectroscopy,即旋转坐标系中 NOE 增强谱。它类似于 NOESY 谱,能提供空间距离

笔记

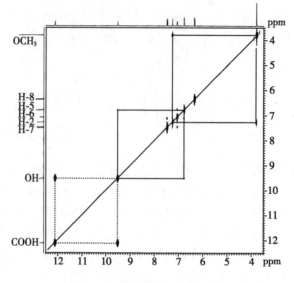

图 6-23 阿魏酸的 NOESY 谱

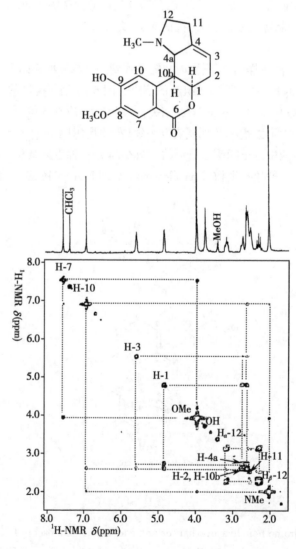

图 6-24 生物碱 9-*O*-demethylhomolycoline 的 NOESY 图

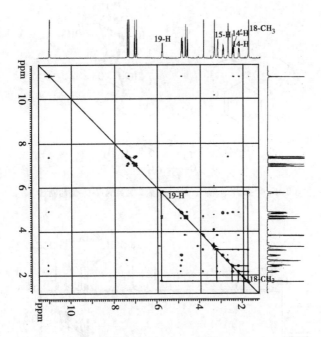

图 6-25　吲哚生物碱 naucleactonin C 的 NOESY 图

相近核的相关信息。基本脉冲序列采用低功率自旋锁定,可由连续波照射或由一系列小脉冲角的硬脉冲组成混合脉冲。

(一) ROESY 的基本脉冲序列

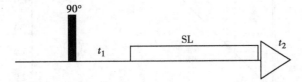

　　ROESY 谱与 NOESY 谱的区别是 NOESY 和 ROESY 的交叉峰都取决于相关自旋间的交叉弛豫,但 NOESY 是纵向交叉弛豫,而 ROESY 是横向交叉弛豫。小分子快速运动易产生 NOE,大分子或降低温度时可得到负 NOE,而有些中等的分子(分子量为 300~1500)或某些特殊形状的分子和金属有机络合物等有时较难产生 NOE,因而在 NOESY 谱中不易得到 NOE 交叉峰,而在上述分子体系中都会出现 ROESY 峰,故 ROESY 特别适宜观测中等分子的交叉弛豫作用;NOESY 交叉峰对分子量大和小的两种极端的分子体系灵敏度都很大,而 ROESY 交叉峰在不同分子量的分子中变化不大;NOESY 相关峰为反相组分,而 ROESY 相关峰为同相组分,可以检测较小的相互作用。ROESY 实验的关键也是确定自旋锁场强度和设置适当的照射功率,因为它是低功率实验,所需的自旋锁场场强约为 2.5kHz。

(二) 图谱举例

　　图 6-26 是 3,6,4′- 三甲氧基 -5,3′- 二羟基二氢黄酮 -7-O- 葡萄糖苷的 ROESY 谱,图中明显可见葡萄糖上的端基氢(H-1″)与 8 位上的氢空间上有 NOE 效应,并产生交叉峰,说明 7 位上有一个葡萄糖取代;B 环上 5 位的氢(H-5′)与 4′-OCH$_3$ 相邻,并产生相应的交叉峰,进一步说明 4′位上有一个 OCH$_3$。

笔记

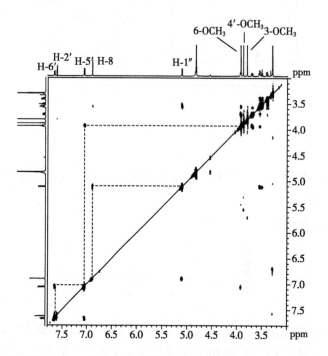

图 6-26 3,6,4′- 三甲氧基 -5,3′- 二羟基二氢黄酮 -7-O- 葡萄糖苷的 ROESY 谱(600MHz,DMSO-d_6)

第六节 TOCSY 谱(HOHAHA 谱)

旋转坐标系实验(或称自旋锁定实验)是把 COSY 序列中的第二个脉冲以及 NOESY 序列中的最后两个脉冲(包括混合时间)用一个长射频脉冲取代,把自旋沿着旋转坐标系的一个轴锁定,在这种条件下不存在化学位移差,即一个 AMX 自旋系统简化成 AA′A″,因为存在强偶合,很容易发生通过标量偶合的磁化转移,这种"混合"是由强射频场实现的,导致了全部相关,称为 TOCSY(total correlation spectroscopy)或称为 HOHAHA(homonuclear Hartmann-Hahn)。它属于同核相关谱,类似于 COSY 谱,可提供自旋系统中的偶合关联信息。

HOHAHA 是通过交叉极化产生能量转移的,从而观察较低旋磁比的核的一种方法。HOHAHA 是接力谱的新发展,它通过交叉极化提供中继信息,一般接力谱只能得到与 J 有关的一次接力信号(混合时间 $\tau=1/2J$),而在 HOHAHA 中,混合时间与 J 值关系不大。混合时间短时(<20 毫秒)只能得到直接的和一次接力相关;若增加混合时间,一个质子的磁化矢量将重新分布到同一偶合网络的所有其他质子,得到多次接力信息,但灵敏度随之降低,选择适当的参数可通过一次实验得到独立自旋体系中所有质子的相关信息。在一个 AMX 自旋体系中,若选择性地

笔记

给 A 核 π 脉冲使其磁化矢量反转,在混合时间 τ 中,通过自旋偶合,A 核的磁化矢量即向 M 转移,其转移的强度与偶合常数相关。随着混合时间的延长,M 核的磁化矢量又向 X 核转移。根据混合时间的长短,A 核的磁化矢量可依次分配到与 A 核有自旋偶合的各个核上,从而有利于这些核化学位移的指定。2D HOHAHA 的特点是通过改变 t_1 测定,将同核 Hartmann-Hahn 跃迁信号沿化学位移二维展开,并用一个脉冲序列测得多重接力 ^1H-^1H 化学位移二维相关谱,即多次接力同核 2D TOCSY 谱;也可以用两个脉冲序列测得多重接力 ^{13}C-^1H 化学位移二维相关谱,即多次接力异核 2D TOCSY 谱。因此用一张谱即可提供由许多 1D HOHAHA 子谱才能提供的许多结构信息,它不仅在复杂偶合系统的 ^1H 信号归属及结构解析中,而且在肽类、蛋白质、多糖苷类等生物大分子的立体结构测定中亦显示出重要作用。2D TOCSY 谱通常又分为同核 2D TOCSY 和异核 2D TOCSY 两种。

一、同核 TOCSY(HOHAHA)谱

(一)同核 TOCSY 的基本脉冲序列

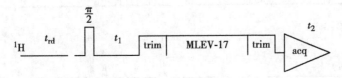

同核 2D TOCSY 谱的特征与 ^1H-^1H COSY 谱很相似,但在图中显示的交叉峰是相邻碳上氢与氢的化学位移相关峰。

(二)图谱举例

图 6-27(a) 是嗜异性抗原(Forssman antigen,GalNAcα₁→3GalNAcβ₁→3Galα₁→4Galβ₁→4Glc β₁→1Cer)的 ^1H-NMR 谱,(b)~(f)是 2D HOHAHA(TOCSY)的编辑谱。图 6-28 是嗜异性抗原的 2D HOHAHA 谱。图 6-28 类似于 COSY 谱,图中半乳糖(α-galactose)上的 H-1(δ 4.8)的磁化矢量依次可分配到质子 H-2、H-3、H-4 和 H-5 上,而得到相应的交叉峰。其他几个糖也是如此。

图 6-29 是中药黄芪中的有效成分黄芪甲苷(astragaloside Ⅳ)的 2D ^1H-^1H TOCSY 图,该图类似于 COSY 谱。该化合物的结构中 3 位上连接一个木糖,木糖上的端基氢 δ 4.77,依次可以观察到其他 4 个碳上氢的交叉峰(其中有重叠峰);在 6 位上连接一个葡萄糖,葡萄糖上的端基氢 δ 4.72,依次可以观察到其他 5 个碳上氢的交叉峰(有部分重叠峰)。

黄芪甲苷的结构

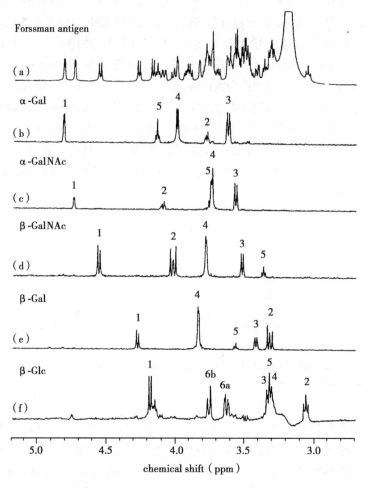

图 6-27　(a):嗜异性抗原的 ¹H-NMR 谱(5mg,49∶1,DMSO-d_6/D₂O);
(b)~(f):嗜异性抗原的 2D HOHAHA(TOCSY)

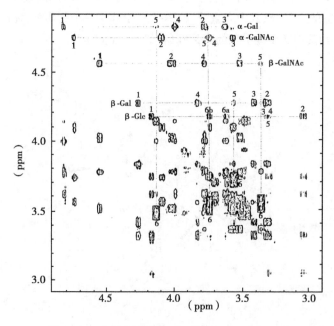

图 6-28　嗜异性抗原的 2D TOCSY(HOHAHA)

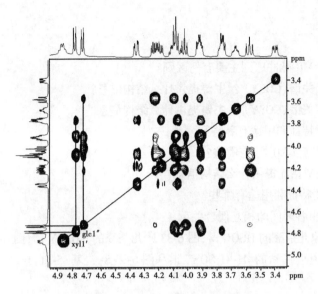

图 6-29 黄芪甲苷的 TOCSY 图

二、异核 TOCSY 谱

(一) 异核 TOCSY 脉冲序列

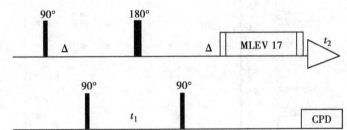

异核 2D TOCSY 谱的特征与 ^{13}C-^1H COSY($^1J_{CH}$)谱很相似,但在图中既可以显示 ^{13}C-^1H($^1J_{CH}$)的交叉峰,又可以显示相邻碳上氢与氢的化学位移相关峰,即在一张图谱上既可以确认相连的碳-氢各自的化学位移,又可以找出相邻碳与氢的化学位移,所以该技术对于化合物结构中部分 CH 结构单元的确定很有用处。

(二) 图谱举例

图 6-30 为黄芪甲苷的 HSQC-TOCSY 图,图中清楚可见黄芪甲苷中木糖的端基氢(H-1′ δ 4.77)和端基碳(C-1′ δ 105.0)的相关峰,以及与端基氢依次相连的碳上的氢和碳的信号。同时可见黄芪甲苷中葡萄糖的端基氢(H-1′ δ 4.72)和端基碳(C-1″ δ 107.5)的相关峰,以及与端基氢依次相连的碳上的氢和碳的信号。

本章主要介绍了常用的 2D NMR 技术,这些技术可为有机化合物的结构测定提供重要的信息。对于结构较复杂的化合物,当这些技术提供的结构信息尚不足以阐明该化合物的结构时,还可进一步采用其他技术取得结构信息。

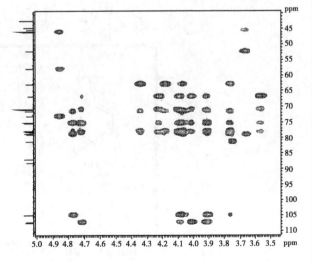

图 6-30 黄芪甲苷的 HSQC-TOCSY 图

笔记

习题

1. 2D NMR 与 1D NMR 脉冲序列主要有何区别？

2. 何为同核位移相关谱（COSY）？主要提供什么结构信息？

3. 何为异核位移相关谱（COSY）？主要提供什么结构信息？

4. HMQC 谱的主要特征和用途有哪些？

5. HMBC 谱的主要特征和用途有哪些？

6. NOESY 或 ROESY 谱能提供什么结构信息？

7. TOCSY 谱的主要特征和用途有哪些？

8. 根据图 6-31，找出各峰间的相互偶合关系。

9. 请解析图 6-32 原儿茶醛的 HSQC 谱；图 6-33 原儿茶醛的 NOESY 谱；图 6-34 8- 羟基 -5-（1,1-二甲基烯丙基）补骨脂素的 ^{1}H-^{1}H COSY 谱和图 6-35 8- 羟基 -5-（1,1- 二甲基烯丙基）补骨脂素的 HMBC 谱。

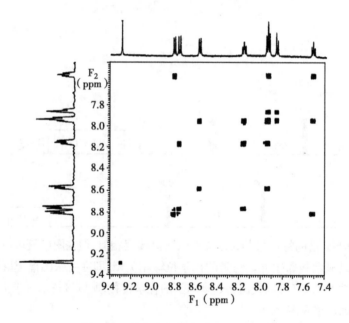

图 6-31　某化合物的 ^{1}H-^{1}H COSY 图

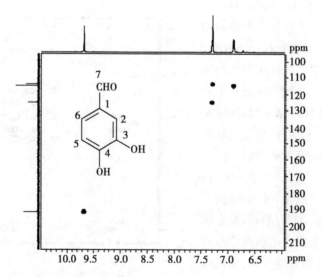

图 6-32　原儿茶醛的 HSQC 谱

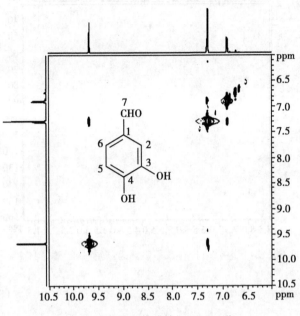

图 6-33 原儿茶醛的 NOESY 谱

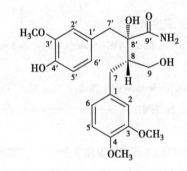

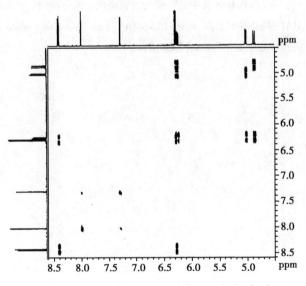

图 6-34 8-羟基-5-(1,1-二甲基烯丙基)补骨脂素的 ^{1}H-^{1}H COSY 谱

笔记

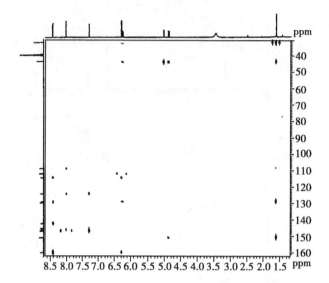

图 6-35　8- 羟基 -5-(1,1- 二甲基烯丙基) 补骨脂素的 HMBC 谱

（陈海生　李慧梁）

参考文献

1. 陈海生 . 现代光谱分析 . 北京：人民卫生出版社，2010

2. Croasmun WR，Carlson RK. Two-Dimensional NMR Spectroscopy. 2nd ed. New York：VCH Publishers Inc，1994

3. Sanders IKM，Hunter BK. Modern NMR Spectroscopy. 2nd ed. New York：Oxford University Prees，1997

4. Breitmaier E. Sturcture elucidation by NMR in organic chemistry：a practical guide. New York：Eberhard Breitmaier John Wiley & Sons Ltd，1993

5. 杨文火，王宏钧，卢葛覃 . 核磁共振原理及其在结构化学中的应用 . 福州：福建科学出版社，1994

6. Freeman R，Morris GAB. For an Early history. Magn. Reson.，1979，1：1-28

7. 谭兴起，陈海生，郭良君，等 . 海南狗牙花中的吲哚类生物碱化学成分研究 . 中草药，2008，39(6)：805

8. WEI-DONG XUAN，HAI-SHENG CHEN，JING-LING DU，et al. Two New Indole Alkaloids from *Nauclea Officinalis*. J Asian Natural Products Research，2006，8(8)：719

第七章　经典质谱技术

学习要求

1. 掌握电子轰击质谱中分子离子峰的判断方法、离子的裂解规律以及离子中电子的奇偶数与质量之间的关系;利用给出的质谱图分析和推导化合物的结构式。

2. 熟悉各类化合物的质谱裂解特点以及利用 Beynon 表确定分子式的方法。

3. 了解质谱仪的构造和工作原理。

质谱(mass spectrum,MS)是利用一定的电离方法将有机化合物分子进行电离、裂解,并将所产生的各种离子的质量与电荷的比值(m/z)按照由小到大的顺序排列而成的图谱。在质谱测定过程中,没有电磁辐射的吸收或发射产生,质谱不属于光谱,它检测的是由化合物分子经离子化、裂解而产生的各种离子。

质谱是近一个世纪发展起来的一种技术。在质谱仪的发展过程中,人们发明了多种离子源质谱技术,其中电子轰击质谱(electron impact ionization mass spectrum,EI-MS)是最早发展起来的质谱技术之一,在有机分析领域得到了广泛的应用,如在有机化学、石油化学、环境化学等学科中都是重要的分析手段之一。在此期间,离子质量分析技术也得到了快速发展,建立了多种离子质量分析方法,离子质量的分析精度也得到了大大提高。其中高分辨双聚焦质量分析器的应用,使电子轰击质谱成为了确定有机化合物分子式及用于分析挥发油成分组成的有力工具。

EI-MS 作为经典的质谱技术,通过大量的实践,积累了丰富的经验,总结了很多有机化合物的电离和裂解规律,为依据质谱分析来推断化合物结构奠定了基础,也是进一步理解和掌握其他质谱技术的重要基础。

第一节　基本原理

一、质谱的基本原理

以双聚焦质谱仪(double-focusing mass spectrometer)(图 7-1)为例说明质谱仪的工作原理。

如图 7-1 所示,有机化合物样品首先在离子源中汽化成为气态,其分子受到高能电子轰击,失去 1 个电子,形成分子离子。一般情况下,轰击电子的能量为 10~15eV 时即可使样品分子电离成分子离子;当轰击电子的能量达到 70eV 时,多余的能量会使

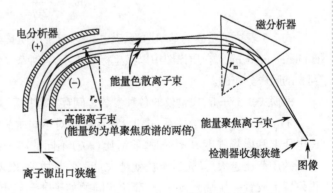

图 7-1　Nier-Johnson 双聚焦质谱仪原理图

分子离子裂解或重排,形成碎片离子,其中有些碎片离子还可以再裂解,形成质量更小的碎片离子,所有这些离子一般仅带 1 个正电荷。

在离子源中形成的离子受离子排斥电极的作用,经离子源出口狭缝离开离子化室,形成离

子束,进入加速电场,电场的电势能就转化为离子的动能,使之加速。各种离子的动能与电场势能的关系可以表示为:

$$\frac{1}{2}mv^2 = zV \qquad (式\ 7\text{-}1)$$

式中,m 为离子的质量,v 为离子的运动速度,z 为离子所带的正电荷,V 为加速电场的电压。由于绝大多数离子都带 1 个电荷,在测定过程中加速电场的电压 V 保持不变,所以各种离子在加速电场中的电势能 zV 是一个定值。由式 7-1 可以看出,各种离子因质量不同而在固定的加速电场中获得的运动速度则不同,运动速度的平方与其质量成反比,即其质量越大,其运动速度就越小;反之,质量越小,其运动速度就越大。

由于加速电场的场强通常达 6000~8000eV,各种离子获得的动能很大,可以认为这时各种带单位正电荷的离子都具有近似相同的动能。

经加速后的离子进入电分析器,这时带电离子受垂直于运动方向的电场作用而发生偏转,偏转的离心力与静电力平衡,稳态时有:

$$zE = \frac{mv^2}{r_e} = \frac{2}{r_e} \cdot \frac{1}{2}mv^2 \qquad (式\ 7\text{-}2)$$

式中,m、v、z 同式 7-1,E 为电场强度,r_e 为离子在电场中的运动轨道半径。

在离子经电分析器偏转后聚焦的位置设置一个狭缝装置,则通过该狭缝的离子(r_e、E 相同)具有非常相近的动能。因此,电分析器的作用是消除了由于初始条件有微小差别而导致的动能差别,选择出一束由不同的 m 和 v 组成的、具有几乎完全相同动能的离子。

通过狭缝后,这束动能相同的离子进入扇形磁分析器。在磁分析器中,离子的运动方向与磁场的磁力线方向垂直,离子受到一个洛伦兹力的作用,而使之在磁场中发生偏转,做弧形运动,这种运动的离心力为 mv^2/r_m,向心力为 Bzv,两者相等,则:

$$\frac{mv^2}{r_m} = Bzv \qquad (式\ 7\text{-}3)$$

$$v = \frac{Bzr_m}{m} \qquad (式\ 7\text{-}4)$$

式中,m、v、z 同式 7-1,B 为扇形磁场的磁场强度,r_m 为离子在磁场中做弧形运动的轨道半径。将式 7-4 代入式 7-1 中,消去速度 v,得简化式:

$$m/z = \frac{B^2 r_m^2}{2V} \qquad (式\ 7\text{-}5)$$

式 7-5 表达了质谱的基本原理,其左端为离子的质量与其所带的电荷之比,即质荷比(mass to charge ratio,m/z),在质谱图中以横坐标来表示,各种离子的谱线顺序就是按离子的质荷比由小到大的顺序分布的。

根据式 7-5 分析,质谱仪的各种参数之间存在着以下关系:

(1)m/z 与 r_m 之间的关系:式 7-5 表明磁场对不同质荷比的离子具有色散作用。即当保持加速电压 V 和磁场强度 B 不变时,质荷比(m/z)不同的离子在磁场中偏转的弧度半径 r_m 不一样,离子的质荷比越大,其轨道半径就越大;反之,其质荷比越小,轨道半径就越小。如在离子的聚焦位置上放置一块感光板,则质荷比相同的离子则会聚集在感光板的同一点上,质荷比不同的离子按照其质量的大小在感光板上依次排列起来。这就是质谱仪可以分析各种离子的原理。

(2)m/z 与 B 之间的关系:式 7-5 中,如果保持加速电场的电压 V 和离子在磁场中偏转的轨道半径 r_m 不变,则离子的 m/z 与磁场强度(B)成正比。因此,通过改变磁场强度,可以使不同 m/z 的离子都射向一个固定的收集狭缝,这就是设计质谱仪的原理之一。在质谱仪中,收集狭缝的

笔记

位置保持不变,由小到大(或由大到小)改变磁场强度,不同质量的离子也由小到大(或由大到小)依次穿过收集狭缝,被检测器记录下来,通过的每种离子都会被记录形成一条谱线(或称之为离子峰),谱线的高度与形成该谱线的离子数量成正比。运行轨道半径小于或大于固定轨道半径的离子就不能通过狭缝而被记录。

(3) m/z 与 V 之间的关系:式 7-5 中,如果磁场强度和离子在磁场中的轨道半径保持不变,加速电压越高,仪器测得的离子质量范围就越小,同时由于离子在加速之前动能较小且运动无序,电压加速越高,离子获得的动能就越大,离子束的动能差别和角偏离就越小,离子束的色散和聚焦作用就越强,且到达检测器的时间就越短,其分辨率和灵敏度就越高;反之,加速电压越低,测得的离子质量范围就越大,其分辨率和灵敏度就越低。因此,现代仪器充分利用 B 和 V 的关系,通过提高磁场的强度或改变磁场的参数,可以达到既能满足一定的离子质量测定范围,又可以任意改变加速电压,并获得较高的分辨率。

从以上 3 个方面的分析可以看出,式 7-5 所表达的各种参数之间的关系在质谱仪的设计工作中具有重要的作用。

实际上,其他质谱仪也与双聚焦质谱仪具有类似的设计原理。如在单聚焦质谱仪中,通过改变电分析器的电场强度(电分析器质谱仪)或者改变扇形磁分析器的磁场强度(磁分析器质谱仪),使不同质荷比的离子分开,以达到检测目的。

二、质谱的表示方法及重要参数

1. **质谱的表示方法** 质谱图是以质荷比(m/z)为横坐标、离子的相对丰度(也即相对强度)为纵坐标来表示化合物裂解所产生的各种离子的质量和相对数量的谱图,也简称为质谱。

在质谱中,横坐标表示质荷比,从左到右质荷比增大。由于绝大多数离子都仅带 1 个电荷,质谱图记录的一般都是单电荷离子,因此质谱中离子的质荷比也可以看作是该离子的质量。纵坐标表示离子峰的强度,在测定时将最强的离子峰强度定为 100%,称之为基峰(base peak);将其他离子的信号强度与基峰进行比较,得到离子的相对强度,也称之为相对丰度(relative abundance),它反映了该离子在总离子流中的相对含量。

例如在丙酮的谱图(图 7-2)中,m/z 43 的碎片离子峰为基峰,其丰度定为 100%;其他离子峰均与基峰比较,以相对丰度表示,如 m/z 58 离子的相对丰度为 63.7%、m/z 15 离子的相对丰度为 23.0%。

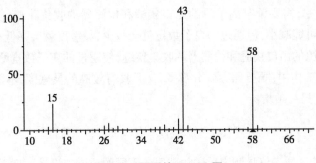

图 7-2 丙酮的 EI-MS 图

2. **分辨率** 分辨率(resolution)是质谱仪的重要指标,是质谱仪分离两种相邻离子的能力。质谱中,如果相邻两个离子峰间的峰谷高度低于两个离子峰平均高度的 10% 时,则认为这两个离子被分离。质谱仪的分辨率规定为恰好被分离的两个相邻离子之一的质量数与两者质量数之差的比值,可用下式表示:

$$R = \frac{M}{\Delta M}$$

(式 7-6)

式中,R 为分辨率,M 为相邻的两种离子中任意一个离子的质量,ΔM 为被分离的两种离子的质量差。

例如某质谱仪的分辨率为 50 000,当用于分辨质量数为 100 的离子时,根据式 7-6,则:

$$50\ 000 = \frac{100}{\Delta M}$$

$$\Delta M = \frac{100}{50\ 000} = 0.002$$

即该质谱仪可以将质量数分别为 100.000 和 100.002 的两种离子分离。

双聚焦高分辨质谱仪的分辨率通常在 10^4 以上。以同位素纯的 ^{12}C 作为分子量计算中质量数的相对标准,规定 $^{12}C=12.0000000$amu,如果质谱仪的测量精度可以测准到原子的质量单位 amu 的小数点之后第 4 位,这样的质谱称为高分辨质谱(high resolution mass spectrum,HR-MS)。

质谱解析的一个重要目的是根据给出的分子离子或准分子离子确定待测化合物的分子组成。采用低分辨率的质谱仪,测出的分子量通常精确到整数位,由于同分异构体的存在,可推出很多种不同的分子组合方式,因此很难确定化合物的分子组成。例如一个质荷比为 43 的离子可能是下面离子 $C_2H_3O^+$、$C_3H_7^+$、$C_2H_5N^+$、$CH_3N_2^+$、$CHPO^+$ 和 $C_2F_2^+$ 中的任意一种;然而一个质荷比为 43.0184 的离子最可能的是 $C_2H_3O^+$(m/z=43.0178)离子,而不可能是 $C_3H_7^+$(m/z=43.0547)、$C_2H_5N^+$(m/z=43.0421)、$CH_3N_2^+$(m/z=43.0297)、$CHPO^+$(m/z=43.0058)和 $C_2F_2^+$(m/z=42.9984)离子中的一种。

而根据高分辨质谱的测定结果,结合可能组成的元素的精确原子质量(表 7-1)的计算值分析,可确定待测化合物分子或离子的组成。例如从植物中分离得到的某生物碱 A,其高分辨电子轰击质谱(HR-EI-MS)给出的分子离子峰(m/z)为 209.0840(100%),而按照表 7-1 中各元素的原子精确质量,化学组成为 $C_{14}H_{11}NO$ 的理论计算值为 209.0841,与实测值仅相差 0.0001amu,因此确定该化合物的分子式组成为 $C_{14}H_{11}NO$。

3. 灵敏度　灵敏度是指仪器记录的信号(或离子峰)强度与所用样品量之间的关系。在实际测试中,所用的样品量越少越好,而记录的信号峰强度越强则越好。一般情况下,质谱对测定样品量的要求较少,有时仅需要 1×10^{-12}g(1pg)的样品即可完成样品测定。在天然药物化学、药物体内代谢等研究工作中所获得的样品量一般都很少,测定时所用的样品量越少,则越有利于工作的进行。

仪器的分辨率与灵敏度相互影响,在仪器的调试和测试时是相互制约的。当其他测试条件不变时,要提高分辨率,需要调窄离子源的出口狭缝和检测器的收集狭缝,使离子束尽可能集中,离子的角偏离尽可能减小,但通过的离子数量就会减少,灵敏度就会降低;反之,为了提高灵敏度,需要调宽离子源的出口狭缝和检测器的收集狭缝,使通过的离子数量增多,但分辨率就会降低。因此,在实际工作中,既要照顾到分辨率,又要具有较高的灵敏度,不能片面地追求其中的一项指标而影响了另一项指标。

三、仪器的结构与原理

1. 质谱仪的构造　质谱仪是测定质谱的装置。不同的质谱仪设计原理不同,其具体的构造也有差别,但一般都由进样系统、电离和加速系统、质量分析器、检测器、数据处理系统几个部分组成,如图 7-3 所示。

(1)进样系统:待测的样品通过进样系统(sample inlet)进入位于高真空区域中的电离室。

(2)电离和加速系统:电离和加速系统(ionization and ion accelerating room)又称离子源,由电离室和加速电场组成。样品分子在电离室中被电离,离子出电离室即被一个加速电场加速,获得高动能,进入质量分析器。不同的质谱仪具有不同的离子源,电子轰击质谱仪的离子源为电

笔记

表 7-1　有机化合物常见元素及其同位素丰度表

常见元素（A）	同位素（A）	精确质量数	天然丰度（%）	同位素（A+1）	精确质量	天然丰度（%）	同位素（A+2）	精确质量	天然丰度（%）
氢	^{1}H	1.007825	99.9855	^{2}H	2.014102	0.0145			
碳	^{12}C	12.00000	98.8920	^{13}C	13.00335	1.1080			
氮	^{14}N	14.00307	99.635	^{15}N	15.00011	0.365			
氧	^{16}O	15.99491	99.759	^{17}O	16.99914	0.037	^{18}O	17.99916	0.204
氟	^{19}F	18.99840	100.00						
硅	^{28}Si	27.97693	92.20	^{29}Si	28.97649	4.70	^{30}Si	29.97376	3.10
磷	^{31}P	30.97376	100						
硫	^{32}S	31.97207	95.018	^{34}S	32.97146	0.750	^{34}S	33.96786	4.215
氯	^{35}Cl	34.96885	75.557				^{37}Cl	36.96590	24.463
溴	^{79}Br	78.91833	50.52				^{81}Br	80.91630	49.48
碘	^{127}I	126.90448	100						

图 7-3　质谱仪的组成单元示意图

子轰击离子源,其他的离子源将在第八章中介绍。

（3）质量分析器:质量分析器(mass analyzer)是质谱仪最重要的部分,将不同质荷比的离子分开,以供检测器检测。具有不同质量分析器的质谱仪,其工作原理、特点和适用范围也不一样。

（4）检测器:检测器(detector)检测和记录经质量分析器分离后的各种质荷比的离子及其数量,不同类型的检测器检测原理不同。

（5）数据处理系统:数据处理系统(data system)用于采集、存储、处理检测器收集到的有关离子的数据,并可进行谱库检索等。

（6）真空系统:真空系统(vacuum system)为离子源和质量分析器提供所需要的真空环境。质谱仪的类型不同,对真空度的要求也不同。由于质谱仪检测的是具有一定动能的分子离子或碎片离子的离子流,为获得准确的离子信息,在样品分子成为离子至离子被检测的整个过程中应避免离子与气体分子间发生碰撞而造成能量损失,因此电离和加速系统、质量分析器、检测器都应处于高度真空的环境。

2. 电子轰击离子源　电子轰击离子源(electron impact ionization,EI)由电离室和加速电场组成(图 7-4),是电子轰击质谱仪的重要组成之一。电子轰击电离过程在电离室中进行,样品分子在较高温度和较高真空的电离室内呈气态,热灯丝发射的电子经加速达到 70eV,进入电离室后轰击呈气态的样品分子,使之丢失 1 个电子而形成分子离子。由于化合物的结构不同,且所用的轰击电子的能量也有差异,因此新生成的分子离子的稳定性也不一样,有的比较稳定,不再裂解,而以分子离子的形式存在;有的稳定性较差,易发生化学键的断裂,形成碎片离子,或进一步裂解成更小的碎片离子。但这些离子一般都带 1 个正荷,受到离子排斥电极的排斥,经出口狭缝离开电离室,形成离子束,进入加速电场,经电场加速,获得很大的动能,再进入质量分析器。

笔记

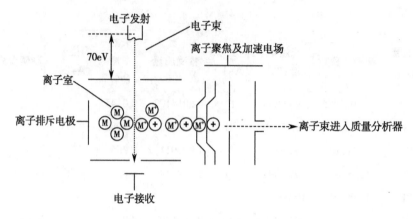

图 7-4　电子轰击离子源示意图

电子轰击离子源的优点：①采用相同能量的电子轰击时，形成的分子离子和碎片离子重现性好，便于规律总结、图谱比较以及利用计算机进行谱库检索；②产生较多的与结构密切相关的碎片离子，对推测化合物的结构很有帮助。

电子轰击离子源也有缺点：①当样品分子的稳定性不好时，分子离子峰较低或难以获得，但可以通过降低轰击电子的能量，如采用 10~15eV 的电子轰击，以增加分子离子峰的相对丰度；②当样品分子不能汽化或热不稳定时，用电子轰击电离的方法也无法获得分子离子峰，可采用其他软电离的方法获得分子离子峰，相关内容将在第八章中介绍。

第二节　质谱中的有机分子裂解

有机化合物分子在离子源中受高能电子轰击而电离成分子离子。分子离子的稳定性不同，有的进一步裂解或发生重排，生成碎片离子；有些新生成的碎片离子也不稳定，再发生裂解，形成质量更小的碎片离子。因此在电离室中，除分子离子外，还有多种质荷比不同的碎片离子生成。这些离子经电场加速、质量分析器分离，最后被记录下来，形成了质谱中许多质荷比不同的离子峰。掌握离子的裂解规律，有助于分析质谱给出的分子离子和碎片离子的裂解过程，以推测化合物的结构。

一、开裂的表示方法

1. **均裂**　σ- 键开裂时，每一个原子带走一个电子，用单箭头"⟋"表示一个电子的转移过程，有时也可以省去一个单箭头。例如：

$$X \overset{\cdot\cdot}{\underset{}{-}} \overset{+}{Y} \longrightarrow \dot{X} + \overset{+}{Y} \quad 或 \quad X \overset{\cdot\cdot}{\underset{}{-}} \overset{+}{Y} \longrightarrow \dot{X} + \overset{+}{Y}$$

$$R_1-CH_2 \cdot \cdot CH_2 \overset{\cdot\cdot}{-} \overset{+}{O}-R_2 \longrightarrow R_1-\dot{C}H_2 + CH_2 = \overset{+}{O}-R_2$$

2. **异裂**　σ- 键开裂时，两个电子均被其中的一个原子带走，用双箭头"⟋"表示两个电子的转移过程。例如：

$$X \overset{+}{\underset{}{-}} \overset{+}{Y} \longrightarrow \overset{+}{X} + \dot{Y}$$

$$R_1-CH_2 \cdot \overset{\cdot\cdot}{O}-CH_2-R_2 \longrightarrow R_1-\overset{+}{C}H_2 + \dot{O}-CH_2-R_2$$

3. **半异裂**　已电离的 σ- 键中仅剩一个电子，裂解时唯一的一个电子被其中的一个原子带走，用单箭头"⟋"表示。例如：

$$X + \overset{+}{Y} \longrightarrow \overset{+}{X} + \dot{Y}$$

$$R_1-CH_2 + \cdot CH_2-R_2 \longrightarrow R_1-\overset{+}{C}H_2 + \dot{C}H_2-R_2$$

笔记

二、离子的裂解类型

在 EI-MS 中，一般检测的是带正电荷的离子。化合物的裂解与分子中是否存在杂原子、是否含有双键或苯环等不饱和体系有着密切的关系。下面介绍质谱中最基本、最常见的裂解方式，有些离子的形成过程比较复杂，但也是由这些最基本的裂解组成的。

(一) 简单裂解

1. σ- 键的裂解 σ- 键的裂解（σ-band cleavage，σ）是饱和烷烃类化合物唯一的裂解方式。烷烃类化合物中不含有 O、N、卤素等杂原子，也不含有 π 键时，只能发生 σ- 键的裂解。如：

$$RCH_2-CH_2\cdot\overset{c}{\underset{}{\Big\{}}\cdot CH_2\cdot\overset{b}{\underset{}{\Big\{}}\cdot CH_2-\overset{a}{\underset{}{\Big\{}}-CH_3$$

$$\xrightarrow{a} RCH_2-CH_2-CH_2-\overset{+}{C}H_2 + \dot{C}H_3 \quad m/z\ M\text{-}15$$

$$\xrightarrow{b} RCH_2-CH_2-\overset{+}{C}H_2 + \dot{C}H_2CH_3 \quad m/z\ M\text{-}29$$

$$\xrightarrow{c} RCH_2-\overset{+}{C}H_2 + \dot{C}H_2CH_2CH_3 \quad m/z\ M\text{-}43$$

在烷烃的质谱中常见到由分子离子峰失去如 $\cdot CH_3$、$\cdot CH_2CH_3$、$\cdot CH_2CH_2CH_3$ 等不同质量的自由基所形成的一系列带有偶数个电子的碎片离子峰，这些离子均是由分子中的 σ- 键裂解而成的。反过来，分析这些碎片离子或者形成这些碎片离子所丢失的自由基，可以确定分子中所存在的烷基结构。

2. α- 裂解 α- 裂解（α-cleavage，α）是由自由基中心引发（radical-site initiation）的一种裂解，是质谱中碎片离子形成的一种最重要的机制。化合物分子在电离室中受高能电子的轰击，生成带有自由基的分子离子或碎片离子，其自由基中心具有强烈的成对倾向，可提供一个电子，与邻接原子（即 α 原子）提供的一个电子形成新键，与此同时，这个 α 原子的另一个键断裂，因此这个裂解过程通常称为 α- 裂解。

含杂原子的饱和化合物：

$$R\overset{\frown}{-}CR_2\overset{\frown}{-}\overset{+\cdot}{Y}R \xrightarrow{a} R^{\cdot} + CR_2=\overset{+}{Y}R$$

如：

$$CH_3-CH_2-\overset{+\cdot}{O}CH_3 \xrightarrow{a} \dot{C}H_3 + CH_2=\overset{+}{O}CH_3$$
$$m/z\,60 \qquad\qquad\qquad\qquad m/z\,45$$

$$CH_3-CH_2-\overset{+\cdot}{N}HCH_2CH_3 \xrightarrow{a} \dot{C}H_3 + CH_2=\overset{+}{N}CH_3CH_3$$
$$m/z\,73 \qquad\qquad\qquad\qquad m/z\,58$$

含杂原子的不饱和化合物：

$$R\overset{\frown}{-}CR=\overset{+\cdot}{Y} \xrightarrow{a} R^{\cdot} + CR\equiv\overset{+}{Y}$$

如：

$$CH_3-\overset{\overset{\displaystyle +\cdot O}{\|}}{C}-CH_3 \xrightarrow{a} \dot{C}H_3 + \overset{\overset{\displaystyle O}{\|}}{C}-CH_3$$
$$m/z\,58 \qquad\qquad\qquad m/z\,43$$

含苯环的化合物：

$$\xrightarrow{a} \quad m/z\ 77 \quad \Longleftrightarrow C_6H_5^+$$

杂环类化合物:

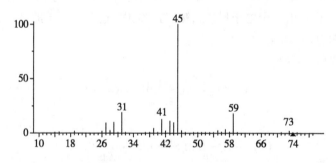

α- 裂解反应的驱动力与自由基中心给电子的倾向有着平行的关系,即自由基中心给电子的倾向越强烈,由其引发的这种 α- 裂解反应就越容易进行。一般情况下,自由基中心给电子的倾向由强到弱的顺序为 N>S,O,π,R'>Cl,Br>H。其中 π 表示一个不饱和中心,R' 表示一个烷自由基。从这个顺序可以看出含 N 的化合物易发生 α- 裂解。

醇、胺、醚、醛、酮、酸、酯、酰胺及卤素取代的化合物等均可发生这种由自由基引发的 α- 裂解。例如苯基离子比较稳定,含有苯环的化合物容易发生自由基引发的 α- 裂解,生成 m/z 77 的苯基离子。

当一个母体离子存在着可以发生 α- 裂解的若干个化学键时,这几个化学键都可以断裂,但以脱去较大基团的 α- 裂解为主。如 2- 丁醇(图 7-5)的质谱裂解中,脱去乙基后生成的碎片离子 m/z 45 为基峰,而脱去甲基后生成的碎片离子 m/z 59 仅为 17.6%。

图 7-5   2- 丁醇的 EI-MS 图

一个烯烃双键或一个苯基 π 系统受电子轰击失去一个 π 键电子,剩余的一个 π 键电子形成一个自由基中心,此时该自由基中心(单电子)可以在双键的任何一个碳原子上,由其引发 α- 裂解反应,产生一个稳定的烯丙基离子或者苄基离子。这种裂解通常发生于含有双键的链烃或者带有烷基侧链的芳香类化合物中,而且是最主要的裂解方式,所产生的离子峰常为基峰。

烯丙型裂解(allylic cleavage):

$$R\overset{\frown}{-}CHR\overset{\frown}{-}CR\overset{+}{-}CHR \xrightarrow{a} R\cdot + CHR=CR\overset{+}{-}\overset{\cdot}{C}HR$$

如:

$$CH_3\overset{\frown}{-}CH_2\overset{\frown}{-}CH\overset{+}{-}CH_2 \xrightarrow{a} \overset{\cdot}{C}H_3 + CH_2=CH\overset{+}{-}\overset{\cdot}{C}H_2$$
$$m/z56,38.3\% \qquad\qquad m/z41,100\%$$

笔记

苄基裂解（benzylic cleavage）：

$$m/z91,100\%$$

3. *i*裂解 *i*裂解（inductive cleavage, *i*）也称诱导裂解，是由电荷引发（charge-site initiation）的一种裂解，也是质谱中碎片离子形成的一种最重要的机制。对于某些含有杂原子的离子，其所带的电荷也可以引发化学键的断裂，且以异裂的方式进行，两个电子同时转移到同一个带正电荷的碎片上，导致正电荷的位置发生迁移，该裂解过程称为*i*裂解。*i*裂解过程的电子转移以双箭头"⌢"表示。一般地讲，发生*i*裂解的易难顺序为卤素 > O,S ≫ N,C，即含卤素的化合物易进行*i*裂解。

*i*裂解和*α*-裂解在同一个母体离子的裂解时可以同时发生，具体以哪一种裂解为主，主要由裂解所产生的离子碎片结构的稳定性来决定。根据上述两种裂解发生的难易顺序可知，一般含氮原子的结构进行*α*-裂解，含卤素的结构则易进行*i*裂解。

含 O、S、N 的化合物：

$$RCH_2 \overset{+\cdot}{\frown} Y - R \xrightarrow{i} RCH_2^+ + \dot{Y} - R$$

如：

$$CH_3CH_2 \overset{+\cdot}{\frown} O - CH_3 \xrightarrow{i} CH_3\overset{+}{C}H_2 + \dot{O}CH_3$$
$$m/z60,25.8\% \qquad\qquad m/z29,49.2\%$$

含卤素的化合物：

$$RCH_2 \overset{+\cdot}{\frown} Y \xrightarrow{i} RCH_2^+ + \dot{Y}$$

如：

$$CH_3CH_2 \overset{+\cdot}{\frown} I \xrightarrow{i} CH_3\overset{+}{C}H_2 + I^{\cdot}$$
$$m/z156,100\% \qquad m/z29,90\%$$

含羰基的化合物：

$$\begin{matrix} R_1 \\ R_2 \end{matrix} C \overset{+\cdot}{=\!=} Y \left(\longrightarrow \begin{matrix} R_1 \\ R_2 \end{matrix} \overset{+}{C} - \dot{Y} \right) \xrightarrow{i} R_1^+ + R_2 - \dot{C} \!=\! Y$$

如：

$$CH_3CH_2 \overset{\overset{+\cdot}{O}}{\underset{\parallel}{\frown C}} - CH_3 \xrightarrow{i} CH_3\overset{+}{C}H_2 + \overset{\dot{O}}{\underset{\parallel}{C}} - CH_3$$
$$m/z72,25\% \qquad\qquad m/z29,17.5\%$$

$$CH_3CH_2 \overset{\overset{+}{O}}{\underset{\parallel}{\frown C}} \xrightarrow{i} CH_3\overset{+}{C}H_2 + CO$$

（二）重排

在离子的裂解过程中，对于结构较为复杂或烃链比较长的化合物，除发生上述简单裂解外，还发生重排。在重排中，一般情况下涉及至少两根键的断裂，既有原化学键的断裂，也有新化学键的生成，裂解产物中还常常有原化合物中不存在的结构单元。重排在化合物的裂解过程中比较普遍，有时这样的重排比较随意，所产生的离子无法用于推断结构式。但是很多重排谱是按照人们熟知的机制发生的，所产生的离子对于推断结构式是很有价值的。

笔记

1. **自由基中心引发的重排**   自由基中心引发的重排（radical-site rearrangement）是质谱中最重要的一种重排。自由基引发的重排一般包括氢原子重排（hydrogen-atom rearrangement，rH）和置换反应（displacement reactions，rd）等。在重排过程中，氢原子或者基团的位置发生迁移，同时自由基中心的位置也发生变化。

（1）麦氏重排：麦氏重排（McLafferty rearrangement，McL）是一种最常见的由自由基引发的氢原子重排，是由 McLafferty 于1959年发现的。在研究醛酮类化合物的裂解方式时，发现当羰基的 β- 键开裂时 γ 位碳上的氢原子（γ-H）重排到羰基氧原子上，这个发现也被后来的氘标记实验所证实。从立体化学上看，γ-H 的重排是易于发生的，因为当形成六元过渡态时 γ-H 与羰基的氧原子空间距离很近，约为1.8Å。麦氏重排可用通式表示为：

通式中，rH 表示氢原子的重排，氢原子由5位碳上重排到1位 X 原子上，即双键或羰基的 γ 位碳原子上的氢重排到双键或羰基的 X 原子上；X 为有机化合物中常见的几种元素，如 C、N、O、S 等。麦氏重排的发生需要具备几个条件：①分子中有不饱和的 π 键（如羰基、双键、三键、苯环等）；②相对于 π 键的 γ 位碳上有氢原子（γ-H）；③可以形成六元环的过渡态。如上述通式所示，重排过程可能发生 α- 裂解或 i 裂解，产生不同的碎片离子，但原来含 π 键的一侧带正电荷的可能性较大，同时还生成一个中性碎片。醛、酮、酯、酸、烯烃、炔、腈、芳香类化合物等均可以发生麦氏重排，所产生的碎片离子可提供确定化合物的结构信息。

常见的麦氏重排有：

麦氏重排不但在分子离子的裂解过程中发生,而且经简单开裂或者重排后生成的碎片离子若符合麦氏重排的条件,还可以再发生麦氏重排。如戊酸丙酯的质谱(图7-6)。

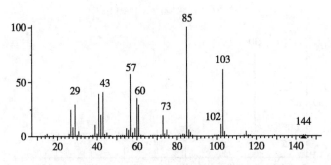

图 7-6 戊酸丙酯的 EI-MS 图

(2) 含有杂原子的重排:含有杂原子的饱和化合物也可以发生由自由基引发的氢原子重排,受到电子轰击后,杂原子失去一个电子,形成分子离子,其未成对电子可以与分子内空间距离较近的氢形成一个新键,并引起这个氢原有的键断裂。

第一步发生重排的氢原子可以是任意位置上的,只要该氢原子在空间距离上与自由基中心最近,即中间过渡态不一定是六元环,也可以是五元环、四元环或三元环等;第二步反应可以是 α-裂解,也可以是 i 裂解,脱去的杂原子碎片是中性小分子,因为该杂原子的电负性较强,接受电子的倾向强,对电荷的争夺力弱,这使得电荷的转移容易发生。一般情况下,脱去的杂原子碎片有 H_2O、C_2H_4、CH_3OH、H_2S、HCl 和 HBr 等。

按照杂原子的不同,该类重排可分为:

1) 醇类化合物:在含有氧原子的醇类化合物质谱中,经常见到因脱水重排而生成的碎片离子峰(M-18 等)。有时,生成的碎片离子还可以进一步发生 i 裂解,产生次级碎片离子。如正庚醇的质谱(图7-7)。

对于醇类化合物,尤其对于含羟基较多的醇类化合物,热稳定性较差,一般电子轰击前就已脱水,这样的脱水一般为 1,2 脱水,生成烯烃后再在电子轰击下进行电离。对于热稳定性较好的醇类化合物,受电子轰击后,易生成脱水离子。因此,醇类化合物的分子离子峰一般较弱,有的甚至不出现分子离子峰。对于多元醇类化合物,有时可以观察到连续的脱水离子碎片。

2) 含氮原子的化合物:对于含有氮原子的胺类化合物,经重排后,常发生 α-裂解,电荷保留在含氮的结构碎片中。如 N-正丁基乙酰胺的质谱(图7-8)。

3) 含氯原子的化合物:与醇类化合物类似,链状的卤代烃易发生脱去卤化氢的重排。如 1-

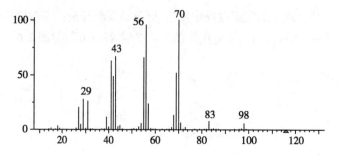

图 7-7   正庚醇的 EI-MS 图

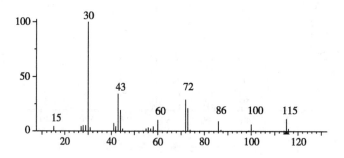

图 7-8   *N*- 正丁基乙酰胺的 EI-MS 图

氯己烷的质谱(图 7-9)。

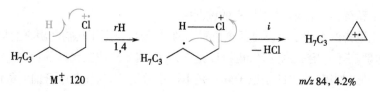

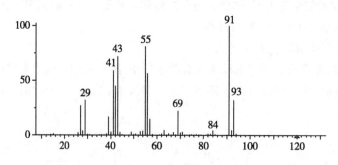

图 7-9   1- 氯己烷的 EI-MS 图

(3) 置换反应:与上述由自由基引发的氢原子重排不同,有时自由基也可以引发置换反应(displacement reaction,*rd*),在分子内部两个原子或基团(一般为带自由基的)能够相互作用,形成一个新键,同时伴有另一个键的断裂,失去一个自由基。这种重排在卤代烃中最常见,如 1- 氯己烷的质谱(图 7-9)。

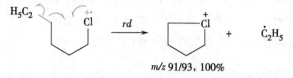

因此,在 1- 氯代(或溴代)长链烷烃的质谱中,含卤素的五元环碎片离子常作为基峰或次强峰出现,是这一类化合物的特征离子峰。

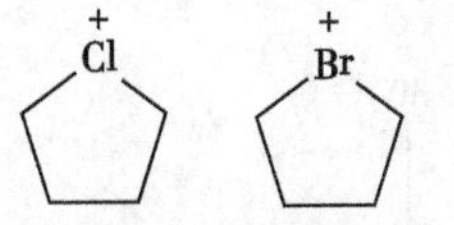

$$m/z\ 91/93 \qquad m/z\ 135/137$$

（4）其他重排

1）双氢重排：双氢重排（rearrangement of two hydrogen atoms，$r2H$）是指多个键发生断裂，同时有两个氢发生迁移，并脱去一个烷自由基的重排。如乙二醇（图 7-10）通过四元环过渡态发生双氢重排，生成 m/z 33 的离子，峰强度很大。其质谱裂解过程如下：

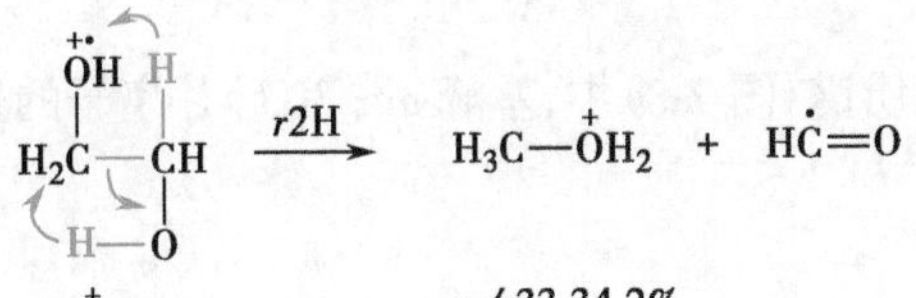

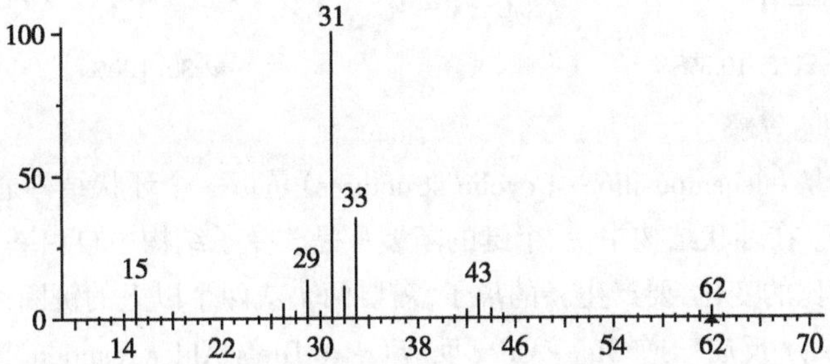

$$\text{M}^{+}\ 62 \xrightarrow{r2H} \text{H}_3\text{C}-\overset{+}{\text{O}}\text{H}_2 + \ \text{H}\overset{\cdot}{\text{C}}=\text{O}$$

$$m/z\,33,34.2\%$$

图 7-10 乙二醇的 EI-MS 图

2）脱羰基重排：酚类和不饱和环酮类化合物易发生重排开裂，脱去羰基，生成质量数为偶数的碎片离子。

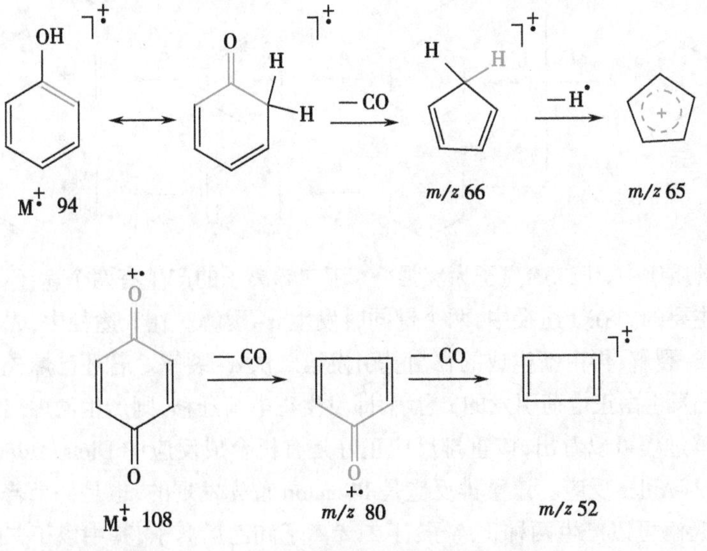

$$\text{M}^{+}\ 94 \longleftrightarrow \xrightarrow{-\text{CO}} m/z\ 66 \xrightarrow{-\text{H}^{\cdot}} m/z\ 65$$

$$\text{M}^{+}\ 108 \xrightarrow{-\text{CO}} m/z\ 80 \xrightarrow{-\text{CO}} m/z\ 52$$

2. **电荷中心引发的重排** 电荷中心引发的重排（charge-site rearrangements）也是一种常见的重排。通常，电荷存在于杂原子上，在由其引发的重排中，氢原子重排到杂原子上，同时发生 i 裂解，脱去了一个中性小分子。如二乙胺质谱（图 7-11）中由离子 m/z 58 生成离子 m/z 30 的裂解过程：

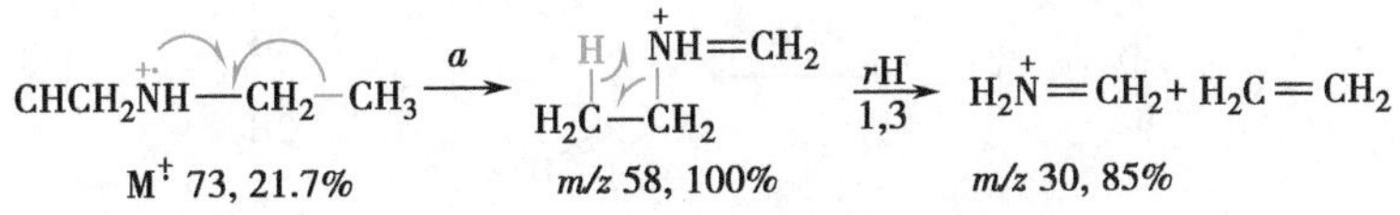

$$\text{CHCH}_2\text{NH}-\text{CH}_2-\text{CH}_3 \xrightarrow{a} \overset{+}{\underset{\text{H}_2\text{C}-\text{CH}_2}{\text{NH}=\text{CH}_2}} \xrightarrow[1,3]{rH} \text{H}_2\overset{+}{\text{N}}=\text{CH}_2 + \text{H}_2\text{C}=\text{CH}_2$$

$$\text{M}^{+}\ 73,21.7\% \qquad m/z\ 58,100\% \qquad m/z\ 30,85\%$$

笔记

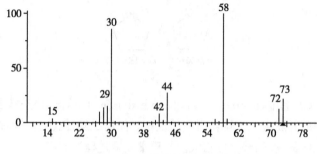

图 7-11　二乙胺的 EI-MS 图

在 N- 正丁基乙酰胺的质谱(图 7-8)中,基峰 m/z 30 碎片离子的生成过程中也存在电荷引发的氢重排,如:

$$\begin{array}{l} \text{H}\ \ \text{HN}\overset{+\cdot}{-}\text{CH}_2\text{—C}_3\text{H}_7 \\ \text{H}_2\text{C}\overset{\|}{-}\text{O} \end{array} \xrightarrow{a} \begin{array}{l} \text{H}\ \overset{+}{\text{NH}}\text{=CH}_2 \\ \text{H}_2\text{C—C=O} \end{array} \xrightarrow[1,3]{rH} \text{H}_2\overset{+}{\text{N}}\text{=CH}_2 + \text{H}_2\text{C=C=O}$$

$$\text{M}^{+\cdot}\ m/z115,\ 10.8\%\qquad\qquad\qquad\qquad m/z30,\ 100\%$$

(三) 环状结构的分解

环状结构的分解(decomposition of cyclic structures)是指一个环状结构通过两个键的断裂产生碎片离子的裂解。在环状结构中,一个键的断裂只是改变了结构中自由基与电荷之间的距离,不能引起离子质荷比的变化,要产生新的离子,需要两个或两个以上的键断裂。

1. 逆 Diels-Alder 反应　逆 Diels-Alder 反应(retro-Diels-Alder reaction,RDA 反应)是不饱和环状结构裂解的一种最重要的机制。当分子结构中存在一个环己烯结构单元时,π 电子容易失去一个电子而产生自由基和电荷,引发逆 Diels-Alder 反应。如:

在环己烯的质谱中,丁二烯离子为次强峰。丁二烯离子的产生有两个途径:a 途径和 b 途径,其中 a 途径是主要的。在 a 途径中,两个键同时发生 α- 裂解。在 b 途径中,先由自由基引发形成烯丙离子的 α- 裂解,再由新生成的自由基引发第二次 α- 裂解。若环己烯先发生由自由基引发的 α- 裂解,再发生由正电荷引发的 i 裂解,即发生正电荷迁移,则产生乙烯离子。

从上述裂解过程可以看出,该重排反应正好是有机合成反应中 Diels-Alder 反应的逆反应,故称之为逆 Diels-Alder 反应。该重排反应是 Biemann 首先发现的,也是一个普遍存在的离子裂解方式。RDA 裂解可以产生两种正离子:丁二烯离子和乙烯离子,其中以丁二烯离子为主。在含有环己烯结构的化合物的 RDA 反应产物中,正电荷一般保留在丁二烯结构碎片上,但是在质谱中也会经常出现乙烯离子,有时甚至是基峰,这种电荷是保留还是迁移主要取决于环己烯衍生物的取代基以及生成的碎片离子的稳定性。可用通式表示如下:

如 3,5,5- 三甲基环己烯质谱(图 7-12)中离子 m/z=68 和 m/z=56 的生成:

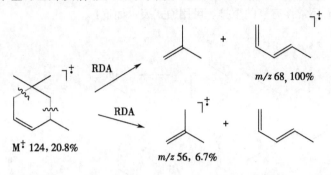

氮杂环结构,如:

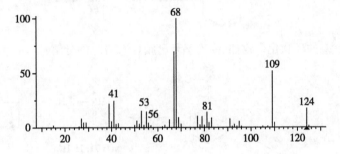

Δ^{12}- 齐墩果烯类结构,如齐墩果酸:

图 7-12　3,5,5- 三甲基环己烯的 EI-MS 图

2. 饱和环状结构的分解　饱和环状结构的分解也需要断裂两个键才能产生碎片离子,如环己烷、四氢呋喃环的分解。

3. 杂原子取代环状结构的分解　含有杂原子取代基的环状结构易发生环的分解,除发生环上2个键的断裂外,还常伴有氢的重排。可用通式表示如下:

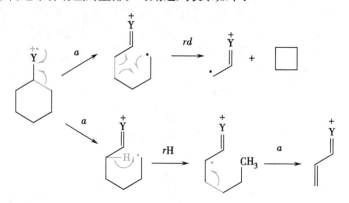

含氮原子取代基的环状化合物如 N- 乙基环己胺(图 7-13)的分解:

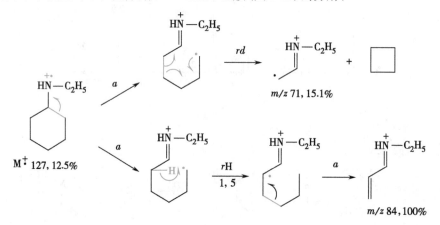

图 7-13　N- 乙基环己胺的 EI-MS 图

含卤素原子取代的环状化合物,如:

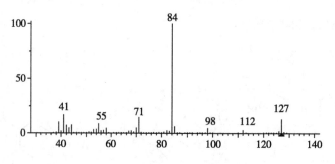

含氧原子取代的环状化合物,如环己醇(图 7-14)的分解:

笔记

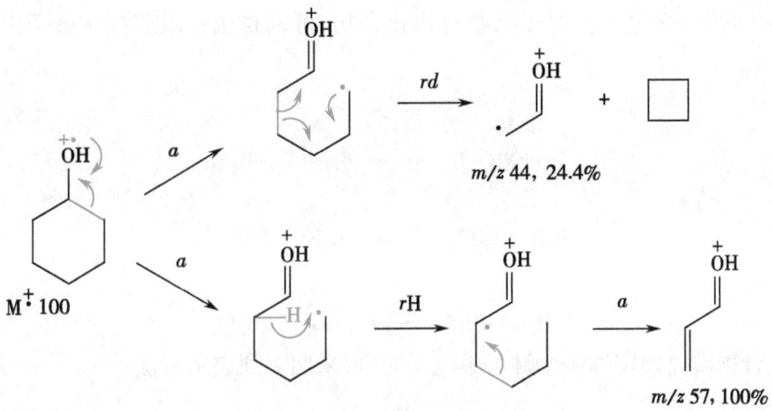

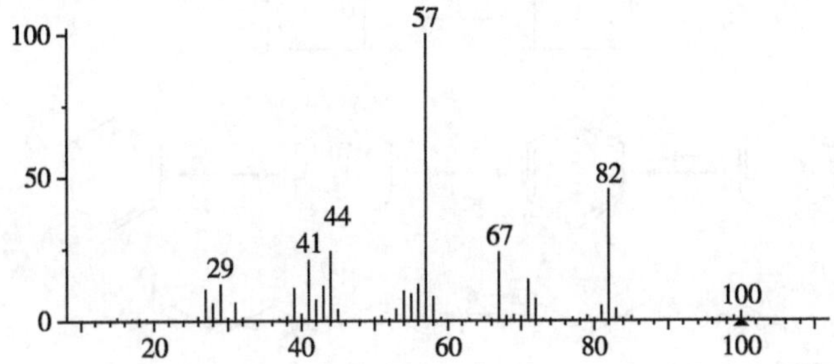

图 7-14 环己醇的 EI-MS 图

环酮类化合物,如环己酮衍生物:

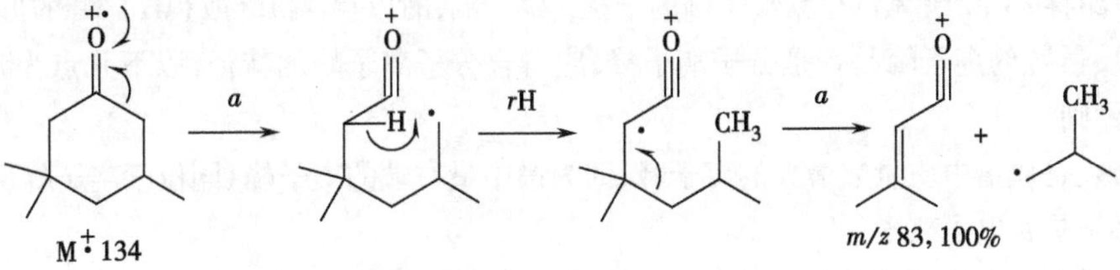

第三节 质谱中的主要离子

在质谱中,由化合物裂解而来的各种离子基本都能观察到,当然这些离子需要具有一定的丰度。在质谱图中,观察到的离子主要有分子离子峰和碎片离子峰,有时也能见到亚稳离子峰。

一、分 子 离 子

质谱中,分子离子(molecular ion)是最具有价值的结构信息,可以用于确定化合物的分子量和分子式,在化合物的结构鉴定中具有重要的作用。在电子轰击质谱中,一般小分子化合物都能得到它的分子离子峰,但当化合物的热稳定性差或极性大不易汽化或醇羟基较多时,其分子离子峰较弱或不出现。

1. **分子离子峰** 在电子轰击质谱(EI-MS)中,双电荷、多电荷的离子峰很少,一般为单电荷离子,因此通常情况下质谱中离子的质荷比在数值上就等于该离子的质量。分子离子是样品分子在电离室中受电子轰击后失去 1 个电子且不再裂解所形成的,因此在质谱中找到了化合物的分子离子峰,也就确定了化合物的分子量。

在书写有机化合物的分子离子时,应注意电荷的位置与其化学结构有密切的关系。通常 n 电子的能量高于 π 电子的,π 电子的能量又高于 σ 电子的,当样品分子发生电离时,能量最高的 n 电子最容易失去电子而带正电荷,其次是 π 电子,再次为 σ 电子,也即由易到难失去电子的顺

序为 n 电子 >π 电子 >σ 电子。对于某些有机化合物,可以直接把电荷标在分子离子结构中的某个位置上,如:

n 电子:

$$R_1—\overset{..}{N}H—R_2 \xrightarrow{-e} R_1—\overset{.+}{N}H—R_2$$

π 电子:

$$R_1HC::CHR_2 \xrightarrow{-e} R_1HC\overset{.}{:}CHR_2$$

σ 电子:

$$R_1H_2C:CH_2R_2 \xrightarrow{-e} R_1H_2C\overset{.}{:}CH_2R_2$$

当一些化合物难以确定哪一个键丢失电子时,可采用下列表示方法:

2. 判断分子离子峰的原则　在 EI-MS 谱中,分子离子峰一般为质荷比最大的离子峰,但是质荷比最大的离子峰不一定是分子离子峰,主要有几个方面的原因:①样品难以汽化、热稳定性差或在电离时易脱去水等中性小分子,致使质谱中没有分子离子峰;②比样品分子量更大的杂质分子离子峰的存在;③元素同位素离子峰的干扰;④样品有时以(M+1)峰或(M-1)峰的形式存在。

最大质量数的离子峰是否是分子离子峰,应符合分子离子峰的特征,以下几点为判断分子离子峰的原则:

(1) 必须是质谱中质量数最大的离子峰,即为谱中最右端的离子峰(同位素离子峰例外)。

(2) 必须是奇电子离子。

(3) 与其左侧的离子峰之间应有合理的中性碎片(自由基或小分子)丢失,这是判断该离子峰是否是分子离子峰的最重要的依据。

在离子的裂解过程中,失去的中性碎片在质量上有一定的规律性,如失去 H(M-1)、CH_3(M-15)、H_2O(M-18)碎片等。质量数在 M-3~M-13 和 M-20~M-25 都没有合理的中性碎片可解释,因为有机分子中不含这些质量数的基团。当发现质谱中最大质量数的离子峰与其左侧的离子峰之间存在上述不合理的质量差时,说明该最大质量数的离子不是分子离子。常见的可失去的中性碎片如表 7-2 所示。

表 7-2　常见的容易脱去的中性小分子或自由基

质量差	中性分子和自由基	质量差	中性分子和自由基
M-1	·H	M-31	·CH_2OH、·OCH_3
M-2	H_2	M-32	CH_3OH
M-15	·CH_3	M-35	·Cl
M-17	·OH、NH_3	M-36	HCl
M-18	H_2O	M-43	·C_3H_7
M-28	$CH_2=CH_2$	M-45	·OCH_2CH_3
M-29	·CH_2CH_3	M-57	·C_4H_9
M-30	HCHO、·CH_2NH_2	M-71	·C_5H_{11}

笔记

(4) 应符合氮规则。即当化合物不含氮原子或者含有偶数个氮原子时,其分子离子的质量数为偶数;当化合物含有奇数个氮原子时,其分子离子的质量数为奇数。

其原因在于在有机化合物中,除氮元素(^{14}N的价键数为3)外,其他所有常见元素最大丰度同位素原子的质量数和价键数均同为偶数(如^{12}C和^{28}Si的价键数为4,^{16}O和^{32}S的价键数为2)或者同为奇数(^1H、^{19}F、^{35}Cl和^{79}Br价键数为1,^{31}P的价键数为3)。

根据氮规则,如果知道化合物不含氮原子或含偶数个氮原子,其质谱中最大质量数的离子质量应为偶数,若为奇数时,则该离子不是分子离子;同样,在含有奇数个(一个或多个)氮原子时,其质谱中最大质量数的离子质量应为奇数,若为偶数时,则该离子不是分子离子。

(5) 分子离子峰与[M+1]$^+$峰或[M-1]$^+$峰的判别:有些化合物在质谱中的分子离子峰较弱或不出现,而是以[M+1]$^+$峰或[M-1]$^+$峰的形式出现,有时甚至很强。如果能正确地判断[M+1]$^+$峰或[M-1]$^+$峰,其结果如同获得分子离子峰一样,也可用来确定化合物的分子量。在电子轰击质谱中,醚、酯、胺、酰胺、氨基酸酯、胺醇、腈化物等可能具有较强的[M+1]$^+$峰;芳醛、某些醇、甲酸与醇或胺形成的酯或酰胺等可能有较强的[M-1]$^+$峰。

质谱中[M+1]$^+$峰或[M-1]$^+$峰往往也是质荷比最大的离子峰,容易与分子离子峰相混淆,与分子离子峰的区别主要有以下几点:①[M+1]$^+$峰或[M-1]$^+$峰均为偶电子数。②应用氮规则判断时,正好与分子离子峰的特点相反,也即当化合物不含氮或者含有偶数个氮原子时,其[M+1]$^+$峰或[M-1]$^+$峰的质量数为奇数;当化合物含有奇数个氮原子时,其[M+1]$^+$峰或[M-1]$^+$峰的质量数为偶数。③在质谱中,与其左侧碎片离子峰的质量数之差,对于[M+1]$^+$峰或[M-1]$^+$峰来说,需要减去1或加上1才能解释其所丢失碎片的合理性。

通常EI离子源中轰击电子的能量为70eV,当质谱中化合物的分子离子峰很弱或未出现分子离子峰时,可以通过降低轰击电子的能量(如15eV)增加分子离子峰的相对丰度;或者将待测化合物先甲醚化或乙酰化,再进行EI电离;或者采取软电离技术(如电喷雾电离,参见第八章),以直接或间接获得化合物的分子量。

3. 分子离子峰的相对丰度　在质谱中,分子离子峰的相对丰度与化合物的结构密切相关,有些化合物形成的分子离子峰稳定性较强,则其丰度就较大;有些化合物的分子离子峰稳定性较差,易发生进一步的裂解,则其分子离子的相对丰度就较小。

(1) 具有π电子系统的化合物如芳烃类化合物、共轭多烯类化合物等,其分子离子的相对丰度较大。对于这些化合物,受电子轰击时,易丢失一个π键电子,所形成的正电荷能被其共轭系统所分散,从而提高了其分子离子的稳定性。如甲苯的分子离子相对丰度为78.0%,苄基离子与䓬鎓离子之间是相互转化的,从而增加了其分子离子的稳定性。其质谱见图7-15和图7-16。

M‡ 92, 78.0%　　　　M‡ 92, 45.0%

(2) 具有环状或多环类结构的化合物也具有较大相对丰度的分子离子峰,这是因为环状化合物需要经过两次或更多次的裂解才能由分子离子分解成碎片离子。

(3) 当化合物中存在某些容易失去的基团或者失去某些基团所得到的离子更稳定时,其分子离子峰的相对丰度就较小。如某些醇类和卤代烃类化合物。

(4) 当分子中的烃基具有高度分支时,其分子离子峰的相对丰度也变小。因为它们裂解所形成的正碳离子较稳定,其稳定性大小为叔正碳离子 > 仲正碳离子 > 伯正碳离子。分支越多,化合物的分子离子就越容易裂解成稳定性更好的碎片离子,分子离子峰就越弱。

因此,在有机化合物的质谱中,分子离子峰的强度与其结构之间的关系可简单总结如下:①芳

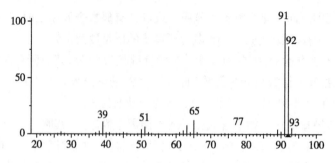

图 7-15   甲苯的 EI-MS 图

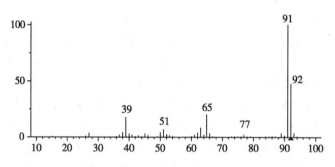

图 7-16   1,3,5- 环庚三烯的 EI-MS 图

香类化合物 > 共轭多烯 > 脂环化合物 > 短直链化合物 > 某些含硫化合物,这些化合物均能给出较显著的分子离子峰;②直链的酮、醛、酸、酯、酰胺、醚、卤化物等通常显示分子离子峰;③脂肪族且分子量较大的醇、胺、亚硝酸酯、硝酸酯等化合物及高分支链的化合物没有分子离子峰。

由于化合物的结构复杂多样,官能团的种类、数量、位置等变化较多,其质谱裂解也比较复杂,因此不符合上述三点总结的例外者也很多。

二、同位素离子

1. 同位素离子峰   质谱中,化合物的分子离子及其碎片离子一般都存在同位素离子峰。

自然界中,大多数元素都存在着同位素,其中轻质量的同位素一般相对丰度最大,而比轻质量的同位素重 1~2 个质量单位的同位素相对丰度较小。组成有机化合物的一些主要元素也符合这个规律,如 C、H、O、N、S、Cl、Br 等均存在同位素,其轻同位素与重同位素的天然丰度参见表 7-1。

通常,化合物分子都是由其元素中丰度最大的轻同位素组成的,以 M 表示。在质谱中,除分子离子峰外,由于重同位素的存在,还会出现比分子离子大 1~2 个质量单位的离子峰,这就是同位素分子离子峰,一般用(M+1)或(M+2)来表示。同理,各碎片离子也存在同位素离子峰。

自然界中同位素的天然丰度是恒定不变的,如 ^{12}C 是 98.9%、^{13}C 是 1.1%,所以在质谱中各离子的同位素离子峰的相对丰度也是一定的。如一氯甲烷(CH_3Cl),质谱中其分子的同位素离子峰有 M、M+1、M+2、M+3 等,其丰度比为:

M($^{12}CH_3{}^{35}Cl$):(M+1)($^{13}CH_3{}^{35}Cl$)=1.00:0.011

M($^{12}CH_3{}^{35}Cl$):(M+2)($^{12}CH_3{}^{37}Cl$)=1.00:0.324

M($^{12}CH_3{}^{35}Cl$):(M+3)($^{13}CH_3{}^{37}Cl$)=1.00:(0.011×0.324)=1.00:0.00356

如果将 CH_3Cl 的 M 的离子丰度看做 100,则该化合物分子的各同位素离子峰的丰度比为:

M:(M+1):(M+2):(M+3)=100:1.1:32.4:0.3564

根据组成化合物的元素分析,不仅其同位素分子离子峰之间存在着一定的比例关系,而且其同位素碎片离子峰之间也存在着一定的比例关系。反过来,根据质谱中化合物同位素分子离子峰簇的比例关系也可以推导出化合物的分子式。

笔记

2. 同位素离子与分子式的确定 元素 F、P、I 没有同位素,对化合物的同位素分子离子峰没有贡献。

对于只含有 C、H、N、O 且分子量不大的化合物,组成化合物的 H 主要以 ^1H 为主,这是由于 ^2H 的天然丰度仅为 0.0145%,在一般分辨率的质谱中,^2H 可以忽略不计。因此,仅含 C、H、N、O 元素的化合物,其同位素分子离子峰簇可以看成主要由 C、N、O 的同位素所贡献。根据大量的经验,人们归纳出了其 M、M+1 和 M+2 同位素离子峰之间的关系如下:

$$\frac{M+1}{M} \times 100 = 1.1n_C + 0.37n_N \qquad (式 7\text{-}7)$$

$$\frac{M+2}{M} \times 100 = \frac{(1.1n_C)^2}{200} + 0.2n_O \qquad (式 7\text{-}8)$$

根据上述公式可以推断出化合物所含的碳原子数、氮原子数和氧原子数,至于氢原子数则可根据分子量减去所推断出的碳、氮、氧的质量来确定,从而确定化合物的分子式。

对于含有 S、Cl、Br 等元素的化合物,其(M+2)峰的丰度将明显增大,当分子中含有两个或两个以上的重同位素时,在质谱中除(M+2)峰外,还会出现(M+4)峰、(M+6)峰。这是因为这些元素都有高 2 个质量单位的重同位素,而且它们的天然丰度也比较大。如含有 3 个溴原子的三溴甲烷,其同位素离子峰除 $m/z=150$ 外,还有 $m/z=152$、154、156 的同位素分子离子峰。

由于 Cl 和 Br 都只有 1 个重同位素、且其重同位素的丰度也比较大,因此对于只含有 1 个 Cl 或 Br 原子的化合物,其同位素分子离子峰的丰度比较有规律,容易识别。

例如 CH_3Cl 的分子量为 50,其同位素离子峰丰度比 M:(M+2)为 3:1。因为 ^{35}Cl 的天然丰度 75.557%、^{37}Cl 的天然丰度 24.463%,其天然丰度比大约为 3:1,故知该化合物中含有 1 个氯原子。

对于化合物 CH_3Br,其分子量为 94,其同位素分子离子峰丰度比 M:(M+2)为 1:1。因为 ^{79}Br 的天然丰度 50.52%、^{81}Br 的天然丰度 49.48%,其天然丰度比大约为 1:1,因此该化合物中含有 1 个溴原子。

当氯代烃或溴代烃中含有 2 个或 2 个以上的氯原子或溴原子时,其同位素离子峰的丰度比大致可以用 $(a+b)^n$ 二项式的展开项来表示。其中 a 表示轻同位素在同位素丰度比中的比例,b 表示重同位素在同位素丰度比中的比例,n 表示分子中该同位素原子的个数。

例如化合物 CH_2Cl_2,^{35}Cl 的天然丰度 75.557%、^{37}Cl 的天然丰度 24.463%,其天然丰度比大约为 3:1,可知 a 为 3、b 为 1,n 则为 2(CH_2Cl_2 中有 2 个 Cl)。

$$(a+b)^n = (3+1)^2 = 3^2 + 2 \times 3 \times 1 + 1^2 = 9 + 6 + 1$$

因此,在 CH_2Cl_2 的分子离子峰簇中,各同位素离子峰($CH_2{}^{35}Cl_2$、$CH_2{}^{35}Cl^{37}Cl$、$CH_2{}^{37}Cl_2$)的丰度比为:

$$M:(M+2):(M+4) = 9:6:1$$

当分子中同时含有 Cl 和 Br 两种元素时,可用 $(a+b)^m(c+d)^n$ 的展开项来表示。其中 a 和 b 为其中一种元素的丰度比值,c 和 d 为另一种元素的丰度比值,m、n 分别为分子中两种元素的原子个数。

1963 年,贝农(Beynon)等将质量在 500 以内的含有 C、H、O、N、S 原子的各种可能的分子式组合进行了排列,并以 M 为 100% 计算了同位素分子离子峰丰度比 $[(M+1)/M] \times 100$ 和 $[(M+2)/M] \times 100$ 的数值,编制成表,称之为贝农表(Beynon 表)(一般有关质谱的参考书后都附有简易的 Beynon 表)。根据所测得的各同位素分子离子峰的强度,再结合 Beynon 表中的数据分析,可以确定化合物的分子式。

例如某化合物的质谱中,其分子离子的同位素峰及其相对丰度分别为 $m/z=200$,27.94%(M);

$m/z=201,3.21\%(M+1);m/z=202,2.66\%(M+2)$。试推测其分子式。

解析：先将各同位素分子离子峰的相对丰度换算成以 M 为 100% 时的相对丰度,则为 $m/z=200,100\%(M);m/z=201,11.49\%(M+1);m/z=202,9.52\%(M+2)$。

化合物的分子量为 200,从 $(M+2)/M$ 为 9.52% 分析,该化合物中应有 2 个硫原子(^{34}S),因为 $2\times4.44\%(^{34}S)=8.88\%$。因此,应从测得的 $(M+1)$ 和 $(M+2)$ 值中先扣除 S 元素的贡献值：

$$(M+1)峰:11.49-2\times(0.75\div95.018)\times100\%=9.91$$

$$(M+2)峰:9.52-2\times(4.215\div95.018)\times100\%=0.65$$

上式中 95.018、0.75、4.215 分别为硫元素同位素 A、A+1、A+2 的天然丰度(表 7-1)。从 M 中扣除 2 个硫原子的质量：

$$200-2\times32=136$$

根据式(7-7)：

$$n_C=\frac{(M+1)/M}{1.1}\times100=\frac{9.91}{1.1}=9$$

可知该化合物中的碳原子数大约为 9 个。

查 Beynon 表,在质量 136 的项下,$(M+1)/M$ 接近 9.91 的有 6 个化学式,见表 7-3。

由于该化合物的分子量为偶数,因此该化合物中不含有奇数个氮原子,可排除 $C_8H_{10}NO$ 和 $C_9H_{14}N$ 这两个化学式。在余下的 4 个化学式中,$C_9H_{12}O$ 的 $(M+1)/M$ 和 $(M+2)/M$ 的计算值与实测值都比较接近,因此确定该化合物的分子式为 $C_9H_{12}S_2O$。

表 7-3　Beynon 表中分子量为 136 且 $(M+1)/M$ 接近 9.91 的化合物有关数据

化合物分子式	(M+1)/M(%)	(M+2)/M(%)
$C_8H_{10}NO$	9.23	0.58
$C_8H_{12}N_2$	9.60	0.41
$C_9H_{12}O$	9.96	0.64
$C_9H_{14}N$	10.33	0.48
C_9N_2	10.49	0.50
$C_{10}O$	10.85	0.73

三、碎片离子

碎片离子(fragment ion)是指由分子离子经过一次或多次裂解所生成的离子,在质谱中均位于分子离子峰的左侧。碎片离子的形成与化合物的结构密切相关,分析碎片离子的形成有助于推测化合物的结构。

1. EI-MS 主要涉及单分子反应　在电子轰击质谱仪中,电离室的真空度很高,在进样量也很少的情况下,样品分子之间的接触可以忽略,生成的分子离子有些会立即裂解成碎片离子,表现为单分子反应。

不含杂原子的饱和化合物受电子轰击时,失去 1 个 σ 电子,进一步发生单分子内的简单裂解;含有杂原子的饱和化合物,杂原子的 n 电子易失去,进行单分子裂解反应;含有不饱和体系的化合物,π 电子比 σ 电子易失去,发生单分子的简单裂解或重排。

2. 初级裂解与次级裂解　由分子离子裂解产生碎片离子的过程称为初级裂解;由初级裂解产生的离子再进一步裂解生成质量更小的碎片离子的过程称为次级裂解。

裂解的过程可以按简单裂解的方式进行,也可以按重排的方式进行。简单裂解的规律性比较强,得到的碎片离子大多能够提供化合物的结构信息。重排比较复杂,有些离子的重排是无

笔记

规律的,重排的结果难以预测,通常称之为任意重排,对结构测定意义不大;但是大多数离子的重排是有规律的,尤其是当化合物中含有杂原子、双键等官能团时,分子内氢原子的迁移和化学键的断裂具有一定的规律性,这类重排称为特定重排,如 McLafferty 重排等,所产生的离子能够提供较多的结构信息,对分析化合物的结构很有帮助。

每个化合物都经历初级和次级裂解过程,生成的离子多种多样,如:

$$ABCD \xrightarrow{-e} ABCD^{+\bullet} \longrightarrow A^+ + BCD\bullet$$
$$\longrightarrow A\bullet + BCD^+$$
$$\longrightarrow BC^+ + D$$
$$\longrightarrow D\bullet + ABC^+$$
$$\longrightarrow A + BC^+$$
$$\longrightarrow AD^{+\bullet} + B\!=\!C$$

3. 离子中电子的奇偶数与质量的关系　带奇数个电子($OE^{\ddagger}$)的分子离子或碎片离子和带偶数个电子(EE^+)的碎片离子进一步裂解成质量更小的碎片离子时,裂解键的数目不同,形成离子的类型也不同,见表7-4。

表7-4　离子的裂解类型

离子	裂解键数	离子类型 [a]	
		电荷保留	电荷转移
$OE^{\ddagger}(M^{\ddagger})$	1	$EE^+(\alpha)$	$EE^+(i)$
$OE^{\ddagger}(M^{\ddagger})$	2	$OE^{\ddagger}(\alpha\alpha)$	$OE^{\ddagger}(\alpha i)$
$OE^{\ddagger}(M^{\ddagger})$	3	$EE^+(\alpha\alpha\alpha)$	$[EE^+(\alpha\alpha i)]$ [b]
EE^+	1	$[OE^{\ddagger}]$ [b]	EE^+
EE^+	2	EE^+	$[OE^{\ddagger}]$ [b]

注:a.α 和 i 分别表示 α- 裂解和 i 裂解;b.形成概率较小的离子

(1) 一次裂解:带奇数个电子($OE^{\ddagger}$)的分子离子或碎片离子仅发生一次单键裂解,一定生成一个带偶数个电子(EE^+)的碎片离子和一个中性自由基,如:

$$CH_3CH_2\ddagger CH_3 \longrightarrow CH_3CH_2^+ + \bullet CH_3$$
$$\longrightarrow CH_3\dot{C}H_2 + {}^+CH_3$$

两种碎片离子的形成具有竞争性,所生成的哪个碎片离子稳定性更好,则该离子的丰度就大。

(2) 二次裂解:相比之下,带有奇数个电子的碎片离子($OE^{\ddagger}$)是分子离子($M^{\ddagger}$)通过两个键的断裂生成的。在环分解形成碎片的过程中,不同的裂解途径都产生 $OE^{\ddagger}$离子。

$$
\begin{aligned}
&H_2C\!-\!CH\overset{+\bullet}{O}H \longrightarrow H_2C\!=\!CH\overset{+\bullet}{O}H + 2HC\!=\!CH_2 \quad (\text{电荷保留})\\
&H_2C\!-\!CH_2 \longrightarrow H_2C\!=\!CHOH + 2HC\!=\!CH_2]^{\ddagger} \quad (\text{电荷转移})
\end{aligned}
$$

$$
\begin{aligned}
&H \quad \overset{+\bullet}{O}H \longrightarrow H\overset{+\bullet}{O}H + H_2C\!=\!CH_2 \quad (\text{电荷保留})\\
&H_2C\!-\!CH_2 \longrightarrow HOH + H_2C\!=\!CH_2]^{\ddagger} \quad (\text{电荷转移})
\end{aligned}
$$

通过上述分析可知,不含氮原子或含有偶数个氮原子的离子,如带有奇数个电子,其质量数为偶数;如带有偶数个电子,则其质量数为奇数。与之相反,含奇数个氮原子的离子,如果带有奇数个电子,其质量数为奇数;如带有偶数个电子,则其质量数为偶数。掌握离子中电子数目与离子质量的关系,有利于判断碎片离子的来源及裂解方式。

笔记

(3) 三次裂解

$$CH_3CH_2 \text{-} CH_2\text{—}CH \xrightarrow{\hspace{1cm}} CH_3\dot{C}H_2 + H_2C=\overset{+}{C}H + H_2$$

(4) 含有偶数个电子的离子进一步裂解,更易形成带有偶数个电子的离子和中性碎片,如:

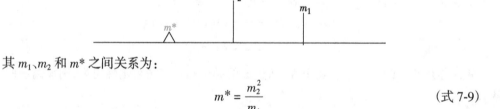

CH₃CH₂⁺ + O=CH₂　　（电荷转移）

H₂C=CH₂ + HÖ=CH₂　　（重排,电荷保留）

CH₃CH₂· + Ö=CH₂　　（较小可能性）

H₂C=ĊH + H₂C=CH₂　　（电荷保留）

H₂C=ĊH + H₂C=CH⁺　　（较小可能性）

四、亚稳离子

样品分子在电离室中生成一定数量的 m_1 离子,由于其包含的内能不同,具有不同的行为:

1. 一部分 m_1 离子内能低,比较稳定,不再裂解,离开电离室,经加速电场、质量分析器,到达检测器,被记录下的离子质荷比为 m_1。

2. 一部分 m_1 离子内能较高,不稳定,在电离室中进一步裂解成更小的离子 m_2 和一个中性碎片,m_2 离开电离室,经加速电场、质量分析器,到达检测器,被记录下的离子质荷比为 m_2。

3. 一部分 m_1 离子内能介于上述两者之间,离开电离室,经电场加速,但在被质量分析器偏转之前的飞行途中裂解成质量更小的离子 m_2 和一个中性碎片,由于部分能量被新生成的中性碎片带走,m_2 离子的动能减小,在质量分析器中偏转轨道半径变小,在质谱中所处的质荷比位置小于正常的 m_2,往往呈现一个低强度的宽峰(可跨越 2~5 个质量单位),这种离子称为亚稳离子,以 m^* 表示。

其 m_1、m_2 和 m^* 之间关系为:

$$m^* = \frac{m_2^2}{m_1} \tag{式 7-9}$$

亚稳离子峰在图谱解析时是很有意义的。依据式 7-9 的质量关系,根据亚稳离子峰可以寻找出其母离子 m_1(如分子离子),也可以寻找质谱中未出现的相同质荷比的离子 m_2,有利于研究离子的裂解机制和推导化合物结构等。

例如化合物 2-丁基乙醚的质谱中仅给出两个离子峰 m/z=73(51%)和 m/z=45(100%)、一个亚稳离子峰 m/z=52.2。显然,亚稳离子峰 m/z=52.2 与质量比它大的离子峰 m/z 73(51%)有着某种关系。依据式 7-9 可计算出其母离子为 m/z=102,该离子为分子离子,在质谱中未出现,说明其稳定性很差。该化合物的质谱裂解过程为:

$$H_3C\text{—}CH_2\text{—}\overset{CH_3}{\underset{CH}{|}}\text{—}\overset{+\cdot}{O}\text{—}C_2H_5 \xrightarrow{a} \overset{CH_3}{\underset{CH}{|}}=\overset{+}{O}\text{—}CH_2\text{—}CH_2 \xrightarrow{rH} \overset{CH_3}{\underset{CH}{|}}=\overset{+}{O}H$$

$$M^{+\cdot}\ 102 \qquad\qquad m/z\ 73,\ 51\% \qquad\qquad m/z\ 45,\ 100\%$$

五、多电荷离子

在离子化过程中,有些化合物分子可以失去两个或两个以上的电子,形成多电荷离子。这种离子将在质荷比为 m/nz 处出现(m 为该离子的质量,n 为所带电荷的数目,z 为一个电荷)。当化合物为具有 π 电子的芳烃、杂环或高度共轭的不饱和化合物时,能够从分子中失去 2 个电子,形成双电荷离子,因此双电荷离子也是这类化合物的质谱特征。

对于双电荷离子,如果它的质量数为奇数,它的质荷比就为非整数,在质谱中易于识别;如果它的质量数为偶数,它的质荷比就为整数,在质谱中难于识别,但它的同位素峰(M+1)的质荷比却为非整数,可用于帮助识别这种离子。

第四节　各类化合物的质谱裂解

在长期和广泛的应用过程中,通过对大量有机化合物的 EI-MS 质谱进行研究,各类有机化合物结构上的特点,以及其在质谱中各自生成分子离子、碎片离子的特有的裂解方式和规律已经被人们认识和了解,为人们依据质谱中的离子信息来分析和推断化合物的结构奠定了基础。

一、烃类化合物

1. **饱和烷烃**　在直链烷烃的质谱中,分子离子峰较弱,且随着分子量的增加而降低。其裂解主要是 σ- 键的简单裂解,碎片离子峰成群排列,各离子峰之间相差 14amu,每簇峰中最强的峰为 C_nH_{2n+1},同时伴有 C_nH_{2n} 和 C_nH_{2n-1} 的峰;其中以含 C_3、C_4、C_5 的低质量离子峰最强,其他离子峰的强度则按离子质量数由低到高逐渐减小,直至分子离子峰,但一般不出现(M-CH$_3$)峰。生成的离子易发生 i 裂解,再脱去一分子乙烯。如正十六烷烃(图 7-17)的质谱裂解过程:

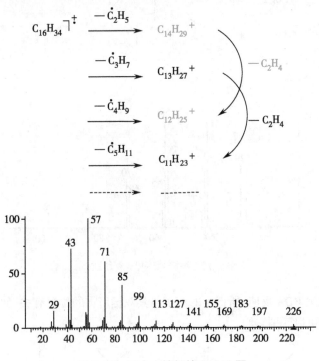

图 7-17　正十六烷烃的 EI-MS 图

对于支链烷烃,分子离子峰往往很弱,其裂解与直链烷烃类似,但在支链处易于断裂,生成较稳定的叔碳或仲碳离子。烷基离子的稳定性为 $R_3C^+>R_2CH^+>RCH_2^+>CH_3^+$。质谱的图形与直链烷烃有所不同,呈平滑下降的曲线因支链处的开裂而被打乱,据此可以判断支链烷烃中支链所在的位置。

2. 烯烃　烯烃的分子离子峰较明显,易识别。由于双键的位置在裂解过程中易发生迁移等,使得质谱图比较复杂。其主要裂解特征如下:

(1) 分子离子的自由基和电荷主要定域在 π 键上,其相对丰度随着分子量的增加而降低。

(2) 生成的烯丙离子常为基峰或次强峰,如 1- 庚烯质谱(图 7-18)中的离子 $m/z=41$;易生成一系列带偶数个电子的离子 C_nH_{2n-1},且丰度较大,如 1- 庚烯质谱中的离子 $m/z=41$、55、69 和 83。

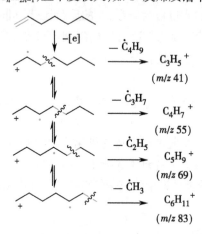

(3) 当烯烃的链较长(含有 γ-H)时,易发生麦氏重排,生成质量数为偶数的离子。如 1- 庚烯质谱中 $m/z=42$、56 和 70 离子的生成过程:

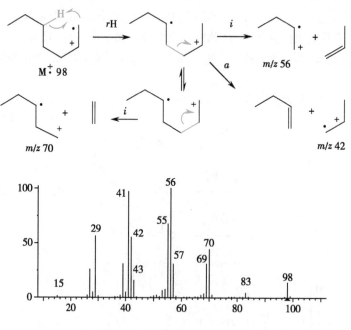

图 7-18　1- 庚烯的 EI-MS 图

(4) 环己烯易发生 RDA 反应,所产生的离子与其双键所在的位置有关,如 α- 紫罗兰酮和 β- 紫罗兰酮,利用质谱可以区别它们。

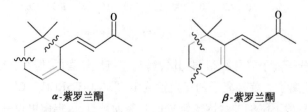

α- 紫罗兰酮　　　　　　　　β-紫罗兰酮

3. **芳烃**　芳烃类化合物的分子离子峰很强,这是由于其苯环结构能够使分子离子稳定的缘故。芳烃类化合物的裂解主要有:

(1) 侧链易断裂生成苄基离子 $m/z=91$,重排成䓬锑离子,峰较强;再进一步失去乙炔,则生成 $m/z=65$ 和 $m/z=39$ 的特征离子。

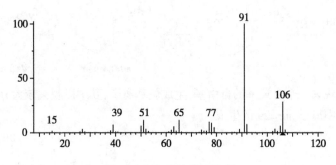

(2) 芳烃也可以直接失去侧链,生成苯基离子,再进一步失去乙炔,形成 $m/z=51$ 的特征离子;芳烃也可以在侧链上断裂,类似于链状烷烃类的裂解,正电荷转移到侧链上,生成质量不同的烷基离子。如乙苯(图 7-19)的裂解。

图 7-19　乙苯的 EI-MS 图

(3) 如果苯环的侧链含有 γ-H 时,可以发生麦氏重排。

(4) 当苯环与饱和环骈合六元环时,也可发生 RDA 反应。

二、醇、酚、醚类化合物

(一) 醇和醚类化合物

醇的分子离子峰一般很弱或不出现,热脱水或者电子轰击导致的脱水都很容易发生,质谱中常有失去一分子或多分子水所形成的离子峰,失水后的离子可进一步裂解。醚与醇类似,其分子离子峰较弱或不出现。其主要裂解特征如下:

1. 醇类易发生热脱水,失去一分子水,形成烯烃,再进一步发生与烯烃一样的裂解。如 1-己醇质谱(图 7-20)中的碎片离子 $m/z=41$、55 和 69 均是由离子 $m/z=84$ 按照烯烃的裂解方式生成的。

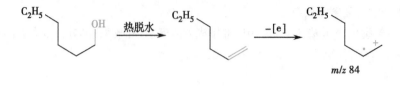

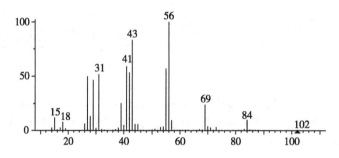

图 7-20　1-己醇的 EI-MS 图

2. 当醇或醚的烷基链较长时,均易发生分子内 H 的重排,然后发生 i 裂解,脱去一分子水或醇;生成的离子可再脱去一分子乙烯。如 1-己醇质谱中离子 m/z=84 和 m/z=56 的生成;乙戊醚质谱(图 7-21)中离子 m/z=70 的生成。

而醚类还可以脱去一个含羟基的自由基,生成烷基离子,其中以脱去较大分子醇的 i 裂解占优。如乙戊醚质谱中离子 m/z=29 的生成:

3. 醇和醚均易发生 α-裂解,形成氧鎓离子。如 m/z=31 为伯醇的特征离子。

若为 2-羟基链状仲醇,则 α-裂解形成的 m/z=45 氧鎓离子常为基峰。

而醚类容易发生 α-裂解,电荷保留在氧上;进一步重排裂解,生成 m/z=31 的特征离子。如乙戊醚质谱中离子 m/z=59、31 的形成:

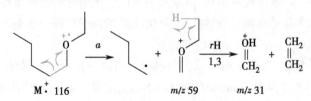

笔记

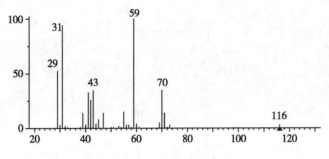

图 7-21　乙戊醚的 EI-MS 图

4. 环醇的裂解较复杂,首先发生环的开裂,形成氧鎓离子;再进一步发生氢重排、α-裂解等,生成一系列的碎片离子。如环己醇(图 7-14)的裂解。

(二) 酚类化合物

苯酚的分子离子峰较强(图 7-22),易发生脱羰基反应,然后再脱氢、脱乙炔等,生成一系列的碎片离子。其裂解过程如下:

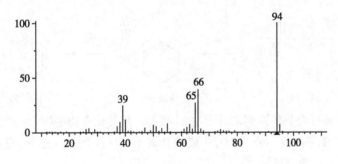

图 7-22　苯酚的 EI-MS 图

当苯环上还有其他取代基时,易发生重排。如邻羟基苄醇的裂解:

三、含羰基的化合物

醛、酮、酰胺类化合物均具有较强的分子离子峰;直链一元羧酸的分子离子峰较弱,而芳香酸类有较强的分子离子峰;酯类化合物的分子量稍大时,分子离子峰较弱,有时不出现;酰胺类化合物具有明显的分子离子峰。由于醛、酮、酸、酯、酰胺类化合物均含有羰基,其裂解规律也具有相似性,具体如下:

1. 均易发生 α-裂解。对于醛类化合物,一般在羰基的烷基侧易发生 α-裂解,生成特征性的酰基离子 $m/z=29$(图 7-23)。

笔记

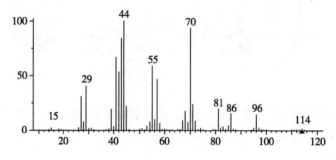

图 7-23　正庚醛的 EI-MS 图

羧基可脱去羟基形成酰基离子,如正辛酸质谱中离子 $m/z=127$ 的生成。

M $\ddagger$ 144　　　　　　　　　　　　　　 m/z 127

芳香酸易脱去羟基,生成苯甲酰基离子,其峰强度一般较大,有时甚至为基峰。

M $\ddagger$ 122　　　　　　 m/z 105　　　　　　 m/z 77

酮、酯和酰胺类化合物的两侧均可发生 α- 裂解。酮类化合物中较大的烷基易失去,生成酰基离子,部分酰基离子再脱一分子 CO,生成烷基离子;也可以发生 i 裂解,直接生成烷基离子。如 3- 己酮(图 7-24)的裂解:

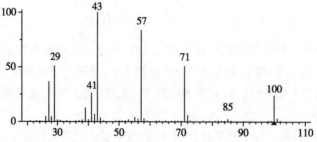

图 7-24　3- 己酮的 EI-MS 图

N-2- 丁基乙酰胺质谱(图 7-25)中离子 *m/z*=43 和 *m/z*=100 的生成如下:

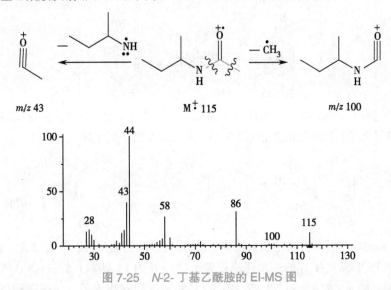

m/z 43　　　　　　　　M⁺ 115　　　　　　　　m/z 100

图 7-25　*N*-2- 丁基乙酰胺的 EI-MS 图

2. 当烷基链有 γ-H 时,发生麦氏重排,生成偶质量数的离子,电荷保留在原位置;若羰基两侧都有 γ-H 时,可发生两次麦氏重排。如 *3*- 己酮质谱中离子 *m/z*=72 的生成:

醛则生成特征性离子 *m/z*=44,如正庚醛质谱(图 7-23)中 *m/z*=44 的生成。

酸类化合物则生成很强的 *m/z*=60 的特征离子峰,烃链长度为 4~10 个碳时,*m/z*=60 离子常表现为基峰。如正辛酸的质谱图(图 7-26)。

甲酸酯发生麦氏重排,生成离子 *m/z*=74,且这个离子在含有 6~26 个碳原子的羧酸甲酯中常为基峰。如庚酸甲酯质谱中离子 *m/z*=74 的生成:

酰胺类化合物也可发生麦氏重排,如:

笔记

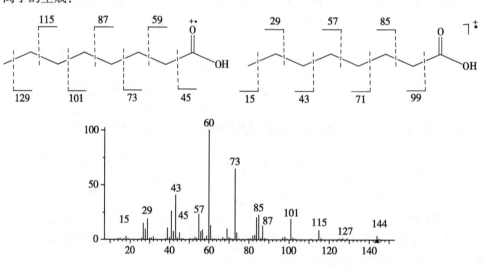

如果烷基链较长,易发生麦氏重排,γ-H 重排后,还可以发生 i 裂解,则电荷转移,生成质量数为偶数的烷基离子。如正庚醛质谱(图 7-23)中 $m/z=70$ 离子的生成:

3. 羧酸、酯的烷基链具有与饱和烷烃类似的裂解规律,正电荷可以保留在含羧基部分,也可以保留在烷烃上,形成 C_nH_{2n+1} 的一系列碎片离子(如 m/z 为 15、29、43、57、71、85)和 $C_nH_{2n}COOH$ 或 $C_nH_{2n}COOMe$(如 m/z 为 45、59、73、87、101、115)的一系列碎片离子。如正辛酸质谱(图 7-26)中各离子的生成:

图 7-26　正辛酸的 EI-MS 图

庚酸甲酯质谱(图 7-27)中各离子的生成如下:

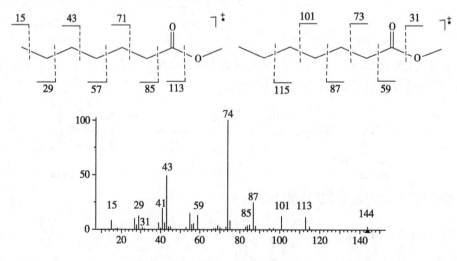

图 7-27　庚酸甲酯的 EI-MS 图

笔记

4. 当奇电子离子的电荷中心与游离基中心不定域于同一元素时,也可发生电荷中心诱导的重排反应。如戊酸丙酯的分子离子先通过六元环发生氢重排,游离基中心发生转移,电荷中心和游离基中心分开;然后,电荷中心发生共振从羰基氧转移至酯基氧上,由电荷中心引发1,3位氢重排,同时发生 i 裂解,生成 $m/z=103$ 离子(图7-6)。

5. 苯甲酸酯类的裂解主要是 α- 裂解,生成酰基离子;或再失去 CO,形成苯基离子。当苯环上含有烷基取代时,除发生 α- 裂解外,还发生烷基侧链的裂解、重排等。如:

6. 酰胺类化合物的结构中含有 $NR_2(NHR)$ 基,与胺类化合物的裂解类似,易发生胺基的 α- 裂解和 β-H 重排反应。如 N-2- 丁基乙酰胺(图7-25)发生 α- 裂解,生成离子 $m/z=58$、86 和 100。

N-2- 丁基乙酰胺发生 β-H 重排反应,生成离子 $m/z=44$。

四、其他类化合物

1. **胺类化合物** 链状胺类化合物有较弱的分子离子峰。以丙己胺为例,胺类化合物质谱(图7-28)的主要裂解特征如下。

(1) 发生 α- 裂解,生成铵离子。

(2) 再进一步发生 β-H 或 γ-H 的重排反应,脱去小分子烯烃,生成 $m/z=30$ 和 $m/z=44$ 的铵离子。

β-H 的重排：

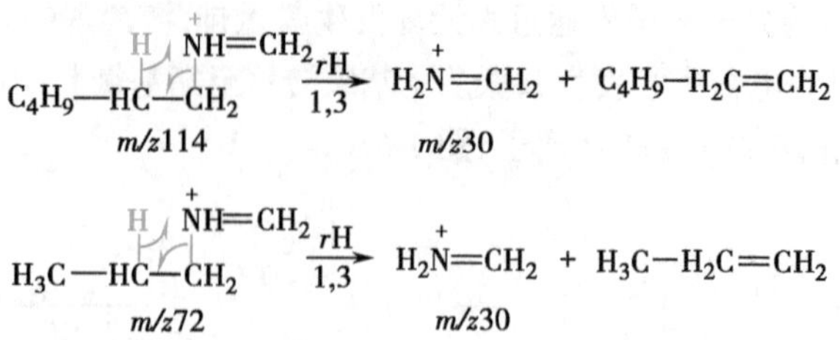

$$C_4H_9-\overset{H}{\underset{m/z114}{HC-CH_2}}\overset{\overset{+}{NH=CH_2}}{\underset{1,3}{\xrightarrow{rH}}}\;\;\;H_2\overset{+}{N}=CH_2\;+\;C_4H_9-H_2C=CH_2$$
$$m/z30$$

$$H_3C-\overset{H}{\underset{m/z72}{HC-CH_2}}\overset{\overset{+}{NH=CH_2}}{\underset{1,3}{\xrightarrow{rH}}}\;\;\;H_2\overset{+}{N}=CH_2\;+\;H_3C-H_2C=CH_2$$
$$m/z30$$

γ-H 的重排（麦氏重排）：

（图：麦氏重排反应机理，m/z114 → m/z44）

（图：麦氏重排反应机理，m/z72 → m/z44）

（图：丙己胺的 EI-MS 质谱图，主要峰 30、44、56、72、114、143）

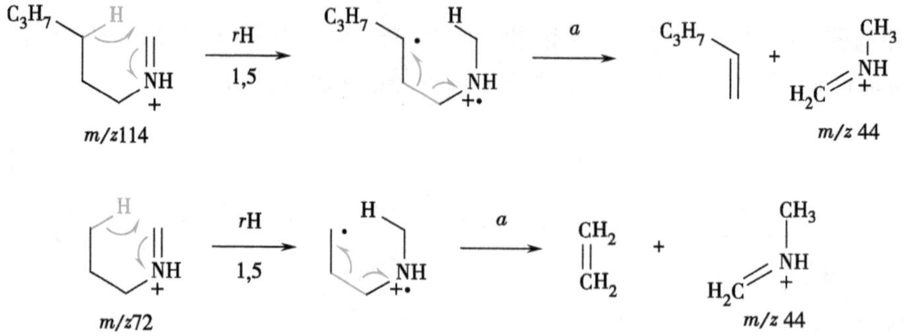

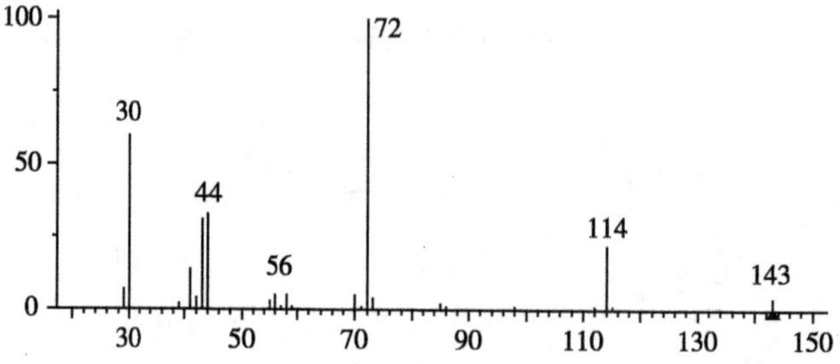

图 7-28　丙己胺的 EI-MS 图

（3）苯胺的分子离子峰为基峰，易脱去 HCN 分子生成 $m/z=66$ 的离子；再脱去 H·，生成 $m/z=65$ 的离子。

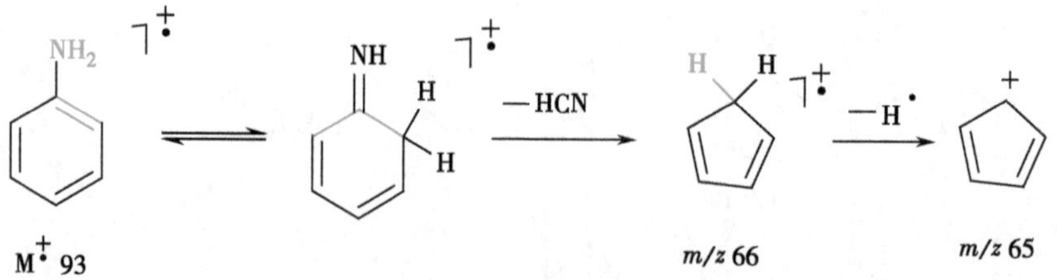

（图：苯胺裂解机理，$M^{+\cdot}$ 93 → m/z 66 → m/z 65）

（4）其他芳胺类化合物一般具有较强的分子离子峰。芳胺类化合物易脱去氨基侧链，生成苯基离子 $m/z=77$。芳胺类仲胺易失去一个 H，形成的（M-1）峰常为基峰。

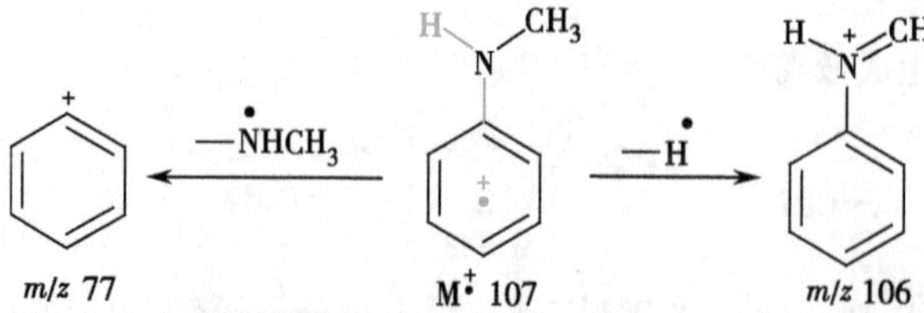

（图：芳胺裂解机理，m/z 77 ← $M^{+\cdot}$ 107 → m/z 106）

2. **卤代烃**　卤代烷烃类化合物的分子离子峰一般不出现。由于氯原子和溴原子存在大 2 个质量单位的重同位素，且丰度较大，因此质谱中含有氯原子和溴原子离子的（M+2）峰都很强。如 1-氯己烷质谱中的 $m/z=91$ 和 $m/z=93$ 离子峰，其主要裂解如下：

笔记

(1) α- 裂解

$$R_1 \overset{\overset{+\cdot}{X}}{\underset{R_2}{\diagdown}} \xrightarrow{a} R_1 \overset{\overset{+}{X}}{\underset{CH}{\diagdown}} + R_2^{\cdot}$$

$$R \overset{+\cdot}{-} \overset{+\cdot}{X} \xrightarrow{a} R^{+} + \overset{+}{X}$$

(2) i 裂解

$$R \overset{+\cdot}{-} \overset{+\cdot}{X} \xrightarrow{i} R^{+} + \overset{\cdot}{X}$$

(3) 脱 HX(类似于脱水),发生 H 的重排

$$\xrightarrow{rH} H_2\overset{\cdot}{C} (CH_2)_n \overset{+}{C}H_2 + HX$$

(4) 烃基重排:当烃链长度合适时,容易通过五元环的过渡态发生烃基重排,形成含有卤素原子的五元环特征离子,常为基峰或次强峰。如 1- 氯己烷(图 7-29)质谱中的离子 m/z=91/93。

$$\xrightarrow{rd} CH_3CH_2^{\cdot} + \overset{+}{X}$$

以 1- 氯己烷为例,裂解形成的主要碎片为 $C_nH_{2n}Cl^+$ 系列,即 m/z=91;$C_nH_{2n+1}^+$ 系列,即 m/z=29、43 和 57;$C_nH_{2n}^+$ 系列,即 m/z=56;$C_nH_{2n-1}^+$ 系列,即 m/z=27、41、55 和 69。

图 7-29 1- 氯己烷的 EI-MS 图

3. **含硫化合物** 由于 ^{34}S 丰度较大,因此含硫化合物的(M+2)峰较强,易辨认。硫醇与硫醚的分子离子峰一般都较强,含硫化合物的主要裂解如下:

(1) 发生 α- 裂解

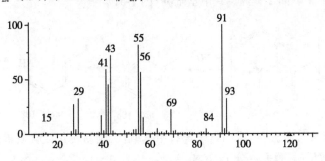

$$R \overset{+\cdot}{SH} \xrightarrow{a} R \overset{\cdot}{-}CH_2 + \overset{+}{\underset{CH_2}{\overset{SH}{\|}}}$$

$$R_1 \overset{+\cdot}{-} S \overset{+\cdot}{-} R_2 \xrightarrow{a} R_2^{\cdot} + R_1 \overset{+}{S} \xrightarrow{rH} R_1 CH_2 + HS \overset{+}{=} CH_2$$

$$R_1 \overset{+\cdot}{-} S \overset{+\cdot}{-} R_2 \xrightarrow{a} R_1 \overset{+}{-} S + R_2^{\cdot}$$

(2) 发生 i 裂解

$$\underset{\mathbf{M}^{+\cdot} 90}{\overset{+\cdot}{S}} \xrightarrow{i} H_3C \overset{+}{-} CH_2^{+} + \overset{\cdot\cdot}{S} \underset{m/z\ 29}{}$$

(3) 发生氢的重排,如二乙基硫醚质谱(图 7-30)中离子 m/z=47 的生成。

笔记

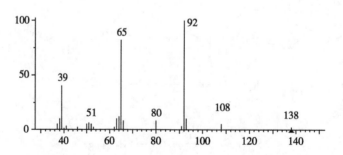

图 7-30   二乙基硫醚的 EI-MS 图

硫醇通过氢的重排脱去 H₂S(类似于醇脱水)。

4. 硝基化合物   硝基取代的芳氮杂环化合物具有较强的分子离子峰。

(1)硝基吡啶衍生物易发生重排而脱去自由基·NO,生成的离子还可以再脱去一分子 CO,生成五元芳氮杂环离子。如 2-硝基 -3-甲基吡啶(图 7-31)。

(2)硝基也可以直接脱去,生成的离子若有甲基取代,则易转化成含氮䓬鎓离子,再发生类似于䓬鎓离子的裂解反应,脱去一分子 HCN。

图 7-31   2-硝基 -3-甲基吡啶的 EI-MS 图

(3) 对于硝基苯胺,氨基的取代位置不同,裂解方式也不同。

1) 间硝基苯胺

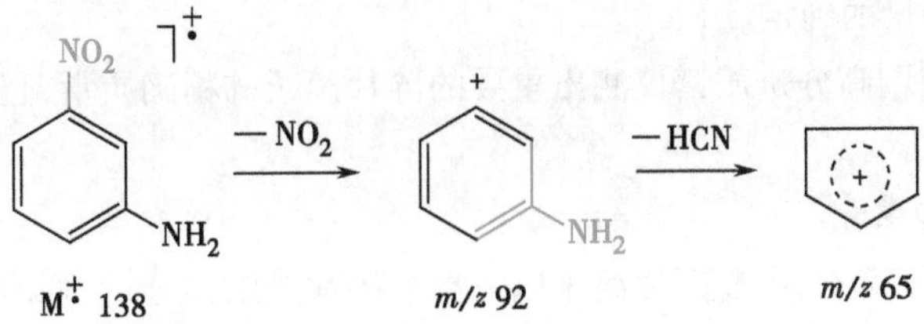

2) 对硝基苯胺

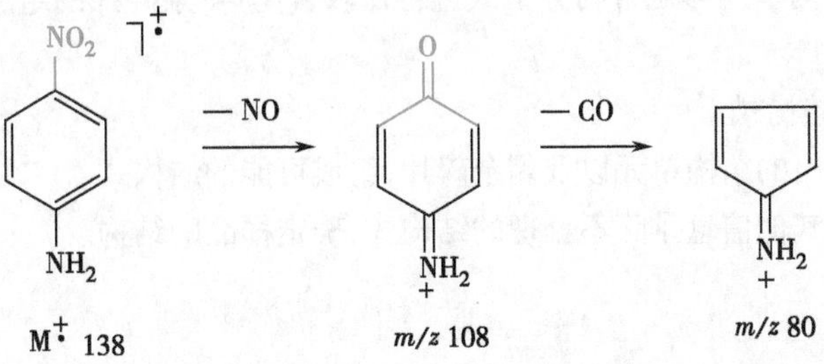

第五节　经典质谱技术在结构解析中的应用

质谱中有机化合物的分子离子峰(或准分子离子峰)、碎片离子峰以及亚稳离子峰均能提供很多的结构信息,与其他波谱技术所提供的结构信息可以形成互补,在化合物的结构鉴定中具有很重要的作用。

一、质谱解析程序

解析有机化合物的电子轰击质谱(EI-MS)时,大致可以遵循以下程序。

1. 分子离子峰区域离子峰的解析

(1) 确认分子离子峰(M)或准分子离子峰(M+1 或 M−1),定出分子量。分子离子峰区域是指质谱图中质荷比最大的离子区域,依据判断分子离子峰的原则确认分子离子峰。一般芳烃类化合物、共轭多烯类化合物、环状化合物的分子离子峰较强,有时是基峰;分支多的脂肪族化合物、多元醇类化合物的分子离子峰较弱或不出现;有些化合物不是以分子离子峰的形式出现,而是以(M+H)峰或(M−H)峰的形式出现,在分析时需多加注意。

(2) 确认是否含有氮原子。根据氮规则进行分析,如样品分子离子峰为奇数,则含奇数个氮原子;如为偶数,需要根据其他信息判断是否含有氮原子。

(3) 确认是否含有氯、溴、硫元素。根据同位素分子离子峰[M 峰、(M+1)峰、(M+2)峰]的相对丰度加以分析。

(4) 确定分子式,计算样品的不饱和度。

(5) 可能的话,使用高分辨质谱仪,测出样品分子离子的精确质量,直接确定样品的分子式。

2. 碎片离子区域离子峰的解析

(1) 确定主要碎片离子的组成。碎片离子区域是指由化合物分子离子经一次或多次裂解所产生的碎片离子所在的区域。找出该区域的主要离子峰,根据其质荷比分析其可能的化学组成。注意该区域一些弱的离子峰也可能提供重要的结构信息。

(2) 离去碎片的判断。分析分子离子峰与其左侧低质量数离子峰之间的质量差,判断离去的自由基或小分子的可能结构,有助于分子结构的确定。

(3) 若存在亚稳离子峰,利用式 7-9 确定具有这种裂解关系的离子 m_1、m_2,有助于确定分子

笔记

离子或开裂类型。

（4）对于一些非整数的离子峰或同位素离子峰，分析其是否是由多电荷离子所形成的,有助于分子离子峰或分子量的确定。

（5）可能的话,使用高分辨质谱仪测出重要的碎片离子的精确质量,直接确定碎片离子的元素组成。

3. 列出部分结构单元

（1）根据上述分子离子、主要碎片离子以及离去碎片的结构分析,列出样品结构中可能存在的结构单元。

（2）将列出的结构单元与化合物分子式进行比较,计算剩余碎片的组成和不饱和度,推测剩余碎片的可能结构。

4. 确定样品的结构式

（1）连接上述推出的结构单元以及剩余碎片,组成可能的结构式。

（2）根据质谱或其他信息排除不合理的结构式,确定样品的结构。

二、应用实例

例 7-1　某未知化合物,经元素分析只含有 C、H、O 三种元素,红外光谱在 3700~3200cm^{-1} 有一个强而宽的振动吸收峰,其质谱如图 7-32 所示,其中 $m/z=136$ [50.1%（M）]、$m/z=137$ [4.43%（M+1）],试推测其结构。

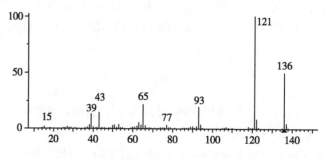

图 7-32　例 7-1 EI-MS 图

解析:

1. 分子离子峰区域离子的解析

（1）分子离子峰 $m/z=136$ 为次强峰,说明该化合物的分子量为 136,分子离子比较稳定,可能含有苯环或共轭体系。

（2）先将其同位素分子离子峰换算成以 M 为 100% 时的相对丰度,则为 $m/z=136$ [100%（M）]、$m/z=137$ [8.84%（M+1）]。根据式 7-7 可知:

$$[(M+1) \div M] \div 1.1 \times 100 = (8.84 \div 100) \div 1.1 \times 100 \approx 8$$

说明该化合物中含有的碳原子数大约为 8,查 Beynon 表 136 项下含 C、H、O 的化合物有 $C_5H_{12}O_4$（$\Omega=0$）、$C_7H_4O_3$（$\Omega=6$）、$C_8H_8O_2$（$\Omega=5$）和 $C_9H_{12}O$（$\Omega=4$）。

2. 碎片离子峰区域离子的解析

（1）$m/z=77$ 是苯环的特征离子峰,表明该化合物中含有苯环。$m/z=93$ 提示该离子为 $C_6H_4OH^+$;该离子重排,脱去一个 CO,则形成 $m/z=65$;再脱去一分子乙炔,生成离子 $m/z=39$,证明化合物含有羟基取代的苯环结构。

（2）分子离子峰（$m/z=136$）与基峰（$m/z=121$）的质量差为 15,说明分子离子失去了一个 $\cdot CH_3$,其裂解类型为简单开裂。基峰 $m/z=121$ 与离子峰 $m/z=93$ 之间的质量差为 28,说明脱去了一个 CO 或者 $CH_2=CH_2$。若脱去的为 $CH_2=CH_2$,则裂解过程应为重排,但从生成的离子为 $C_6H_4OH^+$

来看,不应该发生重排,因此脱去的应为 CO,提示 *m/z*=121 为酚羟基取代的苯甲酰基离子。

3. 列出部分结构单元

(1) 根据上述分析,样品中含有的结构单元为:

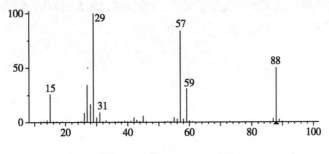

—CH₃

(2) 确定分子式。上述结构单元的不饱和度为 5,将其与从 Beynon 表中查出的可能分子式比较,排除分子式 $C_5H_{12}O_4$(Ω=0,不含苯环)、$C_7H_4O_3$(Ω=6,氢数偏少)和 $C_9H_{12}O$(Ω=4,不饱和度偏少),剩下唯一的分子式 $C_8H_8O_2$(Ω=5)符合上述条件,因此该化合物的分子式为 $C_8H_8O_2$。

4. 确定样品的结构式

(1) 样品应为下列结构式(A)、(B)和(C)的一种,但根据质谱难以确定羟基的取代位置。

(A) (B) (C)

(2) IR 中在 3700~3200cm⁻¹ 有一个强而宽的振动吸收峰,说明有羟基,上述 3 个结构式均符合,但 IR 也不能确定羟基的取代位置,需要结合其他的波谱数据才能确定羟基的取代位置。

该化合物的质谱裂解过程为:

M^+ 136 $\xrightarrow[-·CH_3]{a}$ *m/z* 121 $\xrightarrow[-CO]{i}$ *m/z* 93

m/z 43   *m/z* 39   *m/z* 65

例 7-2 某化合物的质谱如图 7-33 所示,高分辨质谱给出其分子量为 88.0523,红外光谱中在 1736cm⁻¹ 处有一个很强的振动吸收峰,试推测其结构。

图 7-33 例 7-2 EI-MS 图

解析：质谱图中分子离子峰区域的分子离子峰为 $m/z=88$，根据高分辨质谱给出的精确分子量 88.0523，化学式 $C_4H_8O_2$ 的计算值为 88.0522，因此确定该化合物的分子式为 $C_4H_8O_2$，其不饱和度计算值为 1。

红外光谱中，在 1736cm^{-1} 处一个很强的振动吸收峰，说明该样品为酯类，则其结构可表示为 R—CO—OR′。

酯类化合物易发生 α- 裂解。在离子碎片区域，$m/z=57$ 离子峰为丙酰基离子，示有 CH_3CH_2CO—；该离子容易再脱去一分子 CO，生成的乙基正离子 $m/z=29$ 为基峰。$m/z=59$ 峰则为 —$COOCH_3$ 的离子碎片峰。

因此，该化合物的结构为：

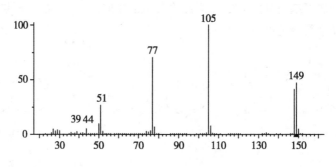

该化合物的质谱裂解过程为：

例 7-3　某苯甲酰胺类衍生物的分子离子峰为 $m/z=149$，其质谱如图 7-34 所示，试推测其结构。

图 7-34　例 7-3 EI-MS 图

解析：质谱中，分子离子峰区域给出分子离子峰 $m/z=149$，为奇数，说明该化合物中含有奇数个氮原子。(M–1)峰很强，说明氮原子上有 1 个氢，即分子中有 NH 基团。

在离子碎片区域，$m/z=77$、51 为苯环的特征碎片离子峰，说明含有苯环。基峰 $m/z=105$ 是苯甲酰基的特征离子峰，表明分子中含有结构单元 C_6H_5CO—。$m/z=44$ 的离子峰正好等于分子离子与基峰苯甲酰基离子的质量差，说明该碎片离子为 $CH_3CH_2NH^+$，其丰度较弱，表明该化合物的分子离子在裂解时主要生成了苯甲酰基正离子，且为基峰。因此，该化合物的结构式为：

该化合物的质谱裂解过程为：

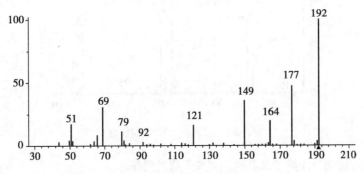

例 7-4 从某植物中分离得到的香豆素类化合物东莨菪内酯其结构式如下,其电子轰击质谱如图 7-35 所示,试写出该化合物的主要离子碎片的质谱裂解过程。

图 7-35 例 7-4 中东莨菪内酯的 EI-MS 图

解析:该化合物的裂解过程为：

M^{+}, m/z 192,100%　　m/z 177,58%　　m/z 149,45%

m/z 164,36%　　m/z 121,20%

习题

1. 采用分辨率为 10 000 的质谱仪测定化合物时, m/z 为 100 的离子可与质荷比(m/z)是多少的离子分开?

2. 某化合物在质谱的高质量区只显示 m/z 172 和 m/z 187 两个离子峰及 m/z 170.6 的亚稳离子峰,试回答:该亚稳离子的质量是多少? 未检出的母体离子的质量是多少? 假设在该质谱中还有一个 m/z 158.2 的亚稳离子,那么这个亚稳离子的质量是多少? 其母体离子的质量是多少?

3. 2-丁酮的质谱如图 7-36 所示,试写出其主要离子的裂解过程。

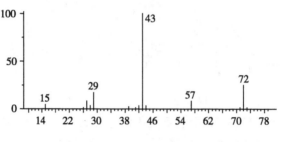

图 7-36   习题 7-3 的 EI-MS 图

4. 2-丁硫醇的质谱如图 7-37 所示,试回答下列问题:

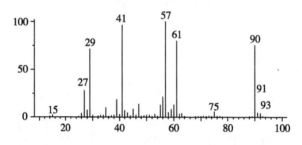

图 7-37   习题 7-4 的 EI-MS 图

(1) 写出该化合物的分子离子及其同位素离子峰的质荷比。

(2) 指出该化合物质谱的基峰,并写出该碎片离子的结构。

(3) 写出碎片离子 $m/z=61$ 和 $m/z=29$ 的结构。

5. 丁酸乙酯的质谱如图 7-38 所示,试回答下列问题:

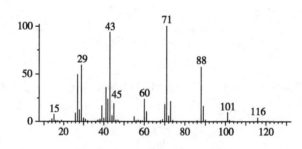

图 7-38   习题 7-5 的 EI-MS 图

(1) 解释碎片离子 $m/z=71$ 和 $m/z=43$ 的生成过程,并注明属于何种裂解类型。

(2) 写出碎片离子 $m/z=88$ 的生成过程,并注明属于何种裂解类型。

6. 某化合物仅含有 C、H、O 元素,熔点为 41℃,质谱中的离子峰有 $m/z=184$(10%)(M)、$m/z=91$(100%)、$m/z=77$(4.5%)和 $m/z=65$(6.7%),另有一个亚稳离子峰 $m/z=45.0$。试写出该化合物的结构。

7. 从某植物中分得一个天然产物单体,经综合分析该化合物的 ¹H-NMR、¹³C-NMR、2D-NMR 和 MS 等图谱数据,确定该单体为黄酮类化合物芹菜素,其结构式如下,且其电子轰击质谱如图

笔记

7-39 所示。试写出该化合物 EI-MS 中的主要碎片离子的裂解过程。

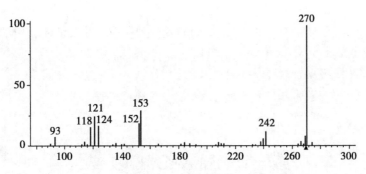

图 7-39 习题 7-7 中芹菜素的 EI-MS 图

（孙隆儒）

参考文献

1. 吴立军 . 有机化合物波谱解析 . 第 3 版 . 北京：中国医药科技出版社，2009

2. 丛浦珠 . 质谱学在天然有机化学中的应用 . 北京：科学出版社，1987

3. Mclafferty FW，Tureček F. Interpretation of Mass Spectra. 4th ed. Sausalito：University Science Books，1993

4. Gross JH. Mass Spectrometery. Germany：Springer-Verlag Berlin Heidelberg，2004

5. 丛浦珠，李笋玉 . 天然有机质谱学 . 北京：中国医药科技出版社，2002

6. 王光辉，熊少祥 . 有机质谱解析 . 北京：化学化工出版社，2005

7. 丛浦珠，苏克曼 . 分析化学手册（第九分册：质谱分析）. 第 2 版 . 北京：化学化工出版社，2000

笔记

第八章 现代质谱技术

学习要求

1. 掌握电喷雾、大气压化学电离、离子阱、高分辨等常用的质谱技术,进行有机化合物分子量的测定。

2. 熟悉各种质谱的原理、方法和应用。

3. 了解现代质谱技术在定量分析及生物大分子分析中的应用。

第一节 质谱技术的发展

质谱分析在灵敏度(sensitive)、速度(speed)、特异性(specificity)和化学计量(stoichiometry)4个方面表现优异(亦称质谱的 4S 特性),因此成为当今仪器分析的主要方法之一。

质谱仪种类较多,可按不同的分类方式进行分类。按照应用范围分类有无机质谱、同位素质谱、有机质谱和生物质谱;按照分辨率大小分类有高分辨质谱、中分辨质谱和低分辨质谱;按照离子源类型分类有电子轰击质谱、电喷雾质谱、快原子轰击质谱和基质辅助激光诱导解析电离质谱等;按照质量分析器分类有磁质谱、离子阱质谱和飞行时间质谱等。不同类型的质谱其功能、用途都不相同,上述称谓通常表明该质谱具有的主要特色及功能,实际上各质谱仪的功能交叉非常多,上述称呼并不能概括该仪器的所有功能及应用范围,需了解仪器的配置和主要技术指标方可科学合理地使用质谱仪。

早期的质谱仪主要是无机质谱和同位素质谱,主要用于同位素测定和无机元素分析。之后出现了有机质谱,拓宽了质谱分析的研究范围,尤其是液相色谱 - 质谱联用仪的出现,使质谱仪广泛应用于化学、化工、药物、材料、环境、地质、能源、刑侦、生命科学、运动医学等各个领域,成为 20 世纪的主要分析仪器。近 20 年,随着电喷雾电离和基质辅助激光诱导解析电离等质谱技术的出现,使得质谱技术可以用于生物大分子的研究,随之出现了生物质谱。目前,生物质谱已经成为生命科学领域的主要研究工具之一,在探索生命现象、研究生物调控及演化规律方面发挥着重要的作用。

现代质谱技术的发展主要来源于离子源技术和质量分析器技术的不断创新。离子源和质量分析器是质谱仪的两个主要组成部分,相应的离子化技术和质量分析技术一直是现代质谱技术的重点研究内容(如电喷雾技术、快原子轰击技术、离子阱技术和四级杆技术等),质谱仪器的重要发展阶段均与这两种技术的发展有关,离子化技术和质量分析技术也代表着有机质谱和生物质谱的发展方向。

一、电子轰击质谱离子源的局限性

电子轰击电离(EI)是应用最久、发展最成熟的电离方法之一。EI 质谱仍为当今质谱仪器的类型之一,主要用于易挥发、极性弱的小分子鉴定和结构分析。EI 质谱的主要代表仪器为气相色谱 - 质谱联用仪,具有进样量少、灵敏度高、检测快速、图谱库全等优点。

回顾一下第七章介绍的 EI 电离过程我们知道,呈气态的样品分子在较高真空和较高温度的电离室内,受到热阴极发射的电子的轰击,进而失去一个电子产生带正电的离子即分子离子,

笔记

也可以进一步裂解成碎片离子或亚稳离子等。因此,EI 质谱可以同时给出分子离子及碎片离子的信息,对比计算机质谱库结果,可方便地研究有机化合物的裂解规律。随着质谱的应用范围和领域的拓宽,EI 电离已经远不能满足人们的需要,其局限性主要体现在如下几个方面:

1. 适合于用 EI 质谱检测的化合物较少。①不能汽化的样品分子不能用 EI 质谱检测;②汽化后不稳定的分子不能得到分子离子峰;③常见的准分子离子如$[M+H]^+$、$[M+Na]^+$和$[M+K]^+$等无法采用电子轰击电离实现。

2. 一些化合物分子离子峰的判别较困难,需根据经验推测其分子量,很难直接给出分子量信息。质谱的主要功能之一给出化合物的分子量,是 EI 质谱的主要局限性之一。

3. EI 质谱无法与高效液相色谱联机,这是 EI 质谱发展的主要瓶颈之一,限制其应用范围和领域。

多数药物分子和生物大分子均为极性分子和中等极性的分子,其理化性质决定这些化合物很难汽化,无法用 EI 质谱分析。此外,很多化工产品及中间体、食品添加剂、农药及中间体等也很难用 EI 质谱分析。因此,相对于 EI 这种硬电离方式,化学电离、电喷雾电离和快原子轰击电离等软电离方法逐渐成为质谱的主要电离方式。

二、质谱新离子源的发展

1966 年,Munson 和 Field 提出化学电离(chemical ionization,CI)的概念,化学电离作为新的离子源技术得到了快速的发展。

化学电离的基本 - 理是离子 - 分子反应(ion-molecule reaction),化学电离时有反应气存在,反应气有很多类型,如甲烷、氨气、异丁烷或甲醇等。以甲烷为例,通常在具有一定能量的电子(50eV)的作用下,反应气的分子被电离成CH_4^+;该离子进一步与甲烷分子碰撞,形成甲烷加氢正离子CH_5^+;该正离子与样品分子碰撞,将质子转移到样品分子,形成样品的准分子离子$[M+H]^+$。因此,化学电离生成的与分子量相关的 m/z 的峰不是分子离子峰,而是$[M+H]^+$或$[M-H]^-$峰或其他峰,这些峰称为准分子离子峰。在计算分子量时,应注意 CI 可以是正离子模式,也可以是负离子模式,即由 CI 产生正离子$[M+H]^+$和负离子$[M-H]^-$。正离子或负离子的产生由离子化模式决定,但与待测分子和电子的亲和力大小有关,也可以看成与样品分子结合质子的能力或离去质子的能力有关。

化学电离原理的特点之一是化学电离产生的准分子离子过剩的能量小,因此进一步发生裂解的可能性小,质谱谱图的碎片峰较少,同时准分子离子又是偶电子离子,比 EI 产生的 $M^{\ddot{}}$(奇电子离子)稳定,准分子离子峰较高,非常适合于获得有关分子量的信息,因此受到人们的关注。

EI 质谱的缺点之一是电子轰击后形成的分子离子过剩的能量大,易发生进一步的裂解,产生碎片离子,使得分子离子峰很低,难以捕捉,影响分子量的确定;化学电离用于 CI 的离子源与 EI 相似,主要区别是离子源中含有较高浓度的反应气体,样品分子远远少于反应气体分子,进而保证了准分子离子的存在,这种技术称为软电离技术。

软电离和硬电离是指离子化的方式不同(图 8-1)。EI 电离为硬电离,该电离方式易产生碎片离子;CI 电离为软电离,主要产生准分子离子,会有少量碎片离子;大气压电离(atmospheric pressure ionization,API)也是一种软电离技术,该电离方式很少产生碎片离子。

现代质谱技术的一个重点是发展离子源新技术。软电离技术是当今的主要发展趋势,化学电离之后出现的快原子轰击电离

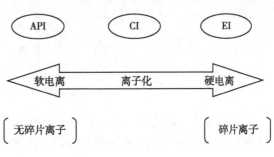

图 8-1　离子化方式与软、硬电离

(fast atom bombardment，FAB)、大气压化学电离(atmosphere pressure chemical ionization，APCI)和电喷雾电离(electro-spray ionization，ESI)等均为软电离技术，已经陆续成为当今质谱仪器的主流，广泛应用于各行各业的质谱检测和化合物解析等。2002 年，日本科学家 Koichi Tanaka 发明的基质辅助激光解吸电离质谱电离方法(matrix assisted laser desorption ionization，MALDI)和美国科学家 John Bennet Fenn 发明的电喷雾(ESI)电离方法同时获得诺贝尔化学奖，是对软电离技术重要性的最好诠释。目前，MALDI 和 ESI 这两种电离方法是生物大分子质谱分析的主要方法，成为当前各仪器生产厂家生产的质谱仪的主要离子源。软电离技术的快速发展，拓宽了质谱的应用范围，提高了质谱仪器的内涵，也使质谱仪器成为定性分析、定量分析及分离检测的不可缺少的仪器之一。

软电离技术的出现，丰富了离子产生的方式，拓宽了化合物的测定范围。不同的电离方式具有不同的离子化特点，适合测定分子量大小和极性不同的化合物。表 8-1 给出几种不同的电离方式适合测定的化合物极性和分子量范围。可以看出，ESI 电离和 APCI 电离适用的范围较广。一般极性大的化合物采用 ESI 源，中等极性或弱极性通常采用 APCI 源，非极性化合物可选择 EI 质谱等。目前，ESI 和 APCI 两种离子源几乎成为各厂家生产的质谱仪的主要配置。

表 8-1　不同的电离方法及其特点

电离方法	适应的化合物类型	进样形式	质量范围	主要特点
EI	小分子、低极性、易挥发性化合物	GC 或直接进样	1~1000	硬电离，重现性高、结构信息多
CI	小分子、中低极性、易挥发化合物	GC 或直接进样	60~1200	软电离，提供[M+1]$^+$
ESI	蛋白质、多肽、非挥发性化合物	HPLC 或直接进样	100~50 000	软电离，多电荷离子
FAB	碳水化合物、金属有机化合物、蛋白质、非挥发性化合物	样品溶解在基质中	300~6000	软电离

现代质谱技术的另一个重点是发展质量分析技术。回顾近几十年质谱领域的几个重大事件均与质量分析器的发展有关，如 1946 年 Stephens 发明了飞行时间质谱(time-of flight mass analysis)；1953 年 Paul 等人发明了四极杆质量分析器(quadrupole analyzers)；1956 年 Beynon 发明了高分辨质谱仪(high-resolution MS)；1965 年 Hipple 等人发明了离子回旋共振技术(ion cyclotron resonance)；1967 年 McLafferty 和 Jennings 发明了串联质谱(tandem mass spectrometry)；1974 年 Comisarow 和 Marshall 开发了傅里叶变换离子回旋共振质谱(FT-ICR-MS)；1998 年 A.F.Dodonov 研发了高分辨飞行时间质谱仪(delay extract reflectron 技术)等。这些不同的质量分析器与各种离子源组成了不同类型的质谱仪器，在不同的领域中发挥着不可替代的作用。

综上所述，质谱的出现加速了人们对化学和生物科学现象的认识和理解，回顾质谱发展的历史可以看出，质谱对人类的贡献很大，相关学者曾 9 次获得诺贝尔奖，尤其是离子阱技术、电喷雾技术和基质辅助激光解析电离技术等对有机化合物的光谱解析及生物大分子的结构鉴定帮助很大，目前已经成为质谱解析的常规方法。

第二节　快原子轰击质谱

一、快原子轰击质谱的基本原理

1981 年 Barber 等人发明了快原子轰击电离技术(fast atom bombardment，FAB)，拓宽了有机质谱的应用范围，使得一些难挥发和热不稳定的化合物可以用质谱检测，如今快原子轰击质谱成为特色有机质谱之一。

笔记

（一）基本原理

快原子轰击电离是一种软电离技术。快原子束的产生过程简述如下：在离子枪中，气压为100Pa的惰性气体（Xe、Ar或He）经电子轰击后电离，生成的离子再被电子透镜聚焦并加速形成动能可以控制的离子束，离子束在轰击样品前需经过一个中和器，中和掉离子束所携带的电荷，成为高速定向运动的中性原子束（高能原子束），用此高速运动的中性原子轰击在涂有非挥发性底物（也称基质，如甘油、硫代甘油、3-硝基苄醇、三乙醇胺和聚乙二醇等）和有机化合物样品的靶上，使有机化合物样品分子电离，产生的样品离子在电场作用下进入质量分析器（图8-2）。

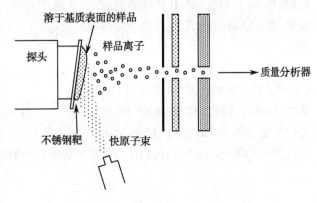

图8-2　快原子轰击电离的基本原理

（二）适用范围及特点

快原子轰击质谱中样品溶于基质中呈半流动状态，可以长时间地产生稳定的样品分子离子流，装置简单，易于操作。由于快原子轰击电离源的电离过程中不必加热汽化，因此特别适用于分子量大、难挥发或热不稳定的极性样品分析。

快原子轰击质谱产生的主要是准分子离子，碎片离子较少。常见的离子有[M+H]$^+$（正离子方式）或[M−H]$^-$（负离子方式）。此外，还会生成加合离子，如[M+Na]$^+$、[M+K]$^+$等。如果样品滴在Ag靶上，还能看到[M+Ag]$^+$。用甘油作为基质时，生成的离子中还会有样品分子和甘油生成的加合离子。由于基质的存在，FAB-MS中的基质会产生背景峰，而且对离子源也会产生污染。随着ESI-MS和MALDI-MS技术的成熟与普及，FAB-MS的应用已大大减少，但在特定的研究领域如有机金属化合物与有机盐类的表征上，FAB-MS还是非常有效的。

快原子轰击质谱的优点：①常温电离样品，适合于极性的非挥发性化合物、热不稳定的化合物及分子量大的化合物；②样品制备过程简单；③有正、负离子检测两种模式，负离子检测方式可增加一些化合物的灵敏度；④薄层色谱展开后的样品斑点可直接用FAB-MS测定，方便给出结构信息；⑤产生单电荷离子峰，谱图简单，容易识别。

快原子轰击质谱的缺点是离子源原子束分散，灵敏度偏低。

二、快原子轰击质谱在质谱解析中的应用

虽然快原子轰击电离源的灵敏度稍低，但正、负离子产率相等，有利于负离子的研究，因此适用于多肽、核苷酸、金属有机配合物，以及磺酸或磺酸盐类等难挥发、热不稳定、强极性、分子量大的有机化合物的结构解析，主要应用于生命科学领域。

（一）结构分析

自从快原子轰击质谱出现以来，它作为一种软电离技术，已经在很多方面得到了应用，其中最重要的是给出化合物的分子量及部分结构片段信息，尤其是对糖类、核苷、核酸和抗生素等化合物的结构分析。

1. **糖类**　糖苷是一类极性大、热不稳定、难挥发的化合物，用EI质谱分析糖苷常采用衍生化法，采用FAB-MS可直接测定。FAB-MS在分析糖苷、寡糖及其他多羟基化合物时，常通过加入金属离子或铵离子来提高检测灵敏度，即检测准分子离子[M+Li]$^+$或[M+Na]$^+$。FAB-MS分析中还可以同时加入两种金属离子如Na$^+$和Li$^+$，这样该物质的FAB-MS谱中会同时出现[M+Li]$^+$和[M+Na]$^+$的两个强峰，两峰的质荷比之差为16（即Na和Li的原子量之差），因而能很好地解决

糖苷分子量的准确测定的问题。

Gil JH 等对提取自海星的皂苷进行了 FAB-MS 的研究(图 8-3),图谱中可以看到[M+Na]⁺峰比[M+H]⁺峰的强度大很多,很方便确定分子量,有助于提高灵敏度。

FAB-MS 可以进行二级质谱研究,对结构证证很有帮助。图 8-4 是海星中的皂苷的[M+Na]⁺峰的二级 FAB-MS 质谱图,质荷比是 693、663、635 和 617 等的离子峰是糖环开裂产生的碎片峰,因此可方便解析该化合物的结构及裂解规律。

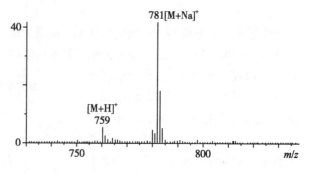

图 8-3　海星中提取的皂苷的 FAB-MS

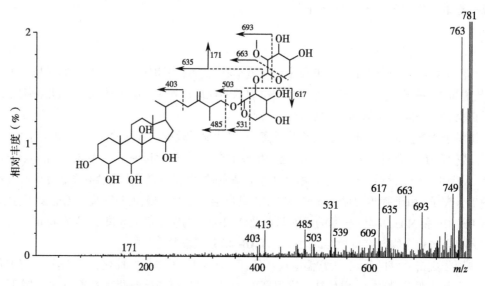

图 8-4　海星中提取的皂苷的 m/z=781 的[M+Na]⁺的 FAB-MS 二级质谱图

2. 金属有机配合物　FAB-MS 在金属有机化合物和有机盐类的表征上是非常有效的。如图 8-5 是二价 Pt 配合物(结构式见图中)的 FAB-MS 图(二硫苏糖醇 / 二硫赤藓糖醇为基质)。样品通过单电子转移机制离子化,产生奇电子分子离子 M⁺。由于 ^{198}Pt 同位素的存在,可在 m/z 568 处清楚地观察到同位素峰。

3. 实例

例 8-1　某化合物的分子量为 188,FAB 质谱图如图 8-6 所示,该图采用正离子模式测定,试说明质谱图中的各准分子离子峰是如何构成的。

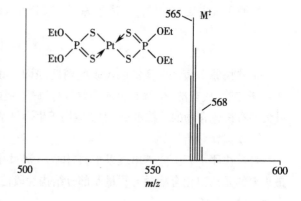

图 8-5　Pt 配合物的 FAB-MS 图

解析:FAB 质谱属于软电离质谱,正离子模式下,化合物的准离子峰的质荷比要大于化合物的分子量。根据化合物的分子量为 188 和在 FAB 中可能结合的阳离子,对图中高质荷比端突出的峰(m/z=211、233、443 和 653)进行分析:211-188=23,所以 211 是[M+Na]⁺;233-211=22,推

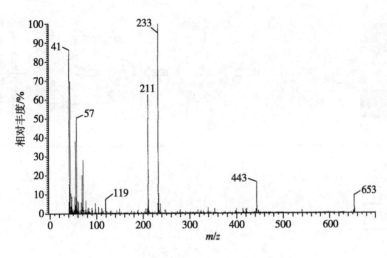

图 8-6　例 7-1 化合物的 FAB 质谱

测 233 是 211 的加钠减氢峰,233 是 $[M+2Na-H]^+$;443−188×2=67,443 是 $[2M+3Na-2H]^+$;653−188×3=89,653 是 $[3M+4Na-3H]^+$。m/z 41、57 和 119 是化合物的碎片离子峰。

（二）在定量分析方面的应用

快原子轰击质谱在定量分析领域的研究还相对较少。在 FAB 定量中,一般都加入待测物的氘代物或其他同位素标记物为内标物,采用内标法定量。Shigeki Isomura 等人曾经采用快原子轰击质谱进行哺乳动物器官中磷脂的定量分析,在测定时加入氘代磷脂作为内标物进行定量。谢红卫等利用快原子轰击质谱直接测定山核桃油中未经任何前处理的混合甘油三酸酯,获得其分子量和碎片结构信息,根据 FAB-MS 测得的分子量推导出甘油三酸酯的组成和不同甘油三酸酯的含量。FAB-MS 定量结果和 GC、GC/MS 测定结果及文献值相符。

第三节　电喷雾电离质谱

一、电喷雾电离质谱的基本原理

电喷雾质谱是近年来发展起来的一类新的软电离质谱仪。1989 年,John Bennet Fenn 发明了电喷雾电离技术(electro-spray ionization,ESI),并由此贡献获得 2002 年的诺贝尔化学奖。电喷雾质谱是目前应用最广的质谱之一。

（一）基本原理

电喷雾电离是软电离技术。其电离过程是离子雾化,样品溶液通过一根毛细管进入雾化室,在加热、雾化气(N_2)和强电场(3~5kV)的共同作用下雾化,在大气压下喷成在溶剂蒸气中的无数细微的带电荷的雾滴。

雾化过程简述如下:样品溶液的液滴在进入质谱计之前沿着一管道运动,该管是不断被抽真空的,且管壁保持适当的温度,因而液滴不会在管壁凝集。液滴在运动中,溶剂不断快速蒸发,液滴迅速地不断变小,由于液滴带有电荷,表面的电荷密度不断增加,表面电荷的斥力克服液滴的内聚力,导致"库仑爆炸",液滴分散为很小的微滴。去溶剂的过程继续重复进行,在这种情况下,溶液中的样品分子就以离子的形式逸出(图 8-7)。

（二）应用范围及特点

电喷雾电离的样品制备方法简单,通常将样品溶解在甲醇、水等溶剂中直接进样;也可与液相色谱联机进样。

笔 记

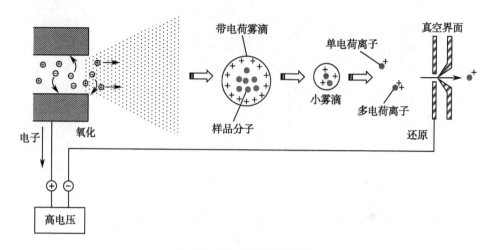

图 8-7　ESI 的雾化示意图

产生的离子可能具有单电荷或多电荷,这与样品分子中的碱性或酸性基团的数量有关。通常小分子得到带单电荷的准分子离子,生物大分子得到多电荷的离子,在质谱图上得到多电荷离子簇。由于可检测多电荷离子,这使质量分析器检测的质量可提高几十倍甚至更高。

在正离子模式下,分子结合 H^+、Na^+ 或 K^+ 等阳离子而得到[M+H]$^+$、[M+Na]$^+$ 或[M+K]$^+$ 等准分子离子;在负离子模式下分子的活泼氢电离得到[M-H]$^-$ 准分子离子。

电喷雾电离的优点:①分子量检测范围宽,既可检测分子量 <1000 的化合物,也可检测分子量高达 20 000 的生物大分子;②可进行正离子模式和负离子模式检测;③准分子离子检测可增加灵敏度;④电离过程在大气压力下进行,仪器维护方便简单;⑤样品溶剂选择多,制备简单;⑥可与液相色谱联机,化合物的分离和鉴定同时进行,简化和缩短分析过程,可用于定性分析和定量分析,利用质谱的 4S 特性,在生物分析等方面应用广泛。

核酸、多肽和蛋白质都是高度亲水性的分子,在高温下容易分解,因而电喷雾这种电离方式非常适用于这类分子的研究。

(三) 常用的电喷雾质谱

ESI 离子源可以应用在不同类型的质量分析器上,组成不同特色的电喷雾质谱。下面介绍几种典型的电喷雾质谱仪。

1. 电喷雾 - 四极杆质谱　不同类型的质谱仪有不同的原理、功能、指标、应用范围。ESI 源与四极质量分析器结合,构成电喷雾 - 四极杆质谱仪,如 Finnigan TSQ Quantum 和 Applied Biosystems ABI 4000 QTRAP 等。

(1) 四极质量分析器的基本原理:四极质量分析器(quadrupole mass analyzer)亦称四极滤质器(quadrupole mass filter),是 Paul 于 1953 年发明的,它由四根平行的棒状电极构成,相对的电极是等电位的,相邻的电极之间的电位是相反的,电极上加直流电压和射频(radio frequence,RF)交变电压。

工作时,离子源比四极质量分析器的电位略高(几伏),保证离子源出来的离子具有一定的动能,到达四极质量分析器时,沿 4 个棒状电极的中心飞行,若不加载 4 个电极的电压,离子将直线通过棒状电极到达检测器。若在离子进入质量分析器时交替改变四极电压,离子将按螺旋方式通过 4 个棒状电极,根据离子质量的不同,其到达检测器的时间不同,得以分别检测(图 8-8)。

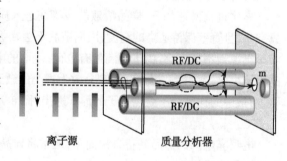

图 8-8　四极质量分析器的基本原理

笔记

四极质量分析器和扇形磁场质量分析器在原理上是不同的,扇形磁场质量分析器检测的离子到达检测器时,离子不能继续飞行进入下一个检测器;而四极质量分析器则是靠质荷比把不同的离子分开,不同质量的离子依次到达检测器进行分别检测,经过检测器的离子仍具有动能,可进入下一个检测器进行检测,因此可将多个四极质量分析器串联起来,联合使用开展串联质谱分析。

(2) 四极质量分析器的特点:四极质量分析器的优点为:①结构简单,可调节棒状电极的长度大小,增加仪器的选择性功能;②仅用电场而不用磁场,无磁滞现象,扫描速度快,可与毛细管气相色谱联机,适合于跟踪快速化学反应;③工作时的真空度要求相对较低,适合与液相色谱联机,增加应用范围;④可将多个四极杆串联使用,如三重四极杆质量分析器可提高定量分析的准确度等。

四极质量分析器的缺点是分辨率不够高,对较高质量的离子有质量歧视效应。

2. 电喷雾 - 离子阱质谱 ESI 源与离子阱结合,构成电喷雾 - 离子阱质谱仪,如 Bruker 液相色谱 - 高容量离子阱质谱 esquire HCT 和 Finnigan LTQ XL 等。

(1) 离子阱的基本原理:离子阱(ion trap)亦称为四极离子阱(quadrupole ion trap),由上、下端盖电极和一个环电极组成。上、下两个端盖电极具有双曲面结构,立面环电极内表面呈双曲面形状,三个电极对称装配,电极之间以绝缘体隔开。上、下端盖电极一个在其中心有一个小孔,可让电子束或离子进入离子阱;另一个在其中央有若干个小孔,离子通过这些小孔达到检测器(图 8-9)。

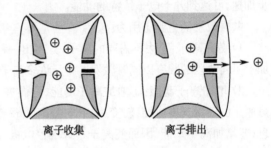

离子收集　　　　　离子排出

图 8-9　离子阱的结构及工作原理

工作时需要在环电极上加以一射频电场,两个端盖电极处于低电位,这样将产生一四极场,可产生一抛物线状的电位阱。在离子阱内充氦气,离子被收集在该阱中做回旋振荡,氦气使离子在阱中的运动受到阻力,较集中于中心,通过电位控制使其依次通过下方小孔达到检测器。

(2) 离子阱检测器的特点:通过加大离子阱的容积,增加阱内离子的数量,提高仪器的灵敏度和分辨率。因此,离子阱较好地应用于有机质谱,并且降低离子的动能,这种状态下要比纯离子更易得到分离和检测。

离子阱的优点:①单一的离子阱可实现多级串联质谱 MS^n;②离子阱的检出限低,灵敏度高,比四极质量分析器高达 10~1000 倍;③质量范围大,商品仪器已达 70 000;④通常离子阱质谱仪理论上可做到 10 级左右,实际操作中做到 3~5 级为多,多级串联质谱可给出结构片段信息,并帮助推测裂解规律。

离子阱的缺点:离子在离子阱中有较长的停留时间,可能发生离子 - 分子反应。为克服这个缺点,可采用外加的离子源,离子阱也就便于作为质量分析器而与色谱仪器联机。

(3) 多级质谱:多级质谱(multiple-stage mass spectrometry,MS^n)分析是结构解析的一种重要的方法,它可以确认母离子和子离子之间的归属,进而提供准确的结构信息。该方法还可以直接用于混合物分析,将混合物质谱中的某一质荷比的峰分离出来进行串联质谱分析,可以给出更多的结构信息,可以能省去大量的分离、纯化工作。

目前用于多级质谱分析的质量分析器主要有串联四极杆和离子阱两种。

离子阱质量分析器能选择性地保留某一质荷比的离子,在阱内与惰性气体碰撞进行诱导断裂,随后进行质量扫描,即可得到该离子的二级质谱。类似的,从二级质谱碎片中选择某一质荷比的离子,又可以进行三级质谱分析。只要离子强度足够,这样的步骤可以做到 10 级,直到获取足够的结构信息为止。

串联四极杆仪器由几个独立的四极杆检测器串接而成,由于体积、成本的限制,一般做到3级。

串联四极杆和离子阱多级质谱的主要不同是离子阱是在同一个阱内实现多级质谱;串联四极杆是在串联在一起的不同的四极杆实现多级质谱。因此,对测定化合物的多级质谱,离子阱质量分析器更为合适。

(4)共振激发:共振激发是离子阱质谱的重要操作技术。简述如下:离子阱中离子的运动特点有两种特征频率,即轴向的和径向的。当共振辐射频率与一个或两个特征频率相等时,离子被激发。仪器上是通过在端盖电极上加几百毫伏的辅助振荡电位的方法实现的。

共振激发离子的轴向特征频率已成为离子阱质谱法的一种重要技术,可采用由特定频率或频率范围组成的事先设计的波形进行激发。在共振激发之前,离子在氦缓冲气原子的碰撞作用下,被聚焦在离子阱的中心附近,这个过程称为“离子冷却”(ion cooling),这时离子的动能减低至约 0.1eV。离子在离子阱中心小于 1mm 的范围内运动。当共振激发冷却的离子时,振幅为几百毫伏的辅助电位在特定离子的轴向特征频率振荡时,将引起这些离子离开离子阱的中心,这样离子将受到较大的阱电场的作用,这种离子激发过程常称之为“tickling”。离子被阱电场进一步加速,可达到几十电子伏特的动能。

共振激发的主要应用为:

1)分离离子:除去不需要的离子,分离出一种或一定质荷比范围的离子,通过在端盖电极上加上不同波段的频率以同时激发并排斥许多离子,在离子阱中留下需要的离子。

2)增加离子动能:①增加离子动能,可促进吸热离子 - 分子反应;②增加离子动能,通过与氦原子的动量交换碰撞,转变为内能,使离子解离,即碰撞诱导解离(CID),便于得到碎片离子信息;③增加离子动能,因而使离子移近端盖电极,产生像电流(image current),这种方式可以对贮存的离子进行非破坏性测量及再测量(re-measurement);④增加离子动能,引起离子从阱电场中逃逸而被排斥,用于离子分离,或在频率扫描时选择性地排斥离子。

3. 配备 ESI 源的其他类型的质谱　除了四级杆和离子阱之外,ESI 离子源可以与飞行时间质谱计(TOF)、傅里叶变换质谱计(FT)连接组成质谱仪,例如 Bruker Daltonics APEX IV FT-ICR-MS 高分辨质谱仪等。这种联用方式极大地拓宽了质谱的应用范围,同时也提高了质谱的分辨率和灵敏度等。ESI 离子源还可以与 Q-TOF、Q-Trap、TOF-TOF 等串联质谱组成各种功能不同、用途不同的质谱仪,如 Waters Q-Tof micro 四极杆 - 飞行时间串联质谱、美国应用生物系统的 ABI 3200Q Trap 串联四极杆 - 线性离子阱质谱仪和 4700 TOF-TOF 串联飞行质谱仪等。这种联用方式增加了质谱的功能,充分体现质谱的 4S 特性,并从分辨率提高、定性分析、定量分析等方面有显著的改善。

二、电喷雾电离质谱在质谱解析中的应用

电喷雾质谱仪器很多,应用广泛,既可以做定性分析,又可以进行定量分析;既可以测定小分子化合物的分子量,又可以测定生物大分子化合物的分子量;既可以解析小分子化合物的结构,又可以推测蛋白质及多肽的氨基酸及其连接顺序。另外,利用电喷雾质谱还可以研究生物大分子的高级结构和非共价结合问题。因此,电喷雾质谱在各个领域的仪器分析和结构研究中均发挥着重要的作用。

(一)结构分析

电喷雾电离技术发现后,极大地拓宽了有机化合物的检测范围,使得测定有机化合物的分子量变得非常简单,并通过 CID 等技术,给出化合物更多的结构信息,使得一些复杂化合物的结构解析成为可能,并减少了复杂化合物结构解析的难度。

1. 电喷雾 - 离子阱质谱用于结构分析　利用电喷雾 - 离子阱质谱测定化合物的分子量,一

般正离子模式下直接给出[M+H]⁺、[M+Na]⁺或[M+K]⁺准分子离子峰,在负离子模式下给出[M−H]⁻准分子离子峰,可方便求出分子量。图 8-10(a)是核苷逆转录酶抑制剂齐多夫定(AZT,zidovudine,3'-azido-3'-deoxythymidine)的二苯基磷酸酯化合物(AZT-二苯基-5'-磷酸三酯,结构见下图)的 ESI-MS 一级全扫描图。

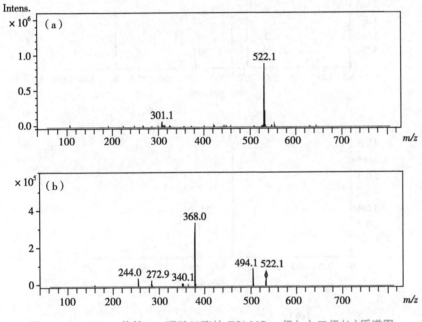

AZT-二苯基-5'-磷酸三酯的结构

图 8-10　AZT-二苯基-5'-磷酸三酯的 ESI-MS 一级(a)、二级(b)质谱图

电喷雾电离质谱(ESI-MS)的分析条件如下:LC-BRUKER Esquire 3000 Plus 离子阱质谱仪,配备有 Cole-parmer 74900 自动进样器。正离子模式,最大分析范围 m/z 6000。雾化气为 N_2,压力为 8psi;干燥气为 N_2,流速为 4.5μl/min;毛细管温度为 250℃;质谱扫描范围为 m/z 15~600。ICC Target:20 000;Max Accu.Time:200 毫秒;Average:5。多级质谱中氦气为碰撞气体。

图 8-10(a)的 522.1 是 AZT-二苯基-5'-磷酸三酯的[M+Na]⁺准分子离子峰,该化合物的分子量为 499。从图中可以看出,准分子离子峰很强,非常好识别,方便确定分子量,也有助于提高检测灵敏度。图 8-10(b)是该化合物[M+Na]⁺的二级质谱图(m/z 522.1)。该图中除了 m/z=522 的峰外,还得到了其他一系列碎片离子峰,如 m/z=494、368、273 和 244 等离子峰。我们把 m/z=522 峰称为母离子峰,将由母离子进一步裂解形成的碎片峰 m/z=494、368、273 和 244 称为子离子峰,该图表示子离子和母离子之间存在联系,可初步归属它们之间的关系。

进一步解析碎片离子峰发现,m/z=494 子离子的形成原因是该母离子结构中存在一个叠氮基团,一个母离子碎裂失去一分子的 N_2 而得到碎片离子峰 m/z=494。裂解过程是分子内部发生叠氮基团的重排,带正电的 N 原子进攻邻位带负电荷的 N 原子,脱去一分子 N_2 后,间位 C 原子上的 H 迁移至 N 上,再关环形成二级胺。

m/z=368、273 和 244 等峰的归属需要更多的信息,因此对这些碎片离子做多级质谱裂解研究,图 8-11 是 AZT- 二苯基 -5'- 磷酸三酯化合物的 m/z=494、368、244 的三级质谱图。对比图 8-11 中的碎片离子 m/z=494 的三级质谱裂解图与图 8-10(b) 母离子 m/z=522 的二级质谱图,可以看出二级质谱图的 m/z=368、273、244 可能来源于 m/z=494 的裂解,其中 m/z=368 是相对强度最高的峰。对 m/z=368 碎裂,发现 m/z=273 来自于 m/z=368。m/z=244 的三级质谱图显示该结构含有胸苷 T([M+Na]$^+$:m/z=149)。图 8-12 是该化合物[M+Na]$^+$ 峰的质谱裂解规律推测示意图。图中的裂解方式可能产生质谱图中相应的碎片峰,各结构碎片之间存在一定的关联,裂解规律遵循传统的有机化合物裂解规则。

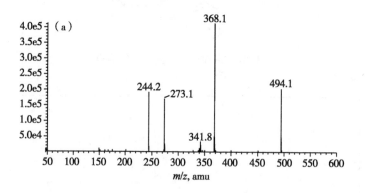

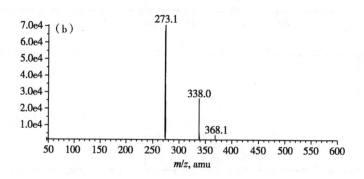

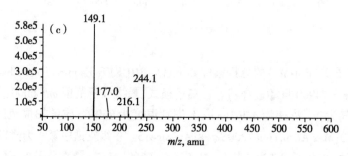

图 8-11　AZT 磷酸三酯的 m/z=494(a)、m/z=368(b)、m/z=244(c) 的三级质谱图

值得注意的是,分析化合物结构,推测其裂解规律时,一些理论上存在的裂解规律,由于有些碎片离子具有刚性结构或是强度太低,在氦气碰撞下很难得到碎片离子,并不会看到相应的碎片离子峰及隶属关系。

笔记

2. 电喷雾 - 离子阱质谱用于化学反应检测　利用电喷雾离子阱质谱可检测化学反应。例如在丝组二肽的 N- 磷酰化反应中,N- 磷酰化可发生在丝氨酸或组氨酸的氨基上,形成两个化合

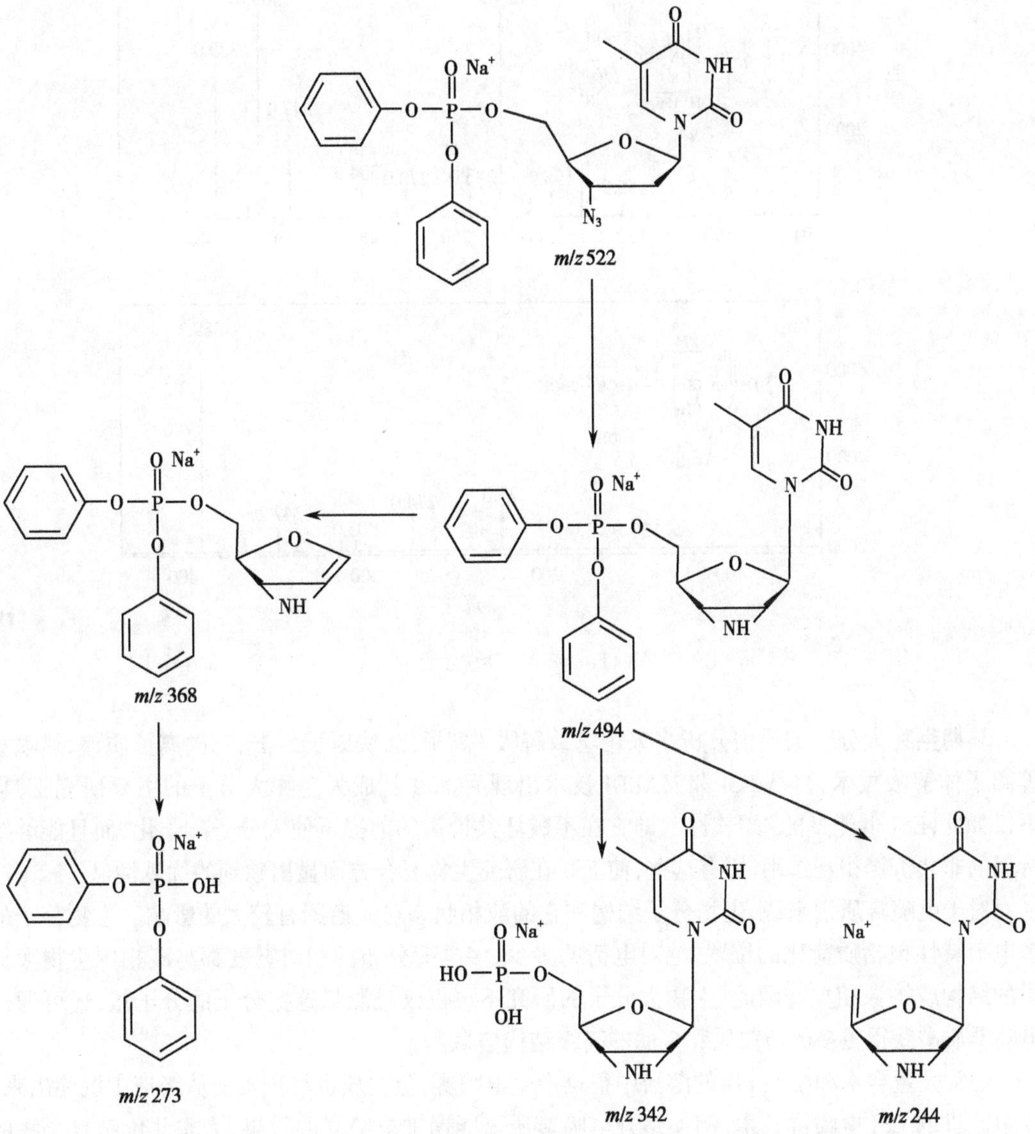

图 8-12　AZT-二苯基-5'-磷酸三酯的[M+Na]⁺峰的质谱裂解方式推测

物:N-磷酰化丝组二肽和N-磷酰化组丝二肽。两个N-磷酰化二肽的分子量相同,其准分子离子峰相同,一级质谱无法区别。但两个化合物的二级质谱明显不同,可利用电喷雾离子阱二级质谱来区分两个产物。在N-磷酰化丝组二肽的二级质谱图[图 8-13(a)]中会出现[DIPP-Ser+H]⁺离子峰($m/z=270$,b_1+H_2O)以及[His+H]⁺离子峰($m/z=156$);而在N-磷酰化组丝二肽的二级质谱图[图 8-13(b)]中则产生 b_1 离子峰($m/z=274$,b_1+H_2O),因此很方便识别是哪个N-磷酰化二肽。这些离子的产生及机制参见文献。

3. 电喷雾质谱研究多肽和生物大分子　生物质谱的发展极大推动了生命科学研究,多种组学技术如蛋白质组学、代谢组学、肽组学及脂质组学等都依赖于生物质谱技术。基于生物质谱技术,不但可以对蛋白质进行直接分析,还可以进行蛋白质酶解,通过酶解多肽测序及数据库检索从而对蛋白质进行结构鉴定,包括蛋白质的翻译后修饰信息等。多肽和蛋白质作为天然产物研究和药物开发中的重要分子,具有丰度低、结构复杂、稳定性差等特点,一直以来都是药物结构解析中的难点,生物质谱技术如电雾电离质谱技术的发展为多肽和蛋白等生物大分子的分析提供了强大的技术支持。

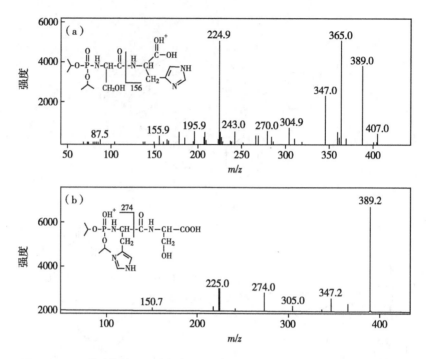

图8-13　N-磷酰化丝组二肽（a）和 N-磷酰化组丝二肽（b）的 ESI-MS/MS 图

早期生物大分子的质谱分析多采用场致解吸/离子化、快原子轰击、二次离子质谱、热喷雾等离子体解吸技术，自从 ESI 和 MALDI 技术出现后，ESI 就成为生物大分子的主要研究工具。不仅如此，ESI 低能量的"柔软性"，即它在不破坏共价键的前提下使大分子离子化，而且能够维持弱的非共价键相互作用，所有这些，使 ESI 在研究生物复合方面显出独到的优越性。

对于电喷雾质谱来说，生物分子结构和它的液相状态对质谱图有较大的影响。生物分子的多电荷特性包括质荷比的位置、绝对电荷的多少、多电荷分布的相对宽度都与液相中生物大分子的结构或构象相关。因此，生物大分子的研究不再仅仅是测量这些分子的分子量，还可通过电喷雾质谱获得更多的蛋白质和多肽的高级结构信息。

通常大量含水和中性 pH 的溶液中很难产生电喷雾，蛋白质也易聚集而从溶液中沉淀出来。经过改进的 ESI 电喷雾技术，例如纳升电喷雾质谱能增加电喷雾的效果，为非共价键复合物的研究带来方便和可能。

由电喷雾质谱可计算化合物的分子量。如果化合物是分子量1000以下的小分子时，可根据 $[M+H]^+$、$[M-H]^-$ 和 $[M+Na]^+$ 等准分子离子峰获得化合物的分子量；如果是生物大分子，也可通过谱图计算其分子量。

极性生物大分子的离子化过程中易形成多电荷离子，这些多电荷离子通常形成系列离子，组成多电荷离子峰簇。这些峰簇相邻电荷态的离子只差1个电荷，质荷比间隔有一定的规律，与大分子的分子量有一定关系。可根据上述数据计算该生物大分子的分子量，公式如式8-1和式8-2。

$$n_2 = \frac{(M_1 - X)}{M_2 - M_1} \qquad\qquad (式 8\text{-}1)$$

$$M = n_2(M_2 - X) \qquad\qquad (式 8\text{-}2)$$

当准分子离子的类型是 $[M+H]^+$ 时，$X=1$；M_1 和 M_2 分别是相邻两个峰的质荷比的数值，n_1 为 M_1 的电荷数，n_2 为 M_2 的电荷数，M 是大分子的分子量。

Katta 和 Chait 用 ESI-MS 研究血红素（protoporphyrin IX）和肌红蛋白间非共价键的结构。早期文献报道用 ESI-MS 质谱发现血红素加合到肌红蛋白的现象。Katt 和 Chait 的报道显示了从

pH=3.55 到 pH=3.90 的水溶液中测得的肌红蛋白谱图截然不同。肌红蛋白在 pH=3.55 时完全变性,谱图显示这时只有脱去辅基的蛋白质的一组多电荷峰;当 pH 升到 3.90 时,就允许蛋白质适度折叠到较"自然"或非变性状态,且此时血红素以非共价键的形式和蛋白结合(图 8-14)。

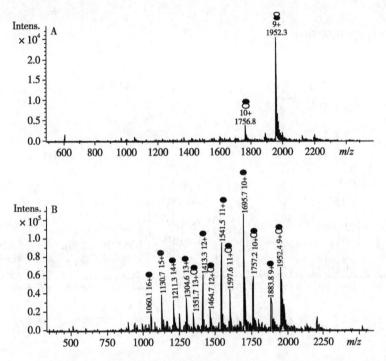

图 8-14 A:马心肌红蛋白(10mmol/L NH₄Ac 溶液,pH=6.9)溶液的 ESI-MS 谱图,●○代表血红素 - 肌红蛋白(myoglobin-heme)复合物的多电荷峰;B:● 代表肌红蛋白(apomyoglobin)的多电荷峰,pH=3.8

图 8-14B 中的一组多电荷峰 1060.1、1130.7、1211.3、1304.6、1413.3、1541.5、1695.7 和 1883.8 是马心肌红蛋白(M=16 951.5)的多电荷离子形成的峰簇,该峰簇在 m/z=700~1884 范围内,根据上面的公式可计算该蛋白的分子量。

例如以相邻的 m/z=1060.1 和 1130.7 计算该化合物的分子量,套用式 8-1 和式 8-2:

$$n_2=(1060.1-1)/(1130.7-1060.1)=15.0$$

$$M=15 \times (1130.7-1)=16\ 945.5$$

以这两个峰计算出的该化合物的分子量为 16 945.5,运用相关软件根据多个峰可计算出平均值 M=16 952.4。因此,电喷雾质谱可测定生物大分子的分子量,并且随着质谱的分辨率越高、质量精确越高,给出的生物大分子的分子量越精确。

蛋白质的质谱分析主要分为两种,一种是直接进行分析,获得其分子量信息;另一种是首先对蛋白质进行酶解,通过多级质谱分析技术对肽段进行测序,数据库检索比对基因组信息,从而对蛋白质进行鉴定。

如图 8-15 所示为电喷雾电离质谱对溶菌酶多肽 CELAAAMKR 的质谱测序图。多肽 CELAAAMKR 的[M+H]⁺ 离子峰位 m/z=1049.49,由于带两个质子,电喷雾质谱捕获[M+2H]²⁺ 的分子离子峰 m/z=525.2782,对该离子进行分离和质谱裂解,获得图所示的多肽测序图。 CELAAAMKR 主要有两种裂解方式,一种是从多肽的 N 端向 C 端碎裂,产生一系列 y 离子,如 y8 离子 m/z=889.4896 为多肽失去 N 端半胱氨酸,y7 离子 m/z=760.4438 为多肽失去 N 端半胱氨酸和谷氨酸两个氨基酸残基所产生的,以此类推;另一种裂解方式为多肽的 C 端向 N 端裂解,如图所示,b2 离子 m/z=290.0774 通过 Glu 和 Leu 之间的酰胺键断裂产生;除了这两种主要的多肽裂解途径为,点喷雾质谱中还会产生脱水、脱 CO、脱去 NH₃ 及肽内裂解的碎片离子峰。通过这

笔记

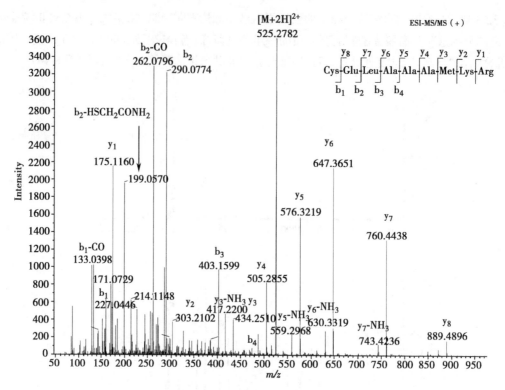

图 8-15   电喷雾电离质谱对溶菌酶多肽 CELAAAMKR 的质谱测序图

些子离子峰信息的分析对多肽进行从头测序及蛋白质鉴定分析。

  Gamam 用 ESI-MS 研究过 DNA 与 DNA 的相互作用或 DNA 双螺旋体。Smith 用 ESI-MS 观察到一个 20 个碱基的双螺旋 DNA,更大的 DNA 曾用傅里叶变换离子回旋共振质谱计测量过。总之,ESI-MS 为研究生物大分子的非共价键复合物提供了可靠的方法和技术保障,这将极大地加快我们认识生命学科的速度,更好地阐述生命科学的规律。

  (二) 电喷雾质谱在定量分析方面的应用

  液相色谱 - 质谱联用仪是当今快速、有效、灵敏度高、选择性好的定量分析方法之一,已经成为生物定量分析的常用方法。在这个方法中,色谱作为分离手段,质谱是作为检测器联合完成定量工作。其中,ESI 是该仪器的主要离子源,质量分析器可以是离子阱、四级杆和飞行时间质谱计等,最常用的质量分析器是三重四极杆,已成为定量分析的首选装配。

  采用高效液相色谱 - 三重四极杆质谱(HPLC/MS/MS Q-TRAP)定量分析大鼠血浆中的异戊酰紫草素是一种快速简便的定量分析方法。该方法采用负离子检测模式,提高了异戊酰紫草素的分析灵敏度,扫描方式采用多反应监测(MRM)模式,选用母离子 $m/z=371$ 和子离子 $m/z=101$ 作为离子对,大黄素作内标,得到了良好的分析效果。在异戊酰紫草素 9~9000ng/ml 的浓度区间内线性良好,其相关系数为 $r=0.995$,异戊酰紫草素在最优条件下的最低定量下限(LLOQs)为 9ng/ml。精密度和准确度在 9% 以内,可以应用于大鼠的血浆药动学研究。该方法的优点为对 HPLC 色谱不必完全分离即可用于定量分析;对比仅用母离子做定量分析,该方法可有效地消除杂质峰的影响,具有很好的特异性和较宽的线性范围,是一种简单、快速和灵敏的检测大鼠血浆中的异戊酰紫草素的 LC/MS/MS 定量分析方法。

  该方法仪器采用 Applied Biosystems 3200Q TRAP LC/MS/MS System 四极杆质谱仪,连接 Agilent 1200(Agilent Corporation,MA,USA)系列高效液相色谱,配有 G1311A 四元泵、G1329A 自动进样器和 G1316A 柱温箱。色谱柱为 Ultimate™ XB-C$_{18}$,250mm × 4.6mm;柱温为 20℃。检测方式为负离子模式;扫描方式为多反应监测(MRM)模式。

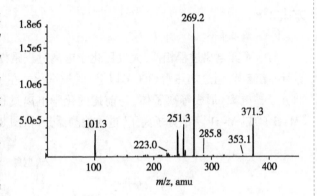

异戊酰紫草素的结构

异戊酰紫草素的分子量为 372,准分子离子[M-H]⁻为 371,图 8-16 是 m/z=371 的[M-H]⁻的二级质谱图,选择 m/z=371.3 和 269.2 离子对进行 MRM 扫描分析。流动相为水 / 醋酸铵 - 乙腈 - 甲醇 (10:45:45,$V/V/V$),流速为 0.8ml/min。梯度洗脱后,异戊酰紫草素的保留时间为 11.6 分钟,整个分析时间为 13 分钟。图 8-17 和图 8-18 表明空白血浆在 11.6 分钟处无干扰。上述色谱和质谱条件适合该化合物的定量分析要求。

图 8-16　m/z=371 的二级质谱图

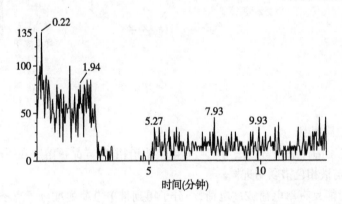

图 8-17　异戊酰紫草 MRM [m/z=371.3 → 269.2]的空白血浆 MRM 扫描图

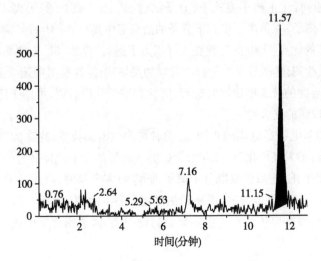

图 8-18　异戊酰紫草 MRM [m/z=371.3 → 269.2]的给药血样 MRM 扫描图

笔记

第四节　大气压化学电离质谱

一、大气压化学电离质谱的基本原理

大气压化学电离（atmospheric pressure chemical ionization, APCI）是指样品的离子化在处于大气压下的离子化室中进行。大气压化学电离也是一种软电离技术，与电喷雾电离均属于大气压电离的范畴。大气压电离（atmospheric pressure ionization, API）是液相色谱和质谱联用的主要方法之一。

（一）基本原理

与电喷雾电离过程相似，大气压化学电离过程是样品溶液由具有雾化气套管的毛细管（喷雾针）端流出，通过加热管（300℃以上）时被汽化。在加热管端进行电晕（corona）尖端放电，溶剂分子被电离，形成等离子体，与前述的化学电离过程相似，等离子体与样品分子反应，生成 $[M+H]^+$ 或 $[M-H]^-$ 准分子离子，进入检测器分析（图 8-19）。

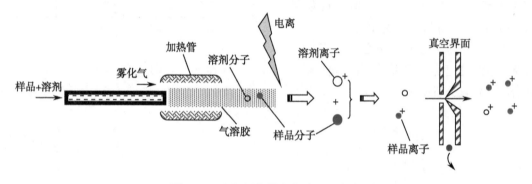

图 8-19　大气压化学电离过程示意图

（二）应用范围及特点

大气压化学电离的样品制备方法与电喷雾电离质谱相似，样品可溶解在甲醇、水等溶剂中，可直接进样；也可与液相色谱联用进样。

产生的离子可能具有单电荷或多电荷，小分子得到带单电荷的准分子离子，大分子得到多电荷的离子，在质谱图上得到多电荷离子簇。多电荷离子检测也会提高分子量的检测范围。

与电喷雾电离相同，在正离子模式下，分子结合 H^+、Na^+ 或 K^+ 等阳离子而得到 $[M+H]^+$、$[M+Na]^+$ 或 $[M+K]^+$ 离子；在负离子模式下分子的活泼氢电离得到 $[M-H]^-$ 离子。

大气压化学电离的优点：①电离过程在大气压力下进行，仪器维护方便简单；②可进行正离子模式和负离子模式检测；③准分子离子检测可增加灵敏度；④样品溶剂选择多，制备简单；⑤可与液相色谱联机，化合物的分离鉴定同时进行，简化和缩短分析过程，可用于定性分析和定量分析；⑥可以检测极性较弱的化合物。

大气压化学电离与电喷雾电离的相同点：两者均为软电离技术，均在大气压环境条件下离子化。两者的不同点：①大气压化学电离时，形成的气态溶剂分子或样品分子不带电荷，经电晕放电后溶剂分子被离子化，进而形成准分子离子；而电喷雾电离时，汽化分子已经带有电荷，不需要电晕放电。②大气压化学电离时，需要加热汽化样品溶液；电喷雾电离时，通过真空汽化样品溶液进行。因此，电喷雾电离适合于极性化合物的检测，大气压化学电离可以检测弱极性的小分子化合物。

笔记

二、大气压化学电离质谱在质谱解析中的应用

电喷雾电离和大气压化学电离是质谱仪常见的两种电离方式,一般商业质谱仪都配备这两种离子源。两种离子源的基本操作方式也相似,硬件上的差异是喷雾针不同,换成 APCI 喷雾针时,使用 APCI 操作程序;换成 ESI 喷雾针时,使用 ESI 操作程序。两者的应用领域也十分相近,都可与 HPLC 联机,有时一些化合物的质谱条件也差别不大,体现在质谱图上的差别也很小。但是相对于电喷雾电离,大气压化学电离更适合于弱极性分子的质谱分析,而这些弱极性的化合物用 ESI 源时,往往得不到分子离子峰的相关信息,这时大气压化学电离的作用是不可替代的。

茄尼醇(solanesol)是长链半萜烯醇化合物,属三倍半萜烯醇,分子式为 $C_{45}H_{74}O$,相对分子质量为 631。该化合物仅有 1 个羟基,是一个弱极性化合物,用 APCI 离子源采用正离子模式测定该化合物很容易得到其 $[M-H_2O+H]^+$ 离子峰(图 8-20),其信号响应值比 ESI 源测定该化合物高 2 个数量级,且图谱更简单,很方便测定该化合物的分子量。

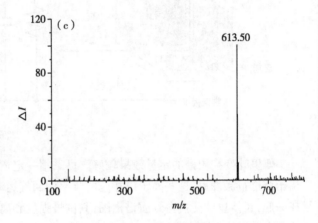

图 8-20 茄尼醇(solanesol)的 APCI 质谱图

有学者通过吗啡、麻黄碱、可待因、哌替啶和普萘洛尔等 58 种极性较弱的药物,研究了这些化合物在相同进样量的条件下 ESI-MS 和 APCI-MS 的灵敏度,发现采用 APCI-MS 测定这些化合物更合适,灵敏度高于 ESI-MS。如果用 ESI 源,19 个化合物有强的分子离子峰;若采用 APCI 源,46 个化合物有强的分子离子峰。进一步的 CID 研究表明,采用 APCI-MS 还可得到这些化合物的碎片结构信息。因此,测定极性较弱的化合物时,可采用 APCI 源的质谱仪。

第五节 高分辨质谱

一、高分辨质谱的基本原理

分辨率(resolution)是质谱仪的重要指标,是指谱仪分离相邻两个离子的能力。影响分辨率的主要硬件部分是质量分析器。目前,能达到高分辨水平的质量分析器有磁质量分析器、飞行时间质量分析计和傅里叶变换质谱计,如 Finnigan MAT-900XP 的双聚焦质量分析器质谱和 Bruker En Apex ultra 7.0 FT-MS(FT-ICR-MS)的傅里叶离子回旋变换质谱等均属于高分辨质谱。本节主要介绍傅里叶变换质谱法。

傅里叶变换质谱法(Fourier transform mass spectrometry,FTMS)亦称傅里叶变换离子回旋共振质谱法(FT-ICR-MS),是基于计算机技术将检测到的信号经傅里叶变换为质谱图。

离子回旋共振波谱法(ion cyclotron resonance spectrometry,ICR)的基本原理是基于离子在均匀磁场中的回旋运动,离子的回旋频率、半径、速度和能量是离子质量和离子电荷及磁场强度的函数,通过一个空间均匀的射频场(激发电场)的作用,当离子的回旋频率与激发射频场的频率相同时,离子将被加速到较大的半径回旋,从而产生可以检测到的电流信号。傅里叶变换离子回旋共振质谱法采用的射频范围覆盖了测定样品的质量范围,这样所有的离子同时被激发,所有检测到的信号经计算机傅里叶变换转换为质谱图。

笔记

傅里叶变换质谱计的分析室为立方体形,构造为三对平行的极板。磁力线沿 z 轴方向穿过一对极板,离子的回旋运动垂直于 z 轴,可在另外两对极板的一对上加激发射频,在另外一对极板上检出信号。如图 8-21 所示。

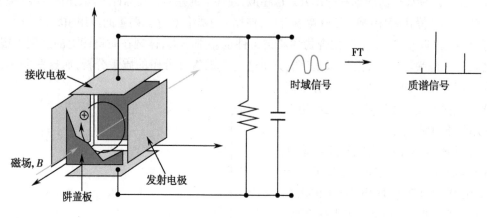

图 8-21   电磁离子阱

傅里叶变换质谱的定量效果较好。可采用一定宽度的脉冲频谱对分析室内各种质荷比的离子都进行激发后,这些离子以相应的频率做回旋运动,产生相应的时域信号。这些信号叠加在一起,经傅里叶变换得到质谱谱图,其信号强度和离子数成正比、和离子质荷比的大小无关,体现出良好的定量效果。

傅里叶变换质谱计的优点:①傅里叶变换质谱计的分辨率非常高,甚至可以达到 200 万,远高于其他质谱计。商品仪器的分辨率可超过 1×10^6。与扇形磁场质量分析器不同,傅里叶变换质谱的分辨率提高没有降低灵敏度,在一定的频率范围内,如果采集时间足够的话,都可得到很高的分辨率。②用傅里叶变换质谱计可得到精确的质量数,由此可计算化合物的组成。尤其在用电喷雾质谱测定生物大分子的分子量时,具有与其他质谱无可比拟的优点。③可实现多级(时间上)串联质谱的操作。④傅里叶变换质谱计可以与多种离子化方式连接,如 FAB、ESI 和MALDI 等,对样品的要求较低,很方便与液相色谱联机。

二、高分辨质谱在质谱解析中的应用

低分辨质谱虽然可以给出化合物的分子量信息,但无法确定分子组成,这对复杂未知物的解析是远远不够的。高分辨质谱的质量精确度能够精确到 ppm 数量级甚至更低,同时结合同位素和杂原子的分子量规律,可以确定分子离子或准分子离子的元素组成,也可以给出碎片离子的元素组成,这些对结构解析十分重要。在结构解析中,通常利用高分辨质谱给出化合物的精确分子量来确定化合物的分子组成,解析化合物的结构。

例 8-2   从某海洋真菌中分离得到 4 个天然产物 comd1、comd2、comd3 和 comd4,结构如下。4 个化合物的高分辨质谱图如 8-22a、b、c 和 d 所示,图中检测的化合物均为正离子模式质谱图,图中可以很明显地看到 m/z=227.09089、211.09692、209.08130 和 241.10738 的 [M+H]$^+$ 准分子离子峰,这对分子量的确定和结构解析是有帮助的。

comd1   comd2   comd3   comd4

例 8-2 中的 4 个化合物的结构式

例 8-3　某黄酮化合物的分子式为 $C_{21}H_{16}O_4$，分子量为 334，结构式如下。采用 ESI 源 Bruker En Apex ultra 7.0 FT-MS（FT-ICR-MS）的傅里叶离子回旋变换质谱测定该化合物的高分辨质谱图，结果见图 8-23 和图 8-24。图 8-23 是该化合物的正离子模式质谱图，图 8-24 是该化合物的负离子模式质谱图。试归属该化合物的高分辨质谱图中的各离子峰，并与理论值进行对比计算其误差（ppm）。

例 8-3 中的化合物的结构式

解析：

1. 正离子模式质谱图　理论值计算采用 ChemOffice 软件。从图 8-23 中可以看到很强的

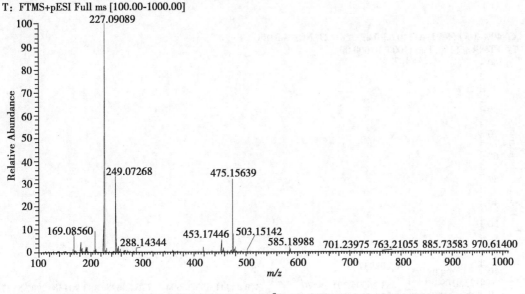

a

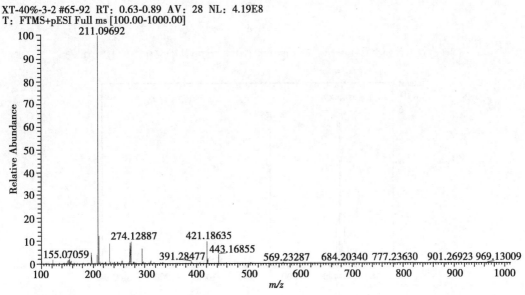

b

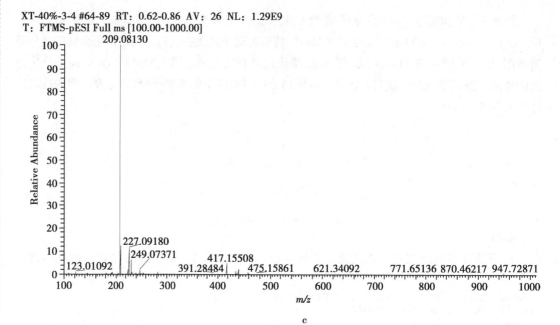

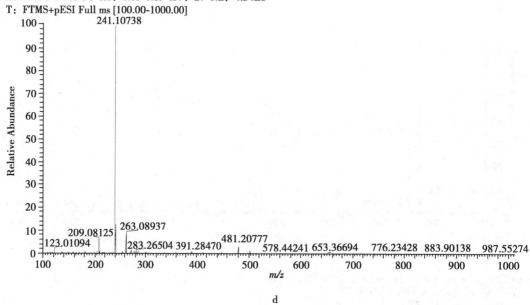

图 8-22　comd1（a）、comd2（b）、comd3（c）和 comd4（d）化合物的 FT-MS 图

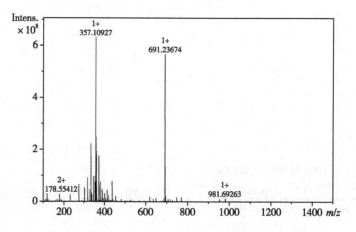

图 8-23　例 8-3 化合物的 ESI 源正离子模式 FT-MS 图

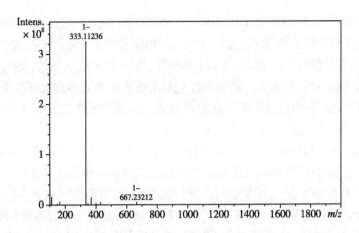

图 8-24　例 8-3 化合物的 ESI 源负离子模式 FT-MS 图

357.1093 离子峰和 691.2367 离子峰,很容易推出 357.1093 为 [M+Na]⁺ 准分子离子峰,691.2367 为 [2M+Na]⁺ 准分子离子峰;该化合物的 [M+Na]⁺ 理论值为 357.1103,[2M+Na]⁺ 理论值为 691.2308,与实际测量值基本符合,误差分别为 2.8 和 8.5ppm。图中还可以看到其他较弱的碎片离子峰。

2. 负离子模式质谱图　从图 8-24 中可以看到很强的 333.1124 的 [M-H]⁻ 准分子离子峰,与理论值 333.1127 基本符合,误差为 0.9ppm;同时也可以看到稍弱的 667.2321 的 [2M-H]⁻ 准分子离子峰,也与理论值 667.2332 基本符合,误差为 1.6ppm。

另外,采用正离子模式和负离子模式测定该化合物的灵敏度差别不大,这与该化合物的结构有关,在其他化合物中可能会不同。

综上所述,高分辨质谱可以给出化合物的精确质量,进而确定化合物的元素组成,这在复杂化合物和未知物的结构解析中经常用到。同时,可根据化合物的理化性质,选择合适的离子源和电离模式,以提高检测的灵敏度。

第六节　质谱联用技术

质谱联用技术是指色谱与质谱串联的技术,包括液相色谱 - 质谱联用技术、气相色谱 - 质谱联用技术等。质谱是很好的定性及鉴定仪器,可以提供较多的结构信息,且具有很高的检测灵敏度和特异性,是理想的色谱检测器;色谱是很好的分离仪器,尤其是 HPLC,被称为分离复杂体系的最为有效的分析工具。因此,两者的结合构建了很好的分离鉴定仪器。色谱 - 质谱联用仪已经广泛应用在各领域中,目前多数质谱仪配备 HPLC 或 GC 系统,色谱 - 质谱联用仪已经成为结构分析和定量分析的主要工具之一,在各行业中发挥着重要的作用。

色谱质谱联用仪由色谱、质谱和接口技术三部分组成,接口技术的提高和成熟极大地拓宽了液相色谱和质谱的应用范围,是目前色谱质谱联用仪的关键技术。

一、液相色谱 - 质谱联用仪

液相色谱 - 质谱联用仪(liquid chromatography-mass spectrometer,LC-MS)也指液相色谱 - 质谱联用技术,是以液相色谱作为分离系统、以质谱为检测器的分离鉴定仪器。目前,液相色谱的主要代表仪器是高效液相色谱(HPLC)和超高效液相色谱(UPLC),相应的液相色谱 - 质谱联用仪有高效液相色谱 - 质谱联用仪(HPLC-MS)和超高效液相色谱 - 质谱联用仪(UPLC-MS)。下面简单介绍该仪器的特点及在结构解析方面的应用。

1. **液相色谱 - 质谱联用的接口技术**　20 世纪 70 年代,Horning 等人发明了高效液相色谱 -

笔记

质谱(HPLC-MS)联用技术,但由于接口问题,一直限制其发展及应用。随着液相色谱 - 质谱联用的各种接口技术的不断出现,液相色谱 - 质谱联用得到了快速发展。目前,接口技术已趋向成熟,主要的接口技术有热喷雾(TSP)、热等离子体喷雾(PSP)、粒子束(LINC)、大气压电离(API)和动态快原子轰击(FAB)接口技术等。其中,API 包括电喷雾电离(ESI)和大气压化学电离(APCI)。本章第三和第四节已经介绍过这两种电离方式,优点之一是常压电离技术、不需要真空,因此减少了许多设备,使用方便,成为科研工作的有力工具。

2. 液相色谱 - 质谱联用的特点 液相色谱 - 质谱联用技术的特点为该仪器集高灵敏度、极强的定性专属性及通用性于一体,既具备质谱的优点,又具备液相色谱的优点,因此收到广泛的重视。HPLC-MS 具有如下特点:①质谱的检测灵敏度高、检测范围广,具有多反应监测功能,既能检测单一成分,又能检测混合物,既能定性,又能定量,明显优于紫外等检测器;②分析速度快,色谱柱比一般的液相色谱短,缩短分析时间;③可获得复杂混合物中单一成分的质谱图,有利于复杂体系和内源性化合物的分离与结构鉴定;④对生物样品,HPLC-MS 的样品前处理简单,一般不需要水解或者衍生化处理,可以直接用于该仪器的分离和鉴定。

液相色谱 - 质谱联用的另外一个优点是串联质谱技术(tandem MS)。1983 年 McLafferty 等发明了串联质谱技术,现在已成功地应用在结构解析和定量分析上。串联质谱法是指质量分离的质谱检测技术,在单极质谱给出化合物的相对分子量的信息后,对准分子离子进行多级裂解,进而获得丰富的化合物碎片信息,确认目标化合物,对目标化合物定量等,有分离、结构解析同步完成的特点,能直接分析混合物组分,有高度的选择性和可靠性,其检测水平可以达到皮克(pg)级。因此,用串联质谱可解决结构解析中的许多问题,尤其是在药物代谢方面等复杂体系的研究。例如串联质谱技术可以进行多次的离子选择作用,即通过 MS^1 选择一定质量的母离子,与气体碰撞断裂后,再经 MS^2 选择一定质量的子离子,通常称之为多反应监测(multiple reaction monitoring,MRM),这样大大提高了分析的专一性,同时也改善了信噪比。若样品经过色谱柱再进入质谱仪可进一步分离杂质,减小背景干扰,从而改善信噪比。

3. 液相色谱 - 质谱联用仪的应用 随着各种离子化技术的出现,液相色谱 - 质谱联用成为生物、医学等领域的主要研究工具。生物样品的样品量少,分离、分析难度大,要求检测方法灵敏度高、精确,液相色谱 - 质谱联用具备这些特点。例如药动学研究中的血药浓度测定、代谢途径分析、代谢物鉴定等工作都属于分析含量少、干扰多的对象,要求分析方法的灵敏度高、选择性好、快速准确,液相色谱 - 质谱联用可满足上述要求。药动学研究面临的主要问题是测试的样品量大、分离难度大、基质干扰成分多、样品含量低,液相色谱 - 质谱联用技术由于其选择性强、灵敏度高,不仅可以避免复杂、烦琐、耗时的样品前处理工作,而且能分离鉴定难于辨识的痕量药物代谢产物,尤其是串联质谱的应用,通过多反应检测(MRM),可以提高分析的专一性,改善信噪比,提高灵敏度,从而快速方便地解决上述问题。

M.Jemal 等综述了近年来在药物研究中用 LC-MS/MS 进行高通量生物分析的发展,应用快速液相萃取、高效毛细管的 LC-MS/MS 检测多种药物在血、尿中的药物原形及其代谢产物,该法带来了快速和高灵敏度的定量生物分析。车庆明等利用 LC/MS 技术,从口服黄芩苷的人尿液中发现并鉴定了 3 个主要代谢产物的化学结构,证明了黄芩苷苷元是主要药物代谢产物的中间体,它们在体内共存,构成黄芩苷的药效。

将液相色谱 - 质谱联用技术应用于药物及其代谢产物研究是该技术在医药领域中应用最广泛、研究论文报道最多的领域。液相质谱与串联质谱联用显示了独特的优势,将进一步在生物和医学领域发挥重要的作用。

例 8-4 超高效液相色谱 - 质谱联用分析核苷类手性亚磷酸酯和磷酰胺抗病毒前药
核苷类磷酰胺与亚磷酸酯化合物作为核苷类逆转录酶抑制剂的前药具有更好的抗病毒活性。由于手性磷原子的存在,该类化合物往往以非对映异构体的形式存在,且具有完全不同的

笔记

抗病毒活性。单一手性药物的分离分析和药理相关研究至关重要。

液相色谱-质谱联用的分析条件:仪器设备为 Waters Acquity UPLC-Q-TOF MS 质谱系统。

色谱条件:色谱柱为 Waters Acquity BEH C_{18} column(1.7μm particles,2.1mm×50mm)。检测波长为 254nm。流动相为 d4T-P-N-AlaOMe,CH_3CN/H_2O 20:80(V/V);d4T-P-Isopropyl-H,CH_3CN/H_2O 13:87(V/V)。

质谱条件:正离子分析模式,质量检测范围为 m/z=100~800;离子源温度为 120℃;干燥气温度为 300℃;毛细管电压为 2500V;干燥气为氮气,流速为 800L/h。

图 8-25 所示的为核苷 d4T 丙氨酸甲酯磷酰胺和氢亚磷酸酯非对映异构体分离的质谱离子流分析图。如图 8-25(a)所示,对[M+H]$^+$ m/z=466.1427 进行提取离子流,得到两个非对映异构体的信号,d4T 丙氨酸甲酯磷酰胺得到基线分离;同样,基于普通 C_{18} 色谱柱对 d4T 氢亚磷酸酯非对映异构体进行成功的基线分离和质谱在线检测分析,如图 8-25(b)所示的为提取[M+H]$^+$ m/z=331.1047 的质谱离子流图。通过液相色谱-质谱联用分析,目标化合物的最低检测限得到一个数量级的提高,同时通过质谱多级裂解功能,还可以对药物的分子结构进行解析。

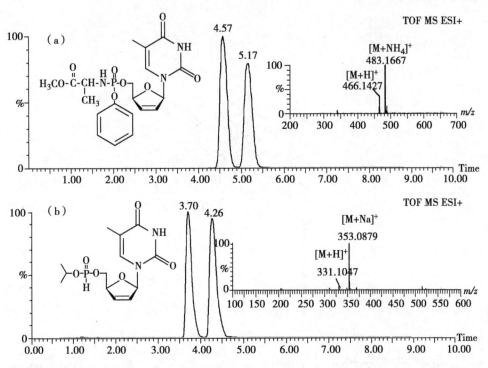

图 8-25　例 8-4 核苷磷酰胺及亚磷酸酯逆转录酶抑制剂非对映异构体的色谱-质谱联用分析

二、气相色谱-质谱联用技术

气相色谱技术十分成熟,是一种高效的分离和分析方法,毛细管柱的应用使得混合物得到很好的分离。由于气相色谱和质谱均分析气相状态的样品,不同的是气相色谱分析在常压状态、质谱在真空状态,因此两者联机比 LC-MS 容易。气相色谱-质谱联用仪(gas chromatography-mass spectrometer,GC-MS)主要由色谱、质谱和数据处理系统构成。气相色谱为分离系统,质谱作为检测器,两者的组合提高分离鉴定和检测的能力。

GC-MS 的质谱质量分析器可以选择磁质谱计、四极质量分析计、TOF 和离子阱。离子源主要是 EI 源和 CI 源。GC-MS 的另外重要部分是计算机系统。一个混合物样品进入 GC-MS 后,经过合适的色谱条件下,被分离成单一成分并依次进入质谱仪,经离子源电离电离后,再经分析

笔记

器、检测器即得每个化合物的质谱。这些信息由计算机储存,谱库较全,可根据需要进行化合物的质谱图、总离子流图的检索,快速给出化合物的结构信息。

GC-MS 有如下优点:①计算机系统可控制仪器,同时进行数据处理,因此可将质谱数据进行校正,如扣除本底等操作,消除干扰,提高灵敏度;可以给出总离子流色谱图,体现色谱功能;可以给出质量色谱图,将混合物中具有共同碎片离子的各成分进行比较,提供更多的结构信息。②可以进行未知物质谱库检索。可对测试样品的质谱与计算机库存谱库的已知样品的质谱进行比较,找出相对相似度较高的质谱,有助于判断测试样品是否是已知物还是未知物,也可根据给出的质谱信息进行结构解析。

GC-MS 的数据系统可以有几套数据库,主要有 NIST 库、Willey 库、农药库、毒品库等。

习题

1. 一化合物的结构式如下图。ESI 质谱如图 8-26(正离子模式)和图 8-27(负离子模式)所示,请归属图中的各离子峰。

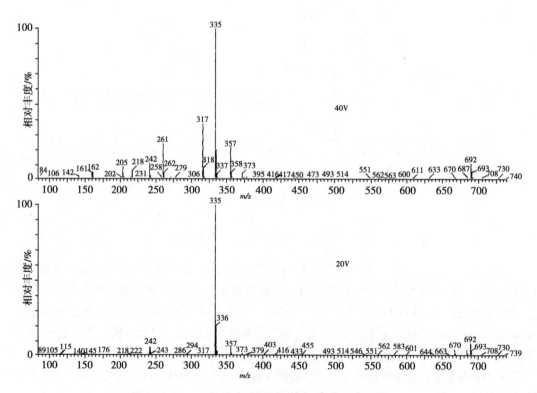

图 8-26　习题 8-1 化合物的 ESI 质谱图(正离子模式)

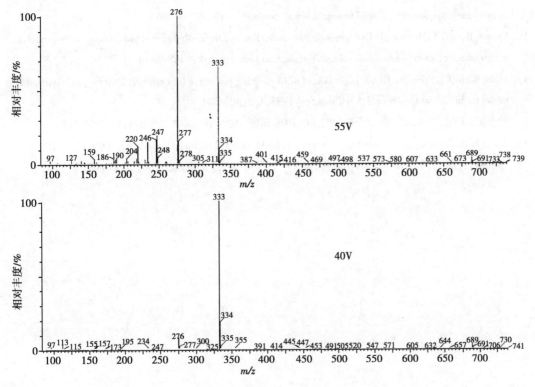

图 8-27　习题 1 化合物的 ESI 质谱图（负离子模式）

2. 以 M 代表分子量，请指出准分子离子（正离子模式）的主要类型有哪些？

3. 软电离有几种类型？与硬电离相比有哪些优点？适用测定什么样的物质？

4. 比较离子阱质量分析器与四极杆质量分析器的优缺点及应用范围。

5. 高分辨质谱的质量精确度能够到 ppm 数量级甚至更低。假如某一化合物的准分子离子峰 $[M+H]^+$ 的理论值为 144.0813，高分辨质谱仪的质量精确度为 5ppm，请估算该化合物经该仪器测定时，$[M+H]^+$ 准分子离子峰的实测值在什么范围？

（吴　振）

参考文献

1. 吴立军．有机化合物波谱解析．第 3 版．北京：中国医药科技出版社，2009

2. 张华．现代有机波谱分析．北京：化学工业出版社，2005

3. 宁永成．有机波谱学谱图解析．北京：科学出版社，2010

4. 赵玉芬．生物有机质谱．郑州：郑州大学出版社，2005

5. Gil JH，Jung JH，Kim KJ，et al.Structural determination of saponins extracted from starfish by fast atom bombardment collision-induced dissociation mass spectrometry.Analytical Sciences，2006，22：641-644

6. Shigeki I，Kazuo I，Mitsumasa H.Quantitative Analysis of The Kinetics of Phospholipase A_2 Using Fast Atom Bombardment Mass Spectrometry. Bioorganic & Medicinal Chemistry Letters，1999，9：337-340

7. 谢红卫，刘淑莹，张桂琴，等．快原子轰击质谱直接分析山核桃油中的混合甘油三酸酯．分析化学，1993，21（7）：765-769

8. Katta V，Chait BT.Control of magnetic interactions in polyarylmethylripletdiradicals using steric hindrance.J.Am. Chem.Soc，1991，113：8534-8536

9. Covey TR，Bonner RF，Shushan BI，et al.The determination of protein，oligonucleotide and peptide weights by

笔记

ion spray mass spectrometry.Rapid Commun.Mass Spectrom,1988,2:249-256

10. Ganem B,Li YT,Henion JD.Diastereoselective reduction of Ethyla–Methyl–b–Oxobutanoate by immobilized geotrichumcandidum in an organicsolvent.Tetrahedron Lett,1993,4:1445–1449

11. Light-Wahl KJ,Springer DL,Winger BE,et al.Competing pathways for carbonyl hydrate participation in a model for biotin carboxylation.J.Am.Chem.Soc,1993,115:803-804

12. 徐友宣,王超,师奇,等.小分子药物的 APCI/MS 研究.中国新药杂志,2002,11(5):368-373

13. Jemal M.High-throughput quantitative bioanalysis by LC-MS/MS.Biomed.Chromatogr,2000,14:422

14. 车庆明,黄新立,李艳梅.黄芩苷的药物代谢产物研究.中国中药杂志,2001,21:768-769

第九章　圆二色谱和旋光谱

学习要求

1. 掌握测定化合物立体构型的基本方法(CD、ORD);CD、ORD 与 UV 之间的关系; CD 和 ORD 的八区律及其在有机化合物绝对构型测定中的应用。

2. 熟悉过渡金属试剂诱导的 CD 谱[Mo$_2$(OAc)$_4$、Rh$_2$(OCOCF$_3$)$_4$]。

3. 了解 CD 激子手性法;ECD 计算辅助立体化学结构确证。

第一节　基础知识

立体结构的测定是手性有机化合物结构测定的重要内容。目前测定化合物立体结构的方法包括化学转化法、X 射线单晶衍射法、旋光比较法、圆二色谱(CD)和旋光谱(ORD)、拉曼光谱(ROA)、核磁共振法[手性位移试剂、衍生化的 NMR(如 Mosher 法)]、动力学拆分法以及利用非对映异构体性质变化规律的推断法等。其中化学转化法消耗测试样品;旋光法需要有已知化合物或类似物进行比较;X 射线单晶衍射法要求化合物可得到合适的单晶,需要专业人员测试和处理数据;核磁共振法需要用昂贵的手性试剂或手性溶剂。相比之下,ORD 和 CD 法样品用量少且可回收,操作简单,数据处理较为容易,能测定非结晶性化合物的立体结构。CD 和 ORD 法更适合于有机化合物,特别是天然产物立体结构的测定,尤其是计算 CD 的发展,扩大了这种方法的应用范围。

一、旋 光 谱

平面偏振光通过手性物质时,能使其偏振平面发生旋转,这种现象称之为旋光。产生旋光的原因是组成平面偏振光的左旋圆偏振光和右旋圆偏振光在具有手性的有机化合物介质中传播时,它们的折射率不同,传播速度不同,从而导致偏振面的旋转,其关系可以表示为

$$\alpha = \pi(n_L - n_R)/\lambda \qquad \text{(式 9-1)}$$

式中,α 为旋转角,λ 为波长,$n_L - n_R$ 是连续波长的平面偏振光通过手性分子介质时左旋圆偏振光与右旋圆偏振光的折射率之差。从这个关系可以看出,手性有机分子的旋光度和光的波长有关,即波长越短与 n_L 和 n_R 的差越大,旋转角 α 的绝对值越大。

用不同波长(200~760nm)的偏振光照射光学活性物质,并用波长 λ 对比旋光[α]或摩尔旋光度[φ],即以旋光率[α]或摩尔旋光度[φ]为纵坐标、以波长 λ 为横坐标作图所得的曲线称为旋光曲线或旋光谱(optical rotatory dispersion,ORD)。

$$[\alpha]_D = \alpha/(l \times c) \qquad \text{(式 9-2)}$$

$$[\varphi] = [\alpha]M/100 \qquad \text{(式 9-3)}$$

式中,D 为 589nm 的钠光,l 为测量池池长(dm),c 为溶液浓度(g/ml),M 为样品的相对分子量。

旋光谱的谱线可以分为三大类:平坦谱线、单纯 Cotton 效应谱线和复合 Cotton 效应谱线。

(一) 平坦谱线

谱线为平坦的旋光谱线,无峰、谷之分。这类化合物有旋光性,但手性中心附近无生色团。其中谱线在短波处升起者为正性谱线,如图 9-1 中的谱线 1;降低者为负性曲线,如图 9-1 中的

笔记

谱线 2 和 3。

(二) 单纯 Cotton 效应谱线

谱线只含有 1 个峰和 1 个谷。其中峰在长波部分,谷在短波部分者称之为正 Cotton 效应曲线,如图 9-1 中的谱线 4;反之,谷在长波部分,峰在短波部分者称之为负 Cotton 效应曲线,如图 9-1 中的谱线 5。

(三) 复合 Cotton 效应谱线

含有两个以上的峰或谷,如图 9-1 中的谱线 6 和 7。

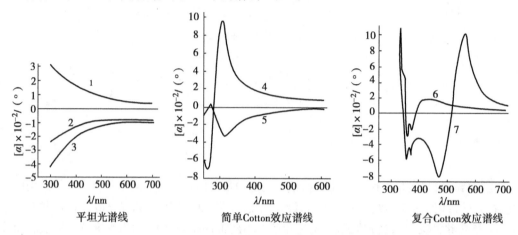

图 9-1　ORD 谱平坦光谱线、单纯和复合 Cotton 效应谱线

二、圆二色谱

当分子中具有生色团时,具有手性的有机化合物对组成平面偏振光的左旋和右旋圆偏振光的吸收系数是不相等的,即 $\varepsilon_L \neq \varepsilon_R$,这种性质被称为"圆二色散性"。它们之间的差称为吸收系数差,表示为:

$$\Delta\varepsilon = \varepsilon_L - \varepsilon_R = \Delta A/(C \times l) = (d_L - d_R)/(C \times l) \qquad (\text{式 9-4})$$

式中,ε_L 与 ε_R 为左、右圆偏振光的吸收系数,d 为光密度,C 为物质的浓度(mol/L),l 为测量池池长。

由于吸收系数 $\varepsilon_L \neq \varepsilon_R$,所以透射出的光不再是平面偏振光,而是椭圆偏振光。

手性物质以摩尔吸光系数之差 $\Delta\varepsilon$ 或摩尔椭圆度 $[\theta]$ 为纵坐标、以波长为横坐标作图,获得的谱线称为圆二色谱(circular dichroism,CD)。圆二色谱可分正性曲线和负性曲线,即呈现正峰的为正性曲线,呈现负峰的为负性曲线(图 9-2)。摩尔吸光系数之差 $\Delta\varepsilon$ 与摩尔椭圆度 $[\theta]$ 的换算关系为:

$$[\theta] = 3300\Delta\varepsilon \qquad (\text{式 9-5})$$

圆二色谱仪记录的是椭圆度 θ,通常使用摩尔椭圆度 $[\theta]$:

$$[\theta] = \theta(\lambda)M/100 \times l \times c \qquad (\text{式 9-6})$$

式中,M 为手性物质的分子量,c 为溶液浓度(g/ml),l 为测量池池长(dm)。

三、CD、ORD 以及与 UV 的关系

ORD 谱和 CD 谱是分子不对称性对光的作用的两种表现,它们都是光与物质作用产生的。UV 谱反映了光和分子的能量交换。

旋光光谱是非吸收光谱,不具有紫外吸收的手性化合物也可测定旋光光谱。其谱线特征为不具有生色团的手性化合物产生平滑谱线,具有生色团的手性化合物在接近所测化合物的最大吸收波长处出现异常 S 曲线式 Cotton 效应的谱线。ORD 谱较复杂,但比较容易显示出小的差别,

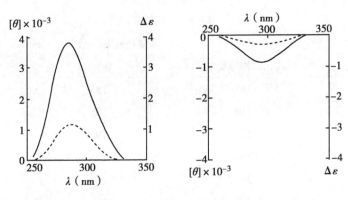

图 9-2　圆二色谱示意图

能够提供更多有关立体结构的信息。

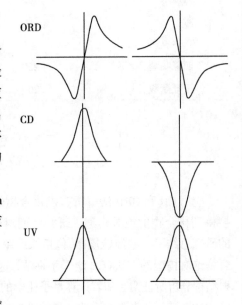

图 9-3　CD、ORD 与 UV 的关系

　　圆二色谱是吸收光谱,具有紫外吸收的手性化合物可测定圆二色谱。其谱线特征为在所测化合物的最大吸收波长处出现异常的峰状或谷状的 Cotton 效应谱线。CD 谱简单明了,易于解析,能很明确地表现出吸收带的圆二色性。即当分子的 UV 光谱呈现有较多的吸收带,CD 谱能很好地分辨相应于每个吸收带的 Cotton 效应的正、负性。

　　在化合物的紫外最大吸收处是 ORD 产生 Cotton 效应谱线跨越基线的位置,也是 CD 产生 Cotton 效应谱线的位置,如图 9-3 所示。

四、圆二色谱测试条件

　　同时具备 3 个条件的手性化合物可以用圆二色谱的方法来测定其绝对构型。即分子中具有生色团(具有 $n \rightarrow \pi^*$ 跃迁或 $\pi \rightarrow \pi^*$ 跃迁);不对称中心在生色团附近;具有稳定的构象。

　　引起 Cotton 效应的结构因素大致可分 3 类:

　　1. 由固有的手性发色团产生,如不共面的取代联苯(如化合物 9-1)。

　　2. 原发色团是对称的,但在手性环境中被扭曲,如优势构象被固定的环己酮(如化合物 9-2)。

　　3. 连接在手性环境中,空间比较接近的两个或多个发色团(如化合物 9-3)。

化合物 9-1　　　　　　　化合物 9-2　　　　　　　化合物 9-3

　　除化合物的自身结构对 CD 图谱的影响外,影响圆二色谱测试的条件还包括所使用的溶剂、化合物的浓度、比色皿的厚度以及比色皿是否干净等。选择测定圆二色谱的溶剂时,应选用对被测样品有较好的溶解度,与样品不发生作用,还要注意溶剂本身的波长极限。波长极限是指用此溶剂时的最低波长限度,低于此波长时,溶剂将有吸收。另外,比色皿的厚度不同,溶剂的波长极限也不同(表 9-1)。常用的比色皿厚度是 1mm。化合物的测试浓度一般在 0.1~0.5mg/ml。

笔记

表 9-1   CD 测定时不同溶剂的波长极限

常用溶剂	波长极限(nm)		
	比色皿的厚度 1cm	1mm	0.1mm
环己烷	210	185	180
正己烷	210	185	180
甲醇	210	195	185
乙醇	210	195	185
二甲基亚砜	264	252	245
三氯甲烷	240	230	220
蒸馏水	185	180	175
苯	280	275	270
Tris- 盐酸		200	
四氢呋喃	220	210	204
三氟醋酸	260	250	240

第二节   CD 和 ORD 法在确定有机化合物立体结构上的应用

应用 CD 和 ORD 法解析有机化合物的立体结构时,并不能像 X 射线单晶衍射那样可以直接得到化合物的绝对构型。研究者们对于发色团在手性中心周围的化合物的 ORD 和 CD 谱的研究总结了一些经验规律,包括八区律、螺旋规则、扇形规则等,以及非经验性的确定有机化合物绝对构型的方法(CD 激子手性法),这些方法可以被具有晶体结构化合物的 X 射线单晶衍射结构分析所证明。随着计算量子化学的发展,依靠理论计算 CD(ECD、VCD)、ORD 谱和实测 CD、ORD 谱对比来判断手性分子的绝对构型,使得 CD 和 ORD 的预测结果具有更高的可靠性。

一、经 验 规 律

对于发色团在各种手性中心周围的化合物的研究,获得了一些经验性的规律,包括八区律、螺旋规则、扇形规则等。下面介绍下人们总结出来的一些 ORD 和 CD 的经验规律。

(一) 八区律

羰基本身不具有光学活性,但当其存在于非对称分子中时,其对称的电子分布受到分子内的不对称因素的干扰,诱发成为一个新的不对称中心,即呈现光学活性,导致羰基在 290nm ± 20nm 的波长范围内出现 Cotton 效应。Cotton 效应的符号及谱型取决于羰基所处的不对称环境,故在非对称分子内,不对称中心离羰基越近,则 Cotton 效应越显著。当这些不对称中心的构型、构象发生变化时,Cotton 效应的谱线符号也随之发生比较明显的变化,八区律(octant rule)概括了这种变化的经验规律。由于链酮的构象不固定,八区律法则现主要应用在环酮类化合物上。

利用八区律解决含羰基化合物的立体化学时,一个很重要的问题是将羰基化合物如何置于八区中,下面以饱和环酮和不饱和环酮为例,掌握利用八区律确定含羰基化合物构型的一些方法。

1. 平面分割法   用 3 个相互垂直的平面 A、B 和 C 将空间分割成 8 个区域,以 C 平面为界,平面前称"前区",平面后称"后区"。每个区又可分为上、下、左、右 4 个分区,各区的旋光分担如图 9-4 所示。将呈椅式构象的饱和环酮化合物的羰基置于 A、B 平面的相交线上,使平面 C 位于分割 C=O 的位置上。羰基的 α 和 α' 位上的两个碳原子(C-2 和 C-6)落在 B 平面上,β 和 β' 位上的两个碳原子(C-3 和 C-5)及其上的取代基必须在 B 平面的上方;而 γ 位上的碳原子(C-4)及其上的取代基在 A 平面上。

2. 饱和环酮化合物的八区投影　环己酮各原子主要落在 C 平面"后区",为判断旋光分担方便起见采用投影法将饱和环酮的结构投影到 C 平面"后区",如图 9-5 所示。

3. 旋光分担规则　①在 3 个平面上的原子对旋光无贡献,则 C-4 的 a 和 e 键及 C-2 和 C-6 的 e 键取代基均无贡献;②C-5 的 a 和 e 键、C-2 的 a 键取代基均为正贡献;③C-3 的 a 和 e 键、C-6 的 a 键取代基均为负贡献;④旋光贡献具有加和性;⑤距离羰基越远,贡献越小;⑥基团越大,贡献越大。

4. 八区律的应用和程序　八区律可用于:①当平面结构和相对构型已知时,确定化合物的绝对构型;②当绝对构型已知时,确定化合物的优势构象。利用八区律解析立体结构的程序为首先给出已确定平面结构的环己酮衍生物的椅式构象,然后转换成八区律要求的椅式构象,并投影到八区中,获得八区分布图;根据八区律判断该化合物的 Cotton 效应,进而推导绝对构型或优势构象。

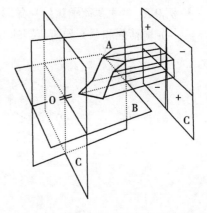

图 9-4　环己酮类化合物在八区的位置及投影

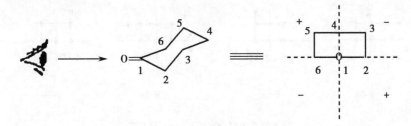

图 9-5　环己酮在后四区中的投影

5. 八区律应用实例

(1) 饱和环酮类化合物的八区律应用

例 9-1　3- 羟基 -3- 十九烷基环己酮的绝对构型测定

该化合物的 ORD 呈正 Cotton 曲线,该化合物的 R 构型和 S 构型的结构式为 9-4 和 9-5。由于十九烷基为大基团应在 e 键上,所以它们的优势构象式分别为 9-4a 和 9-5a,将椅式构象式转换成八区律要求的构象式和投影式(图 9-6)。根据八区律,9-5a 呈正 Cotton 效应,故该化合物的绝对构型为 S 构型。

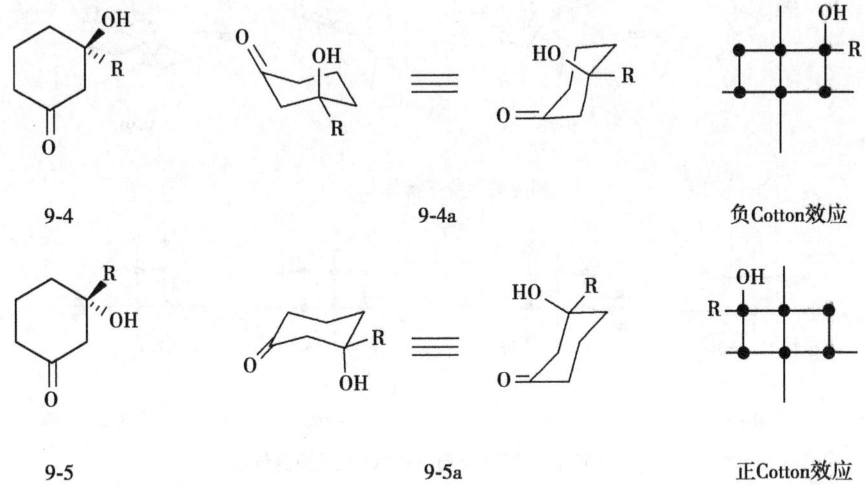

9-4　　　　　　9-4a　　　　　　负 Cotton 效应

9-5　　　　　　9-5a　　　　　　正 Cotton 效应

图 9-6　3- 羟基 -3- 十九烷基环己酮的结构及八区律分布图和 Cotton 效应性质

笔记

例 9-2   (–)- 薄荷酮和(+)- 异薄荷酮的构型和优势构象确定

(–)- 薄荷酮和(+)- 异薄荷酮的 ORD 曲线如图 9-7 所示,均呈正 Cotton 效应。(–)- 薄荷酮可

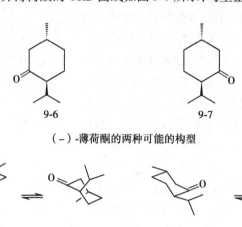

（–）-薄荷酮的两种可能的构型

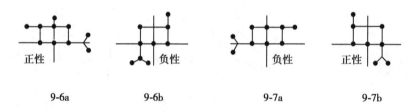

相应的构象平衡体系

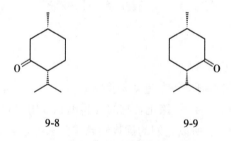

相应的八区律分布图和Cotton效应的性质

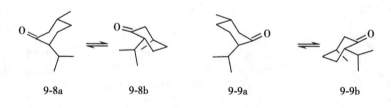

（+）-异薄荷酮的两种可能的构型

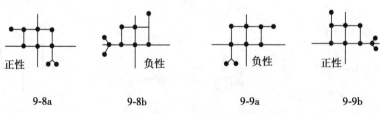

相应的构象平衡体系

相应的八区律分布图和Cotton效应的性质

图 9-7   （–）- 薄荷酮和（+）- 异薄荷酮的构象平衡体系、结构、八区律分布图和 Cotton 效应性质

笔记

能的构型有两种 9-6 和 9-7，其构象分别为 9-6a 和 9-6b、9-7a 和 9-7b。在 9-6a 和 9-7a 中甲基和异丙基均为平伏键，故为优势构象；而在 9-6b 和 9-7b 中甲基和异丙基均为直立键，故为非优势构象。9-6a 和 9-7a 在八区中分别呈正和负 Cotton 效应，9-6a 与 ORD 谱一致，故 (–)- 薄荷酮的结构为 9-6，其优势构象为 9-6a。(+)- 异薄荷酮可能的构型为 9-8 和 9-9，其构象分别为 9-8a 和 9-8b、9-9a 和 9-9b。其中 9-8a 和 9-9b 呈正 Cotton 效应，在 9-8a 中甲基和异丙基均处于正区域，故在 ORD 谱中的振幅强，所以 (+)- 异薄荷酮的结构为 9-8，其优势构象是 9-8a。

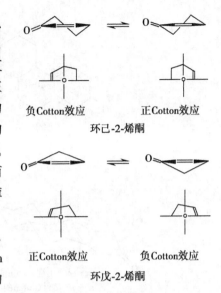

图 9-8 α,β- 不饱和环酮的构象与 $n \rightarrow \pi^*$ 所呈现的 Cotton 效应的关系及其八区律

(2) α,β- 不饱和环酮类化合物的八区律应用：α,β- 不饱和环酮有两个主要的跃迁，一个是在 250~320nm 的 $n \rightarrow \pi^*$ 跃迁的弱吸收，另一个是在 220~260nm 的 $\pi \rightarrow \pi^*$ 跃迁的强吸收。

α,β- 不饱和环酮的 $n \rightarrow \pi^*$ 所呈现的 Cotton 效应与环所取的构象有关。如图 9-8 为环己 -2- 烯酮和环戊 -2- 烯酮的构象与 $n \rightarrow \pi^*$ 所呈现的 Cotton 效应的关系及其八区律。

如从上面的八区律投影图可以看出，C=C 双键在八区中的区位，对于环己 -2- 烯酮和环戊 -2- 烯酮的 $n \rightarrow \pi^*$ 所呈现的 Cotton 效应在性质上刚好相反，这一点应当注意。

(二) 螺旋规则

不仅是八区律，Djerassi 等人提出的螺旋规则 (helicity rule) 同样可以用于判断优势构象、羰基和双键周围无杂原子取代的环己 -2- 烯酮的 $n \rightarrow \pi^*$ 跃迁所产生的 Cotton 效应，如图 9-9 所示。观测羰基碳和 α 碳原子的纽曼投影，由羰基碳的 p 轨道向 α 碳原子的轨道以小角度旋转，如果旋转方向为顺时针，则其 $n \rightarrow \pi^*$ 跃迁所产生的 Cotton 效应的符号为正；反之为负。

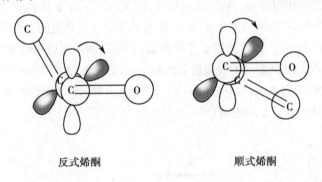

反式烯酮　　　　　顺式烯酮

$n \rightarrow \pi^* > 300nm$ （+）CE

$\pi \rightarrow \pi^* > 240nm$ （–）CE

图 9-9 螺旋规则判断 α,β- 不饱和环己酮的 $n \rightarrow \pi^*$ 跃迁所产生的 Cotton 效应符号

环戊 -2- 烯酮由于具有较强的环张力，遵循的是"反"螺旋规则。

图 9-10 为睾酮 (9-10) 的 CD 谱线。从这个例子可以看出，对 Cotton 效应的性质起决定作用的环己烯酮环系 (A 环) 所呈现的构象，显然是与 C-10 位甲基的取向有密切的关系。

不仅是对于环酮类化合物的立体构型的确定，螺旋规则更多的是用于芳香类化合物所连的手性基团的立体构型的确定，特别是在苯骈六元环和苯骈五元环类化合物的立体构型的确定

笔记

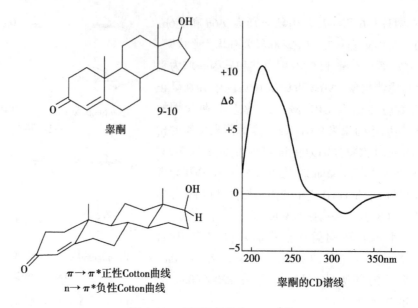

图 9-10　睾酮的结构和 CD 谱线

中,有着较为广泛的应用。

1. **苯骈六元环**　在研究含有芳香环的有机化合物的 CD 谱时,常常观测苯环的 ^1L_b 带 (260~280nm)及 ^1L_a 带(200~240nm),即为通常所说的苯环的 B 和 E 带。由于 ^1L_a 带处于短波长处,容易被掩盖,故常通过测定 ^1L_b 带来研究化合物的绝对构型。

苯骈六元环结构的 ^1L_b 带主要受以下几个因素的影响:芳香环的手性(first sphere,第一手性区域);脂肪环的立体构象(second sphere);以及脂肪环上的取代基的立体构型(third sphere)。

芳香环的手性主要是指由联苯或螺并苯等固有的手性发色团产生的 Cotton 效应。脂肪环的立体构象可以决定 ^1L_b 带的峰位、幅度(吸收度)及符号,常以 P- 螺旋及 M- 螺旋来描述以半椅式或沙发式构象存在的六元环的手性。

P- 螺旋及 M- 螺旋用扭转角(torsion angle, ω)定义, ω 为 1a、α、β 和 γ 四个原子所形成的角度,即由 1a、α、β 三个原子所确定的平面与 α、β、γ 三个原子所确定的平面之间的二面角。由于两个平面有一个交线——α,β 两个原子之间的键,所以二面角可以粗略地看作是键 1a-α 与键 β-γ 之间的夹角。在 α、β 两原子的纽曼投影式中,α 原子朝前,由键 1a-α 向键 β-γ 以锐角旋转,当旋转方向为顺时针时为 P- 螺旋(P-helicity)(P 代表 plus,顺时针),当旋转方向为逆时针时为 M- 螺旋(M-helicity)(M 代表 minus,逆时针)。如图 9-11 所示。

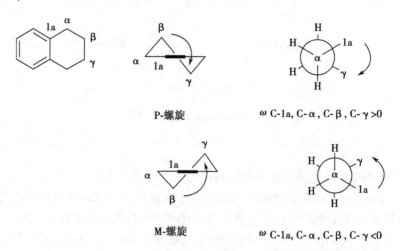

图 9-11　苯骈六元环的螺旋规则

对于四氢萘、四氢异喹啉、异色原烷、苯骈二氧六环类化合物,也可用螺旋规则来判断 P- 或 M- 螺旋对 Cotton 效应的作用。即当芳香环上没有其他取代基或 6、7 位均连有相同的取代基,苄位上没有处于半直立键的取代基时,六元环的 P- 螺旋将产生正的 Cotton 效应,而 M- 螺旋将产生负的 Cotton 效应(图 9-12)。

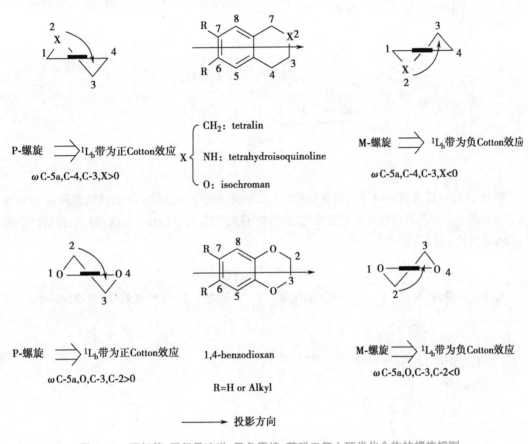

图 9-12　四氢萘、四氢异喹啉、异色原烷、苯骈二氧六环类化合物的螺旋规则

对于色原烷及四氢喹啉类的螺旋规则恰好与上述结果相反。即当芳香环上没有其他取代基或 6、7 位均连有相同的取代基,苄位上没有处于半直立键的取代基时,P- 螺旋将产生负的 Cotton 效应,而 M- 螺旋将产生正的 Cotton 效应(图 9-13)。

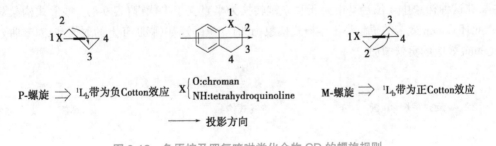

图 9-13　色原烷及四氢喹啉类化合物 CD 的螺旋规则

脂肪环上的取代基主要是通过使脂肪环的优势构象发生改变而对苯骈六元环类化合物的 Cotton 效应产生影响。例如 2,4- 顺式黄烷 -4- 醇,其采取 2,4 位两个较大的取代基均处于平伏键上的半椅式构象,符合色原烷类化合物的螺旋规则(表 9-2)。

表 9-2   2,4- 顺式黄烷 -4- 醇的 Cotton 效应

2,4- 顺式黄烷 -4- 醇	半椅式构象	螺旋	^1L_b 带的 CD 吸收 (280nm)
		M	正
		P	负

而对于 2,4- 反式黄烷 -4- 醇, 当优势构象为 2 位苯环处于平伏键的半椅式构象时, 4 位羟基处于直立键上。当苯环苄位有半直立取代基时, P- 螺旋产生正的 Cotton 效应, 而 M- 螺旋产生负的 Cotton 效应 (表 9-3)。

表 9-3   2,4- 反式黄烷 -4- 醇的 Cotton 效应

2,4- 反式黄烷 -4- 醇	半椅式构象	螺旋	^1L_b 带的 CD 吸收 (280nm)
		M	负
		P	正

为了缓解由 4 位直立取代基带来的不稳定因素, 2,4- 反式黄烷 -4- 醇也可以采取为沙发式构象, 在这种构象中 4 位羟基由处于直立键转换为半直立半平伏键 (表 9-4)。沙发式构象对苯骈六元环 Cotton 效应的贡献小于半椅式构象, 此时 4 位的羟基 (脂肪环上的取代基) 对苯骈六元环 Cotton 效应的贡献增加。

表 9-4   2,4- 反式黄烷 -4- 醇的沙发式构象

2,4- 反式黄烷 -4- 醇	沙发式构象	螺旋
		M

笔记

续表

2,4-反式黄烷-4-醇	沙发式构象	螺旋
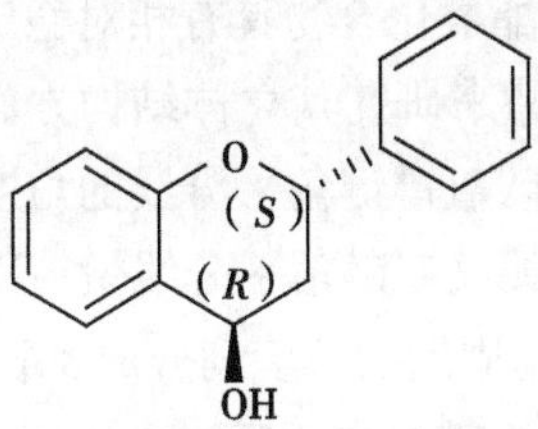 (结构式)	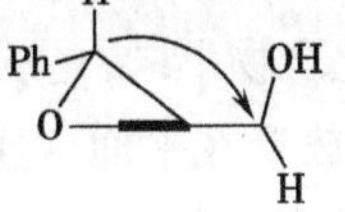 (Ph...OH 构象图)	P

2. **苯骈五元环**　以苯骈呋喃的结构为例,呋喃环一般为信封式构象,即除 C$_2$ 以外其他的原子均处于与苯环相同的平面,C$_2$ 则向该平面的上方或下方伸出。此类化合物的螺旋规则和色原烷类化合物一致,即当五元环的优势构象为信封式,且芳环上没有其他取代基或者 5(5′)、6(6′) 位均连有相同的取代基,以及苄位上没有处于半直立键的取代基时,五元环的 P-螺旋产生负的 Cotton 效应,而 M-螺旋产生正的 Cotton 效应(表 9-5)。

表 9-5　苯骈呋喃类化合物螺旋规则的应用

化合物	标准投影	纽曼投影的扭转角	螺旋	^1L_b 带的 CD 吸收(280nm)
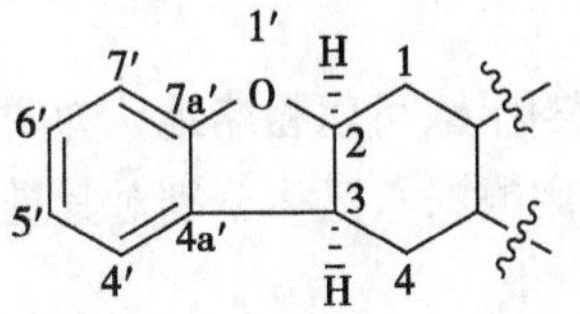 (结构式)	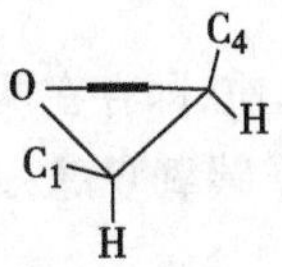 (投影图)	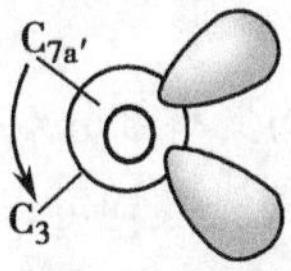 ω C-7a′,O,C-2,C-3<0	M	正
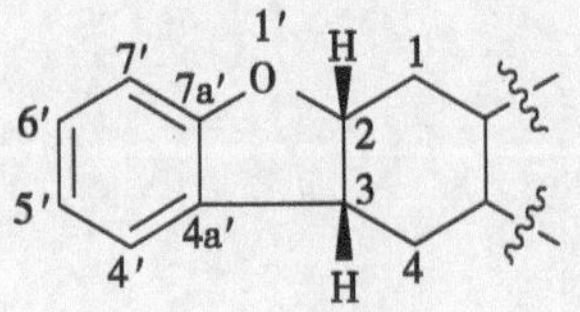 (结构式)	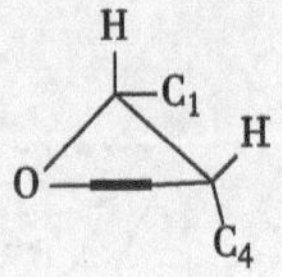 (投影图)	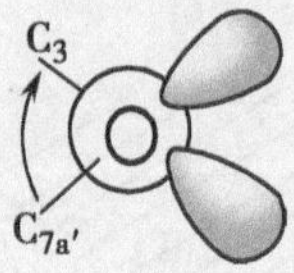 ω C-7a′,O,C-2,C-3>0	P	负
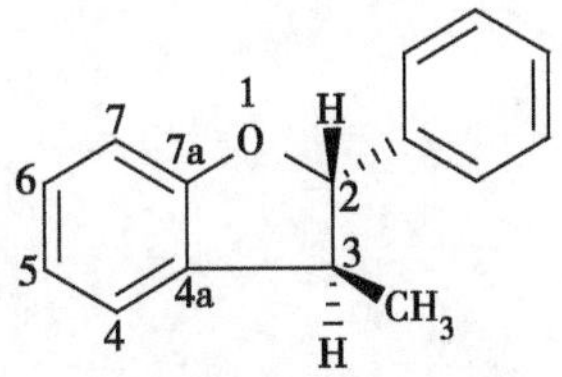 (结构式)	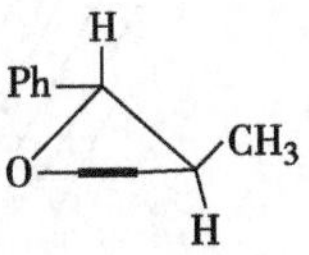 (投影图)	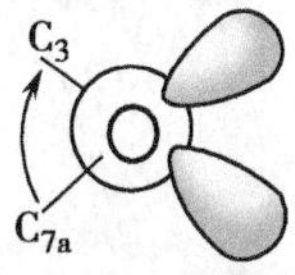 ω C-7a,O,C-2,C-3>0	P	负
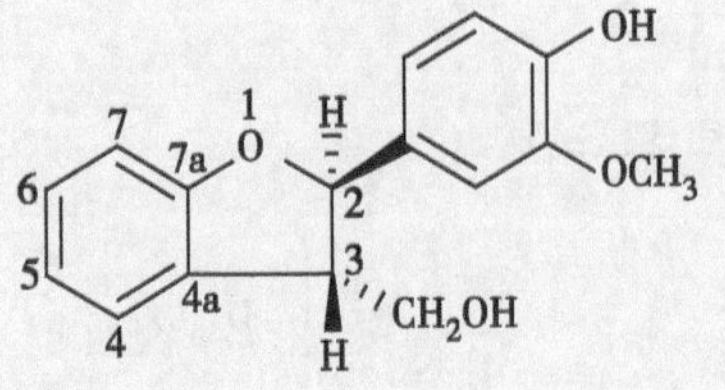 (结构式)	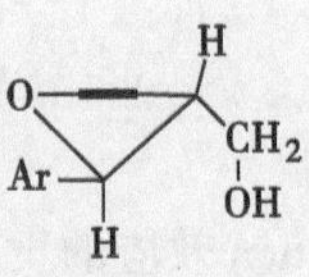 (投影图)	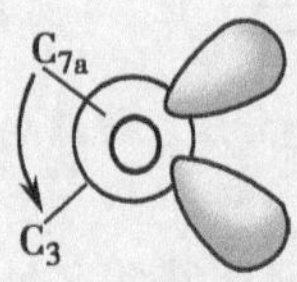 ω C-7a,O,C-2,C-3<0	M	正
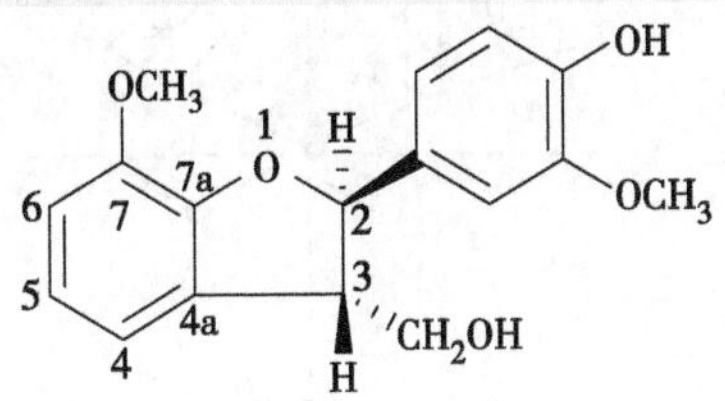 (结构式)	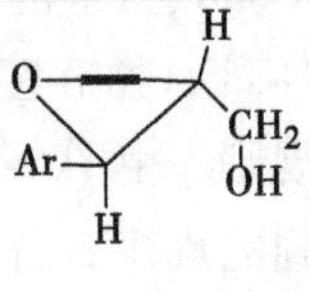 (投影图)	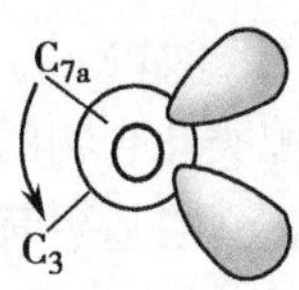 ω C-7a,O,C-2,C-3<0	M	负

需要注意的是,表 9-5 中后 3 个化合物 2 位上所连的苯环以及苯环上所连取代基的改变不会影响其 ^1L_b 带的 CD 吸收。但是,苯环 7 位上如果连有大的取代基,例如甲氧基和羟基,则会扭转螺旋规则,即杂环的 P/M 螺旋所导致的该化合物 L_b 带呈正/负的 Cotton 效应。

笔记

(三) 扇形规则

羧酸衍生物及内酯类化合物的立体构型更多的采用扇形规则来确定。羧酸衍生物在270nm处呈平坦的Cotton曲线,在225nm处有明显的Cotton效应。由于内酯类化合物具有相对稳定的环构象,故对其Cotton效应的研究最为深入,羧酸常被转化成为内酯来研究其立体结构方面的问题。观测内酯化合物的角度与羰基化合物不同,是从羧基的两个碳氧键键角平分线的角度看羧基碳。对于羧基八区的划分:将羧基放置在平面 A 上,经过两个碳氧键键角平分线做一平面 B垂直于平面 A,再做一平面 C 经过羧基碳垂直于平面 A 和 B,将羧基周围的环境划分成8个区。后四区对 Cotton 效应的贡献如图 9-14 所示,前四区对 Cotton 效应的贡献与之相反。

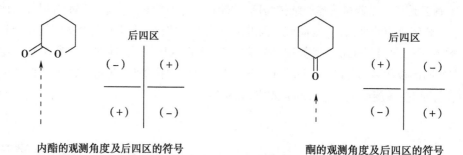

图 9-14　内酯与酮的观测角度与其后四区的符号

在羧基中,两个碳氧键均具有部分双键的性质,即存在两个共振杂化体,可以粗略地认为两个碳氧键是相同的,即两个碳氧键均可以被看作碳氧双键,因此可以用酮的八区律分别对其进行分析(图 9-15)。

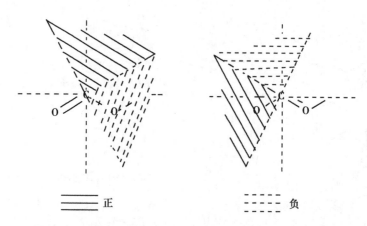

图 9-15　分别以酯基两个碳氧键为观测对象的后四区的贡献

将上两个图叠加起来,那么某些区域对 Cotton 效应的贡献可抵消为零,如 A、C、D 和 F 区;而有些区域对 Cotton 效应的贡献累加在一起,则形成正(+)区(如 E 区)和负(−)区(如 B 区),如图 9-16 所示,即可得出内酯类化合物的扇形规则。由图 9-16可知,扇形规则是从上往下观测羧基平面所得到的规律。由于两个碳氧键在不同化合物中的角度不同,对扇形规则的区域规定也应有所变化,故在推测内酯化合物的 Cotton 效应符号时,应结合其八区律和扇形规则综合考虑,取代基距离羧基越远对Cotton 效应的贡献越小。

例如 3-oxo-4-oxa-5α-steroids 的平面结构,八区律后半区投

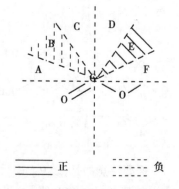

图 9-16　内酯类化合物的扇形规则(酯基上方后半区示意图)

影,扇形规则投影如图 9-17 所示,根据前面的介绍,该化合物的 Cotton 效应符号应该为正,实际测得的结果与理论推测一致。

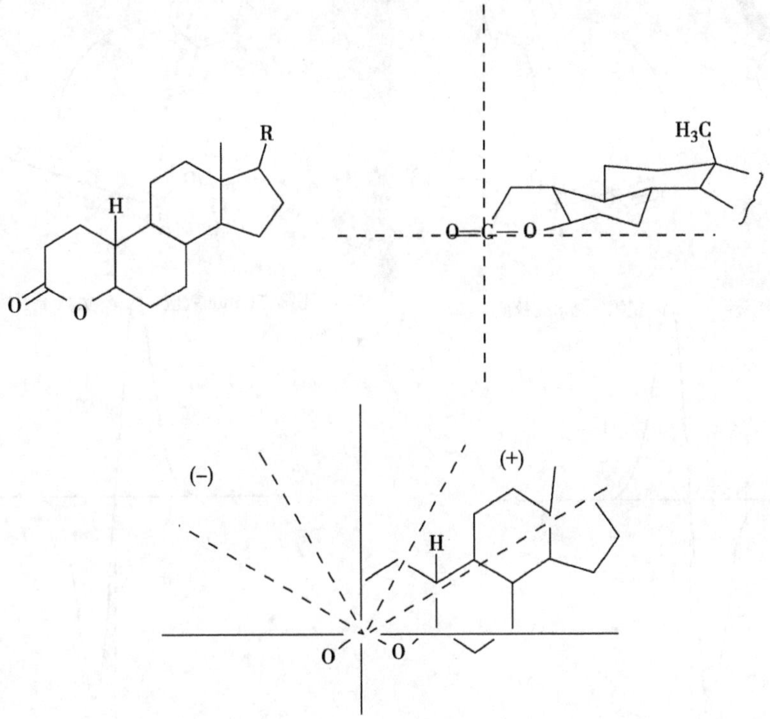

图 9-17　3-oxo-4-oxa-5α-steroids 的结构式及投影

二、CD 激子手性法

CD 激子手性法(CD exciton chirality method)是一种非经验的确定有机化合物绝对构型的方法。当分子中两个(或多个)具有 $\pi \rightarrow \pi^*$ 强吸收的发色团都处于相互有关的手性环境中(如图 9-18 所示的结构),经光照射激发后,两个发色团的激发态[又称激子(exciton)]之间相互作用,就称激子偶合(exciton coupling)。此时激发态分裂成两个能级[这两个能级的能量之差称为 Davydov 裂分(Davydov split)],而形成两个符号相反的 Cotton 效应。CD 谱线表现为在发色团 UV 的最大吸收波长(λ_{max})处裂分为符号相反的两个吸收,即裂分的圆二色谱。处于波长较长的吸收称为第一 Cotton 效应,波长较短处的吸收为第二 Cotton 效应。如果两个发色团的电子跃迁偶极矩矢量构成顺时针螺旋(即右旋),为正激子手性,其第一 Cotton 效应为正、第二 Cotton 效应为负(图 9-18);反之,当两个偶极矩矢量构成逆时针螺旋(即左旋)时,为负激子手性,其第一 Cotton 效应为负、第二 Cotton 效应为正(图 9-18)。如果确定了发色团中跃迁偶极矩的方向,即跃迁的偏光性,根据这两个 Cotton 效应的符号便可决定两个发色团在空间的绝对构型,这种判断构型的方法称为 CD 激子手性法。

可用于 CD 激子手性法的发色团必须具有强的吸收,以便相距较远的发色团之间产生强的激子偶合,具有较高的对称性;同时,引入的发色团要有合适的最大波长,以免与分子中原有的发色团发生重叠。满足上述条件的发色团有很多。下面就这些发色团电子跃迁的性质即最大吸收波长(λ_{max})、吸收强度(ε 值)、偏光性等做一简要说明。

(一) 发色团电子跃迁的性质

1. 对位有取代的苯甲酸酯和酰胺类　如表 9-6 所示的都是适用于激子手性法的有各种对位取代的苯甲酸酯和苯甲酰胺类化合物的 UV 数据。当对位引入供电基团或吸电基团时,其

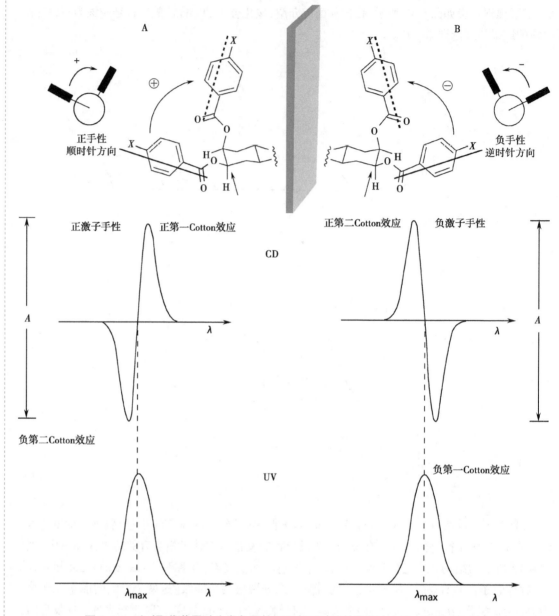

图 9-18　以对取代苯甲酰为发色团的环己邻二醇酯的螺旋方向及 UV 和 CD 谱

UV 吸收向长波长移动,位移程度为 $N(CH_3)_2 > NH_2 > OCH_3 > Br > Cl > CH_3 > H$(供电基);$NO_2 > CN > H$(吸电基)。

表 9-6　对位有取代的苯甲酸与胆固醇形成的酯和苯甲酰胺的 UV 数据

发色团 *		溶剂	发色团	溶剂
CT	273.6nm ε 900 229.5nm ε 15 300	EtOH	283.8nm ε 21 900	MeOH:dioxane(9:1)

笔记

发色团*	溶剂	发色团	溶剂
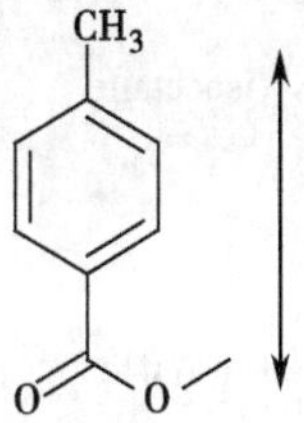 CH₃—苯—COOCH₃ 280.6nm ε 600 238.4nm ε 17 600	EtOH	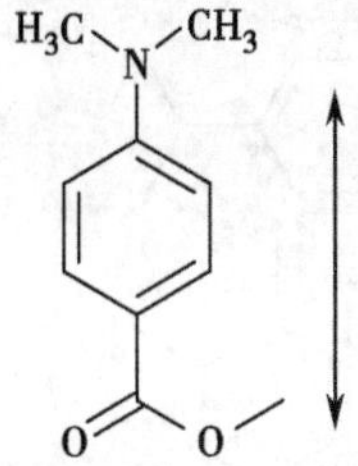 H₃C—N—CH₃ 苯 COOCH₃ 311.0nm ε 30 400 229.0nm ε 7200	EtOH
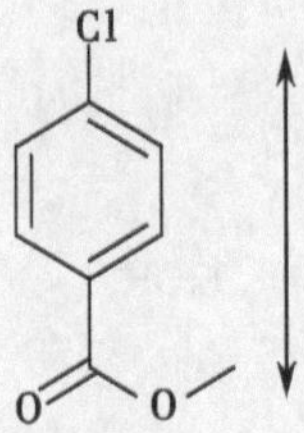 Cl—苯—COOCH₃ 282.5nm ε 600 240.0nm ε 21 400	EtOH	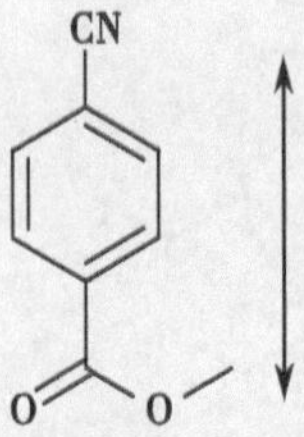 CN—苯—COOCH₃ 283.4nm ε 1700 240.0nm ε 24 600	EtOH
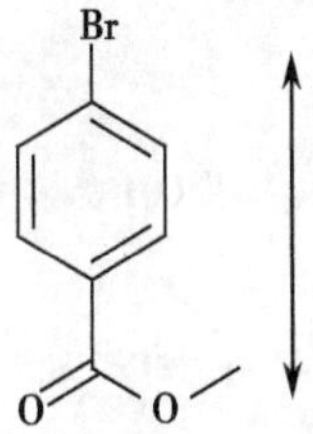 Br—苯—COOCH₃ 283.0nm ε 500 244.5nm ε 19 500	EtOH:dioxane (280:1)	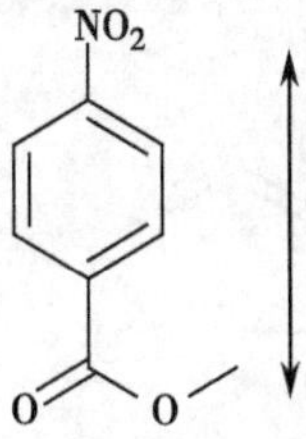 NO₂—苯—COOCH₃ 260.5nm ε 15 100	EtOH:dioxane(24:1)
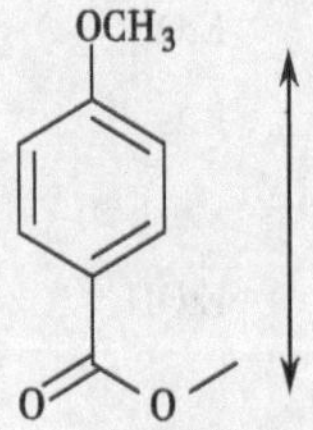 OCH₃—苯—COOCH₃ 257.0nm ε 20 400	EtOH	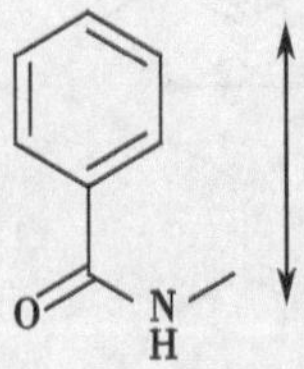 苯—CONH— 224.6nm ε 11 200	EtOH

注:* 表中的箭头表示 π → π* 跃迁矩的方向

间位、邻位上有取代的苯甲酸酯对称性低,UV 吸收带的方向不与醇性的 C—O 键轴平行,不适合 CD 激子手性法。

2. 多稠合苯发色团　表 9-7 中列出了适合于 CD 激子手性法的多稠合苯类化合物的 UV 光谱数据。表 9-7 中列出的多稠合苯类化合物与苯不同,它们有发色团的长轴、短轴,因而跃迁的偏光性能被确定,可适用于 CD 激子手性法。

表 9-7　稠苯、共轭二烯、α,β- 不饱和酮、酯、内酯等化合物的 UV 数据

类型	发色团		溶剂
稠苯	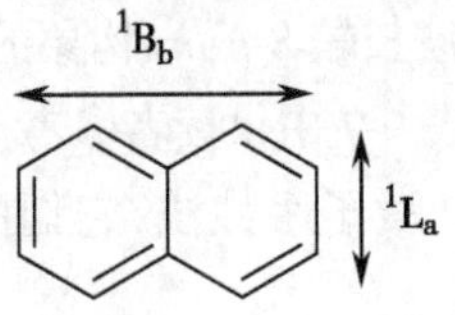 ¹B_b / ¹L_a 萘	312.0nm;ε 200 275.5nm;ε 5800 220.2nm;ε 107 300	EtOH
	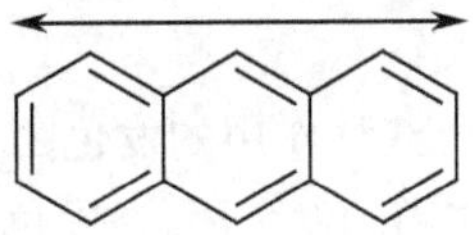 蒽	356.5nm;ε 7600 251.9nm;ε 204 000	EtOH
	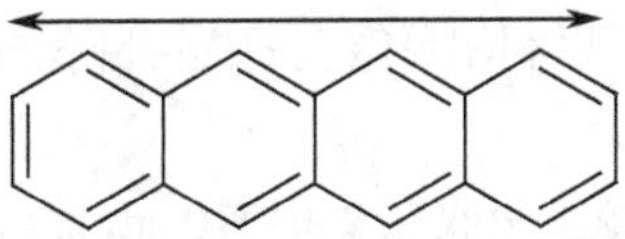 并四苯	471.0nm;ε 10 000 274.0nm;ε 316 000	EtOH

笔记

类型	发色团		溶剂
		265nm；ε 6400	isooctane
共轭二烯		234nm；ε 20 000	EtOH
α,β- 不饱和酮		241nm；ε 16 600	EtOH
酯		215nm；ε 11 200	EtOH
	OC$_{27}$H$_{45}$	259nm；ε 24 700	EtOH
内酯		217nm；ε 15 100	EtOH
苯炔	$^{1}L_{a}$ $^{1}L_{b}$ C≡CH	269.5nm；ε 350 234.2nm；ε 15 000	EtOH
苯甲腈	C≡N	284.0nm；ε 1900 227.6nm；ε 14 200	EtOH

3. 共轭烯烃、α,β- 不饱和酮、α,β- 不饱和酯、α,β- 不饱和内酯　这些基团的 $\pi \rightarrow \pi^*$ 跃迁也可作为激子手性法的发色团使用。共轭双烯烃的电子跃迁性质（λ_{max}、ε、跃迁矩的方向）受 S-trans、S-cis 的构象影响。S-cis 构象的最大吸收波长较 S-trans 构象的最大吸收波长长，可是吸收系数小。共轭酮、酯、内酯的 UV 光谱数据列在表 9-7 中供读者参考。

除上述发色团外，苯炔、苯腈也可适用于 CD 激子手性法，它们的电子跃迁性质如表 9-7 所示。

（二）新开发的发色团

新开发的发色团主要体现在：①引入具有较大红移作用的发色团，避免与原分子中已存在的发色团在图谱中相互影响；②引入具有强吸收作用的发色团，在发色团间相距较大距离时，能够产生较强的相互作用；③引入荧光发色团，可以利用灵敏度的提高降低样品的用量到纳克（ng）级水平。

1. 红移发色团　苯甲酸酯发色团的紫外最大吸收在 230~310nm，常与原分子中发色团的最大吸收重叠,造成 CD 谱线复杂化,增加解析的难度,因此开发易于引入的红移发色团将极大地扩展激子手性法的应用范围。已开发的红移发色团主要有以下几种:

(1) 芳香化多烯发色团:该发色团的 λ_{max} 360~410nm、ε 31 000~58 000,可用于羟基的微量酰化,其双酰化衍生物的 CD 谱线强度大。发色团中每增加 1 个共轭双键可引起 20~30nm 的红移,如久洛尼定型发色团(图 9-19)

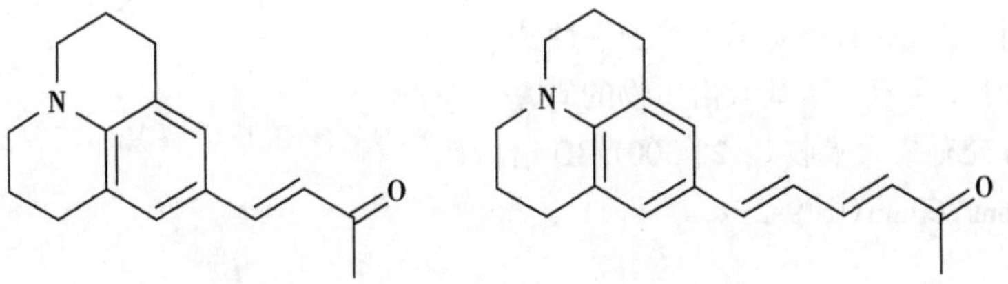

UV 382nm; ε 27 000   UV 410nm; ε 37 000

图 9-19 久洛尼定型发色团

(2) 双吡咯酮酸发色团:双吡咯酮酸发色团(图 9-20)的 λ_{max}(CH$_2$Cl$_2$)380nm,ε 51 500;404nm,ε 32 800。与(1R,2R)环己二醇形成双酯具有强烈的激子偶合,在 408nm($\Delta\varepsilon$ -122.5)显示第一 Cotton 效应,在 360nm($\Delta\varepsilon$+95)显示第二 Cotton 效应。发色团电子偶极矩的方向随溶剂不同而变化,如在 DMSO 中,裂分的 CD 谱线符号与在 CH$_2$Cl$_2$ 中相反。

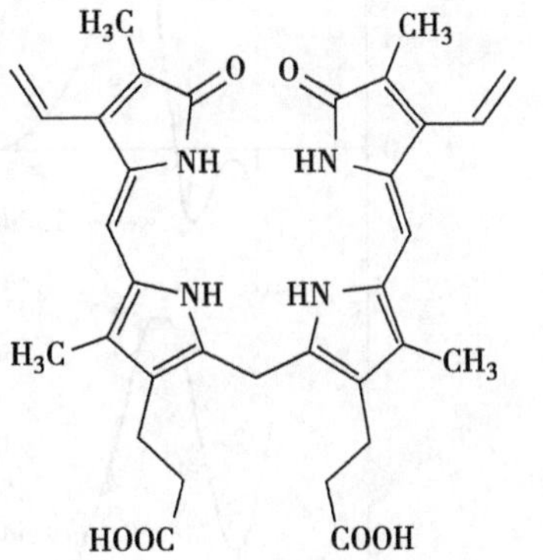

(3) 希夫碱和质子化希夫碱发色团:该类发色团为伯胺类化合物的酰化提供了一个选择性的微量方法。希夫碱发色团在长波长处有强烈的紫外最大吸收,酰化衍生物有强烈的 CD 裂分和 $\Delta\varepsilon$ 值。分子中的氨基用发色团的醛酰化产生中性希夫碱,如图 9-21 所示。

图 9-20 双吡咯酮酸发色团

2. 强吸收发色团 以前研究较多的手性化合物多为邻位取代的羟基和氨基化合物,少数为 1,3- 取代或 1,4- 取代。如果手性中心相距更远,就需要引入的发色团有很强的最大吸收。6-取代 -10,15,20- 三苯基卟啉(图 9-22)在可见光区的 414nm 处呈现强吸收(ε 350 000),对手性

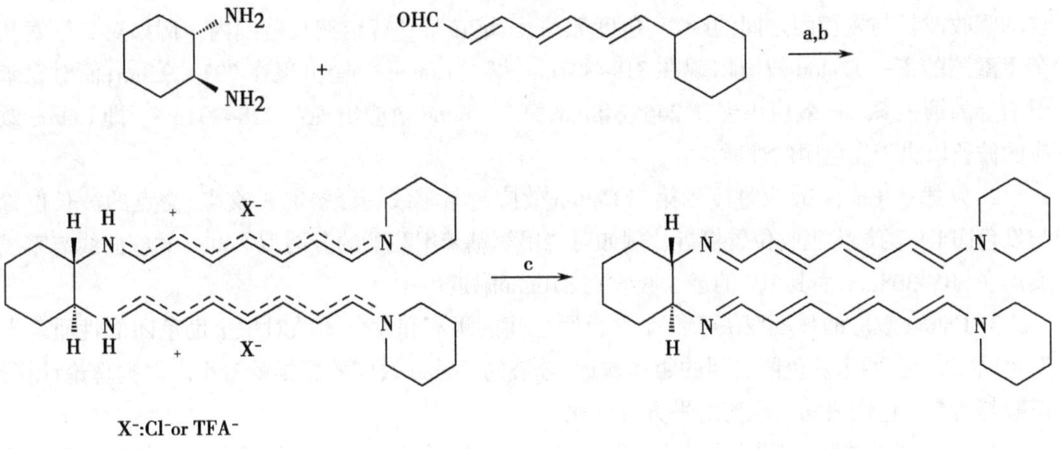

(a) Dry MeOH,60~65℃,4小时.(b) SiO$_2$ flash chrom atography,MeOH/CHCl$_3$/1N HCl(20/80/0.4).

(c) CH$_2$Cl$_2$/NaOH.

图 9-21 以希夫碱为发色团测定邻二胺的绝对构型

中心较远(35~50Å)的天然产物的绝对构型确定提供了强烈的激子偶合。这为研究生物聚合物如药物(配合基)/受体相互作用以及蛋白质、核酸、酯类等的构象也开辟了新途径。

3. 非酰化反应引入发色团 以前引入发色团的反应多为羟基和氨基的酰化,目前也开始研究用其他反应引入发色团,拓宽 CD 激子手性法的应用范围。对于对 - 苯基苄基醚衍生物的研究表明其在 253nm 处有最大吸收(ε 20 300),CD 谱裂分峰位于 235nm/260nm(图 9-23)。

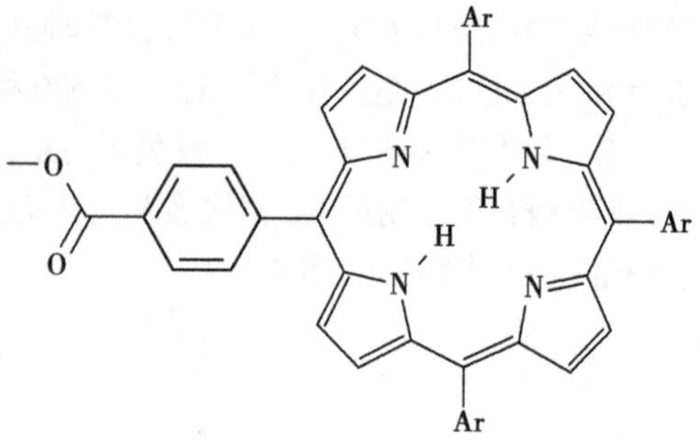

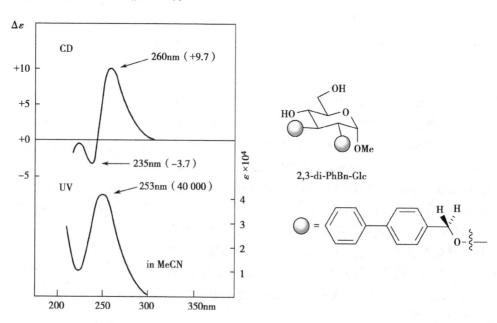

图 9-22 6- 取代 -10,15,20- 三苯基卟啉酯

图 9-23 α- 葡萄糖甲苷的 2,3- 双 - 对苯基苄基醚的 UV 及 CD 谱

(三) CD 激子手性法测得的裂分 Cotton 曲线的特点

1. 分裂型 Cotton 效应曲线的符号、振幅与发色团之间的距离和角度有关,但 Cotton 效应曲线的吸收波长与发色团之间的距离、角度无关,固定在某一特定波长范围内。例如对二甲氨基苯甲酸酯的第一 Cotton 效应出现在 319~321nm,第二 Cotton 效应出现在 291~295nm;而对氯苯甲酸酯的第一 Cotton 效应出现在 246~248nm,第二 Cotton 效应出现在 228~231nm。即 Cotton 效应的波长取决于发色团的性质。

2. 从第一 Cotton 效应过渡到第二 Cotton 效应时与零线(基线)有一交点,交点的波长位置与发色团 UV 的最大吸收位置接近。例如对二甲氨基苯甲酸酯的分裂型 Cotton 效应曲线与零线交点在 305~308nm,而其 UV 的最大吸收在 310nm 附近。

3. Cotton 效应的强度取决于两个发色团之间的距离和发色团的对位上助色团的性质。当发色团一定时,两个发色团之间的距离愈远,分裂的 Cotton 效应的振幅就愈小。根据理论计算,振幅与两个发色团之间的距离的平方成反比。

4. 邻二苯甲酸酯发色团系列的分裂型 Cotton 效应的符号与强度是发色团间的二面角的函数。二面角在 0°~180°时分裂型 Cotton 效应的符号不变;当二面角为 70°时,Cotton 效应的强度最大。

5. 当两个发色团不同时,激子 Cotton 效应的符号与两个发色团相同时的激子 Cotton 效应的

笔记

符号相一致。但强度随两个发色团的 UV 最大吸收波长的差值增大而渐弱。裂分的 CD 谱线在其最大吸收波长相差 80nm 时仍可保持其相反的符号。

（四）CD 激子手性法在绝对结构测定中的应用

CD 激子手性法适用于各种有机化合物绝对结构的测定。下面列举了几类化合物利用激子手性决定立体构型的例子。

1. 1,2-二醇　在天然产物 ponasterone A(9-11) 的邻二醇羟基上引入香豆素类荧光发色团（图 9-24），其 CD 谱在 390nm/430nm 呈现两个符号相反、强度很大的 Cotton 效应，此裂分峰位距离分子中的原发色团 α,β- 不饱和酮结构的吸收峰较远（Cotton 效应，n-π^* λ_{max} 327nm；$\Delta\varepsilon$+1.8，π-π^* λ_{max} 248nm，$\Delta\varepsilon$ –3.9）。根据 ponasterone A(9-11) 的 CD 给出的第一 Cotton 效应为负、第二 Cotton 效应为正，据此可以决定 2,3 位羟基的绝对构型。

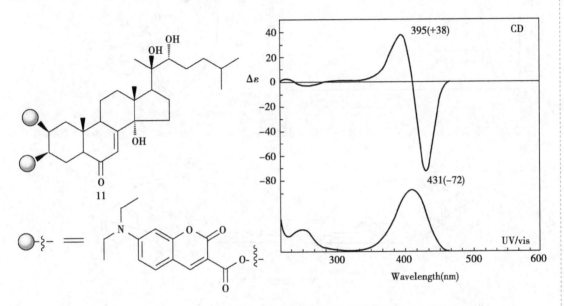

图 9-24　ponasterone A(9-11) 的双荧光发色团衍生物在乙腈中的 UV 和 CD 谱

2. 共轭烯酮　共轭烯酮、烯酯及苯甲酸酯的紫外最大吸收见表 9-7。当它们同时存在于一个分子中时，烯酮的 $\pi \to \pi^*$ 跃迁与苯甲酸酯的跃迁相互作用而产生裂分 CD，它的符号取决于烯酮与羟基之间的手性。如化合物 9-12 的 CD（图 9-25），第一 Cotton 效应为正，第二 Cotton 效应为负，据此可以决定羟基的绝对构型。

3. 丙烯醇　处于环上的丙烯醇可根据其环上的苯甲酸酯的 CD 来决定。烯丙醇苯甲酸酯中苯环电子转移带的 $\pi \to \pi^*$ 跃迁（λ_{max} 230nm）和 C=C 生色团的 $\pi \to \pi^*$ 跃迁（λ_{max} 195nm）其极化度系沿生色团的长轴方向，因此用两个长轴的螺旋规则即可决定绝对构型（图 9-26）。胆甾 -4- 烯 -3β- 醇苯甲酸酯 (9-13) 与胆甾 -4- 烯 -3α- 醇苯甲酸酯 (9-14) 在圆二色谱中呈现单 Cotton 效应（图 9-27）。这是由于苯甲酸酯的 $\pi \to \pi^*$ 跃迁在 230nm 处呈现明显的 Cotton 效应，而双键 $\pi \to \pi^*$ 跃迁产生的第二 Cotton 效应在 200nm 以下，易受到其他基团跃迁产生的干扰而导致无法观察到。

激子手性法有时也可应用于非环的丙烯醇苯甲酸酯，如化合物 9-15 的 CD 在 240nm 处显示负的 Cotton 效应。尽管它可以有各种构象，但 9-15a 占优势，此优势构象决定其激子手性（图 9-28）。

4. β- 羟基 -α- 氨基酸衍生物　L- 氨基酸的绝对构型主要是通过与标准品比对旋光确定的，但此种方法只适用于已知氨基酸。通过引入发色团，利用 CD 激子手性的方法便可以确定氨基酸的绝对构型。例如色氨酸衍生物 (9-16) 和苏氨酸衍生物 (9-17) 通过 ^{1}H-NMR 确定相对构型后，

笔记

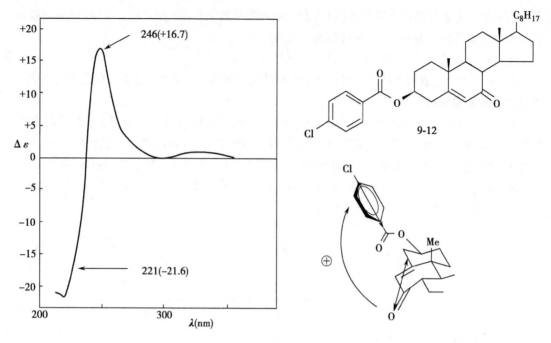

图 9-25   3β,14α-dihydroxy-5α-cholest-7-en-6-one 3-p-chlorobenzoate(9-12)在甲醇中的 CD 图谱

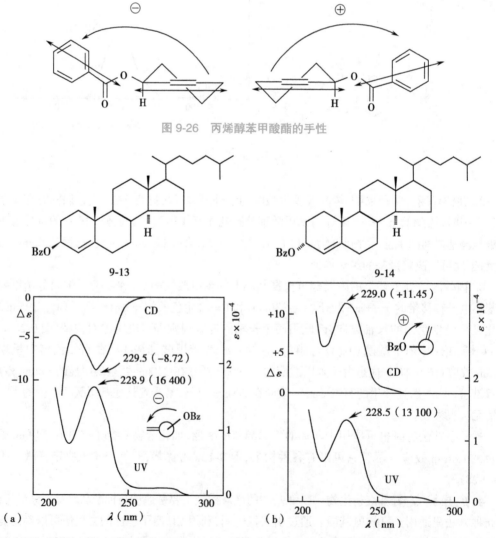

图 9-26   丙烯醇苯甲酸酯的手性

图 9-27   胆甾 -4 烯 -3β- 醇苯甲酸酯(9-13)与胆甾 -4 烯 -3α- 醇苯甲酸酯(9-14)的 UV 和 CD 图谱

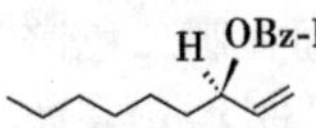

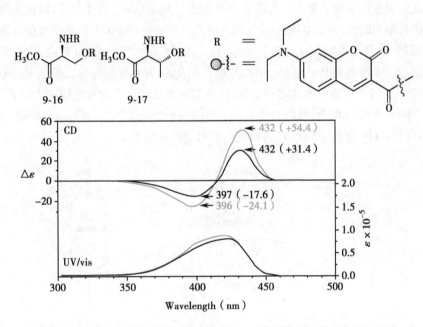

图 9-28　非环的丙烯醇苯甲酸酯的手性

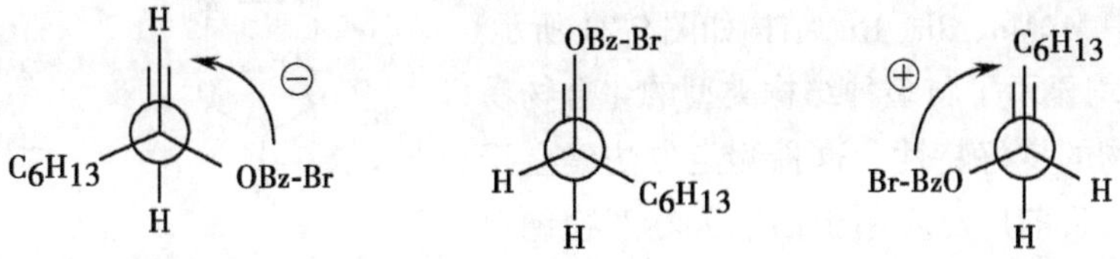

根据 CD 谱（图 9-29 和图 9-30）给出的第一 Cotton 效应为正、第二 Cotton 效应为负，可确定它们具有 c 构象。

图 9-29　化合物（蓝线标示）和化合物 9-17（黑线标示）的 UV 和 CD 图

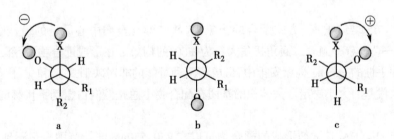

化合物9-16　R_1=COOMe，R_2=H，X=NH
化合物9-17　R_1=COOMe，R_2=Me，X=NH

图 9-30　化合物 9-16 和 9-17 的 3 种交叉式构象

三、过渡金属试剂诱导的 CD 谱

醇类、胺类、醚类等化合物由于在可观察的光谱范围内无紫外吸收而无法直接利用 CD 来确定手性分子的绝对构型，可快速有效地解决此类问题的方法之一就是通过与过渡金属络合形成配合物的方式引入适当的发色团,从而在圆二色谱上产生由手性分子诱导的 Cotton 效应,且 Cotton 效应的手征性完全取决于手性分子的构型。符合通式 $M_2(O_2CR)_4$(其中 M=Mo、Rh、Ru,结构如图 9-31 所示)的双核螯合物,均显示了与多种结构类型的化合物易形成手性配合物的良好特性。这种测定方法建立于 20 世纪 80 年代,目前广泛应用于活性天然产物绝对构型的测定,比较公认的方法包括应用 $Mo_2(OAc)_4$ 试剂确定邻二醇类结构的绝对构型和应用 $Rh_2(OCOCF_3)_4$ 试剂确定手性醇结构(仲醇和叔醇)的绝对构型。

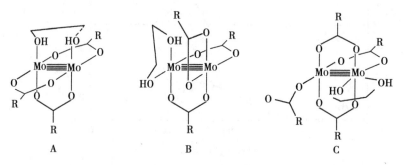

$[M_2(O_2CR)_4]$

1M=Mo, R=CH$_3$
2M=Rh, R=CH$_3$
3M=Rh, R=CF$_3$
4M=Ru, R=C$_3$H$_7$

图 9-31　双核过渡金属螯合物的化学结构

(一) $Mo_2(OAc)_4$ 试剂在邻二醇类结构的绝对构型确定中的应用

1. 实验原理　$Mo_2(OAc)_4$ 是唯一可与邻二醇类化合物形成光学活性配合物的过渡金属螯合物试剂。在室温条件下邻二醇化合物溶液即可迅速与 $Mo_2(OAc)_4$ 发生反应,取代金属中心的一个或多个羧酸酯基配体,在 250~650nm 范围内形成具有多个 Cotton 效应的手性配合物。光学活性的单羟基醇、酯甚至单醚类化合物与 $Mo_2(OAc)_4$ 混合不会产生 Cotton 效应,这表明手性邻二醇分子是通过两个羟基氧原子与 $Mo_2(OAc)_4$ 进行配合的,并由此推测邻二醇与 $Mo_2(OAc)_4$ 的双齿配合反应主要以下述 3 种方式之一进行(图 9-32):邻二醇分子通常是以一个酯化的配基,采取双钼键"平行"的方式配合;或以两个氧原子与同一个钼原子作用,采取与双钼键"垂直"的方式配合;而以第 3 种"直立 - 平伏键"方式配合的可能性非常小。

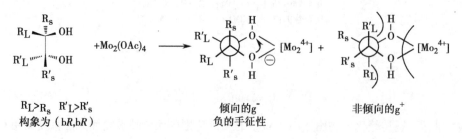

图 9-32　邻二醇与 Mo- 核双齿配合的 3 种可能方式:A."平行"配合、B."垂直"配合和 C."直立 - 平伏键"配合

在"平行"方式与"垂直"方式配合的构象中,邻二醇与金属中心原子的最佳配合方式是 (Mo—O) —C—C— (O—Mo) 二面角扭角大约为 ±60° 的构象。在形成配合物后,邻二醇分子即被迫进入一种手性的 gauche 构象安排中,形成了两种可能的非对映形式 g$^+$ 和 g$^-$,优势构象由手性分子中的取代基的大小决定。大体积的基团在配合物中总是倾向占据伪平伏键的位置,如图 9-33 所示。

邻二醇与 $Mo_2(OAc)_4$ 试剂形成的配合物可以在 250~550nm 波长范围内观测到 5 个 Cotton

R$_L$>R$_s$　R'$_L$>R'$_s$
构象为 (bR,bR)

倾向的g$^-$
负的手征性

非倾向的g$^+$

笔记

图 9-33　邻二醇底物的立体构型与产生 Cotton 效应衍生物中 O—C—C—O 二面角符号的关系

效应带(I~V),其中3个谱带即400nm附近的谱带Ⅱ、350nm附近的谱带Ⅲ和300nm附近的谱带Ⅳ最适合观测邻二醇的绝对构型。研究者发现,在多个刚性结构的邻二醇结构体系中,(HO)—C—C—(OH)二面角扭角符号与诱导CD(ICD)谱中大约300nm处的谱带Ⅳ产生的正(负)Cotton效应的符号相一致,且多数情况下这一Cotton效应还将伴随产生400nm附近谱带Ⅱ正(负)符号相同的第二个Cotton效应,而350nm处的谱带Ⅲ通常很少能明显观测到。因此,研究者提出了(Mo—O)—C—C—(O—Mo)二面角扭角符号(顺时针为正,逆时针为负)与谱带Ⅳ和谱带Ⅱ符号相关联的螺旋规则,在相对构型和优势构象明确的刚性邻二醇分子中,310nm处的CD符号可以直接用于确定绝对构型。如1,2-二醇类化合物9-18和9-19与Mo_2-核配合所产生的典型的CD曲线(图9-34)。

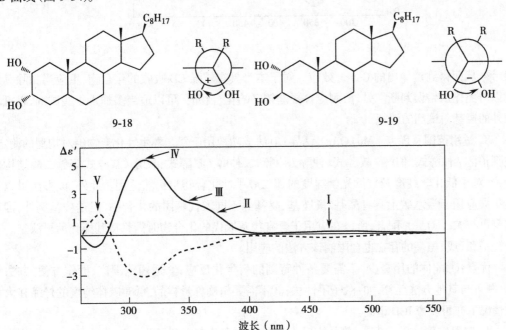

图9-34　邻二醇类化合物9-18(——)和9-19(----)的结构、二面角扭转方向及以配体与金属1:1的比例在DMSO中混合30分钟后快速形成的Mo-配合物的CD谱

　　而在柔性的邻二醇分子中,首先需要假设一个优势构象,对于苏式邻二醇分子而言,其手性Mo-配合物的优势构象一定是HO—C—C—R_L单元均以反180°方式定位,这样可以从310~320nm的CD符号直接推知HO—C—C—OH扭角的正负,从而基于此符号确定两个待测羟基碳的绝对构型。对于赤式邻二醇分子,由于构象可变情况相对复杂,因为两个HO—C—C—R_L单元不能同时采取反180°方式排列,导致了邻二醇部分会产生两种可能的排列,相应地在310nm处产生符号相反的CD Cotton效应带。这种分子获得的CD信号由取代基的相对大小决定,由于其优势构象不易确定,所以这类化合物使用螺旋规则时需要慎重。

　　为了让这个经验规则更加明确,可以使用Snatzke等为确认手性单羟基醇分子引入的"bS"和"bR"描述符。如图9-33所示,所连基团的第一优先权为手性碳的羟基取代基,其次为邻位C—OH,剩余的两个基团按照它们的大小排序。大多数情况下"bS"相当于"S","bR"相当于"R"。这样,经验规则可以表述为一个"bR"或"bR,bR"邻二醇分子中,具有负手征性的O—C—C—O二面角配基结构的构象是最稳定的,它能产生CD谱中负的Cotton效应带Ⅱ和Ⅳ。

　　2. **实验方法**　在室温条件下,将$Mo_2(OAc)_4$溶解于市售DMSO(分析级或色谱级)中配制成约0.6~0.7mg/ml的储备液,加入待测的邻二醇类化合物(配体,约10μmol)使配体与金属盐的比例范围在0.6:0.8~1.0:1.2,混合后立即测定诱导CD谱(ICD),之后每10分钟测定1次,直到ICD稳定不变(通常需要30~40分钟,如图9-35所示),然后采用差谱的方法,扣除化合物本身的

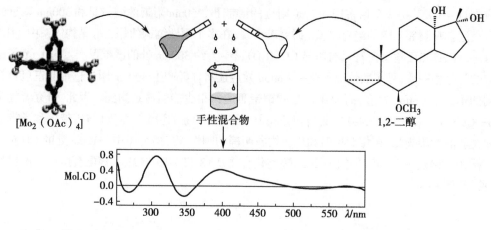

图 9-35　应用 Mo$_2$(OAc)$_4$ 试剂确定邻二醇类结构的绝对构型的实验方法

CD 谱,从而得到诱导出的 Cotton 效应。对于本身具有较强 CD 吸收的化合物,更应当扣除其干扰以避免作出错误判断。另外,测定含羟基较多的化合物时,可以适当多加入一些试剂,以抵消额外的羟基对试剂的消耗。

　　3. **适用范围及优点**　Mo$_2$(OAc)$_4$ 诱导 CD 法成功地用于邻二醇手性化合物绝对构型的测定,包括伯醇 / 仲醇式、伯醇 / 叔醇式、仲醇 / 仲醇式、仲醇 / 叔醇式、叔醇 / 叔醇式等邻二醇结构化合物,对于低化学纯度及较低光学纯度的邻二醇手性化合物也仍然适用。此外,该方法可以完全扩展应用于羟基碳上具有酯基、酰胺基、醚基等不同取代基团的化合物,但是羧基例外,因其本身可与 Mo$_2$(OAc)$_4$ 配合,所以在应用于含有羧基取代的化合物时需将羧基酯化后再测定。多个羟基和(或)氨基的存在也会限制该方法的应用。

　　优点:①配体的用量少,不需要条件苛刻的衍生化反应;②适用范围广、操作方便、方法可靠,并可与其他方法互补,如:激子手性法;③不需要精确称量样品,低对映体纯度的样品在大多数情况下亦可获得 ICD 谱图。

　　4. **应用实例**　Yao Zhang 等从大叶山楝的果实中分离得到了化合物 9-20,其 11,12 位为邻二醇结构,使用 Mo$_2$(OAc)$_4$ 诱导 CD 的方法,根据 308nm 处呈现负 Cotton 效应,相对应地其 O—C—C—O 二面角扭角符号也为负,因此判断出化合物 9-20 的绝对构型为 11R,12R 构型(图 9-36)。

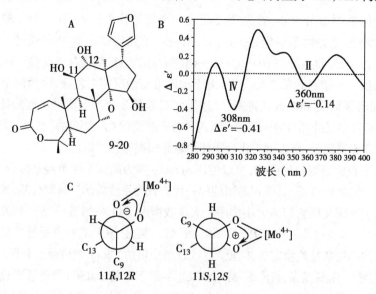

图 9-36
A:化合物 9-20 的结构图;B:化合物 9-20 的 Mo$_2$(OAc)$_4$ 诱导 CD 谱图;
C:化合物 9-20 的 O—C—C—O 二面角扭角示意图

笔记

（二）$Rh_2(OCOCF_3)_4$ 试剂在手性醇类结构的绝对构型确定中的应用

1. 实验原理　Snatzke 和 Gerards 建立了一种使用 $Rh_2(OCOCF_3)_4$ 与手性醇类化合物形成配合物的方法应用于仲醇和叔醇的绝对构型的确定。通过对配合物进行 X 单晶衍射发现，手性醇分子的羟基与 Rh- 核以直立键的方式形成 1:2 的配合物（图 9-37），分子通式为 $Rh_2(OCOCF_3)_4$-$(alcohol)_2$。手性配合物在 300~600nm 范围内可观测到 5 个 Cotton 效应带（A~E）的 CD 谱，其中 350nm 附近 E 带的正（负）Cotton 效应符号与醇分子的绝对构型密切相关。

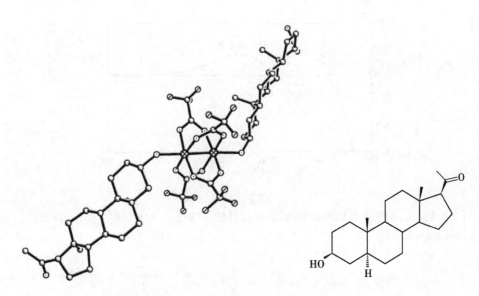

图 9-37　化合物结构及其 Rh- 配合物的 ORTEP 图

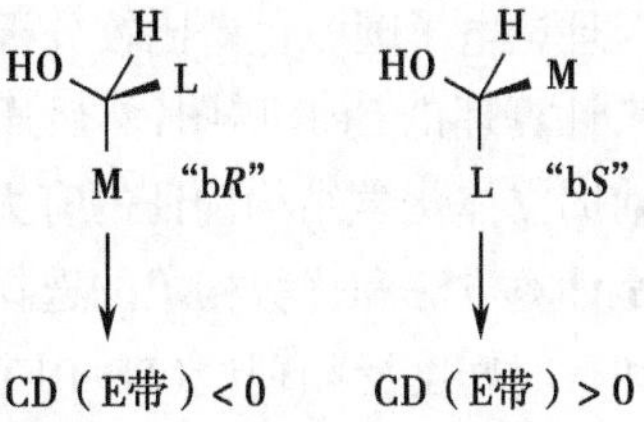

　　根据经验性的 Bulkiness 规则，"bR"手性醇分子的 E 带呈现负 Cotton 效应，"bS"手性醇分子的 E 带呈正 Cotton 效应，如图 9-38 所示。因此根据手性醇与 Rh 试剂形成的配合物的 CD 谱在 E 带处的 Cotton 效应即可判断手性羟基碳的绝对构型。

　　2. 实验方法　将手性醇化合物（1~3mg）溶解于 10ml 干燥的正己烷、三氯甲烷或者二氯甲烷中，加入 $Rh_2(OCOCF_3)_4$（6~7mg）使之与手性醇分子（配体）的摩尔比为 1:0.3~1:0.7，混合后立即测定诱导 CD 谱（ICD），观测其随时间的变化直至稳定不变（约混合后 10 分钟）。然后采用差谱的方法，扣除化合物本身的 CD 谱，从而得到诱导出的 Cotton 效应，具体实验步骤与 $Mo_2(OAc)_4$ 诱导 CD 的方法相似。

图 9-38　醇分子的手性与 Rh- 诱导 CD 谱 E 带的 Cotton 效应的 Bulkiness 规则
（M 代表"中等基团"，L 代表"大基团"）

　　3. 适用范围及优点　这种方法适用于手性仲醇和叔醇分子的绝对构型的测定，当分子中含有双键、烷氧基、酯基、酰胺基、伯醇和卤素取代时同样适用。但分子中若含有酮基、氨基、叠氮或其他手性醇羟基时，这些官能团也会与 Rh- 核形成配合物，从而与醇分子产生对 Rh 络合的竞争，因此所产生的 Cotton 效应结果并不明确，将影响此方法的使用。

　　优点：①配体的用量较少，反应简单，且手性配合物稳定；②配合物形成较快，配体溶于 Rh 试剂几分钟后即可测定；③Cotton 效应符号不受 Rh 试剂和配体浓度的影响；④配体很容易通过加入 MeOH 从配合物中解离出来，从而通过硅胶色谱获得分离。

　　4. 应用实例　Liang Xiong 等从慈竹茎中分离得到一系列木脂素类化合物，其中多个化合物运用了 $Rh_2(OCOCF_3)_4$ 诱导 CD 的方法来判断 C-8（C-7）位仲醇的绝对构型。以化合物 9-21 为例，根据 350nm 处的正 Cotton 效应判断出 9-21 的 C-7 位绝对构型为 S 构型（图 9-39）。

笔记

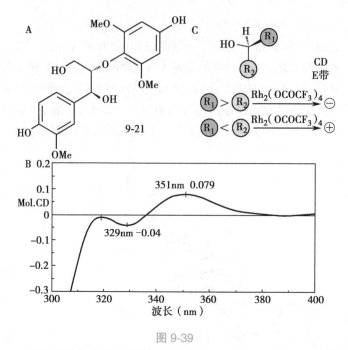

图 9-39

A：化合物 9-21 的平面结构和构象图谱；B：化合物 9-21 的 $Rh_2(OCOCF_3)_4$ 诱导 CD 图谱；
C：Bulkiness 规则的应用

四、电子圆二色谱计算辅助立体化学结构确证

　　测定平面偏振光的波长范围一般在 200~400nm 的紫外区内，由于其吸收光谱是分子电子能级跃迁引起的，称为电子圆二色谱（ECD）。电子圆二色谱（ECD）计算法是一种广泛使用的实验与理论电子圆二色谱比较分析的方法。在化合物相对构型确定的情况下，利用量子化学的方法来计算理论 ECD 谱图，然后通过与实测谱图比较从而确定化合物的绝对构型。该方法已成为辅助立体化学结构确证的有力手段。提高计算谱图的精准度使其与实测谱图更为吻合的关键是计算方法和优势构象的选择。目前在理论计算方法对激发态的研究中，密度泛函理论（DFT）和含时密度泛函理论（TD-DFT）被广泛应用于有机化合物的电子结构及 ECD 谱的理论研究中，取得了较准确的结果；而构象对 ECD 计算的影响很大，单一构象不能保证获得与实验一致的结果，多构象平均获得的 ECD 图谱则更接近实验结果；此外，溶剂环境等影响因素也要考虑在内。

　　ECD 计算辅助立体化学结构确证的主要步骤如下（图 9-40）：

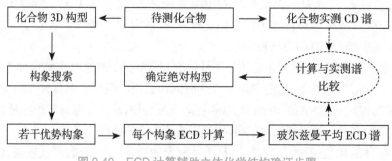

图 9-40　ECD 计算辅助立体化学结构确证步骤

　　（1）3D 结构的构建：首先对相对构型已经确定的化合物进行立体构型构建（如 ChemBio3D、Spartan 等专业软件）。

　　（2）优势构象搜索：应用 Sybyl、Spartan、Conflex 等软件分别对对映异构体进行优势构象搜索，通常情况下，涉及计算的构象要占到理论构象分布的 95% 以上。

（3）优势构象的结构优化：对每个优势构象进行结构优化，然后以 TD-DFT 方法，B3LYP/6-31G（d，p）水平进行激发态理论计算，目前 Gaussian 09 软件较为常用。

（4）玻尔兹曼平均获得 ECD 图谱：鉴于每个构象对观测到的 ECD 都有贡献，对每个构象的 ECD 图谱进行加权平均，模拟出最终的 ECD 图谱。

（5）将计算的 ECD 图谱与实验测试的 ECD 图谱进行比较，从而确定化合物的绝对构型。

$$\Delta\varepsilon(E)=\sum_{i=1}^{n}\Delta\varepsilon_i(E)=\sum_{i=1}^{n}\left(\frac{R_iE_i}{2.29\times10^{-39}\sqrt{\pi\sigma}}\exp\left[-\left(\frac{E-E_i}{\sigma}\right)^2\right]\right)$$

ECD 计算公式

计算注意事项：①结构优化是准确计算 ECD 的基础，准确的 ECD 计算都是建立在已优化好的分子结构上；②确定合理的优势构象是计算的关键，如果优势构象过多导致计算量庞大，必须进行构象搜索的合理限定。

应用实例 1：三萜类化合物 toonaciliatavarin H（9-22）在相对构型确定的前提下再 PM3 算法，B3LYP/6-31G（d，p）水平下进行结构优化；然后以 TD-DFT 算法，B3LYP/6-31G（d，p）水平下进行理论计算。经玻尔兹曼平均获得 ECD 图谱，与实验图谱比较最终确定其绝对构型（图 9-41）。

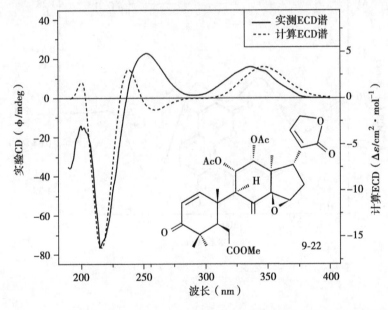

图 9-41　化合物 toonaciliatavarin H（9-22）的计算 ECD 与实验谱图比较

应用实例 2：具有轴手性的化合物存在的旋转能量势垒是邻位取代基的空间位阻产生的，当其足够大时，便可以阻止两个对映异构体在室温下相互转化。如对映异构体 9-23a 和 9-23b（图 9-42）可以在室温下稳定存在，通过 ECD 计算与实验图谱比较可以确定它们的绝对构型。

五、振动圆二色谱的基本知识

当平面偏振光的波长范围在红外区时，由于其吸收光谱是分子振动转动能级跃迁引起的，称为振动圆二色谱（vibrationalcircular dichroism，VCD）。VCD 谱即红外中的左旋圆偏振光和右旋圆偏振光的吸收系数之差 $\Delta\varepsilon$ 随波长的变化所给出的图谱。

长期以来，电子圆二色谱（ECD）由于其干扰少、容易测定而被广泛应用，而振动圆二色谱（VCD）在傅里叶变换红外光谱和量子化学计算的双重推动下，最近几年才得到越来越广泛的应用（图 9-43）。相对于 ECD 而言，VCD 也具有如下优点：①不需要化合物有紫外吸收，应用范围极广；②相对于 ECD，VCD 谱峰较窄，信号丰富，更容易判断；③ECD 计算的是分子在激发态的

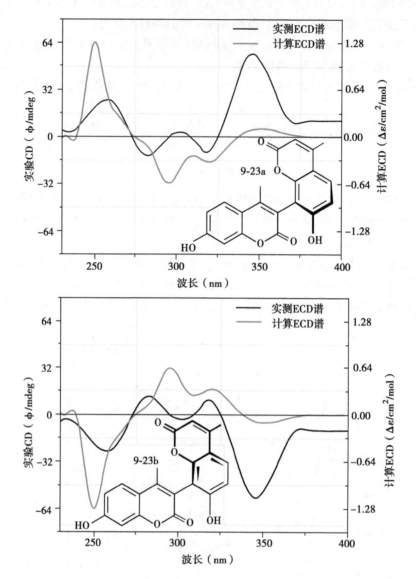

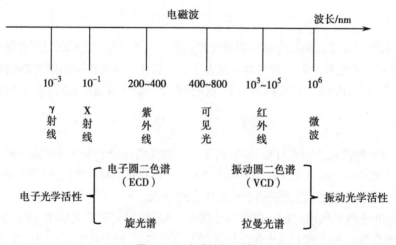

图 9-42　化合物 9-23a 和 9-23b 的计算 ECD 与实验谱图比较

图 9-43　光谱特征分类

能量,VCD 计算的是分子在基态下的振动,从目前计算化学的能力方面考虑,计算 VCD 更加准确。当然,任何技术都不是完美的。VCD 作为一项新技术,其发展和应用才刚刚起步,也存在一些缺点:①VCD 测定仪的基线不稳问题(已逐步解决);②对于较大的复杂分子,目前计算化学能力不够;③对于过度柔性的分子,由于其常温下的低能态构象数量巨大,且不断相互转化,因此计算结果的可信度较低;④测定所需的样品量较大(通常 VCD 测定需大于 10mg,ECD 测定需 1mg 及 1mg 以下)。

振动圆二色谱(VCD)由于其本身的复杂性、应用时间短等因素,很难形成如 ECD 那样的经验和半经验规则,以及像激子手性法那样的理论将谱图和化学结构关联起来。在 VCD 的早期应用中,曾有学者提出多种模型来解释 VCD 谱图数据,如 Fixed Partial Charge 模型、Atomic Polar Tensor 模型、Localized Molecular Orbital 模型、Coupled Oscillator 模型等,但都没有令人满意的普遍性和有效性。而后来发展的量子化学计算模拟已经成为目前最有效、最成功的 VCD 光谱的解释方法。通过比较实测谱图与量子化学计算所得的谱图,从而直接判断得出化合物的绝对构型,这就是目前振动圆二色谱确定手性分子绝对构型的基本方法。

习题

1. 如何用 CD 激子手性法判断化合物 9-24 的绝对构型,应用 $Ph_2(OCOCF_3)_4$ 试剂诱导的 CD 谱判断化合物 9-25 的绝对构型?

9-24

9-25

2. 松香烷型二萜化合物 9-26 的结构如下,CD 图谱中在 240nm 处有正的 Cotton 效应、310nm 处有负的 Cotton 效应,同时利用八区律及螺旋规则判断 C-10 的绝对构型。

9-26

3. 化合物 9-27 为一苯并四氢呋喃型木脂素。

9-27

(1) 在 NOESY 谱中,可以观察到 7-H 和 9-H 的相关信号,试判断 7,8 位的相对构型。

(2) 通过其 CD 谱(278nm 处有负的 Cotton 效应,图 9-44),试判断 7,8 位的绝对构型,并说明其

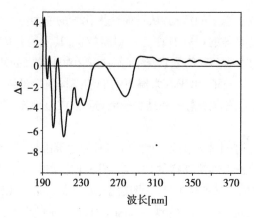

图 9-44 化合物 9-27 的 CD 谱图

Cotton 效应是由哪一类发色团的何种跃迁产生的？

4. 从芫花中分离得到的化合物 9-28（neogenkwanines D）的结构及其 CD、UV 谱如下，首先通过 NOESY 谱判断了该化合物的相对构型如图 9-45 所示，请问如何利用激子手性判断其绝对构型？

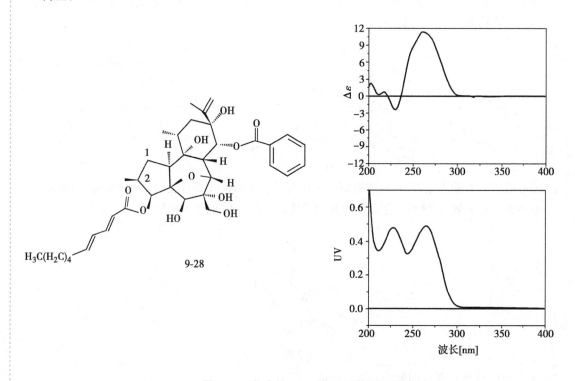

图 9-45 化合物 9-28 的 CD 谱图

（宋少江）

参考文献

1. 吴立军. 实用有机化学光谱解析. 北京：人民卫生出版社，2009

2. Antus S, Kurtán T, Juhász L, et al. Chiroptical properties of 2,3-dhydrobenzo［b］furanand chromane chromophores in naturally occurring O-heterocycles. Chirality, 2001, 13：493

3. Lo LC, Liao YC, Kuo CH. A novel coumarin-type derivatizing reagent of alcohols：application in the CD exciton

chirality method for microscale structural determination.Org.Lett.,2000,2:683-685

4. Koreeda M,Harada N,Nakanishi K,et al.Exciton chirality method as appliedto conjugated enones,esters,and lactones. J.Am.Chem.Soc.,1974,96:266-268

5. Harada N,Nakanishi K.Circular dichroic spectroscopy-exciton couplingin organic stereochemistry;University Science Books.Oxford:Mill Valley,CA and Oxford University Press,1983

6. Lo LC,Yang CT,Tsai CS,et al.A CD exciton chirality method for determination of the absolute configuration ofthreo-β-Aryl-β-hydroxy-α-amino acid derivatives.J.Org.Chem.,2002,67:1368-1371

7. Marcin Go′recki,Ewa Jabłon′ska,Anna Kruszewska,et al.Practical Method for the Absolute Configuration Assignment oftert/tert 1,2-Diols Using Their Complexes with $Mo_2(OAc)_4$. J.Org.Chem.,2007,72:2906-2916

8. Zhang F,Wang JS,Gu YC,et al.Cytotoxic and Anti-inflammatory Triterpenoids from Toona ciliate.J.Nat.Prod., 2012,75:538-546

第十章 其他结构测定波谱技术

学习要求

1. 熟悉 X 射线单晶衍射法和 Mosher 法测定有机化合物绝对构型的应用。

2. 了解 X 射线单晶衍射法和 Mosher 法测定有机化合物绝对构型的基本原理。

无论有机合成、药物开发、天然产物研究,还是与生命有关的化学问题,都必须在三维空间上明确分子的结构和性能,例如药物分子的立体构型与受体之间的相互关系、天然有机化合物的立体构型与生物活性的关系、生化反应过程的立体选择性与分子的立体构型间的关系等。对许多天然有机化合物而言,其生物活性往往只为一种特定的绝对构型所专有。

测定手性化合物绝对构型的方法除旋光谱和圆二色谱法外,还有 X 射线单晶衍射法和 Mosher 法等。X 射线单晶衍射测定化合物结构的特点是同时能得到分子结构的全部信息,包括平面结构、相对构型和绝对构型。而且最后得到的结果是直接提供化学结构,即是"显示型"而非"推断型"的技术。正因为如此,X 射线单晶衍射法成为有机化合物结构研究最有力的武器。更为重要的是,X 射线单晶衍射法以极微小的误差雄辩地成为有机化合物绝对构型测定的最可靠、最权威的方法。近年来,随着新的手性试剂的不断出现和高场核磁共振技术的发展,Mosher法在天然有机化合物绝对构型的测定中得到了广泛应用。此种方法具有样品用量少、操作方便、测定快速准确等特点,尤其适用于手性醇和胺类化合物的绝对构型确定。

第一节 X 射线单晶衍射测定技术

一、X 射线单晶衍射的基本原理

X 射线(X-ray)是德国科学家伦琴(W.C.Rötgen)于 1895 年发现的,但当时并不了解其本质。21 世纪初期,德国科学家劳埃(Max von Laue)对晶体 X 射线衍射进行研究,于 1912 年发表了用于计算衍射条件的劳埃方程。同年,英国物理学家布拉格(W. L. Bragg)提出了布拉格定律,并运用 X 射线测定了 NaCl 和 KCl 等晶体的结构。1923 年,有机化合物(六亚甲基四胺)的晶体结构首次通过 X 射线单晶衍射被测定。随后 X 射线衍射在有机化合物、配位化合物、金属有机化合物,以及生物大分子(如蛋白质和核酸)等结构复杂的晶体结构研究上的应用也得到了飞速的发展。

X 射线照射于晶体三维点阵上引起干涉效应,形成数目众多、波长固定、在空间具有特定方向的衍射,称为 X 射线衍射(X-ray diffraction)。对这些衍射的方向和强度进行测量,并根据晶体学理论推导出晶体中原子的排列情况,称为 X 射线结构分析。

X 射线结构分析方法包括单晶结构分析和粉末结构分析。单晶结构分析可以提供化合物在固态中所有原子的连接形式、分子构象、键长和键角等数据,即原子的精确空间位置。除此之外,还可获得化合物的化学组成比例、对称性、原子(分子)的三维排列和堆积的情况。X 射线结构分析广泛应用于物理学、化学、材料科学、分子生物学和药学等学科,是研究固体物质微观结构的最强有力的手段。

(一)晶体学基本理论

固态物质一般可分为两种,一种是非晶态(non-crystalline)物质,其分子或原子的排列没有

笔记

266

明显的规律;另一种是晶态(crystalline)物质,其具有规律的周期排列的内部结构。晶体(crystal)内部的原子、离子或分子等在三维空间严格地按周期排列堆积,是晶体具有各种特殊性质的根本原因。晶体的性质主要包括对称性、均一性、各向异性、自范性、最小内能性和稳定性。

1. **晶格与空间点阵** 晶体中的原子团、分子或离子在三维空间以某种结构基元(structural motif)(即重复单位)的形式周期性排列。结构基元可以是一个或多个原子(离子或分子),每个结构基元的化学组成及原子的空间排列完全相同。得知晶体中最简单的结构基元,及其在空间平移的向量长度与方向,就可获知原子或分子在晶体中排布的情况。将结构基元抽象为一个点,晶体中分子或原子的排列就可以看成点阵(lattice)。换而言之,晶体的结构等于结构基元加点阵。如果整块固体内部物质点的排列被一个空间点阵所贯穿,则称为单晶(single crystal)。

2. **晶胞** 晶体的空间点阵可以选择 3 个互相不平行的单位向量 a、b 和 c 画出一个六面体单位,称为点阵单位。相应地,在晶体的三维周期结构中,按晶体内部结构的周期性,划分出若干大小和形状完全相同的六面体单位就叫晶胞(cell)。晶体中可代表整个晶体点阵的最小体积称为素晶胞(primitive cell),也叫简单晶胞。3 个单位向量的长度 a、b、c 以及它们之间的夹角 α、β、γ 就叫晶胞参数(unit cell parameters),其中 α 是 b 和 c 的夹角、β 是 a 和 c 的夹角、γ 则是 a 和 b 的夹角。具体见图 10-1。

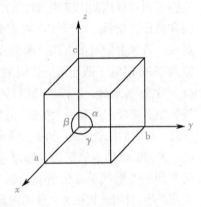

图 10-1 晶胞及其参数

3. **晶体的对称性** 晶体的对称性是指晶体中的各个部分借助于一些几何要素及以此为依赖的一些操作而有规律地重复。对称图形中各个独立的相同部分通过某一种操作使之互相重合并最终使对称图形复原,这种操作我们称之为对称操作。进行对称操作时凭借的几何要素(点、线、面)称为对称要素,也称为对称元素。晶体的对称元素主要包括对称自身、对称中心、对称面、对称轴、倒转轴、映转轴。

晶体的外形和内部结构都存在一定的对称性。了解晶体的对称性一方面可简单明了地描述晶体的结构,另一方面可以简化衍射实验和结构分析的计算。晶体的光学、电学等物理性质和它的对称性联系紧密,正确判断晶体的对称性是晶体结构解析的关键所在,一旦定错晶体的对称性,很可能会导致结构无法解析。

晶体的对称性分为宏观对称性和微观对称性。晶体的理想外形及其在宏观中表现出来的对称性称为宏观对称性。宏观对称元素按一定的规则进行组合能够得到 32 种组合方式,即 32 个点群,无论多复杂的晶体外形一定属于 32 点群中的一个。32 个点群按其特征对称要素划分为 7 个晶系(表 10-1),晶系具有不同的对称性,因而导致晶胞的形状各异。

表 10-1 7 个晶系

晶系	晶胞参数	晶系	晶胞参数
三斜	$a\neq b\neq c$;$\alpha\neq\beta\neq\gamma$	六方	$a=b\neq c$;$\alpha=\beta=90°$;$\gamma=120°$
单斜	$a\neq b\neq c$;$\alpha=\gamma=90°$;$\beta\neq90°$	三方	$a=b=c$;$\alpha=\beta=\gamma\neq90°$
正交	$a\neq b\neq c$;$\alpha=\beta=\gamma=90°$	立方	$a=b=c$;$\alpha=\beta=\gamma=90°$
四方	$a=b\neq c$;$\alpha=\beta=\gamma=90°$		

注:表中的"$\neq$"仅指不需要等于

当测定某一未知晶体的晶胞参数后,其晶系就可被大致确定下来。但是,晶系是由特征对称元素所确定的,而不是仅由晶胞的几何形状(即晶胞参数)决定。因此,在实验误差范围内,晶

笔记

胞参数满足某个晶系的要求只是必要的条件,而不是充分的条件。

晶体微观结构中的对称性称为微观对称性。微观对称元素在符合点阵结构基本特征的原则下,按照一切可能进行组合,能够得到 230 种组合方式,即 230 个空间群,任何一个晶体必定属于 230 个空间群中的一个。这些空间群可以阐明一种晶体可能具有的对称元素种类及对称元素在晶胞中的位置。

(二)X 射线单晶衍射的基本原理

晶体中原子间的键合距离通常在 0.1~0.3nm 范围内,可见光的波长范围在 300~700nm,所以光学显微镜无法显示分子结构图像。晶体的三维结构能够和波长与原子间距相近的 X 射线(λ=0.05~0.3nm)发生干涉效应,形成一幅有规律的衍射图像,用衍射仪测量出这些衍射的方向和强度,根据晶体学理论推导出晶体中原子的排列情况,就可获知晶体的结构。

1. X 射线的产生　X 射线单晶衍射实验用到的 X 射线通常是由 30~60kV 的高压电子轰击真空 X 射线管内的阳极靶面时所产生的。电子轰击阳极靶时,同时产生两种 X 射线:连续 X 射线和特征 X 射线。电子多次碰撞金属原子产生多次辐射得到连续 X 射线,也被称为"白色"X 射线。当 X 射线管的电压达到激发电压时,高速电子可激发靶原子的内层电子,原子处于高能激发态,外层电子跃迁至低能级的内层轨道上,从而释放出多余的能量,产生特定波长的 X 射线,即特征 X 射线。不同的外层(如 L、M 层)电子向 K 层空轨道的跃迁,所辐射的能量不同,其波长也有差异。概率最大的跃迁是 L 层电子向 K 层空轨道的跃迁,其次是 M 层电子向 K 层的跃迁。前者的波长为 K_{α_1} 和 K_{α_2},两者的波长相差甚少;后者的波长为 K_β,其波长较短,强度较弱。K_{α_1}、K_{α_2} 和 K_β 称为该靶面金属原子的特征 X 射线。通常用于 X 射线单晶衍射实验的 X 射线由钼靶或铜靶产生,封闭式钼靶 X 射线的图谱如图 10-2 所示。

为了获得单色化、强度高的特征 X 射线,必须加上某种合适的单色器,将"白色"及较弱的特征谱线滤去。常用的石墨单色器不能把 K_{α_1} 和 K_{α_2} 双重峰分开,因此钼靶 X 射线经单色化后得到的谱线为 K_α(包括 K_{α_1} 和 K_{α_2})称为 MoK_α 射线,其波长 λ 为 0.71073Å。铜靶 X 射线经单色化后得到的谱线为 CuK_α 射线,其波长 λ 为 1.5418Å。

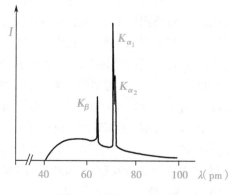

图 10-2　钼靶 X 射线图谱

X 射线单晶衍射所用的光源除了普通的封闭式 X 射线管外,还有旋转阳极靶和由同步辐射产生的单色 X 射线。封闭式的 X 射线管具有操作方便、成本较低的优点,是最常用的光源。

2. 布拉格方程　由于晶体中的原子组成的点阵在三维空间有序排列,其结构类似于光栅,因此晶体能对波长与晶格间距接近的 X 射线产生相干现象。当 X 射线照射到晶体上,就会产生衍射效应(diffraction),衍射光的方向与构成晶体的晶胞大小、形状及入射的 X 射线波长有关,衍射光的强度与晶体内原子的类型和晶胞内原子的位置有关。所以,从衍射光束的方向和强度看,每种晶体都有自己特征的衍射图。衍射方向可以利用劳埃(Laue)方程和布拉格(Bragg)方程来描述,两个方程的出发点分别为直线点阵和平面点阵,但其结果是等效的。布拉格方程式是 X 射线单晶衍射学中最基本的公式,其形式简单,能够阐明衍射的基本关系,应用非常广泛。

当 X 射线照射到晶体上时,考虑一层原子

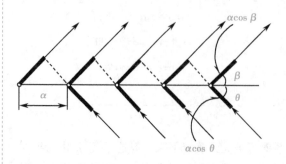

图 10-3　一维晶体引起的散射光的光程差示意图

笔记

面上散射 X 射线的干涉。如图 10-3 所示,当 X 射线以 θ 角入射到原子面并以 β 角散射时,相距为 a 的两个原子散射 X 射线的光程差 δ 为:

$$\delta = a(\cos\theta - \cos\beta) \qquad (式 10-1)$$

当光程差等于波长的整数倍($n\lambda$)时,在 θ 角方向的散射干涉加强。光程差 $\delta = 0$,则 $\theta = \beta$。即只有当入射角与散射角相等时,同层原子面上所有原子的散射波干涉将会加强。

晶体可以看成是由许多组平行的晶面族组成的,每一晶面族是一组互相平行、晶面间距(d)相等的晶面组成。X 射线有强的穿透能力,晶体的散射线来自于若干层原子面,各原子面的散射线之间互相干涉。如图 10-4 所示,根据衍射条件,只有当光程差为入射 X 射线波长的整数倍时衍射才能相互加强,即 d 与 θ 之间的关系符合布拉格(Bragg)方程。

$$n\lambda = 2d\sin\theta \qquad (式 10-2)$$

式中,d 为晶面间距,θ 为衍射角(布拉格角),n 为衍射级数,λ 为 X 射线的波长。即当光程差等于波长的整数倍时,相邻原子面的散射波干涉加强。

由布拉格公式可知,$\sin\theta = n\lambda/2d$,因 $\sin\theta < 1$,故 $n\lambda/2d < 1$。为使物理意义更清楚,现考虑 $n=1$(即 1 级反射)的情况,此时 $\lambda/2 < d$,这就是能产生衍射的限制条件。布拉格方程说明用波长为 λ 的 X 射线照射晶体时,晶体中只有晶面间距 $d > \lambda/2$ 的晶面才能产生衍射。在结构分析中已知波长为 λ 的 X 射线,测定出 θ 角,可以计算晶体的晶面间距 d。

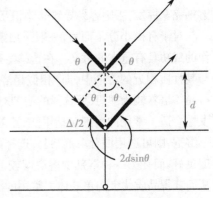

图 10-4 晶体产生 X 射线衍射的条件

(三) 实验仪器和方法

1. 衍射仪 早期测量衍射强度采用回摆照相法、Weissenburg 照相法及旋进照相法等照相法,但这些方法烦琐,数据准确度较低,现已很少使用。目前使用的衍射仪主要是四圆衍射仪(four-circle diffractometer)和面探测衍射仪(area detector diffractometer)两大类。两者的基本结构大致相同,主要由光源系统、测角器系统、探测器系统和计算机四大部分组成,如图 10-5 所示。光源系统主要包括高压发生器和 X 光管,高压发生器提供高压电流。如使用 X 光管,则需外接循环水冷却系统以降低阳极靶的温度。测角器系统与载晶台和探测器直接相连,用于控制晶体和探测器的空间取向。计算机主要用于控制测角器系统和探测器的机械运动、快门的开关,收集和记录测角器系统的各种角度数据、探测器的强度数据等。快门用于控制 X 射线的射出。单色器用于滤去"白色"及较弱的特征谱线从而获得特征 X 射线。准直器的功能为控制照射到晶体上的 X 射线光斑的大小。

2. 样品制备技术 随着 X 射线衍射实验仪器的发展以及计算方法的不断提高,解决晶体结构的关键问题在于获得高质量的单晶,从而获得理想的衍射数据。X 射线单晶衍射实验对物

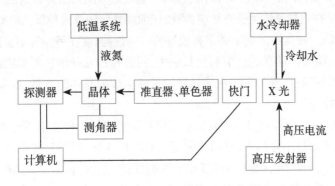

图 10-5 X 射线单晶衍射仪结构示意图

质的结晶状态要求非常严格，即晶体必须是外形规整，原子、离子或分子排列的周期贯穿于整个晶体的单晶，并且单晶的大小应该合适，因而单晶的培养（crystal growth）对实验者来说常常是一个至关重要的问题。

晶体的生长和质量主要依赖于晶核形成和生长的速率。如果晶核形成速率大于生长速率，就会形成大量的微晶，并容易出现晶体团聚；相反，晶核形成速率小于生长速率会引起晶体出现缺陷。为避免这两种问题常常需要不断摸索，研究新化合物时，我们对其结晶规律不了解，通常不容易预测并避免微晶或团聚问题的发生。当然，也不是完全没有规律可以依循，这里介绍几种常用且行之有效的方法。

（1）溶液生长法：从溶液中将化合物结晶出来，是单晶体生长的最常用的形式。最为普通的方法是通过冷却或蒸发化合物饱和溶液，让化合物结晶出来。这时，最好采取各种必要的措施使其缓慢冷却或蒸发，以求获得比较完美的晶体。实践证明，缓慢结晶往往更容易获得成功。单晶培养最好使用洁净、光滑的玻璃杯等容器，结晶容器应放在非振动环境中，同时应尽量避免溶剂完全挥发，否则容易导致晶体相互团聚或者沾染杂质，不利于获得纯相、优质的晶体。

对于有机小分子而言，一般采用溶液生长法进行结晶的培养，选择合适的溶剂对于结晶操作的成功具有重大的意义。在选择溶剂时一般需了解样品的结构和性质，因为溶质往往易溶于与其性质相近的溶剂中，即"相似相溶"。一般情况下，对于欲结晶样品选用一种合适的溶剂进行晶体培养较为理想，所选择的溶剂对样品的溶解度温度高时溶解度大，温度低时溶解度小，挥发性合适。常用的溶剂包括甲醇、乙醇、丙酮、乙酸乙酯、三氯甲烷等。如果挑选不到合适的单一溶剂，则可选用混合溶剂结晶，选择两种或两种以上的溶剂进行组合，样品在一种溶剂中溶解度良好，而在另一种溶剂中溶解度较差，通过调节混合溶剂的比例，可以调节晶体的生长过程，从而获得品质优良的单晶体。常用的混合溶剂包括甲醇与三氯甲烷、乙醇与三氯甲烷等。几种溶剂均适用时，应根据结晶的回收率、操作的难易、溶剂的毒性大小及是否易燃、价格高低等综合考虑择优选用。溶液中晶体生长的方法有许多，其中一些行之有效的方法是需要掌握的，下面介绍几种常用的方法。

1）缓慢溶剂挥发法：将样品溶解在具有一定溶解度的单一溶剂或者混合溶剂中，理想的溶剂系统是一个易挥发的良性溶剂和一个不易挥发的不良溶剂的混合物；溶剂或溶剂系统的量应稍大于达到过饱和度所需要的量。将样品放置在合适的环境中，让溶剂缓慢挥发，当达到过饱和度时，开始析出晶核，随着溶剂的进一步挥发，溶质在晶核表面不断积累，其晶体逐渐长大。该方法的关键在于寻找合适的溶剂系统，使得晶体的聚集速度与生长速度在一个合适的范围之中，从而获得合适的单晶体。

2）溶液降温法：通常化合物的溶解度随着温度的下降而降低，因此可以利用这种特性来配制过饱和溶液。首先在较高的温度下配制接近于过饱和度的溶液，然后将溶液缓慢降温至较低的温度。降温过程最好呈梯度进行，降温的时间可以选择1天~1周，甚至更长。值得注意的是利用天然的热力学梯度，往往可以在几个小时或者一昼夜的时间内获得合适的单晶。

3）混合溶剂法：在这种晶体生长方法中，需要仔细调整两种或两种以上溶剂的组成与比例。样品在混合溶剂里的一种良性溶剂中必须有较好的溶解性能，而在另一种不良溶剂中其溶解性能较差，甚至不溶。特别注意在混合溶剂生长法中，所选择的几种溶剂要求能够互溶。在混合溶剂法中，溶剂的添加速度、混匀方式会明显影响最终生成的晶体的质量，通常而言，添加不良溶剂的速度越慢越好。

（2）蒸气扩散法：选择两种对目标化合物溶解度不同的溶剂A和B，且两者有一定的互溶性。把待结晶化合物置于敞口小容器中，并用溶解度大的溶剂A将其溶解，将敞口小容器放置于较大的容器中，并往较大的容器中加入溶解度小的溶剂B，盖紧大容器盖子，溶剂B的蒸气就会扩散到小容器，溶剂A的蒸气也会扩散到大容器中。随着扩散过程的进行，小容器中的溶剂慢慢变为 A 和 B 的混合溶剂,从而降低化合物的溶解度,迫使化合物不断结晶出来。

(3) 升华法:升华法能长出好的晶体。理论上,任何在分解温度以下的温度区间具有较大蒸气压的固体物质均可以采用这种非溶剂结晶方式来培养单晶。由于符合升华条件要求的物质不多以及其他原因,该方法比较少用。

3. 衍射实验及结构解析过程　X 射线单晶衍射结构分析的过程从单晶培养开始,到晶体的挑选与安置,继而使用衍射仪测量衍射数据,再利用各种结构分析与数据拟合方法进行晶体结构解析与结构精修,最后得到各种晶体结构的几何数据与结构图形等结果。

(1) 晶体的挑选:化合物通过单晶培养后,下一步则是从获得的结晶中挑选质量好、尺寸大小合适的晶体。结晶的尺寸是否合适与晶体的衍射能力和吸收效应程度、所选用射线的强度和衍射仪探测器的灵敏度有关。晶体所含的元素种类和数量决定了晶体的衍射能力和吸收效应程度,而衍射仪的配置决定了 X 射线的强度和探测器的灵敏度。

衍射仪的光源上所带准直器的内径有 0.5、0.8 和 1.0mm 等尺寸,因此一般情况下应该选择尺寸小于所用准直器的内径尺寸的晶体,以确保 X 射线光束应能照射到整颗晶体上,如果晶体大于 X 射线光束将造成吸收等方面的明显误差。对于有很强吸收效应的晶体,应该选择尺寸较小、形状尽量接近球形或立方体的晶体。通常,晶体中的原子越轻(如纯有机化合物),晶体就应该越大;晶体中的原子越重(如含较重的金属),晶体就应该越小。使用不同的仪器测定,对晶体尺寸的要求也不同,如果使用高度敏感的 CCD 或 IP 探测器,或旋转靶光源,晶体尺寸可以比较小。根据经验,使用固定靶的传统四圆衍射仪测定晶体结构时,晶体的合适尺寸范围是纯有机物为 0.3~1.0mm、金属配合物和金属有机化合物为 0.1~0.6mm,而纯无机化合物为 0.1~0.3mm。

除了晶体的尺寸外,晶体的质量也同样重要。在进行 X 射线单晶衍射结构分析前应在显微镜下对晶体的质量进行判断,品质好的晶体应该是透明、没有裂痕,表面洁净、有光泽的。因为晶体的不同取向对偏振光有不同的消光作用,利用偏振光显微镜比较容易判断晶体是否为孪晶,20~80 倍的偏振立体显微镜非常适合。但由于价格等原因,放大倍数为 20~40 的普通显微镜更为常用,只要细致认真,外加一定的经验,通过普通显微镜也可大致判断晶体的质量。当然,最终晶体的质量是否合乎要求,还需用衍射实验来检验。

(2) 晶体安置:晶体安置(crystal mounting)通常也叫黏晶体。晶体安置常用的方法有两种(图 10-6),第一种是将晶体用黏合剂黏在一根纤细的玻璃纤维上,第二种是将晶体安置在普通玻璃或硼玻璃毛细管里面。将晶体安置在玻璃纤维上时,为了确保玻璃纤维直径小且机械强度大,玻璃纤维最好是选用直径比晶体尺寸略小(0.1~0.3mm)的实心玻璃纤维。对于稳定的晶体,选择合适的黏合剂将其黏在玻璃纤维顶端,待黏合剂充分固化后,就能开始衍射实验;对于不太稳定的晶体,则可以在晶体外面裹上一层黏合剂,将晶体与空气隔开,然后再黏置于玻璃纤维顶端。如果是在低温下进行衍射实验的话,只要用凡士林包裹晶体就可以了,因为在 –100℃时凡士林可以固化;在常温下则不能使用凡士林,因其常温下为半固态,不能将晶体固定,在收集数

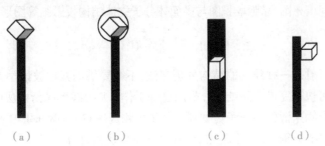

(a)　　　　　(b)　　　　　(c)　　　　　(d)

(a)将晶体粘在玻璃丝上的正确做法　　(b)在晶体上包上一层胶,保护晶体
(c)将晶体卡在毛玻璃细管中　　(d)将晶体粘在玻璃丝上的不正确做法

图 10-6　晶体安置方法

笔记

据的过程中晶体可能出现滑动、偏离圆心等现象。

　　第二种方法安置晶体时,先选择内径合适的普通毛细管或硼玻璃毛细管,然后将晶体卡在里面,或者加入一些胶水或油脂使晶体在收集数据时保持稳定,然后用黏合剂将毛细管的两端封起来。对于一些容易风化或者含有易逸出溶剂分子的化合物,在封口之前,加入培养晶体的母液(mother liquor)不失为稳定晶体的行之有效的方法。

　　接下来将黏好晶体的毛细管或者玻璃纤维插入中空金属或塑料杆上,用橡皮泥固定后,就可以将其安置在载晶台(goniometer head)上。用载晶台上的高度调旋钮调节晶体的高度,高度调好后,再反复调节载晶台另外两个正交互动的滑动装置,直至晶体精确地位于显微镜十字线的中心,固定,晶体的对心工作就完成了。

　　(3) 衍射实验与结构解析:单晶安置和对心工作完成后,就可以试收集衍射画面,在第一个画面中寻峰,获得取向矩阵和晶胞初参数,测定晶体的劳厄型和点阵型,最终根据劳厄型的分析结果,确定衍射数据收集方案,进行衍射数据的采集。

　　结构解析包括以下几个步骤:确定正确的空间群、用晶体学结构解析软件解析结构、建立正确的分子结构模型、结构参数精修、结构描述。通过检查衍射数据的劳埃型与系统消光规律,确定可能的空间群。将衍射强度数据准确地输入计算机并建立相应的运算基本条件,然后用直接法或 Patterson 法解析晶体结构。最终将晶体学形式转化为化学表达,把晶体结构、原子间相互作用、化学键的性质、分子结构及分子间作用力有机联系起来,并描绘出电子密度图、晶胞构造图和分子结构图。

　　X 射线单晶衍射实验所收集到的直接数据只有晶胞参数、空间群和衍射强度 I_o(intensities)的数据,远未达到确定晶体结构的目的。I_o 通过一系列的还原和校正可以转换成结构因子的绝对值,即结构振幅 $|F_0|$(structure factor amplitude),因此完成晶体数据测量后,已知的数据是晶胞参数、衍射指标、结构振幅、可能的空间群及原子的种类和数目。未知的数据是衍射点的相角和原子坐标,这就是晶体结构解析要解决的问题。所以获得衍射数据后需要利用各种结构分析和数据拟合方法进行晶体结构的解析与结构精修,最终获得各种晶体结构的几何数据与结构图像等结果。

　　根据晶体学和数学原理,任一衍射点的结构振幅与结构因子 F 之间存在特定的函数关系,结构因子与晶胞中的电子密度之间也存在一定的函数关系,每一个衍射点的结构因子经过 Fourier 转换就可以得到晶胞中任意坐标的电子密度,不同的电子密度峰对应于不同的原子,因此获得了电子密度图就得到了晶体结构的详细信息。

　　X 射线单晶衍射结构分析提供与晶体结构相关的数据,如晶胞参数、分子式、晶体密度、原子坐标、原子间键长与键角值、扭角值、分子骨架的平面性质、分子内和分子间氢键的分布、盐键、配位键等相关的晶体学参数。此外,X 射线单晶衍射结构分析法还借助各类画图软件,提供另一种强有力的表达方式,即各种形式的结构图。按图形的表达方式分类,结构图有线形图、球棍图、椭球图、空间填充图、晶胞堆积图与多面体分子立体结构投影图等图形。

二、X 射线单晶衍射技术在结构研究中的应用

　　X 射线单晶衍射是一种独立的结构分析方法,不需要借助其他波谱学方法,仅凭借一颗品质良好的单晶即可快速完成样品结构分析的全部工作。X 射线单晶衍射法应用范围广泛,从天然产物和合成化合物来源的小分子药物到大分子生物药物(如多肽和蛋白质),以及药物和受体靶点等分子的立体结构研究,其可研究的结构分子量可达数百万。

　　在有机化合物结构解析中,通常通过四大光谱的综合解析,基本可以确定化合物的平面结构或相对构型。对于手性化合物绝对构型的研究是天然产物结构测定的最后环节,如果能够获得良好的单晶,X 射线单晶衍射法是确定手性分子的绝对构型、分子立体结构中的差向异构体

笔记

的权威技术。同时在研究固体化学药物的晶体结构中，X射线单晶衍射不仅能够提供同质异晶样品的分子排列规律，而且同时可给出结晶样品中结晶水或结晶中其他溶剂分子的准确数量。

晶体学中，绝对结构指的是经物理方法确认的非中心对称晶体中原子在空间的排布，这种原子在空间的排布必须用晶胞参数、空间群以及所有原子坐标描述。而在立体化学中，绝对构型（absolute configuration）指的是经物理方法确认的手性分子或基团在空间的排布，这种空间排布可以用立体化学的方法加以描述。具有非中心对称和手性的分子，结晶时可形成具有非中心对称和手性空间群的晶体。这时，晶体中各个分子片段（或基团）的不同取向对应于不同的绝对结构（absolute structure）。确定晶体的绝对结构，实际上就是确定晶体中各个基团相对于晶轴的取向。因此，确定了晶体的绝对结构，也就可以确定晶体中手性分子的绝对构型。

在实际工作中，品质优良、含有较重原子的晶体衍射数据，且包含一定数量的Friedel对（以原点为对称中心的两个衍射点称为Friedel对）衍射数据，就可能确定晶体的绝对结构。晶体学中，氢原子直接称为氢原子，碳、氮、氧等非氢原子称为轻原子，而明显重于碳的原子称为重原子。对于CuK_α衍射数据，只要含氧或更重的原子，就可以确定其绝对构型。对于MoK_α衍射数据，则分子中必须含有周期表中不同行的元素或重于磷原子的元素才可以确定绝对结构/构型。因为对于MoK_α衍射数据，如果结构中只含有碳、氮和氧等轻原子，绝对结构翻转时，残差因子R的差别通常只有0.001或更小；而含有磷或更重的原子时，翻转绝对结构可以引起R因子较明显的差别，从而可以区分绝对结构。出现更重的原子时，R因子的差别可以大至0.03。小的R因子对应于正确的绝对结构。因此，在有比较重的原子存在的情况下，一定要检查翻转绝对结构所引起的R因子的变化，尤其是加权wR_2因子的差别。假如差别足够明显，即使在不测量Friedel对的情况下也可以确定含有比较重的原子的结构的绝对构型。

目前国际晶体学界普遍认同用Flack提出的方法来确定绝对结构，其原理是基于分子中各原子对X射线的反常散射效应，并通过绝对构型因子（Flack parameter）的计算来判断。该法在结构精修过程中加入一个参数x，被称为Flack参数。程序通过计算Flack参数x及其标准不确定度μ判断晶体的绝对结构能否被确定，及所精修的绝对结构是正确的还是相反的。$u>0.3$表示晶体的反常散射能力弱，绝对结构不能被确定；$u<0.04$表示晶体的反常散射能力很强，绝对结构可以被确定；$u<0.1$表示晶体具有较强的反常散射能力。假如u足够小，所精修的又是正确的绝对结构模型，则Flack参数x应等于或非常接近于0；相反的，x等于或非常接近于1，则表示此绝对结构是错误的，其倒反结构才是正确的。因此，对于x等于或非常接近于1的情况，必须翻转结构，再进行结构精修。

1. 确定相对构型　苏维等从湖南民族药物血筒（异形南五味子 *Kadsura heteroclite* 的茎）中提取分离得到倍半萜类光学活性物质，由高分辨电喷雾质谱结果推导得到分子式为$C_{15}H_{22}O_3$，红外光谱显示有两个分别位于3348、3294cm^{-1}的羟基吸收峰和1677cm^{-1}的共轭羰基吸收峰，由^{1}H-NMR、^{13}C-NMR和二维核磁谱推导出该化合物的框架结构，最后用X射线单晶衍射结构分析验证结果（图10-7）。晶体为由三氯甲烷-甲醇溶液中结晶得到的白色棱晶，衍射实验选取的晶体尺寸为0.300mm×0.400mm×0.600mm。用Bruker SMART APEX II型X射线单晶衍射仪收集衍射强度数据，MoK_α（0.71073Å）的最大衍射角为27.51°，收集衍射点7824个、独立衍射点3134个，晶体属正交晶系，空间群为$P2_12_12_1$。晶胞参数：a=7.2841（3）Å，b=7.6225（4）Å，

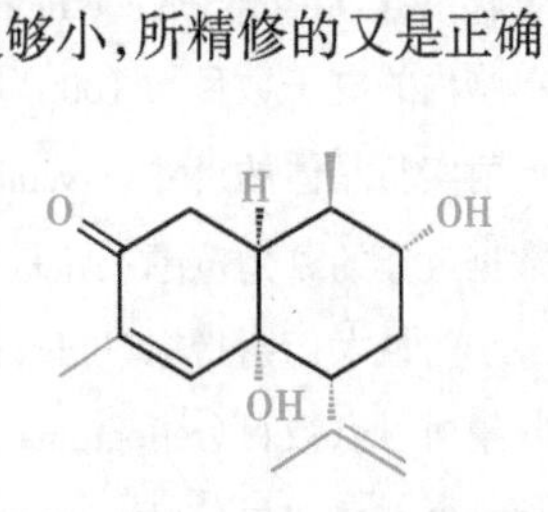

6a,9a-Dihydroxycadinan-4-en-3-one

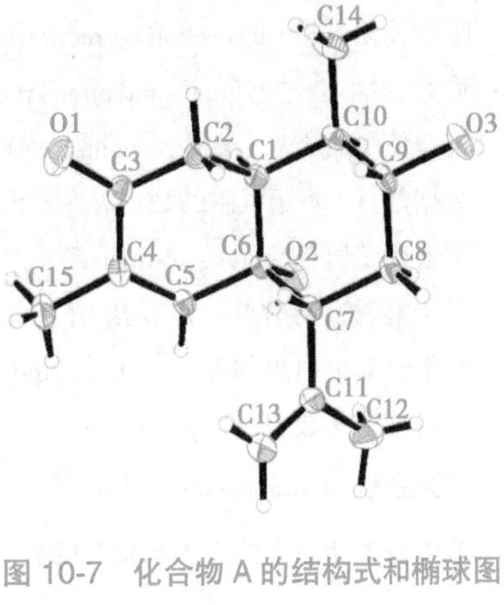

图 10-7　化合物 A 的结构式和椭球图

笔记

c=4.5648(11)Å;$a=\beta=\gamma=90.00°$;晶胞体积为 1363.91(11)Å^3;晶胞内的分子数 Z=4;最终可靠因子 R_1—0.0361、wR_2—0.0925。通过计算机处理各种晶体学结构参数,描绘该倍半萜的相对构型为 6a,9a-dihydroxycadinan-4-en-3-one。

2. 确定绝对构型 Coumarinlignan 是苏维等从湖南民族药物血筒(异形南五味子 *Kadsura heteroclite* 的茎)中提取分离得到的木脂素类光学活性物质,由高分辨电喷雾质谱结果推导得到分子式为 $C_{20}H_{16}O_7$,红外光谱显示有两个分别位于 3603cm^{-1} 的羟基吸收峰和 1697cm^{-1} 的酯羰基吸收峰,由 ^{1}H-NMR、^{13}C-NMR 和二维核磁谱推导出该化合物的结构,最后用 X 射线单晶衍射结构分析验证结果(图 10-8)。晶体为由三氯甲烷 - 甲醇溶液中结晶得到的白色片状晶体,衍射实验选取的晶体尺寸为 0.24mm × 0.13mm × 0.08mm。用 Bruker SMART APEX Ⅱ 型 X 射线单晶衍射仪收集衍射强度数据,各项参数见表 10-2。通过计算机处理各种晶体学结构参数,最终确定该木脂素的结构为 (8'S)-9'-hydroxy-3,4,3',4'-dimethylenedioxycoumarinlignan。

表 10-2 化合物 B 的晶体数据及精修参数

分子式(empirical formula)	$C_{20}H_{16}O_7$
分子量(formula weight)	368.33
衍射实验的温度(temperature)	140(2)K
X 射线波长(wavelength)	1.54178 Å
晶系名称(crystal system)	orthorhombic
空间群名称(space group)	P2$_1$2$_1$2$_1$
晶胞参数(unit cell dimensions)	a=6.65710(10)Å $\alpha=90°$ b=6.91650(10)Å $\beta=90°$ c=35.0502(4)Å $\gamma=90°$
晶胞体积(unit cell volume)	1613.85(4)Å^3
晶胞内的分子数(Z)	4
衍射实验计算得到的晶体密度[density(calculated)]	1.516 mg/m^3
吸收系数(absorption coefficient)	0.976 mm^{-1}
单胞内的电子数目[F(000)]	768
衍射实验晶体的尺寸(crystal size)	0.240 mm × 0.130 mm × 0.080 mm
数据收集的 θ 角范围(Theta range for data collection)	5.047°~69.672°
最小与最大衍射指标(index ranges)	−6≤h≤8,−8≤k≤8,−42≤l≤42
收集衍射点数目(reflections collected)	11 598
独立衍射点数目(independent reflections)	2960[R(int)=0.0401]
对于最大 θ 角收集的完整率(completeness to θ=67.679°)	99.9%
吸收校正方法(absorption correction)	semi-empirical from equivalents
最大、最小透过率(max. and min. Transmission)	0.7532 and 0.5201
精修使用的方法(refinement method)	full-matrix least-squares on F^2
数据数目 / 使用限制的数目 / 参数数目 data/restraints/parameters)	2960/0/245
拟合优度值(goodness-of-fit on F^2)	1.058
对于可观测衍射点的 R_1,wR_2 值 {final R indices [I>26(I)]}	R_1=0.0309,wR_2=0.0787
对于全部衍射点的 R_1,wR_2 值[R indices(all data)]	R_1=0.0317,wR_2=0.0794
绝对结构参数(Flack parameter)	0.15(7)
消光系数(extinction coefficient)	*n/a*
差值傅里叶图上的最大峰顶和峰谷(largest diff. peak and hole)	0.146 and −0.313/eÅ^{-3}

笔记

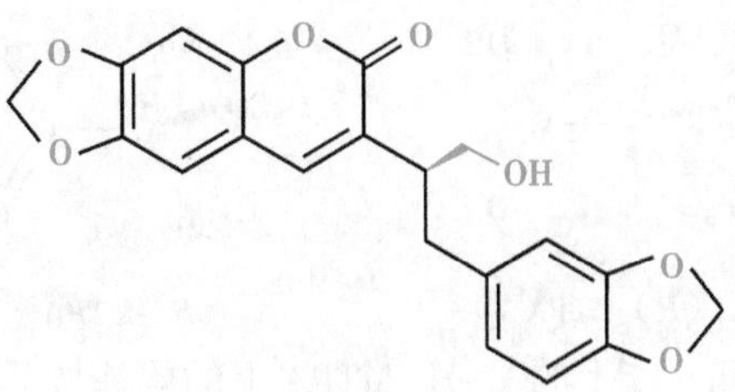

coumarinlignan

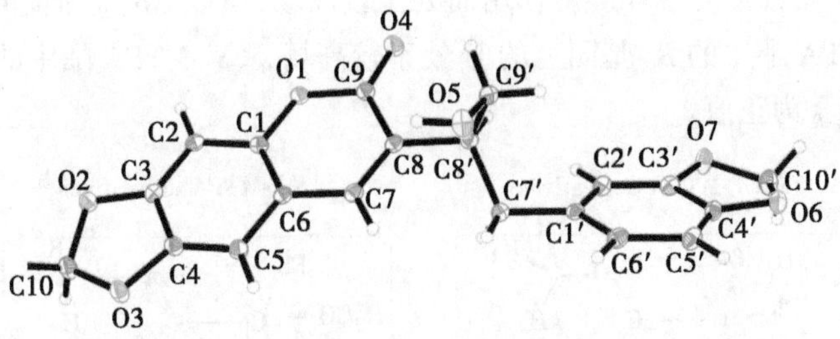

图 10-8　化合物 B 的结构式和椭球图

第二节　Mosher 法

一、概　　述

相对构型确定的手性化合物,理论上可以以一对对映异构体的其中一种绝对构型形式存在。但对映异构体在非手性条件下的 NMR 信号是完全相同的,即应用 NMR 谱图无法直接将其区分,也不能确定其绝对构型。但是如果将一对对映异构体通过化学反应引入额外的手性中心衍生化成非对映体(图 10-9),其 NMR 信号便有所区别。

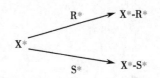

图 10-9　X*-R* 与 X*-S* 非对映体

进一步在手性试剂中引入具有磁各向异性的官能团,使其对被测化合物的某些氢质子产生屏蔽作用,并且这个屏蔽作用会因为手性试剂中的手性碳的绝对构型不同而表现出具有一定规律性的差别。因而,通过测定不同的手性试剂与底物分子反应产物的 ^{1}H-NMR 数据,得到其化学位移的差值并与分子模型比较,便可以确定底物分子手性中心的绝对构型。

1973 年,科学家 Mosher 首次报道了用手性衍生化试剂将一对仲醇对映异构体样品转化为相应的非对映异构体,然后成功地用 NMR 法判断了仲醇样品的绝对构型,因而现在把上述原理测定绝对构型的方法称为 Mosher 法。Mosher 法经过不断的发展和改良,已成为测定有机化合物绝对构型的最常用的方法之一。如在天然产物中,已报道应用于番荔枝内酯、多氧取代环已烯、二萜、二氢呋喃、甾体、三萜等多种类型的化合物。

二、经典的 Mosher 法

(一) ^{1}H-NMR Mosher 法

1. 基本原理　该方法是将手性仲醇分别与 (R) 和 (S)-甲氧基三氟甲基苯基乙酸 (α-methyloxy-trifluoromethylphenyl-acetic acid,亦称 Moshe 酸,缩写为 MTPA,图 10-10)反应形成酯,利用苯基的正屏蔽效应对 (R) 和 (S)-MTPA 酯 ^{1}H-NMR 的差异影响得到 $\Delta\delta(\Delta\delta=\delta_S-\delta_R)$,再与 Mosher 酯的构型关系模式图(图 10-10)进行比较,根据 $\Delta\delta$ 的符号来判断仲醇手性碳的绝对构型。目前使用的手性试剂有很多种,但应用最为广泛的仍是 Mosher 等提出的手性衍生试剂 MTPA。

笔记

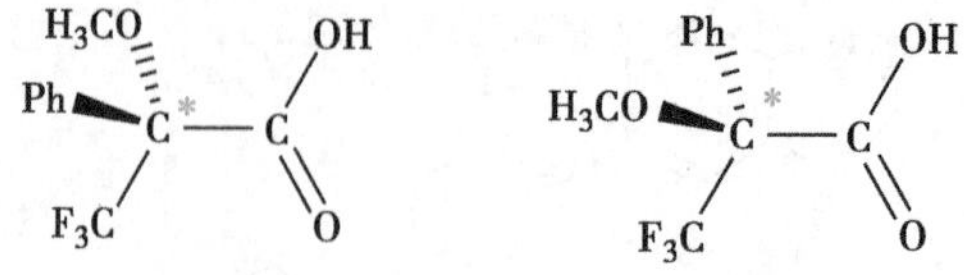

（R）-MTPA　　　　　　　（S）-MTPA

在图 10-10 中，仲醇 Mosher 酯上的 α-H、MTPA 上的羰基与 α-三氟甲基共处同一平面上，处于重叠式排列的优势构象。（R）-MTPA 酯中的 R_1 基团上的 H 处于较低场，（S）-MTPA 酯中的 R_1 基团上的 H 则受 MTPA 的苯环屏蔽作用而处于较高场，所以 $\Delta\delta_{S-R}$ 为负值；而由于苯环的去屏蔽效应，（R）-MTPA 酯中的 R_2 基团上的 H 处于较高场，（S）-MTPA 酯中的 R_2 基团上的 H 处于较低场，所以 $\Delta\delta_{S-R}$ 为正值。

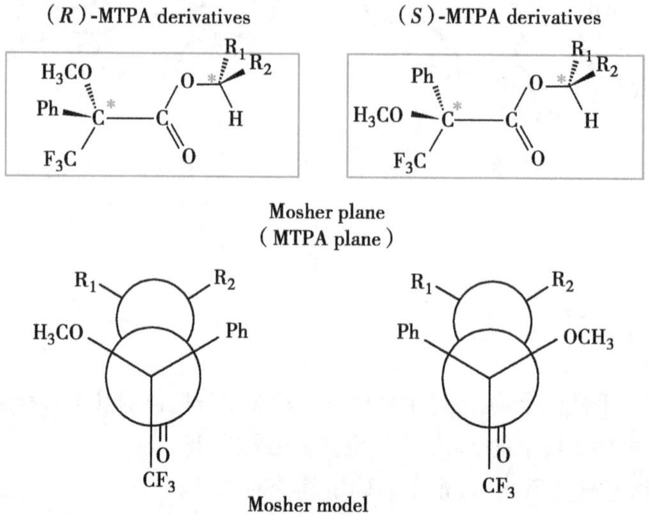

（R）-MTPA derivatives　　　　　　（S）-MTPA derivatives

Mosher plane
（MTPA plane）

Mosher model

图 10-10　Mosher 酯的构型关系模示图

因此 Mosher 规定，将 $\Delta\delta$ 为负值的 R_1 基团放在 Mosher 模示图的 MTPA 平面的左侧，将 $\Delta\delta$ 为正值的 R_2 基团放在 Mosher 模示图的 MTPA 平面的右侧，最终判断样品仲醇手性碳的绝对构型。

经典 Mosher 法的具体操作流程归纳如下：①将手性试剂（R）-MTPA 和（S）-MTPA 分别与待测仲醇样品反应成 Mosher 酯；②分别测定（R）-Mosher 酯和（S）-Mosher 酯的 ^{1}H-NMR，并归属各质子信号；③计算各个质子的 $\Delta\delta=\delta_S-\delta_R$ 值；④将 $\Delta\delta$ 值为负的质子所连的基团放在 Mosher 构型模示图中 MTPA 平面的左侧；⑤将 $\Delta\delta$ 值为正的质子所连的基团放在 Mosher 构型模示图中 MTPA 平面的右侧；⑥确定该仲醇的构型。

2. **应用实例**　Thomas Ft. Hoye 等应用经典的 Mosher 法测定了多手性化合物 bullatacin 的 C-4

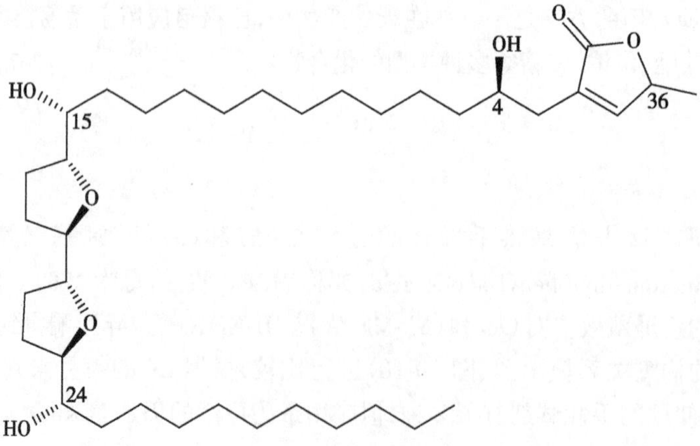

bullatacin

位的绝对构型。

将化合物 bullatacin 分别与(*R*)-MTPA-Cl 和(*S*)-MTPA-Cl 反应,得到(*S*)-MTPA 酯和(*R*)-MTPA 酯。测定反应产物(*S*)型酯和(*R*)型酯的 ¹H-NMR 谱,将反应产物的氢谱数据进行归属。然后计算两个反应产物的化学位移值的差值($\Delta\delta=\delta_S-\delta_R$),如图 10-11 所示。根据 Mosher 规定,将 $\Delta\delta$ 为负值(−0.05)的 C_3 基团放在 Mosher 模示图的 MTPA 平面的左侧,将 $\Delta\delta$ 为正值(+0.03)的 C_5 基团放在 Mosher 模示图的 MTPA 平面的右侧。最终确定新化合物 bullatacin 的 C-4 位绝对构型为 *R*,并经过 X 射线单晶衍射得以验证。

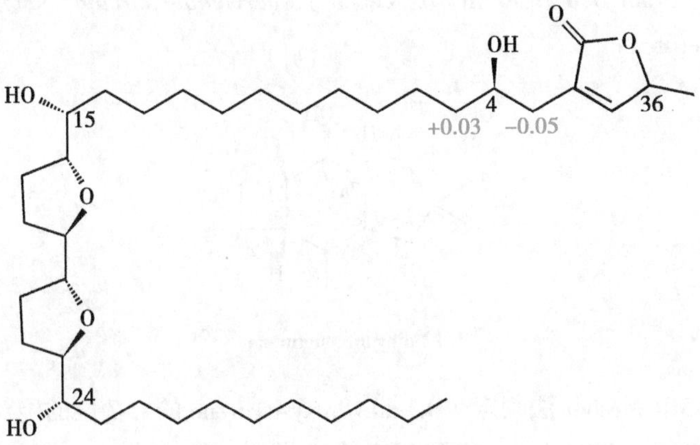

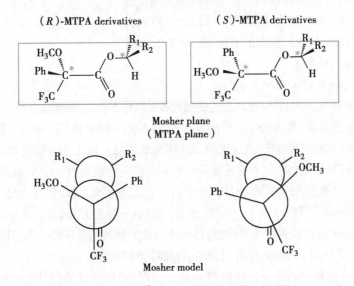

图 10-11 bullatacin MTPA 酯的 $\Delta\delta$ 差值

(二) ¹⁹F-NMR Mosher 法

1. **基本原理** 在低场核磁共振仪器条件下,对于较复杂的化合物,准确归属质子的信号比较困难,而由于 ¹⁹F-NMR 图谱信号清楚简单,所以 Mosher 又通过研究提出了 ¹⁹F-NMR Mosher 法(图 10-12)。但 ¹⁹F-NMR Mosher 法的应用前提是待测样品仲醇的 *β*- 位取代基的立体空间大小要明显不同。

图 10-12 Mosher 酯的 ¹⁹F-NMR 构型关系模示图(体积 $R_1 > R_2$)

通常情况下,两个非对映异构体(*R*)和(*S*)-MTPA 酯中其他影响 ¹⁹F-NMR 化学位移的因素是相对固定的。¹⁹F-NMR 的化学位移信号的不同主要是由于上两个衍生物酯中的羰基对 ¹⁹F 的各向异性去屏蔽作用不同引起的。在 Mosher 酯中,仲醇上的基团 R_1、R_2 与 MTPA 上的甲氧基、苯环之间存在的空间或电子云的相互作用,导致三氟甲基稍稍偏离 MTPA 平面。

若基团 R_1 比基团 R_2 体积大,在(*R*)-Mosher 酯中三氟甲基与羰基应该更接近处于平面位置,

因此其中的 ^{19}F 受到羰基的去屏蔽作用较强，其 ^{19}F-NMR 信号应处于较低场；在 (*S*)-Mosher 酯中，三氟甲基与羰基应该较大偏离 MTPA 平面，因此其中的 ^{19}F 受到羰基的去屏蔽作用较弱，其 ^{19}F-NMR 信号应处于较高场。因此，通过比较 (*R*)-Mosher 酯与 (*S*)-Mosher 酯的 ^{19}F-NMR 的化学位移值，结合 Mosher 模型图，就可以确定仲醇上手性中心的绝对构型。

若 (*R*)-Mosher 酯的 ^{19}F-NMR 在较低场、(*S*)-Mosher 酯的 ^{19}F-NMR 在较高场，则较大基团在 Mosher 构型模示图中 MTPA 平面的左侧；若 (*R*)-Mosher 酯的 ^{19}F-NMR 在较高场、(*S*)-Mosher 酯的 ^{19}F-NMR 在较低场，则较大基团在 Mosher 构型模示图中 MTPA 平面的右侧。

2. 应用实例　ChrisA Bell 和 Andrew P. Leech 从 *Stereumpurpureum* 中发现倍半萜烯类化合物 7,12-dihydroxysterurene。

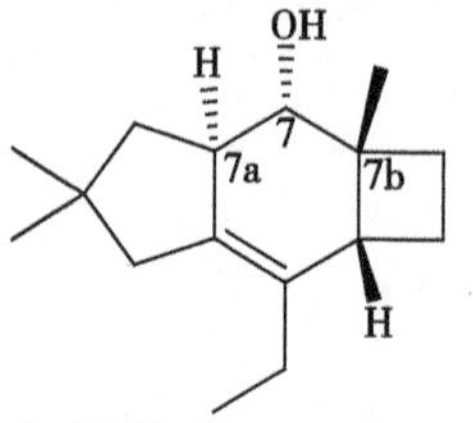

7, 12-dihydroxysterurene

他们利用 ^{19}F-NMR Mosher 法判定 7,12-dihydroxysterurene 的 C-7 位的绝对构型。将化合物分别与 (*S*)-MTPA 和 (*R*)-MTPA 反应，得到相应的酯，测定它们的 ^{19}F-NMR。从图谱中得知，在氘代环己烷中测定时两种构型的酯的信号相差 0.04，在氘代苯中相差 0.1，而且 (*R*)-MTPA 酯的信号处于较高场。将得到的 Mosher 酯的 C-7 位的氢、羰基和 CF_3 基团放在同一平面时，相较 (*S*)-MTPA 酯而言，(*R*)-MTPA 酯中的苯基将受到更大的阻碍而偏离平面，这将导致 CF_3 基团远离羰基的去屏蔽区而向高场位移。此时，根据 ^{19}F-NMR 法则，较大基团的 7b 一侧应在 Mosher 构型模示图中 MTPA 平面的右侧（图 10-13），最终判断 C-7 位的绝对构型为 *S*。

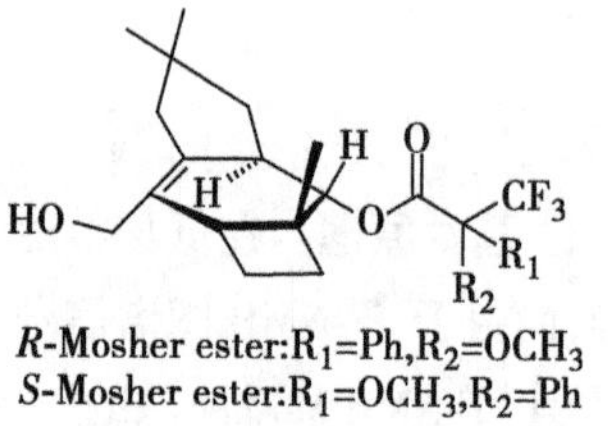

R-Mosher ester:R_1=Ph,R_2=OCH$_3$
S-Mosher ester:R_1=OCH$_3$,R_2=Ph

图 10-13　7,12-dihydroxysterurene 的 MTPA 衍生物

（三）改良的 ^{1}H-NMR Mosher 法

1. 基本原理　MTPA 中的苯环对非 β-位的远程质子同样存在去屏蔽作用，而且对与 β-H 或 β'-H 处于同一侧的更远的质子，其屏蔽作用与 β-H 或 β'-H 相同。如果将 (*R*)-MTPA 酯和 (*S*)-MTPA 酯中的各个质子的 $\Delta\delta$ 计算出来，发现正的 $\Delta\delta$ 值和负的 $\Delta\delta$ 值在化合物的 Mosher 模示图（图 10-14）中两侧整齐排列，我们称这种确定化合物绝对构型的方法为改良的 Mosher 法。

由于苯环的去屏蔽作用，在 (*R*)-MTPA 酯中 H_A、H_B、H_C… 的 NMR 信号比 (*S*)-MTPA 酯中相应的信号出现在较高场，所以 $\Delta\delta_{S-R}$ 为正值；而 H_X、H_Y、H_Z… 刚好相反，$\Delta\delta_{S-R}$ 为负值。将 $\Delta\delta$ 为正值的质子所在的基团放在 MTPA 平面的右侧，将 $\Delta\delta$ 为负值的质子所在的基团放在 MTPA 平面的左侧，最后根据 Mosher model 即可判断出该仲醇的绝对构型。

改良的 Mosher 法得到的结果比经典的 Mosher 法（仅运用 β-H 的符号来判断手性碳的绝对构型）所得到的结果更加可靠。然而，值得注意的是，当得到的正 $\Delta\delta$ 值和负 $\Delta\delta$ 值不规则地分布在分子中时，改良的 Mosher 法不适用。

2. 应用实例　从海绵共生菌 *Corynesporacassiicola* XS-200900I7 中发现一系列新的色原酮衍生物，其中 corynechromones A 的 C-2′ 位的绝对构型是通过改良的 ^{1}H-NMR Mosher 法确定的。

化合物 corynechromones A 与 (*S*)-MTPA 和 (*R*)-MTPA 反应，给出相应构型的酯，测定它们的 ^{1}H-NMR，计算两个反应产物的化学位移值的差值，如图 10-15 所示。根据 Mosher 规定，将 C-3′

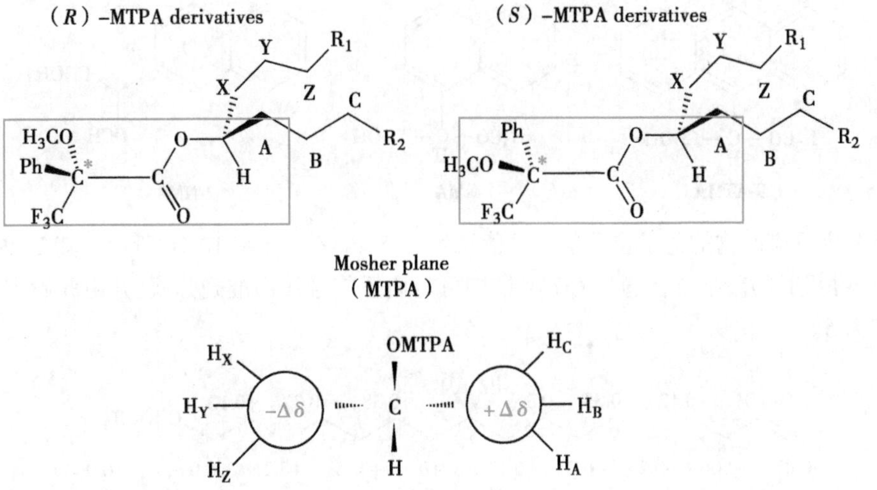

图 10-14　改良的 Mosher 法模示图

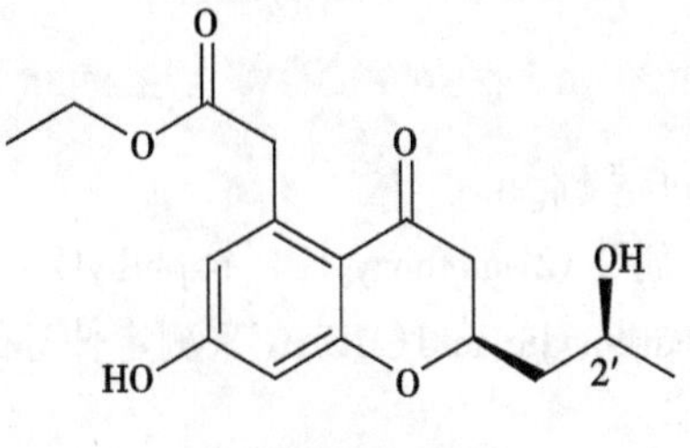

corynechromones A

（Δδ=−0.07）放在 Mosher 模示图的 MTPA 平面的左侧，将 C$_{1'}$（Δδ=+0.11、+0.13）、C$_2$（Δδ=+0.65）和 C$_3$（Δδ=+0.11、+0.25）放 在 Mosher 模 示 图 的 MTPA 平面的右侧，最终确定化合物 corynechromones A 的 C-2′ 位的绝对构型是 S 构型。

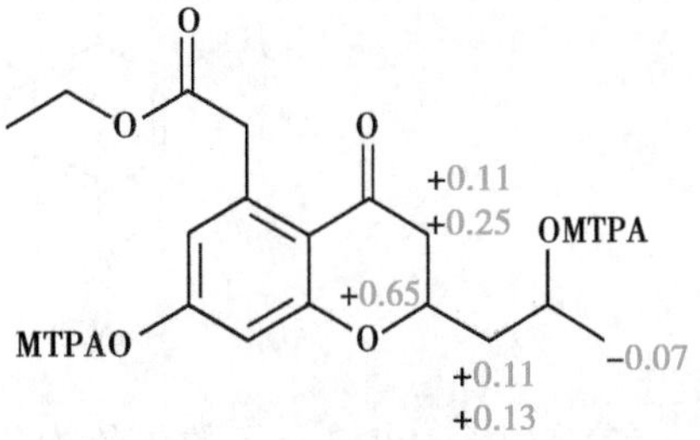

（四）9-ATMA 和 NMA 试剂的 Mosher 法

1. 基本原理　在以 MTPA 为手性试剂测定仲醇绝对构型的 Mosher 法中，MTPA 分子中苯环的屏蔽作用相对较弱，其 Δδ 值有时因信号的化学位移差值小而难以得到准确的判断(长链或空间位阻较大的化合物尤为明显)，因此限制了它的应

图 10-15　corynechromones A 的 Δδ 差值

用。但是，科学工作者们也在不断地研究改进 Mosher 法，一些新的手性试剂被开发应用，例如 9-anthranylmethoxyacetic acid（9-ATMA）和 1-or 2-naphthyl-methoxyacetic acid（1-NMA or 2-NMR）。由 9-ATMA 引起的高场位移值一般为 MTPA 的 6~10 倍，由 2-NMA 引起的高场位移值一般为 MTPA 的 3 倍，其产生的屏蔽效应要远远强于 MTPA，尤其适用于长链化合物中仲醇的绝对构型的测定。

由于 9-ATMA、2-NMA、1-NMA 的屏蔽效应强，实际上待测醇样品只需要与（R）- 或（S）- 中的一种衍生试剂反应，再与原来待测醇样品中的质子化学位移进行比较，即可确定待测仲醇样品的绝对构型，由此还可节省手性试剂以及减小待测样品的消耗量。另外值得注意的是，尽管 9-ATMA、2-NMA、1-NMA 分子中含有 α-H，但在具体应用中并未发现 α-H 发生外消旋化的情况。

2. 应用实例　Kusumi 等人在测定长链仲醇化合物 4a 的绝对构型时发现，因其 MTPA 酯中的亚甲基信号重叠严重，即使应用 HOHAHA 及 ^{1}H-^{1}H COSY 也难以准确进行质子信号的归属。因此，他们采用 2-NMA 手性试剂进行绝对构型的测定。

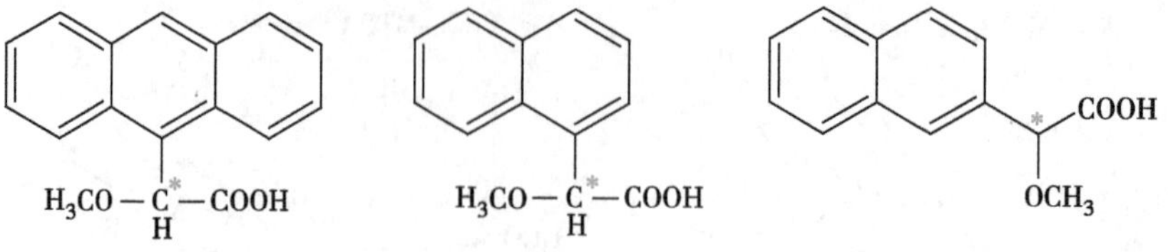

H₃CO — $\overset{*}{\underset{H}{C}}$ — COOH

9-ATMA

H₃CO — $\overset{*}{\underset{H}{C}}$ — COOH

1-NMA

COOH

OCH₃

2-NMA

计算两个反应产物的化学位移值的差值 $\Delta\delta$ ($\Delta\delta = \delta_S - \delta_R$),如图 10-16 所示。其 2-NMA 酯中的质子信号得到区分,结合普通的 COSY 谱即可对质子信号作出准确归属,并由此确定 C-10 的绝对构型为 S。

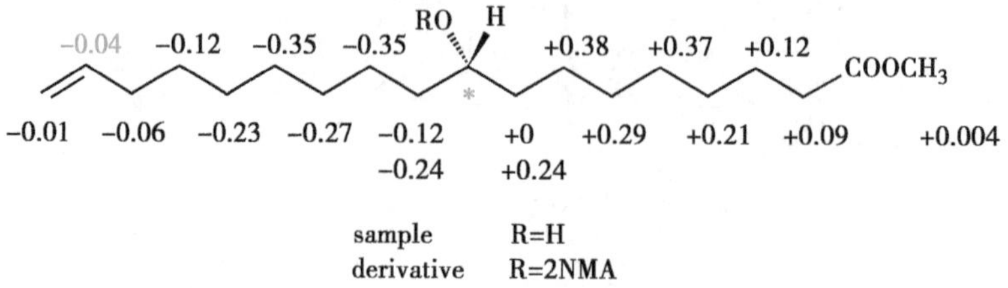

图 10-16   化合物 4a 的 2-NMA 衍生物 $\Delta\delta$ 差值

(五) MNCB 和 MBNC 试剂的 Mosher 法

1. 基本原理   采用手性试剂 2-(2′-methoxy-1,1′-naphthyl)-3,5-dichlorobenzoic acid(MNCB)或 2′-methoxy-1,1′-binaphthyl-2-carboxylic acid(MBNC)来测定仲醇的绝对构型,其适用范围更广,尤其可应用于有空间位阻的仲醇。

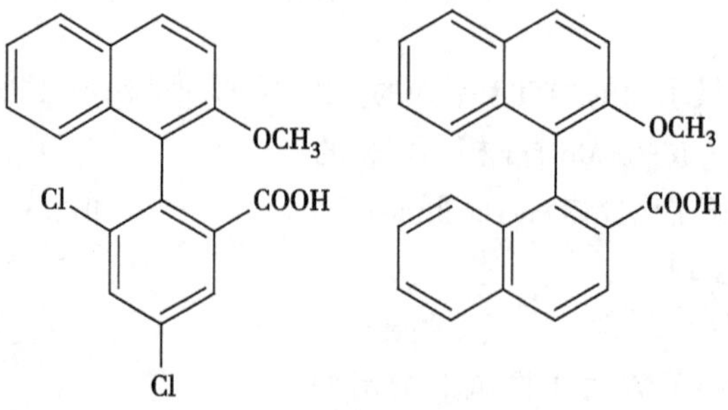

MNCB

MBNC

在 MNCB、MBNC 分子的优势构象中,苯环与萘环、萘环与萘环之间是互相垂直的。以 MNCB 为例,在 MNCB 酯的优势构象(图 10-17)中,手性碳上的 H 与 MNCB 中的酯羰基以及苯环在同一平面内。

因萘环的屏蔽作用,MNCB 酯中的 Hₐ、Hₐ′、H_b 和 H_b′的 NMR 信号比醇中相应的信号要出现在高场。同时,(R)-MNCB 酯中的 Hₐ 信号比相应的(S)-MNCB 酯中的信号要出现在高场,H_b 信

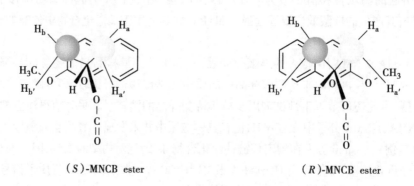

(S)-MNCB ester   (R)-MNCB ester

图 10-17   MNCB 的优势构象

号则情况相反。

因此规定,将 $\Delta\delta$ 为正的 H 所在的基团放置于 CB 平面的左侧,将 $\Delta\delta$ 为负的 H 所在的基团放置于 CB 平面的右侧,最后根据模示图确定仲醇所在的手性碳的绝对构型。

2. 应用实例 由于经典 Mosher 法难于应用空间位阻较大的仲醇的测定,故 Fukushi 采用 MNCB 作为手性试剂,测定具有空间位阻的仲醇化合物 12 的绝对构型。

在化合物 12 中,其 MNCB 酯中醇部分的质子信号(手性碳上的质子除外)均比成酯前醇中的相应质子信号位于高场,如图 10-18 所示。将 $\Delta\delta>0$ 的质子置于 CB 平面的左侧,而 $\Delta\delta<0$ 的质子置于 CB 平面的右侧,进而判定仲醇所在的手性碳的绝对构型。

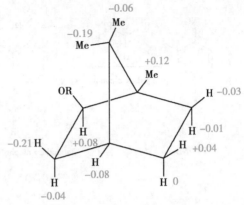

图 10-18 化合物 12 的 MNCB 衍生物 $\Delta\delta$ 差值

(六) 其他手性试剂的 Mosher 法

1. 基本原理 尽管 MTPA 在仲醇的绝对构型的测定中得到了广泛的应用,但有时 MTPA 酯存在构象不稳定性,从而容易引起质子信号的相互干扰。因此,研究者们又开发了更多的手性试剂应用于手性仲醇绝对构型的测定,例如 MPA、FFDNA、FDPEA、FFDNB、PGDA、PGME、MN$_{(1)}$A、MA$_{(9)}$A、MPP、MN$_{(1)}$P 等。

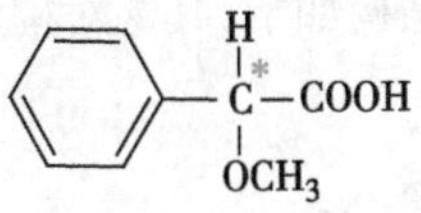

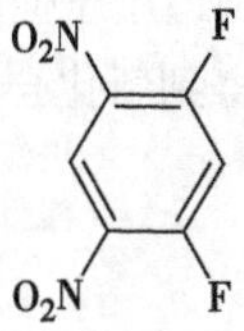

以上所介绍的各种方法的原理基本是一致的,即采用不同的手性试剂与仲醇生成衍生物,根据芳香环的屏蔽效应,再由 ^{1}H-NMR 谱中化学位移的差值和模型图来推测仲醇的绝对构型。在此基础上,科学研究者们还发现了各种新的扩展应用,例如伯醇 β- 位手性中心绝对构型、羧酸 β- 位手性中心绝对构型、伯胺 α- 位手性中心绝对构型和醛 β- 位手性中心绝对构型。每种方法都有各自的优势和限制,选择方法前应综合考虑待测化合物的理化性质。

2. 应用实例 Kingston D. 等从 *Renames alpinia* 中分离得到一个二萜类化合物,其分子中含有一个半缩醛结构[11-hydroxy-8(17),12(*E*)-labdadien-15,16-dial 11,15-hemiacetal,compound 1]。为测定 C-11 位手性中心的绝对构型,将其用 NaBH$_4$ 还原为醇,再与 MPA 反应得到相应的酯(图 10-19)。^{1}H-NMR 分析结果表明 C-11 的绝对构型为 *R*。

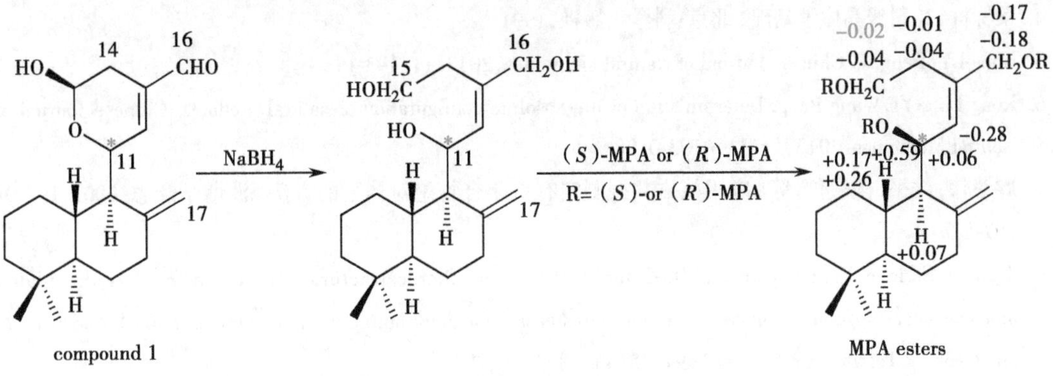

图 10-19 compound 1 的 MPA 酯

笔记

　　Harada K. 等将仲醇与 FFDNB 反应得到仲醇的 FFDNB 衍生物(图 10-20),然后再引入手性试剂 PEA,得到构象稳定的一对衍生物,测定它们的 ^{1}H-NMR 差值,最终确定出仲醇的绝对构型。

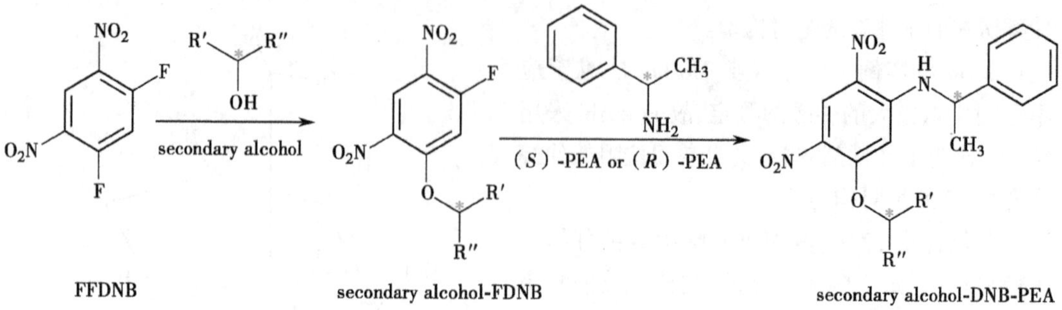

图 10-20　FFDNB 酯衍生化示意图

习题

1. 如何培养单晶?

2. 晶体区别于其他固体物质的特点是什么?

3. 铜靶和钼靶的区别是什么?

4. Mosher 法适用于测定何种化合物的绝对构型? 其基本原理是什么?

5. Mosher 法分为哪几种? 分别适用于何种结构的化合物的绝对构型的测定?

6. 从 *Barlerialupulina* 中分离得到新化合物,结构如下,其绝对构型适合用何种 Mosher 法测定? 具体操作步骤如何?

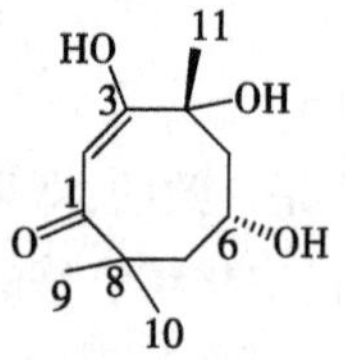

（王 炜　杨炳友）

参考文献

1. 陈小明,蔡继文.单晶结构分析的原理与实践.北京:科学出版社,2007

2. 钱逸泰.结晶化学导论.合肥:中国科技大学出版社,1999

3. 裴光文,钟维烈,岳书彬.单晶、多晶和非晶物质的 X 射线衍射.济南:山东大学出版社,1989

4. 梁栋材.X 射线晶体学基础.北京:科学出版社,1991

5. Kong LY,Peng W. Chinese Journal of Natural Medicines,2013,11:193-198

6. Kong Ling-Yi,Wang Peng. Determination of the absolute configuration of natural products. Chinese Journal of Natural Medicines,2013,11(3): 0193-0198

7. 滕荣伟,沈平,杨崇仁,等.应用核磁共振测定有机化合物绝对构型的方法.波谱学杂志,2002,19(2):107-127

8. Thomas FtHoye,Paul R Hanson,Zhi-Ping Zhuang,et al. Stereostructural Studies on the 4-Hydroxylated annonaceousacetogenins: anovel use of mosheresterdata for determining relative configuretion〔between C(4) and C(36)〕. Tetrahedron Letters,1994,35(46): 8529-8532

9. Abell C,Leech AP. The absolute configuration of the sterpurene sesquiterpenes. Tetrahedron Letter,1988,29

笔记

(16): 1985-1986

10. Dong-Lin Zhao, Chang-Lun Shao, Chang-Yun Wang. Chromonederivatives from a sponge-derived strain of the fungus corynesporacassiicola. Journal of natural products, 2015, 78(2): 286-293

11. Fukushi Y, Yajima C, Mizutani J. A new method for establishment of absolute configurations of secondary alcohols by NMR spectroscopy. Tetrahedron Letters, 1994, 35(4): 599-602

12. Ken-ichi Harada, Youhei Shimizu, Atsuko Kawakami, et al. Determination of the absolute configuration of a secondary alcohol by NMR spectroscopy using difluorodinitrobenzene. Tetrahedron Letters, 1999, 40(51): 9081-9084

第十一章 综合解析

通过前面各章的学习,我们对紫外、红外、核磁共振和质谱的基本理论及其在有机化合物分子结构测定中的应用研究已基本了解。对有机化合物而言,只依靠一种分析手段推断出结构往往是比较困难的,特别是天然有机化合物的结构研究,以及未知化合物的结构测定等,必须采用多种分析手段加以综合运用,即运用多种有机波谱方法进行综合分析。通常是以其中一种谱学方法为主体,配合其他波谱学技术来确定有机化合物的结构,这种结构研究的方法称为综合波谱解析。现阶段,随着超导核磁共振谱仪的问世,NMR 仪器的灵敏度和分辨率大大提高,加之 NMR 技术与计算机科学的完美结合,以及二维 NMR 新技术的不断涌现,使得 NMR 成为发展最迅猛、理论最严密、技术最先进、结果最可靠的波谱技术。此外,核磁共振谱图的规律性强、可解析性高、信息量大、谱图类型多样,因而在实际工作中常以核磁共振氢谱、碳谱为基础,配合紫外光谱、红外光谱和质谱等波谱技术来完成有机化合物的结构研究工作。

第一节 概 述

一、化合物结构解析常用的波谱学方法

进行综合解析时,常用的谱学方法有 UV、IR、MS、^{13}C-NMR、^{1}H-NMR 以及 2D-NMR 等。任何一种谱学方法都不是万能的,而是各有侧重、各有所长。这些方法在解决与其特长相符的问题时可获得非常有效的信息;反之,待解决的问题与其特长相悖时,这种分析方法就显得无能为力了。因此,进行图谱解析时,首先应掌握各种谱学方法的特点及其在图谱解析时所能提供的结构信息。利用这些方法的优势进行分析,并对获得的全部信息进行综合归纳、整理,从而推断出正确的化合物结构。

下面就各种谱学方法的特点及所能提供的结构信息归纳如下。

1. 紫外光谱 紫外光谱(UV)可为具有发色团的有机化合物提供 λ_{max} 和 ε_{max} 这两类重要的数据及其变化规律,它能反映分子中的生色团和助色团即共轭体系的特征。紫外光谱在结构解析中主要提供以下结构信息:

(1)判断分子中有无共轭系统。

(2)根据长波长吸收峰的强度判断分子中有无 α,β- 不饱和酮或共轭烯烃结构存在。

(3)根据长波长吸收峰的精细结构判断芳香结构系统的存在。

2. 红外光谱 红外光谱(IR)不仅有各个官能团的特征区,还有可用于鉴定化合物的指纹区。它在结构解析中主要提供以下结构信息:

(1)判定结构中含氧官能团的存在与否(特别是结构中不含氮原子时,非常容易确定 OH、

$C=O$、$C-O-C$ 这几类官能团的存在与否)。

(2) 判定结构中含氮官能团的存在与否(容易确定 NH、$C\equiv N$、NO_2 等官能团的存在与否)。

(3) 判定结构中芳香环的存在与否。

(4) 判定结构中烯烃、炔烃的存在与否和双键的类型。

3. 质谱　质谱(MS)能产生准分子离子峰以获取化合物的分子量,同时还能产生分子碎片离子峰,其相对强度在一定的测定条件下可以反映分子结构特点。尤其是新发展的现代质谱技术如 FAB-MS、ESI-MS、MALDI-MS 等,它们是软电离的离子源,常常能有效提供准分子离子峰和组成单元的碎片离子峰。

(1) 根据准分子离子峰确定分子量(但需注意的是有时观测不到准分子离子峰)。

(2) 判定结构中 Cl、Br 原子的存在与否(根据同位素峰的峰高比)。

(3) 判定结构中氮原子的存在与否(氮律、开裂形式)。

(4) 借助同位素的相对强度根据 Beynon 表可以得到化合物的分子式。

(5) 借助高分辨质谱(HR-MS)可以确定化合物的分子式。

(6) 简单的碎片离子可与其他图谱所获得的结构片段进行比较。

4. 氢核磁共振谱　氢核磁共振谱(^{1}H-NMR)能提供化学位移(δ)、偶合常数(J)及质子数等分子中有关氢原子的类型、数目、连接方式、周围化学环境,以及构型、构象的结构信息。它主要可以解决以下结构问题:

(1) 根据积分数值推算结构中的质子个数。

(2) 根据化学位移值判定结构中是否存在羧酸、醛、芳香族、烯烃和炔烃质子。

(3) 根据化学位移值判定结构中与杂原子、不饱和键相连的甲基、亚甲基和次甲基的存在与否。

(4) 根据自旋 - 自旋偶合裂分判定基团的连接情况。

(5) 根据峰形判定结构中活泼质子的存在与否。

5. 碳核磁共振谱　碳核磁共振谱(^{13}C-NMR)能提供分子中各种不同类型及化学环境的碳核的化学位移、异核偶合常数等信息来获得有机化合物的骨架结构,它在提供结构信息方面甚至比氢谱起到更重要的作用。

(1) 判定碳原子个数及其杂化方式(sp^2、sp^3)。

(2) 根据 DEPT 谱判定碳原子的类型(伯、仲、叔和季碳)。

(3) 根据化学位移值判定羰基的存在与否及其种类(酮基、羧酸基、酯基和酰胺基等)。

(4) 根据化学位移值判定芳香族或烯烃取代基的数目并推测取代基的种类。

6. 二维核磁共振谱　二维核磁共振谱(2D-NMR)是将 NMR 提供的信息如化学位移(^{1}H 和 ^{13}C 核)和偶合常数等在二维平面上展开绘制成的多种类型的图谱,这些多类型 2D-NMR 的出现开辟了有机化合物结构鉴定的新途径。二维核磁共振谱的应用使测定的结构可以更复杂、分子量更大,它反映的结构信息也更客观、更准确、更可靠,而且增加了解决结构问题的多样性。

(1) 判断结构中所含的碳氢官能团。

(2) 推导新的结构片段。

(3) 确定官能团的取代位置和连接关系。

(4) 分析立体结构的构型。

(5) 进行一维 NMR 数据的准确归属和结构的核实。

二、图谱解析过程中应注意的问题

由于实际工作的复杂性,在利用波谱方法分析实际问题时,应特别注意以下 3 点。

1. 保证待测样品的纯度　在实际的分析工作中,常要注意待测样品的纯度。若将混合物误当成纯物质进行分析,则可能将图谱中杂质的信号峰误当成样品的信号峰,会导致意想不到的失败。因此,应尽可能提高待测样品的纯度。纯度检查的方法最常应用的是各种色谱法如薄层色谱(TLC)、纸色谱(PC)、气相色谱(GC)和高效液相色谱(HPLC)等。需要注意的是无论采用何种色谱法检验,一般样品用两种以上的差别较大的溶剂系统或色谱条件进行检测,均显示单一的斑点或色谱峰时方可确认其为单一化合物;若仅用一种溶剂系统或色谱条件,其结论可能会出现偏差。在用硅胶薄层色谱法或高效液相色谱时,最好使用正相和反相薄层色谱(或柱色谱)同时进行检验,这样可以进一步确保结论的正确性。当发现待测样品的纯度较差时,可配合使用重结晶、制备液相色谱和凝胶色谱等多种方法进行纯化,从而获得高纯度的试样。

倘若经上述的各种精制分离过程仍然无法得到高纯度的样品(或者样品在测试溶剂中出现构型互变或构象互变的现象),就要研究每次精制处理后(不同的测试溶剂下)图谱中各吸收峰的相对强度的增减,把谱峰划分为强度增加峰和强度减少峰两组,从而将主成分峰即强度增加的吸收峰选出来进行谱学分析。

2. **区分杂质峰和溶剂峰**　倘若经上述的各种精制分离过程仍然无法得到高纯度的样品,测试的谱图中必然有杂质峰,只要能把杂质峰区分出来,仍然可以解析出正确的结构。毕竟杂质的含量相比于样品是少的,因此杂质的峰面积或丰度相对较小,且有时样品峰和杂质峰之间没有简单的整数比例关系。据此,可将杂质峰区别出来,从而将主成分峰即强度更高的吸收峰选出来进行波谱分析。

另外在 NMR 谱图测试实验中,氘代试剂不可能达到 100% 的同位素纯度(大部分试剂的氘代率为 99.0%~99.8%),其中的微量氢会有相应的峰,如 $CDCl_3$ 中微量的 $CHCl_3$ 约在 δ 7.27 处出峰;并且氘代试剂中的碳原子在碳谱中也有相应的峰,所以在解析谱图时一定要弄清样品的测试溶剂是什么、哪些峰是溶剂峰。另外,有时样品的处理过程中会有少量溶剂残留,也会出现溶剂峰,解析时一定要注意判别。

3. **注意样品谱图以外的相关信息**　在实际工作中,研究者一般情况下都了解样品的来源,这对未知化合物的结构研究会起到一定的作用。在处理实际问题时,解析工作者应充分收集谱图以外的信息,详尽地了解试样的相关资料包括样品来源(合成化合物或天然产物)、制备方法、色谱行为和理化性质,这将为结构推导提供帮助。

此外,样品的元素分析值、分子量、熔点、沸点和折光度等各种理化常数在结构研究中均可发挥重要作用。例如在质谱中不能获得分子离子峰的情况下,其他方法如能获知化合物分子量的信息,就会大大降低解析难度。因此通过其他方法和手段获得相关结构信息即使重复也是非常重要的,因为它可能成为从主要途径获得信息的佐证。如果两种信息不一致,那么某一信息源肯定出现了错误。因此,可利用从不同信息源获得的结构信息对结构片段进行确认或验证。

第二节　综合解析的思路和过程

任何一种波谱方法都不能单独提供有机化合物的完整结构,而只能从各自的侧面反映分子骨架和部分结构(基团或原子团)的信息,所以有机分子的结构鉴定(structure identification,鉴定化合物的结构是否与已知化合物一致)或结构解析(structure elucidation,推断未知化合物的结构)必须将各波谱技术和其他分析方法获得的信息和数据,在彼此相互补充和印证的基础上进行综合解析。综合解析不一定要求各种谱图齐备,重要的是在结构分析的每一阶段工作汇总必须明确已解决和遗留的问题,而后根据分析方法的特点和它所能提供信息的性质,选用合适的手段去解决剩余的结构问题。

虽然从某一种谱图中反映出的结构信息即可确定某种官能团的存在,但在实际解析过程中,分子中某个官能团的存在应该在各种谱图中(有时在多数谱图中)都有所反映,至少和每个

笔记

谱图不应有矛盾。也就是说某个官能团的存在可在多个谱图中找到证据,并且各种谱图可以互相论证。所以谱图解析时可以交替地观察各个谱图,首先由一种谱图确认一个官能团,再从其他谱图进一步证实。

综合解析各种谱图时并无固定的步骤,在进行结构解析时,应结合实际情况灵活运用各种信息来解析结构,从而获得正确的结论。我们根据自己多年的科研和教学实践经验,归纳以下解析的思路和过程,以供参考。

一、分子式的确定

一般通过质谱结合元素分析数据可以求出化合物的分子式。倘若采用高分辨质谱仪器做了精确质量数的测定,样品的分子式就可以直接获得。低分辨质谱可以获得整数相对分子质量数据,借助同位素的相对强度根据 Beynon 表也可以得到化合物的可能分子式。有些时候由于分子离子峰不明确或没有出现又没有元素分析数据,可以通过综合分析各种谱图(如通过氢谱和碳谱分别估算碳和氢的数目)来推测样品的可能分子式。

1. 碳原子个数的推断 根据 ^{13}C-NMR 图谱的吸收峰个数(注意结构中存在 ^{19}F、^{31}P 时,与之相连的 ^{13}C 会出现复杂的自旋偶合)推测碳原子的个数,但应注意结构中信号重叠的情况(存在对称或部分对称现象,或者某些碳的化学位移恰好相同),以免对结构推断产生误导。

2. 质子个数的推断 根据非去偶谱或 DEPT 谱可以获得与各个碳原子相连的质子的个数,其质子数总和可简单地计算出来。此结果与根据 ^{1}H-NMR 的积分强度比算出的质子数应当一致,但应注意活泼质子的存在与否(与氮、氧原子连接的质子)。

此外,^{1}H-NMR 的各个质子信号在出现磁等价或存在复杂偶合时,需结合 ^{13}C-NMR 谱推断质子的个数。

3. 氧原子个数的推断 IR 中 v_{OH}、$v_{C=O}$、v_{C-O-C} 特征吸收峰的存在与否可判断含氧官能团的有无。此外,还可结合 ^{13}C-NMR 和 ^{1}H-NMR 谱的化学位移值及含氧化合物在 ^{13}C-NMR、^{1}H-NMR、MS 等图谱中出现的相关峰来确定结构中含氧官能团的存在与否。MS 中若能获得分子离子峰,就可知道化合物的分子量,根据碳原子与氢原子数的质量数之和与分子离子质量数的差值来推算可能的氧原子个数。

4. 氮原子个数的推断 常利用质谱的"氮律"配合其他谱图来推测结构中氮原子的存在与否及其个数。如 MS 中的分子离子峰是奇数,根据"氮律"可推测结构中可能含有奇数个氮原子(=NR、—NO$_2$、—NO)。

5. 卤素存在与否的判定 如 MS 一项中所述,根据 MS 谱中的同位素峰强度比很容易判断结构中 Br 和 Cl 原子的存在与否及其个数。需要注意的是碘和氟都是单一同位素,所以没有特征的同位素峰。

6. 硫、磷存在与否的判定 按 1~5 的程序分析完后仍有未解决的问题时,应当以 IR 为中心配合其他谱图来推断结构中是否含有硫、磷等原子。

以上 6 项是确定分子式的方法,但并不是所有的结构研究都必须经由这一过程,应根据情况的不同而灵活掌握。

完成以上元素分析等工作便可以确定化合物的分子式,进行不饱和度的计算。不饱和度为1,意味着化合物结构中有 1 个双键或 1 个饱和的环。如苯环是 4 个不饱和度,环烯和三键是 2 个不饱和度。不饱和度(Ω)一般用式 11-1 计算:

$$\Omega = n_4 + 1 + \frac{(n_3 - n_1)}{2} \qquad (式 11-1)$$

式中,n_1 为一价原子(如 H、D、X)的数目,n_3 为三价原子(如 N、P)的数目,n_4 为四价原子(如 C、S、Si)的数目。

笔记

通过计算,根据不饱和度可判定化合物是属于芳香族还是脂肪族,这在确定化合物结构的过程中可提供非常有价值的信息。

二、结构片段的确定和连接

在每种有机波谱分析方法中,可能具有反映某个原子团或官能团存在的最明显的吸收峰,通过这些峰的确认可以证明某个官能团的存在。表 11-1 归纳了常见的结构片段及其在各种图谱中的特征,以这些明确的官能团或结构片段为出发点,扩大未知的结构片段。用该方法可推测出若干个结构片段,最后把这些结构片段组合在一起就可以推断整个化合物的结构。这一推导过程没有固定的程序,可根据待测样品的实际情况,利用自己最擅长和最简明的波谱方法获得尽可能多的信息,来推断化合物的结构。

表 11-1 常见的结构单元及其在各种图谱中的特征

基团	^{13}C-NMR(δ)	^1H-NMR(δ)	IR(cm^{-1})	MS(m/z)
CH$_3$	0~60,从其化学位移可判断相邻的结构单元,计算 CH$_3$ 数目	0~5,从质子数目可确定 CH$_3$、CH$_2$ 和 CH,根据化学位移和裂分可推断相邻基团的结构	1460,1380。可推断异丙基、t-丁基的有无,因相邻官能团的不同而异	支链有甲基时有 M-15 峰
CH$_2$ CH	0~110,从其化学位移可判断相邻的结构单元,计算其数目		CH$_2$:1470,根据相邻官能团的不同而异 CH:难以获得直接的相关信息	CH$_2$:有 M-14 峰
季碳	0~110	无直接的相关信息	难获得直接的相关信息	t-C$_4$H$_9$:57,41
C=C	82~160,DEPT 谱判断取代情况,根据其化学位移可推断相邻的基团结构	4~8,根据质子数目和相互偶合关系可推断部分结构	根据 1650(对称结构无此峰)和 1000~800 吸收峰可推断其类型(顺式除外)	R-CH=CH-CH$_2^+$ 峰强(41,55,69…)
芳环	90~160,DEPT 谱判断取代情况,根据化学位移可确定部分取代基的结构	芳环质子 6~8,根据质子数目和裂分形式可推断取代基和取代模式	1600,1500,900~700(可推断取代模式)	苯 环:77,63,51,(39)。分子量越大,这些峰的相对强度越小
C≡C	65~100	2~3	2260~2100,炔氢在 3310~3300	M-26
C=O 羧酸 酯 酰胺 醛 酮	155~220 160~186(s) 163-179(s) 155~177(s) 174~225(d) 174~225(s)	羧基氢:10~13;酯的烷氧基氢:3.6~5;酰胺氢:5~8.5;醛基氢:9~10;酮的烷基氢:2.1~2.6	1850~1650。依次研究含羰基的各个官能团,通过特征吸收峰可确认其类型	酸 60,74… 酯、酮 R-C≡O$^+$ 如 R 为烷基则 43,57,71…峰强 酰胺 44 醛 M-1
OH NH	无直接的相关信息,相连烷基的碳信号比普通烷基的碳信号在低场	信号峰范围较宽,用重水作溶媒,质子信号峰会消失(活泼氢)	OH:3350~3100 宽强峰,根据 1300~1000 和 1000~900 吸收峰可推断醇的类型 NH:3500~3100 中等强度的锐锋	(M-H$_2$O)$^+$,(R-CH$_2$OH,31,45…)(R-CH$_2$NH$_2$,30,44…)

续表

基团	^{13}C-NMR(δ)	^{1}H-NMR(δ)	IR(cm^{-1})	MS(m/z)
C—O—C	无直接的相关信息,相连烷基的碳信号比普通烷基的碳信号在低场	无直接的相关信息,邻位碳上的氢信号比烷基氢信号在低场	脂肪醚 1150~1070 芳香醚 1275~1200,1075~1000	31,45…
C≡N	117~126	无直接的相关信息	2275~2215	(M-HCN)$^+$41,54
NO$_2$	无直接的相关信息	无直接的相关信息	C-NO$_2$ 1580~1500,1380~1300 O-NO$_2$ 1650~1620,1285~1270 N-NO$_2$ 1630~1550,1300~1250	46
硫基	同上	SH 以外无直接信息	S-H 2590~2550 S=O 1420~1010	32+R,34+R
含磷基团	同上	PH 以外无直接信息	P-H 2250~2240 P=O,P-O 1350~940	
卤素	20~80	无直接的相关信息,从 CH$_3$、CH$_2$、CH 的化学位移可能推断出含有卤素	虽有特征吸收峰,但非有力的佐证	Cl:^{35}Cl/^{37}Cl=3:1 Br:^{79}Br/^{81}Br=1:1 $(a+b)^n$ 的系数

为了确定谱图中未能检出的剩余结构单元,应从化合物分子式(或相对分子质量)中扣除所有已知结构单元的元素组成(或单元质量)获得剩余结构单元的元素组成(或单元质量)。另外,化合物的物理化学性质及其他有关数据对于剩余结构单元的确定也可能有所帮助。各种波谱方法在确定结构片段及其连接中的作用如下:

1. **红外光谱** 能给出大部分官能团和某些结构单元存在的信息,从谱图的特征区可以清楚地观察到存在的官能团,从指纹区的某些相关峰也可以得到某些官能团存在的信息。

2. **氢核磁共振谱** 根据分子中处于不同环境的氢核的化学位移(δ)和氢核之间的偶合常数(J)确定分子中存在的自旋系统,与 ^{13}C-NMR 数据做相应的关联确定自旋系统对应的结构单元;再根据化学位移将相关的官能团与自旋系统归属的结构单元相连接。

3. **碳核磁共振谱** 碳谱中处于不同环境的碳核的化学位移(δ)反映了分子中碳 - 氢、碳 - 杂和碳 - 碳之间的关系,^{13}C-NMR(结合 DEPT 谱)可以获得碳原子的个数及所连的氢原子的个数,能给出多数官能团存在的结构信息。如果和红外光谱结合起来则能更全面和更准确地确定官能团的存在。应该注意当分子具有整体对称性和局部对称性时,碳谱中出现的峰数少于分子中实际的碳数。

4. **质谱** 质谱除了能够给出分子式和相对分子质量的信息外,还可以根据谱图中出现的系列峰、特征峰、重排峰和高质量区碎片离子峰推测结构单元。

5. **紫外光谱** 可以确定由不饱和基团形成的大共轭体系,当吸收具有精细结构时可知含有芳香环结构,对结构单元的确定给予补充和辅证。

6. **二维核磁共振谱** 化合物结构推导的重点是掌握各结构片段之间的相互关系,推断出相互关联的结构片段。二维核磁共振谱不仅可以帮助推测官能团和未知的结构片段,而且它在确定不同结构片段的连接中体现出了其他谱图不可比拟的优越性和可靠性。如 ^{1}H-^{1}H COSY 可以得到分子中相邻碳上的氢 ^{1}H-^{1}H($^3J_{HH}$)之间的偶合关系;HMQC(或 HSQC)可以把直接相连的碳

笔记

和氢关联起来；HMBC 等可以获得 ^{13}C-^{1}H 的远程相关信息，把季碳原子或杂原子与其他碳氢基团关联起来；NOESY 类二维谱可以通过空间距离比较近的氢核的相关峰来确认结构片段之间的连接关系和确定未知物的构型。

需强调的是，应当最大限度地利用各种谱学方法的特长，以获得最可靠的信息。一般情况下应以获得的部分信息为基础，将从一种分析方法中获得的信息反馈到其他分析方法中，各种谱学方法所获得的信息相互交换、相互印证，不断增加信息量，这样才能快捷地获得正确的结论。

另外，以上介绍的结构解析只关注了解决有机分子的平面结构问题，而实际上有很多的有机化合物存在立体结构（包括构象、相对构型和绝对构型等）的变化，要确定化合物的立体结构通常还需要在此基础上借助其他的结构测定手段如化学沟通、旋光谱（optical rotator dispersion，ORD）、圆二色谱（circular dichroism，CD）和 X 射线单晶衍射等方法来进行。

三、结构的确定与验证

1. 确定结构　接下来以所推出的各种可能结构为出发点，综合运用所掌握的实验资料，对各种可能的结构逐一对比分析，采取排除解析方法确定正确结构。如果对某种结构的几种谱图的解析结果均很满意，说明该结构是合理的和正确的；当有多种可能的结构与谱图解析结果都大致符合时，这时可对各种结构中碳原子或氢原子的化学位移（δ）进行计算，计算值与实测值相符的结构为正确结构。目前，已有多种化学办公软件如 ChemDraw、NUTS 和 ACD/Labs 等能比较准确地计算和模拟有机化合物结构碳氢 NMR 数据的理论值。如 ChemDraw 软件中，画出推测的结构式，在"Structure"菜单中选定"Predict ^{1}H-NMR Shifts"或"Predict ^{13}C-NMR Shifts"就能获得该结构氢谱或碳谱理论值的模拟结果。在实际工作中，可以通过这些软件对所推测结构进行波谱数据的检查和归属，以最终获得正确的结构。如果结构指认不能顺利完成，可以对可能结构进行修正或重新设计新的可能结构，甚至重新复核官能团和结构单元有无问题，再重复以上结构确定步骤直至得到正确结构。

2. 结构验证　需要注意的是，所有波谱方法解析出来的结构都是基于谱图所显示信息的推测。在推测过程中难免会因主观因素影响最终的结果，所以在得到一个结构后，一定要进行结构的验证。结构验证的方法主要有以下 3 种。

（1）质谱验证：正确的分子结构一定能写出合理的质谱裂解反应，运用质谱裂解机制是验证分子结构正确与否的重要判断方法。应用质谱进行结构验证包括分子离子峰的指认；同位素峰相对强度的大小（可知分子中是否含有 Br、Cl、S 等）；特征碎片离子是否能够写出合理的裂解机制。

（2）标准谱图和文献数据验证：对于确定的分子结构必须与各种分析方法的标准谱图和文献数据进行对照（要考虑测试条件是否与对照谱图一致）。谱图上峰的个数、位置、形状及强弱次序必须与标准谱图一致，才能证明所推断化合物的结构与对照品一致。若某种分析方法无标准谱图可查，则可用已知的标准样品或合成标准样品直接做谱图来对照。

（3）二维核磁共振谱验证：对于已报道的化合物能通过与标准谱图和文献数据对照的方法来进行结构验证；而对于从未报道的新结构，用 2D-NMR 对结果进行验证是目前公认的比较可靠的方法。由于目前主要靠核磁共振谱来解析有机化合物的结构，2D-NMR 能提供大多数结构特别是未知结构中各官能团或片段的关联关系。因此，完成结构的解析后，通过二维核磁共振的方法来进行碳氢数据的全面指认，能为新有机化合物的结构正确性提供比较全面的、客观的证据。当然，有些结构 2D-NMR 也不能提供有力的证据，还需要结合 X 射线单晶衍射和化学沟通的方法来进行确证。

笔记

第三节 综合解析实例

例 11-1 未知化合物的 EI-MS、IR、^{1}H-NMR 和 ^{13}C-NMR 谱图如图 11-1~ 图 11-4 所示,试推断该化合物的结构。

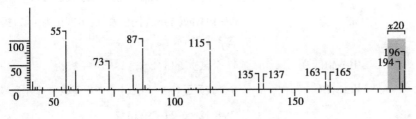

图 11-1 例 11-1 的 EI-MS 图

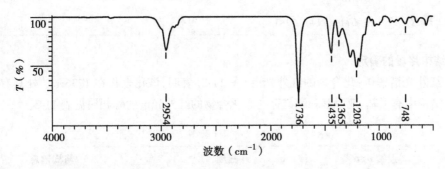

图 11-2 例 11-1 的 IR 图(KBr 压片)

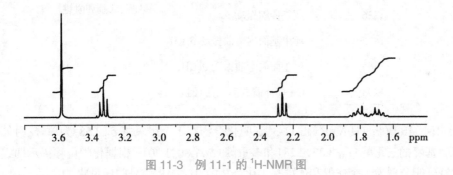

图 11-3 例 11-1 的 ^{1}H-NMR 图

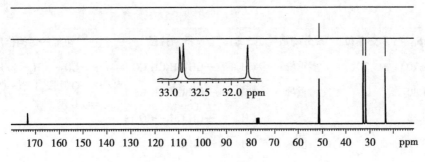

图 11-4 例 11-1 的 ^{13}C-NMR 图

解析:

1. **分子式的确定** 质谱(图 11-1)中显示该化合物的准分子离子峰为 m/z 194,即分子量为 194。m/z 196 是 m/z 194 的同位素峰。由 m/z 194 和 m/z 196 的丰度比约为 1:1,可以推测化合物中含有 1 个 Br 原子。结合 ^{1}H-NMR(图 11-3)、^{13}C-NMR(图 11-4)提供的信息可知其结构

笔记

中有 11 个质子、6 个碳原子。由此可推测该化合物结构中有 2 个氧原子,其分子式可以确定为 $C_6H_{11}BrO_2$,经计算该化合物结构的不饱和度为 1。各种谱学方法提供的分子式相关的信息如表 11-2 所示。

表 11-2   与化合物分子式相关的谱学信息

	谱图名称	反映结构中分子式的信息
分子量	MS	m/z 194,m/z 196 为同位素峰,丰度比为 1:1,提示化合物含 1 个 Br 原子。
H	^{1}H-NMR	11 个氢质子(3:2:2:2:2)
C	^{13}C-NMR	6 个碳原子(1 个季碳、4 个亚甲基碳、1 个甲基碳)
O		$(194-12 \times 6-11-79)/16=2$
分子式	$C_6H_{11}BrO_2$	
不饱和度(Ω)	$\Omega=6+1-(11+1)/2=1$	

2. 结构片段的确定

(1) 红外光谱解析:化合物的红外光谱(图 11-2)表明,该化合物在 1736cm^{-1} 处具有羰基吸收,另外结构中有甲基、亚甲基和醚键存在。化合物的红外光谱的峰归属见表 11-3。

表 11-3   例 11-1 的 IR 谱图的峰归属分析

峰号	波数 /cm^{-1}	归属	结构信息
1	2954	饱和碳氢伸缩振动 ν_{C-H}	化合物的结构中含有甲基和亚甲基、羰基和醚键
2	1736	羰基伸缩振动 $\nu_{C=O}$	
3	1435	亚甲基面内弯曲振动 $\delta_s CH_2$	
4	1365	甲基面内弯曲振动 $\delta_s CH_3$	
5	1203	C—O 伸缩振动 ν_{C-O}(醚)	

(2) ^{1}H-NMR 解析:^{1}H-NMR(图 11-3)证明化合物有 1 个甲氧基 δ_H 3.58,为单峰;另外显示出两组亚甲基峰的三重峰(δ_H 3.32,2.28)和多重峰(δ_H 1.80,1.70)。根据化学位移提示两组亚甲基的三重峰可能分别为 1 个连溴和连羰基。化合物的 ^{1}H-NMR 信号归属见表 11-4。

表 11-4   例 11-1 化合物的 ^{1}H-NMR 谱图的峰归属分析

峰号	δ_H	积分单位	裂分峰数	归属	推断片段	可能的结构信息
1	1.70	2	多重峰	CH$_2$	—CH$_2$CH$_2$CH$_2$CO	1 个—CH$_2$—CH$_2$—Br 片段,1 个 CH$_3$—O 片段,1 个—CH$_2$CH$_2$—C=O 片段
2	1.80	2	多重峰	CH$_2$	—CH$_2$CH$_2$CH$_2$Br	
3	2.28	2	三重峰	CH$_2$	—CH$_2$CH$_2$—CO	
4	3.32	2	三重峰	CH$_2$	—CH$_2$CH$_2$Br	
5	3.58	3	单峰	CH$_3$	CH$_3$—O	

(3) ^{13}C-NMR 谱解析:图 11-4 是化合物的全去偶谱和 DEPT 谱,表明其分子中有 6 个碳,根据峰的化学位移值和 DEPT 可判定分别为 1 个酯羰基碳(δ_C 173.2)、4 个亚甲基碳(δ_C 23~33,其中 δ_C 31~33 的 3 个碳化学位移接近,见放大谱,较难归属)和 1 个甲氧基碳(δ_C 51.2)。化合物的 ^{13}C-NMR 信号归属见表 11-5。

笔记

表 11-5 例 11-1 的 ^{13}C-NMR 谱图的峰归属分析

峰号	δ_C	DEPT 归属	推断片段	可能的结构信息
1	23.1	CH$_2$	—CH$_2$CH$_2$CH$_2$CO	6 个碳,有 1 个 CH$_3$、4 个 CH$_2$ 和 1
2	31.7	CH$_2$	BrCH$_2$CH$_2$CH$_2$—	个羰基碳
3	32.7	CH$_2$	—CH$_2$CH$_2$—C≡O	
4	32.8	CH$_2$	Br—CH$_2$CH$_2$—	
5	51.2	CH$_3$	CH$_3$—O	
6	173.2	C	C=O	

3. 结论与结构验证 综上所述,化合物的不饱和度为 1,是羰基所贡献,所以该结构为链状结构。结合 ^{1}H-NMR 谱、全去偶碳谱和 DEPT 谱,推测结构中存在两组亚甲基三重峰和多重峰,即 -CH$_2$CH$_2$CH$_2$CH$_2$- 直链,在碳氢谱中这两个三重亚甲基的化学位移表明它们分别与溴原子和羰基相连,中间两个亚甲基为多重峰。单峰甲氧基与羰基相连成酯,这样与溴原子就分别形成这个链状结构的两端。至此,各种谱图中并无其他没有解释的信息。因此,化合物的结构为 CH$_3$OCOCH$_2$CH$_2$CH$_2$CH$_2$Br。

化合物的 ^{1}H-NMR、^{13}C-NMR 数据结合 ChemDraw 模拟计算归属如下:

通过质谱的裂解途径,进一步验证推断的分子结构:

4. 讨论

(1) 此例图谱较全,碳谱有全去偶谱和 DEPT 谱,提供了所有碳的类型和化学位移。由质谱可知化合物结构中含有溴原子,通过同位素峰的丰度比为 1:1 可知分子中含有 1 个溴原子。由于不存在对称结构,分子式可以通过质谱结合碳氢谱图直接推出,结构也比较容易推测出来。

(2) 解析过程中对一些特征基团的碳氢规律的总结和掌握对结构的解析非常有帮助。如本例中甲基质子中的甲氧基(—OCH$_3$,δ_H 3.3~4.0)、溴取代的亚甲基(δ_H 3.3)和乙酰旁边的亚甲基(—COCH$_2$—,δ_H 2.2)。另外如氮甲基(—NCH$_3$,δ_H 2.3~3.3)、苯甲基(Φ—CH$_3$,δ_H 2.2~2.5)、烯甲基(—C=CCH$_3$,δ_H 1.6~2.0)这些 3 个氢的单峰特征信号对推断化合物的结构非常有用。平时多进行这方面的归纳总结对提高结构解析能力是非常有益的。

例 11-2 某化合物的紫外光谱(甲醇)在 235 和 288nm 处有最大吸收。正离子 ESI-MS 显示准分子离子峰为 m/z 193 [M+H]$^+$。IR、^{1}H-NMR、^{13}C-NMR 和 DEPT 谱图如图 11-5~ 图 11-8 所示,试推断该化合物的结构。

解析:

1. 分子式的确定 正离子模式的 ESI-MS 显示该化合物的准分子离子峰为 m/z 193 [M+H]$^+$,即分子量为 192。根据氮律,分子中应不含或含偶数个氮原子。

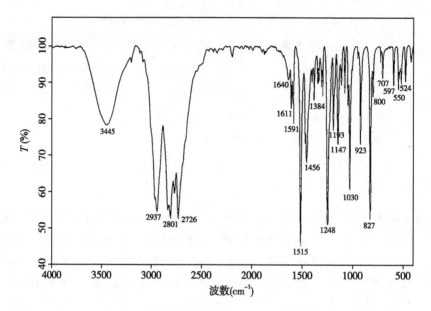

图 11-5　例 11-2 的 IR 图（KBr 压片）

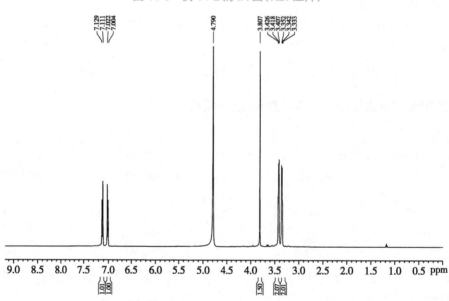

图 11-6　例 11-2 的 ^{1}H-NMR 图（500MHz，CD$_3$OD）

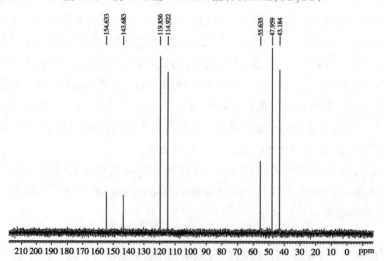

图 11-7　例 11-2 的 ^{13}C-NMR 图（125MHz，CD$_3$OD）

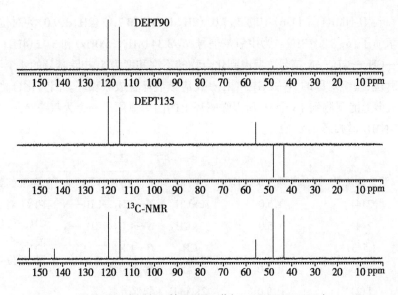

图 11-8 例 11-2 的 DEPT 谱(125MHz,CD₃OD)

红外光谱(图 11-5)中在 3445cm⁻¹ 出现的宽单峰(NH)、1248cm⁻¹ 出现的 C-N 伸缩振动峰表明此结构中存在 N 原子,考虑到化合物的分子量是 192(偶数),因此该化合物应该含偶数个 N;1611、1591 和 1515cm⁻¹ 的吸收峰为苯环骨架的伸缩振动特征吸收峰;在 827cm⁻¹ 出现 Ar-H 面外弯曲振动引起的强吸收峰,由此可知化合物可能是对位取代苯的衍生物。

^{1}H-NMR(图 11-6)由低场到高场显示积分比例为 2:2:3:4:4 的氢质子信号,表明化合物至少有 15 个氢质子。由于此化合物具有 N 原子(N 原子连的氢为活泼氢,在氢谱中不出峰),因此其质子数应该是 16 个(或大于 16 的偶数)。

全去偶碳谱(图 11-7)中除了对位取代苯的 6 个碳外,还有 3 个碳信号存在,除了 1 个甲氧基碳(δ_C 55.6)外,还剩两组碳信号。在 DEPT 谱中(图 11-8)可以确定都为亚甲基碳,结合氢谱(每组碳信号对应 4 个氢质子)可确定是两组对称的—CH₂CH₂—片段(共 4 个碳)。所以,化合物应该共有 11 个碳原子。

考虑到化合物的分子量为 192,通过各种谱图可以得出结构中具有 16 个以上的氢原子、11 个碳原子、1 个氧原子(甲氧基)、偶数个氮原子,通过计算可以得出含氮原子的个数应为 2。因此,可以推出化合物的分子式为 C₁₁H₁₆N₂O,不饱和度 $\Omega=1+11+(2-16)/2=5$。

2. 结构片段的确定

(1) 紫外光谱解析:紫外光谱在 235 和 288nm(>250nm)显示强吸收,表明结构中存在芳香结构系统。

(2) 红外光谱解析:图 11-5 为化合物的 IR 谱图,表明该化合物为对位双取代苯衍生物。另外还有胺基、醚键的存在。主要 IR 吸收峰的归属见表 11-6。

表 11-6 例 11-2 化合物的 IR 谱吸收峰归属

峰号	波数 /cm⁻¹	归属	结构信息
1	3445	仲胺 N—H 伸缩振动 ν_{C-H}	有对位取代苯,含 N—H,还有 CH₂、C—O—C 存在
2	2937,2801	饱和碳氢伸缩振动 ν_{C-H}	
3	1611,1591,1515	苯环的骨架伸缩振动	
4	1248	C—N 伸缩振动	
5	1384	甲基对称变形伸缩振动 $\delta_{s\,CH3}$	
6	1030	C—O 伸缩振动 ν_{C-O}(醚)	
7	827	芳氢面外弯曲振动(2 个氢相邻)	

笔记

(3) 氢谱解析：^{1}H-NMR（图 11-6）中的 $\delta_H 7.01(2H,d,9.0)$ 和 $7.12(2H,d,9.0)$ 为对位取代苯环上的两对邻偶氢质子；$\delta_H 3.80(3H,s)$ 为甲氧基信号；$\delta_H 3.34(4H,t,5.0Hz)$ 和 $3.42(4H,t,5.0Hz)$ 为两组对称的 N—CH$_2$—CH$_2$—N 信号。考虑到化合物的不饱和度为 5，扣除苯环的 4 个不饱和度，还有 1 个不饱和度，两组对称的 N—CH$_2$—CH$_2$—N 应该成环合成哌嗪环。因为化合物的分子式是 $C_{11}H_{16}N_2O$，氢谱上能观测到 15 个 H，所以哌嗪环上的两个氮原子一个为叔胺，另一个为仲胺。该化合物的 ^{1}H-NMR 谱归属见表 11-7。

表 11-7   例 11-2 的 ^{1}H-NMR 谱归属

峰号	δ_H	积分单位*	裂分及偶合常数（Hz）	归属	推断片段	可能的结构信息
1	3.34	2(4)	t,5.0	2×CH$_2$	N—CH$_2$—CH$_2$—N	两组对称的 N—CH$_3$—CH$_2$—N 片段，一个 CH$_3$O—片段，对位双取代苯
2	3.42	2(4)	t,5.0	2×CH$_2$	N—CH$_2$—CH$_2$—N	
3	3.80	1.5(3)	s	CH$_3$	O—CH$_3$	
4	7.01	1(2)	d,9.0	2×Ar-H	邻偶芳氢	
5	7.12	1(2)	d,9.0	2×Ar-H	邻偶芳氢	

注：* 括号内为氢质子数

(4) 碳谱解析：据图 11-7 和图 11-8 分别是化合物的全去偶碳谱和 DEPT 谱。碳谱峰数 7，包括 1 个甲基碳、2 个亚甲基碳、2 个未取代芳香碳和 2 个芳香季碳，分子中有 4 对（8 个）碳因对称结构而两两重叠。苯环上的季碳信号分别为 $\delta_C 154.6$ 和 143.7，表明苯环的对位分别被甲氧基和哌嗪基取代（通过 N 原子）。化合物的碳谱归属见表 11-8。

表 11-8   例 11-2 化合物的 ^{13}C-NMR 谱归属

峰号	δ_C	DEPT	归属	可能的结构信息
1	43.2	CH$_2$	NCH$_2$—CH$_2$—NH—	7 组碳信号峰，共 11 个碳，分别为 6 个对位取代芳碳（有两对重叠芳香碳信号，1 个连氧的芳香碳，1 个连氮的芳香碳）、4 个哌嗪基上的碳、1 个连氧碳
2	47.9	CH$_2$	NCH$_2$—CH$_2$—NH	
3	55.6	CH$_3$	CH$_3$—O	
4,4′	114.9	CH	哌嗪基邻位芳香碳	
5′,5′	119.8	CH	甲氧基间位芳香碳	
6	143.7	C	哌嗪基取代位芳香碳	
7	154.6	C	甲氧基取代位芳香碳	

3. 结论

(1) 根据以上波谱特征可以推测该化合物的结构如下：

(2) 根据 ACD/Labs 软件模拟计算，对化合物的碳氢数据进行归属如下：

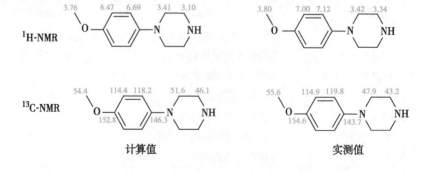

4. 讨论

(1) 此化合物为一含两个氮原子的对称结构,氮原子的存在主要根据 IR 谱得出。而分子式需要 ESI-MS 结合 IR、^{1}H-NMR 和 ^{13}C-NMR 找出对称片段,综合分析得出 C、H 的数目而计算出来。

(2) ^{1}H-NMR 谱为 500MHz 的核磁共振仪测定,相互偶合氢质子的偶合常数可以计算出来,如苯环甲氧基邻位的芳氢 $^3J=(\delta_大-\delta_小)\times500=(7.022-7.004)\times500=9.0$Hz,该氢质子化学位移取裂分峰的平均值为 $\delta_H=(\delta_大+\delta_小)/2=7.01$。因为相互偶合的氢质子的偶合常数是相等的,偶合常数的计算对确定附近相互偶合的其他基团起到至关重要的作用。

(3) 使用 ACD/Labs 软件模拟计算的碳氢化学位移值虽然与实际测量值有一定的差别,但化学位移的大小趋势是相符的,所以仍然可以用来推测结构的合理性和归属化学位移接近的碳氢信号,如苯环上的两个 CH 和哌嗪环的两个 CH$_2$ 的归属。

例 11-3 某化合物的 EI-MS、IR、^{1}H-NMR 和 ^{13}C-NMR 谱图如图 11-9~ 图 11-13 所示,试推断该化合物的结构。

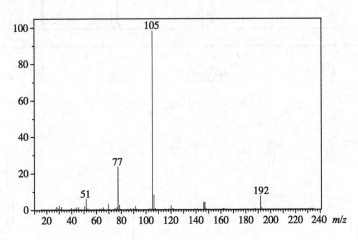

图 11-9 例 11-3 的 EI-MS 图

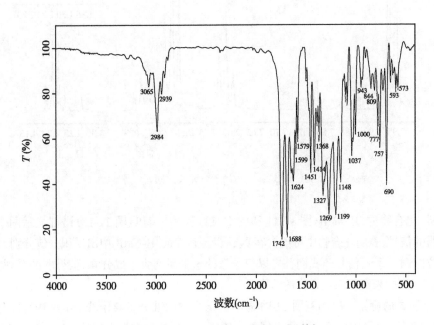

图 11-10 例 11-3 的 IR 图(KBr 压片)

笔记

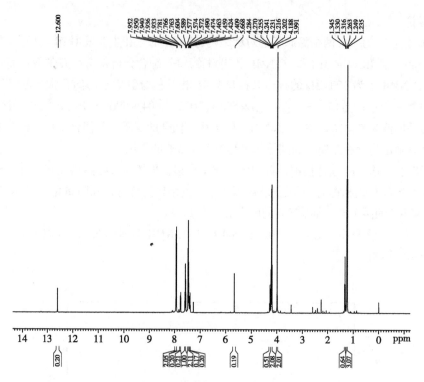

图 11-11   例 11-3 的 ¹H-NMR 图(500MHz,CDCl₃)

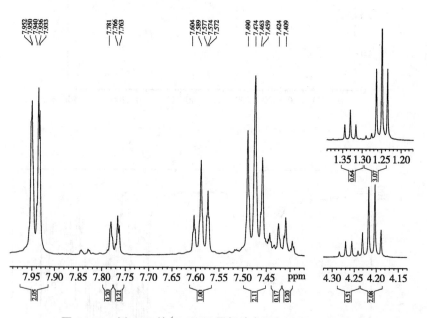

图 11-12   例 11-3 的 ¹H-NMR 局部放大图(500MHz,CDCl₃)

　　解析:化合物的 ¹H-NMR(图 11-11 和图 11-12)和 ¹³C-NMR(图 11-13)谱都显示两个系列的强弱分明的信号,表明化合物中可能含有"杂质"。尤其是 ¹H-NMR 中出现积分值分别为 1.00 和0.20 单位的两个系列信号。我们首先以信号强的这个系列为主成分峰(信号弱的系列看作"杂质峰"先不考虑)来解析该化合物的结构。

　　1. 分子式的确定   EI-MS(图 11-9)显示该化合物的准分子离子峰为 m/z 192,即分子量为192。根据氮律,分子中应不含或含有偶数个氮原子。低质量数端出现的 m/z 105、77 和 51 的离子峰为含苯环结构的特征碎片。

　　¹H-NMR(图 11-11 和图 11-12)的强信号系列由低场到高场显示积分比例为 2:1:2:2:2:3

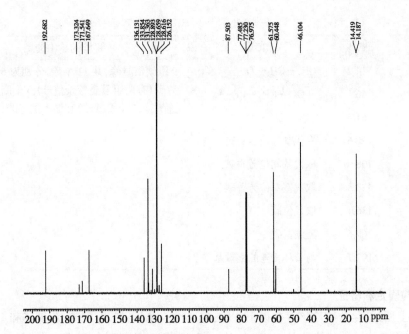

图 11-13　例 11-3 的 ^{13}C-NMR 图（125MHz，CDCl₃）

的氢质子信号，表明该化合物有 12 个氢质子。其中在化学位移 δ_H 7.40~8.00 的芳香氢区域出现单取代苯环的 5 个质子信号，证实了单取代苯片段的存在。

^{13}C-NMR（图 11-13）中除了苯环上的 6 个碳外（有两个碳重叠），强信号系列中还有 5 个碳信号存在，表明该化合物共有 11 个碳原子。

考虑到化合物的分子量为 192，其他谱没有显示有其他杂原子的结构信息，因此该化合物含氧原子的个数应为(192–12×11–12)/16=3。

由此推出化合物的分子式可能为 $C_{11}H_{12}O_3$，不饱和度 Ω=11+1–12/2=6。

2. 结构片段的确定　红外光谱（图 11-10）在 2984、2939cm⁻¹ 的饱和碳氢伸缩振动表明有 CH_3 和 CH_2 存在；3065cm⁻¹ 的吸收峰为明显的苯 C-H 伸缩振动，1599、1579 和 1451cm⁻¹ 的吸收峰为苯环的骨架伸缩振动；还有与苯环共轭的 1688cm⁻¹ 的 C=O 特征吸收；在 690、757cm⁻¹ 出现 C-H 面外弯曲振动引起的强吸收峰。由此可知化合物是单取代苯的衍生物。

在化合物的 ^1H-NMR 谱（图 11-11 和图 11-12）中，强信号系列有 6 组化学环境不同的质子，其中 δ_H 7.40~8.00 为单取代苯上的氢质子，δ_H 3.99(2H,s)信号应归为两个羰基碳中间的亚甲基质子，另外两组信号 δ_H 1.25(3H,t,7.0)、4.21(2H,q,7.0)根据峰形、偶合常数和化学位移很容易归属为乙氧基的信号。^1H-NMR 谱的归属见表 11-9。

表 11-9　例 11-3 化合物的 ^1H-NMR 谱强信号系列峰的解析

峰号	δ_H	积分单位	裂分及偶合常数(Hz)	归属	推断片段	可能的结构信息
1	1.25	3	t,7.0	CH_3	C$\underline{H}_3$—CH₂	1 个 CH₃—CH₂—O 片段，1 个 O=C—CH₂—C=O 片段，单取代苯
2	3.99	2	s	CH_2	O=C—C$\underline{H}_2$—C=O	
3	4.21	2	q,7.0	CH_2	O—C$\underline{H}_2$CH₃	
4	7.47	2	t,8.0	Ar-H	取代基间位芳氢	
5	7.55	1	t,8.0	Ar-H	取代基对位芳氢	
6	7.95	2	d,8.0	Ar-H	取代基邻位芳氢	

化合物的 ^{13}C-NMR（图 11-13）中不但证明了单取代苯、乙氧基的存在，在低场区还出现了 1 个酮羰基碳信号（δ 192.7）和 1 个酯羰基碳信号（δ 167.6）。^{13}C-NMR 各峰的归属见表 11-10。

笔记

表 11-10　例 11-3 化合物的 ^{13}C-NMR 谱强信号系列峰的归属

峰号	δ_C	归属	可能的结构信息
1	14.2	$\underline{C}H_3$—CH$_2$—O	9 组碳信号峰,共 11 个碳,分别为 6 个单取代芳碳(有两组重叠芳碳信号)、3 个脂肪碳(1 个连氧碳,2 个烷基碳)和 2 个羰基碳
2	46.1	—OC—$\underline{C}$H$_2$—CO—	
3	61.6	CH$_3$—$\underline{C}$H$_2$—O	
4,4′	128.6	取代基邻位芳香碳	
5,5′	128.9	取代基间位芳香碳	
6	133.8	取代基对位芳香碳	
7	136.1	取代位碳	
8	167.6	酯羰基碳	
9	192.7	与苯环相连的酮羰基碳	

3. 结构确定和验证

(1) 综上所述,化合物应该存在以下片段:单取代苯、酮羰基、酯羰基、乙氧基和 1 个处于羰基中间的亚甲基。酮羰基信号在 δ_C 192.7,比一般的酮羰基处于更高场,是与苯环共轭向高场位移的缘故。因此,化合物为苯甲酰乙酸乙酯,其结构及其 ^{1}H-NMR、^{13}C-NMR 数据分别如下:

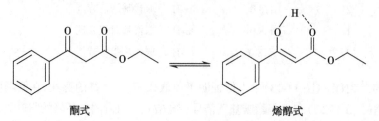

^{1}H-NMR　　　　　　　^{13}C-NMR

(2) 通过质谱的裂解反应,进一步地确证所推断的分子结构。

4. 讨论

(1) 前面提到,此化合物的 ^{1}H-NMR(图 11-11 和图 11-12)及 ^{13}C-NMR(图 11-13)都出现两个系列的强弱分明的信号,我们已经解析了其中信号强的主成分峰;反过来,如果我们把主成分峰作为"杂质",解析弱信号系列峰,可以发现这组峰就是苯甲酰乙酸乙酯的烯醇式结构的信号。因为苯甲酰乙酸乙酯在溶液状态(氘代三氯甲烷)下很容易发生如下的酮 - 烯醇互变:

酮式　　　　　　　　　　烯醇式

化合物烯醇式结构的 ^{1}H-NMR、^{13}C-NMR 数据(图 11-11 和图 11-13 中的弱信号峰)归属如下:

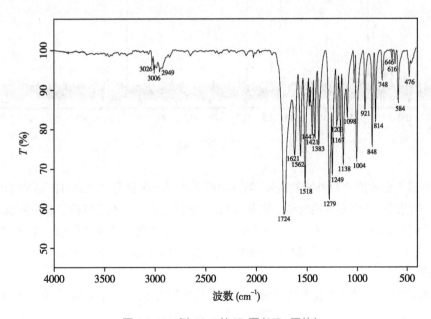

(2) 在结构解析过程中如遇到不纯的化合物谱图时,只要能把杂质峰区分出来,仍然可以解析出正确的结构。因为杂质的含量相比于样品是少的,杂质的峰面积或丰度相比也小(比如此例中化合物的氢谱,酮式结构的积分单位是 1,而烯醇式是 0.2,两者的比例是 5:1 左右),根据这个比例关系可以把氢谱中的这两个互变异构体的氢信号完全区分开来。另外,有些样品在测试溶剂中会出现构型互变或构象互变的现象,也会出现这种类似于谱图不纯的现象,要注意辨别。

例 11-4 某天然化合物为无色针晶(甲醇),紫外 365nm 下可以观察到亮蓝色荧光。该化合物正离子模式下的 ESI-MS 显示准分子离子峰为 m/z 207 [M+H]$^+$。化合物的 IR、^{1}H-NMR 和 ^{13}C-NMR 谱图如图 11-14~ 图 11-16 所示,试推断该化合物的结构。

解析:

1. **分子式的确定** 正离子模式 ESI-MS 显示该化合物的准分子离子峰为 m/z 207 [M+H]$^+$,即分子量为 206。^{1}H-NMR、^{13}C-NMR(图 11-15 和图 11-16)显示该化合物有 10 个氢质子和 11 个碳原子,计算可知该化合物含有 4 个氧原子。综上所述,可以推出化合物的分子式可能为 $C_{11}H_{10}O_4$,不饱和度为 7。

2. **结构单元的确定** 化合物在紫外 365nm 下可以观察到亮蓝色荧光,表明该化合物是香豆素类化合物;IR 谱(图 11-14)中 1621、1518cm^{-1} 的吸收峰表明结构中存在共轭的苯环结构系统,1724cm^{-1} 的吸收峰表明羰基的存在。

^{1}H-NMR 中(图 11-15)在高场区显示有 2 个甲氧基 δ_H 3.90(3H,s) 和 3.95(3H,s);低场区只有 4 个芳香质子信号,其中相互偶合的质子 δ_H 7.90(1H,d,J=9.5Hz) 和 6.29(1H,d,J=9.5Hz) 是

图 11-14 例 11-4 的 IR 图(KBr 压片)

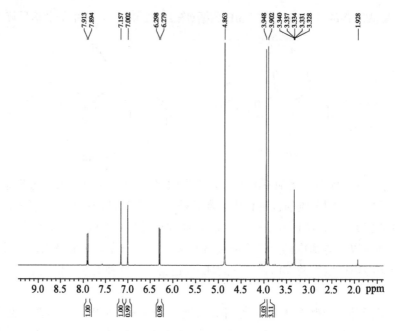

图 11-15   例 11-4 的 ^{1}H-NMR 图(500MHz,CD$_3$OD)

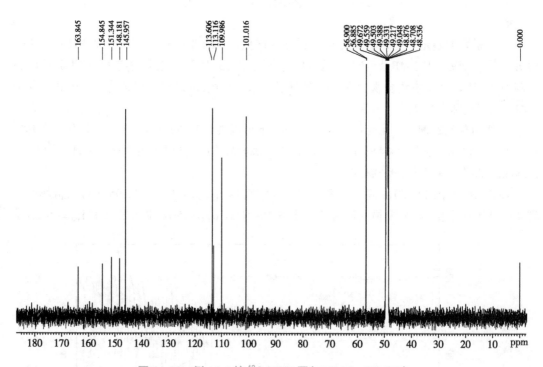

图 11-16   例 11-4 的 ^{13}C-NMR 图(125MHz,CD$_3$OD)

典型的香豆素 3 和 4 位的两个烯氢信号,剩余的两个芳氢质子信号 δ_H 7.16(1H,s)和 7.00(1H,s)都为单峰,表明两者处于苯环的对位。因此,该香豆素类化合物的 6,7 位都应该被甲氧基取代。^{13}C-NMR 谱(图 11-16)中给出 9 个 sp^2 杂化碳信号,其中 1 个酯羰基碳信号(δ_C 163.8)、3 个连氧季碳信号(δ_C 154.8、151.3、148.2)和其余的碳信号(δ_C 145.9、113.6、113.1、109.9、101.0)均证实了香豆素母核的存在。

　　3. **结构确定**　根据以上波谱特征可以推测该化合物为 6,7-二甲氧基香豆素,与文献报道的数据完全一致,其 ^{1}H-NMR、^{13}C-NMR 数据归属见表 11-11。

笔记

H₃CO—6—5—10—4 ... (coumarin structure with labels: H₃CO at 6, 5, 10, 4, 3; H₃CO at 7, 8, 9, O-1, 2=O-1')

表 11-11　例 11-4 化合物的 ¹H-NMR、¹³C-NMR 数据归属

编号	本例数据		文献数据 [a]	
	δ_H	δ_C	δ_H	δ_C
2		163.8		163.8
3	6.29(1H, d, 9.5)	113.6	6.26	113.6
4	7.90(1H, d, 9.5)	145.9	7.88	145.9
5	7.16(1H, s)	109.9	7.13	109.9
6		148.2		148.1
7		154.8		154.8
8	7.00(1H, s)	101.0	6.97	101.0
9		151.3		151.3
10		113.1		113.1
OCH₃	3.90(3H, s)	56.9(2C)	3.88	56.8(2C)
	3.95(3H, s)		3.92	

注：[a] 400/100MHz, CD₃OD

4. 讨论

（1）天然有机化合物多具有比较固定的骨架结构，且常具有专属性的理化性质和波谱特征，这对解析天然有机化合物的结构有很大的帮助。如本例中，化合物在 365nm 下可以观察到亮蓝色荧光，这是香豆素类化合物区别于其他化合物的重要特征，而香豆素类化合物具有苯骈 α- 吡喃酮的基本结构骨架。所以接下来只要判断这个母核上取代基的情况，就能解析得出正确的结构。

（2）此例采用了与文献数据对照的方法来归属氢碳数据，并进一步验证了推测结构的正确性。要注意的是，与标准图谱或文献数据进行对照时最好是一致的测试条件，尤其是 NMR 谱图，测试溶剂最好一样。此例化合物是用 CD₃OD 测试 NMR 谱，文献也是采用这种溶剂，它们的数据基本一致。

例 11-5　从中药山奈中分离得到某化合物，在正离子模式下的 ESI-MS 显示准分子离子峰为 m/z 207［M+H］⁺。化合物的 IR、¹H-NMR、¹³C-NMR、HSQC 和 HMBC 谱图如图 11-17~ 图 11-21 所示，试推断该化合物的结构。

解析：

1. 分子式的确定　ESI-MS 谱显示该化合物的准分子离子峰为 m/z 207［M+H］⁺，即分子量为 206。IR（图 11-17）谱在 1630、1604 和 1513cm⁻¹ 处显示苯环的骨架伸缩振动吸收峰，在 831cm⁻¹ 处出现 Ar-H 面外弯曲振动吸收峰，可知化合物存在对位取代的苯环。¹H-NMR（图 11-18）显示该化合物有 14 个氢质子；¹³C-NMR 谱（图 11-19）虽然只出现 10 个碳信号，但由于对位取代苯环上的碳原子因对称性而出现 2 个碳信号重叠，因此化合物的碳原子数应该为 12；计算可知该化合物含有 3 个氧原子。综上所述，可以推出化合物的分子式可能为 $C_{12}H_{14}O_3$，不饱和度为 6。

2. 结构单元的确定　IR 谱（图 11-17）除了显示有对位取代的苯环外，在 1707cm⁻¹ 处出现羰基吸收峰。

笔记

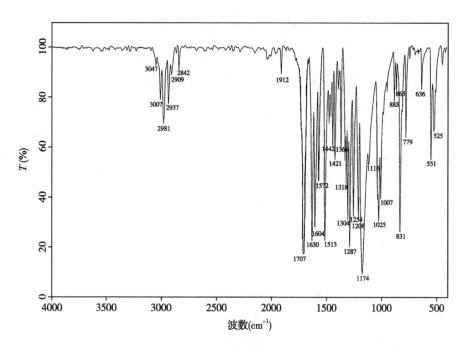

图 11-17 例 11-5 的 IR 图(KBr 压片)

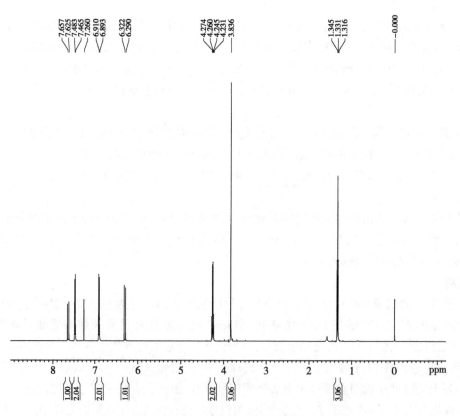

图 11-18 例 11-5 的 ^{1}H-NMR 谱(500MHz,CDCl$_3$)

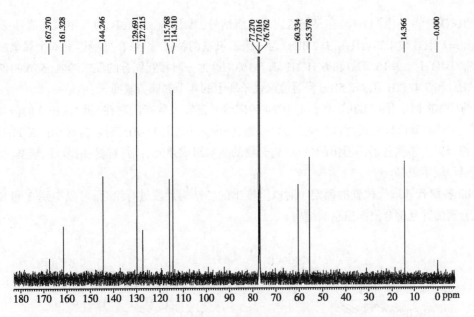

图 11-19　例 11-5 的 ^{13}C-NMR 谱(125MHz, CDCl$_3$)

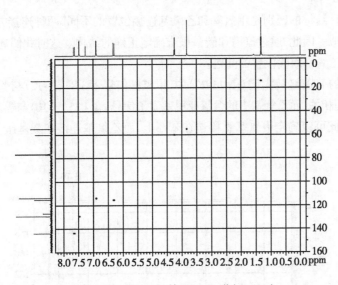

图 11-20　例 11-5 的 HSQC 谱(CDCl$_3$)

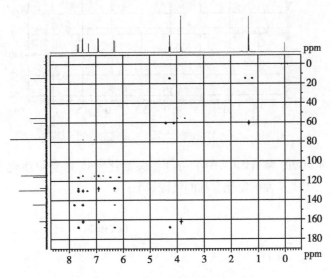

图 11-21　例 11-5 的 HMBC 谱(CDCl$_3$)

笔记

^{1}H-NMR 谱中(图 11-18)在高场区出现 3 组信号,其中 δ_H 3.84(3H,s)为甲氧基信号,δ_H 1.33 (3H,t,J=7.0Hz)和 4.25(2H,q,J=7.0Hz)为一组乙氧基的特征信号;在低场区有 6 个烯氢质子信号,δ_H 7.64(1H,d,J=16.0Hz)和 6.31(1H,d,J=16.0Hz)为一对相互偶合的反式烯氢,δ_H 6.90(2H,d, J=8.5Hz)和 7.47(2H,d,J=8.5Hz)为对位取代苯环上的 4 个邻偶芳氢质子。

^{13}C-NMR 谱中(图 11-19),位于 δ_C 167.4 的碳信号证实了羰基的存在,而 δ_C 161.3 的信号则是苯环上的连氧碳信号。其余非季碳信号可以通过 HSQC 谱(图 11-20)直接进行归属(表 11-12)。

综合以上根据各谱图得出的信息,化合物的基本组成单元有对位取代的苯环、羰基、反式双键、乙氧基、甲氧基。

3. **各取代基取代位置的确定**　对以上推出的各结构片段进行组合,可以得到 A 和 B 两种比较合理的并且符合谱图信息的结构。

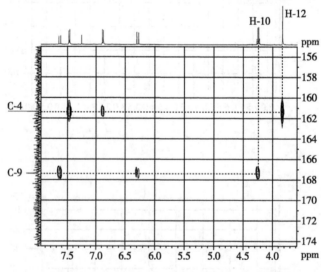

A 和 B 这两种结构的区别是甲氧基和乙氧基连接位置的不同,两种连接方式形成的结构的化学环境基本相似。因此,通过氢谱和碳谱很难确定正确的结构。这时我们通过 HMBC 就很容易解决甲氧基和乙氧基取代位置的问题。

在该化合物的 HMBC 放大谱(图 11-22)中,甲氧基信号 δ 3.84(H-12)与苯环上的连氧碳 δ_C 161.3(C-4)有远程相关,而乙氧基中的含氧亚甲基质子信号 δ_H 4.25(H-10)与羰基碳 δ_C 167.4(C-9)存在相关峰。因此可以确定甲氧基直接连在苯环上,而乙氧基连接在羰基碳上,即结构 B 为正确结构。

图 11-22　例 11-5 的 HMBC 局部放大谱(CDCl$_3$)

通过 HSQC(图 11-20)和 HMBC(图 11-21)相关最终可以完全归属化合物的 ^{1}H-NMR 和 ^{13}C-NMR 数据(表 11-12),从而确定化合物的结构如下:

表 11-12 例 11-5 化合物的 ^{1}H-NMR 和 ^{13}C-NMR 数据归属

编号	δ_C^a	$\delta_H(J \text{ in Hz})^a$	HMBC ^{b}
1	127.2		
2,6	129.7	7.47(2H,d,J=8.5Hz)	C-1,C-3,C-5,C-4,C-7
3,5	114.3	6.90(2H,d,J=8.5Hz)	C-3,C-5,C-1,C-4
4	161.3		
7	144.2	7.64(1H,d,J=16.0Hz)	C-8,C-1,C-2,C-6,C-9
8	115.8	6.31(1H,d,J=16.0Hz)	C-1,C-7,C-9
9	167.4		
10	60.3	4.25(2H,q,J=7.0Hz)	C-11,C-9
11	14.4	1.33(3H,t,J=7.0Hz)	C-10
12	55.4	3.84(3H,s)	C-4

注：^{a} 碳氢数据归属是通过 HSQC（碳氢直接相关）和 HMBC（碳氢远程相关）来确定的；^{b} 氢质子与碳信号的远程相关

4. 讨论

(1) 本实例不仅通过 2D-NMR（HSQC 和 HMBC）解决了取代基连接的问题，而且还通过 2D-NMR 对化合物的碳氢数据进行全面归属，验证了结构的正确性。

(2) 在解析 HMBC 谱时要注意 ^{13}C 卫星峰的识别，在 HMBC 谱中强质子峰（如甲基质子）旁边的 ^{13}C 卫星峰是假信号，解析时应该不受到误导。例如在图 11-21 中，如果追踪平行于氢轴（F_2）在碳轴（F_1）上位于 δ_C 14.4（11-CH$_3$）处的峰发现，在 δ_H 4.25 处有相关峰。而在该峰的右侧，又出现了两个以 δ_H 1.33 为中心的对称的峰，这些峰与 F_2 上的任何一个质子都不相关，它们是 11-CH$_3$ 本身的卫星峰，解析时需要注意甄别。

例 11-6 某天然化合物为白色粉末，α-萘酚-浓硫酸反应为阳性（糖苷化合物的鉴别反应），酸水解反应获得的产物中检测到 D-葡萄糖。化合物的高分辨质谱（HR-ESI-MS）显示准分子离子峰为 m/z 451.1246［M-H］$^-$。化合物的 IR、^{1}H-NMR、^{1}H-NMR 放大谱、^{13}C-NMR、HSQC 和 HMBC 谱如图 11-23~ 图 11-28 所示，试推断该化合物的结构。

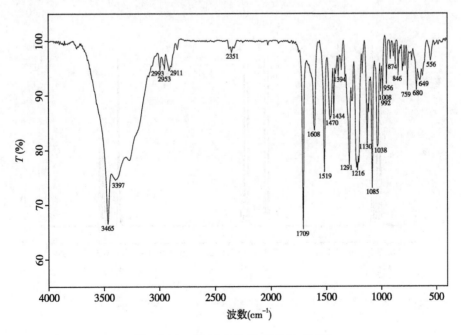

图 11-23 例 11-6 的 IR 谱（KBr 压片）

笔记

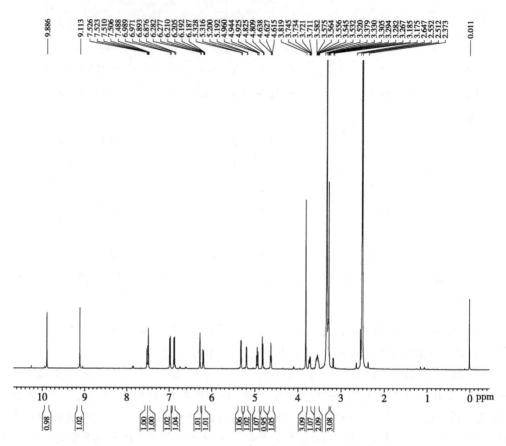

图 11-24 例 11-6 的 ^{1}H-NMR 谱(500MHz,DMSO-d_6)

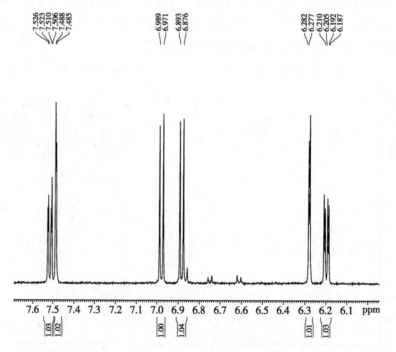

图 11-25 例 11-6 的 ^{1}H-NMR 局部放大谱(500MHz,DMSO-d_6)

笔记

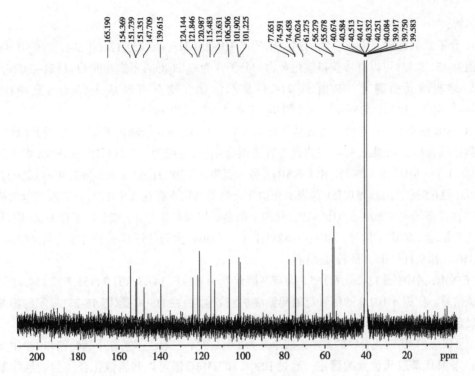

图 11-26 例 11-6 的 ^{13}C-NMR 谱（125MHz，DMSO-d_6）

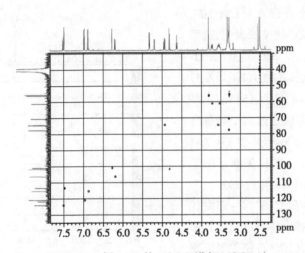

图 11-27 例 11-6 的 HSQC 谱（DMSO-d_6）

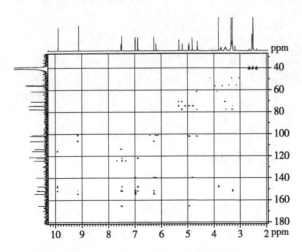

图 11-28 例 11-6 的 HMBC 谱（DMSO-d_6）

笔记

解析：

1. 分子式的确定 由化合物的高分辨质谱 HR-ESI-MS：m/z 451.1246［M-H］$^-$（$C_{21}H_{23}O_{11}$ 的计算值为 451.1245）可以直接获得该化合物的分子式为 $C_{21}H_{24}O_{11}$，不饱和度 $\Omega=1+21-24/2=10$。

2. 结构单元的确定 IR 谱（图 11-23）显示该化合物具有羟基（3465cm^{-1}，宽峰）、羰基（1709cm^{-1}）、苯环（1608、1519cm^{-1}）、多个醚键（1038、1085、1130cm^{-1}）。

^{1}H-NMR 谱中（图 11-24）在芳香质子区 δ 6.00~8.00 出现 6 个氢质子信号，根据其峰形和偶合常数可以看出是两组 1,3,4- 三取代芳香氢偶合系统，一组为 δ 7.51（1H,dd,J=8.5 和 1.5Hz）、7.49（1H,d,J=1.5Hz）和 6.88（1H,d,J=8.5Hz），另一组为 δ 6.20（1H,dd,J=9.0 和 2.0Hz）、6.28（1H,d,J=2.0Hz）和 6.98（1H,d,J=9.0Hz），这表明在该化合物的结构中存在 2 个 1,3,4- 三取代苯结构（图 11-25）。在稍高场的 δ 3.00~5.50 区域内，除两个明显的甲氧基信号 δ 3.82（3H,s）和 3.28（3H,s）外，其他主要是糖上的质子信号，其中 δ 4.82（1H,d,J=8.0Hz）为糖的端基质子信号。其余的信号如 9.89（1H,s）和 9.11（1H,s）是酚羟基信号。

^{13}C-NMR 谱中（图 11-26），δ 165.2 为羰基碳信号，δ 139.6、147.7、151.3、151.7 和 154.4 为 5 个连氧碳信号。根据 δ 101.9 的信号与葡萄糖端基氢（δ 4.82）在 HSQC 谱（图 11-27）显示的相关峰，可以确定其为糖的端基碳，而 δ 60.0~80.0 的 5 个碳信号可以归属为糖上的其他碳信号。

综合以上信息，该化合物的基本组成单元为 2 个 1,3,4- 三取代苯基、1 个葡萄糖和 2 个甲氧基。

3. 各取代基取代位置的确定 通过 HSQC 和 HMBC 谱可以归属该化合物的碳氢数据（表11-13），并可以得出两个三取代苯分别是 1,2,4- 三取代和 1″,3″,4″- 三取代。甲氧基质子信号 δ 3.28、3.82 分别与芳香碳 δ 151.4（C-2）、δ 147.7（C-3″）的 HMBC 相关峰表明，这两个甲氧基分别取代在 C-2 和 C-3″ 上（图 11-29）。同理，通过酚羟基氢 δ 9.89（1H,s）、9.11（1H,s）与芳香碳 δ 154.4（C-4）、151.7（C-4″）的 HMBC 相关峰，可以确定这两个羟基分别取代在 C-4 和 C-4″；δ 7.49（H-2″）和 7.51（H-6″）与 δ 165.2（C-7″）的相关峰证明了羰基连接在苯环的 C-1″位（图 11-29）。

1,2,4- 三取代苯基、1″,3″,4″- 三取代苯基与葡萄糖基的连接顺序可以通过 H-1′ 与 C-1、H-3′ 与 C-7″ 的 HMBC 相关得以确定（图 11-29 和图 11-30）。

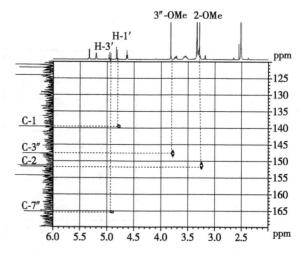

图 11-29 例 11-6 的 HMBC 放大谱（DMSO-d_6）

图 11-30 例 11-6 的主要 HMBC 相关图

综上所述，该化合物的结构可以确定为：

表 11-13 例 11-6 化合物的 NMR 数据归属

编号	δ_C^a	δ_H(J in Hz)^a	HMBC^b
1	139.6		
2	151.4		
3	101.2	6.28(1H,d,J=2.0Hz)	C-1,C-2,C-4,C-5
4	154.4		
5	106.5	6.20(1H,dd,J=2.0 和 9.0Hz)	C-1,C-3
6	121.0	6.98(1H,d,J=9.0Hz)	C-1,C-2,C-4
1′	101.9	4.82(1H,d,J=8.0Hz)	C-1,C-3′
2′	74.6	3.56(1H,m)	C-1′,C-2′,C-1″
3′	74.4	4.95(1H,dd,J=8.0 和 9.5Hz)	C-5′
4′	70.6	3.30(1H,m)	
5′	77.6	3.30(1H,m)	
6′	61.3	3.53(1H,m),3.72(1H,m)	C-4′
1″	121.8		
2″	113.6	7.49(1H,d,J=1.5Hz)	C-1″,C-3″,C-4″,C-6″,C-7″
3″	147.7		
4″	151.7		
5″	115.5	6.88(1H,d,J=8.5Hz)	C-1″,C-3″,C-4
6″	124.1	7.51(1H,dd,J=1.5,8.5Hz)	C-2″,C-4″,C-7″
7″	165.2		
2-OMe	55.6	3.28(3H,s)	C-2
3″-OMe	56.2	3.82(3H,s)	C-3″
4-OH		9.11(1H,s)	C-3,C-5
4″-OH		9.89(1H,s)	C-3″,C-5″
2′-OH		5.22(1H,d,J=4.0Hz)	C-2′
4′-OH		5.32(1H,d,J=6.0Hz)	C-4′,5′
6′-OH		4.63(1H,t,J=5.5Hz)	C-6′,5′

注:^{a}碳氢数据归属是通过 HSQC(碳氢直接相关)和 HMBC(碳氢远程相关)来确定的。^{b}氢质子与碳信号的远程相关

4. 讨论

(1) 此化合物使用高分辨质谱(HR-ESI-MS)直接获得了分子式。高分辨质谱法是目前最常用的测定天然化合物分子式的方法,其不仅可给出化合物的精确分子量,还可以直接给出化合物的分子式。高分辨质谱仪可将物质的质量精确测定到小数点后第4甚至第5位,故分子式不同的化合物其精确分子量是不同的。高分辨质谱能直接给出精确分子量,由此可确定分子式,这对天然化合物的结构研究非常方便。而 FAB-MS 和 ESI-MS 都是软离子源,它们应用于作为高分辨质谱的离子源往往能直接得到准分子离子峰,继而得到分子式。

(2) 本实例通过 HMBC 谱解决了不同的结构单元通过氧原子相互连接的位置和顺序问题。从 HMBC 谱中可得到有关碳链骨架的连接信息、有关季碳的结构信息以及因杂原子存在而被切断的偶合系统之间的结构信息。近年来 HMBC 实验已在复杂天然产物的结构研究中得到了广泛应用。

(3) 当用氘代二甲基亚砜(DMSO-d_6)作为溶剂时,活泼氢(如羟基氢、羧基氢和氨基氢等)可与它的亚砜基形成分子间氢键而强烈缔合,氢交换速度大为降低,因而可观测到样品中的活泼

笔记

氢信号。当处于中性条件时，甚至还可观测到活泼氢与取代位氢偶合裂分，从而区别伯、仲、叔醇。如本实例中糖基上的醇羟基多为双峰（叔醇），而末端碳（C-6′）为三重峰（仲醇）。因此，我们在测试含活泼氢质子的化合物时，可选择 DMSO-d_6 作为溶剂，以便获得更多的结构信息。

例 11-7　从三桠苦枝叶中得到化合物 melicolone A，为无色棱晶（MeOH）。HR-ESI-MS 给出 melicolone A 的准分子离子峰为 m/z 367.1752［M+H］$^+$；UV（MeOH）λ_{max}（logε）：197nm（2.02），277nm（8.80）；IR（KBr，ν_{max}）：3463，2989，2971，1734，1618，1620，1415，1386，1197cm^{-1}。^{1}H-NMR、^{13}C-NMR、^{1}H-^{1}H COSY、HSQC 和 HMBC 谱如图 11-31~ 图 11-36 所示，试推断该化合物的结构。

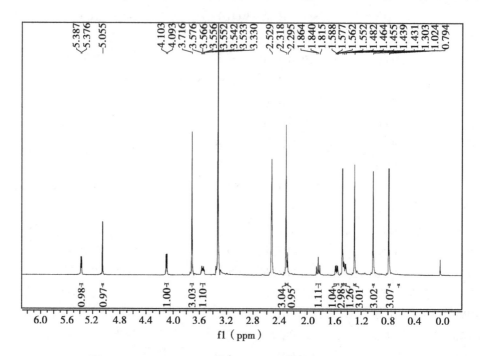

图 11-31　melicolone A 的 ^{1}H-NMR 图（500MHz，DMSO-d_6）

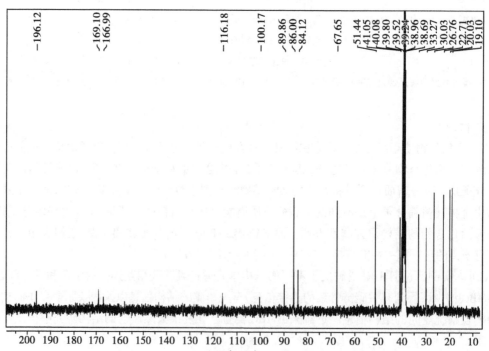

图 11-32　melicolone A 的 ^{13}C-NMR 图（125MHz，DMSO-d_6）

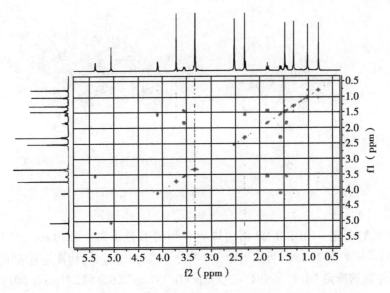

图 11-33 melicolone A 的 ^{1}H-^{1}H COSY 图（500MHz，DMSO-d_6）

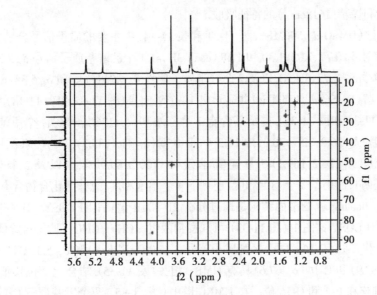

图 11-34 melicolone A 的 HSQC 图（DMSO-d_6）

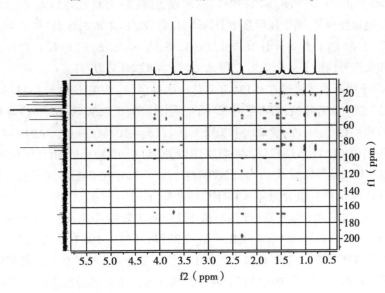

图 11-35 melicolone A 的 HMBC 图（DMSO-d_6）

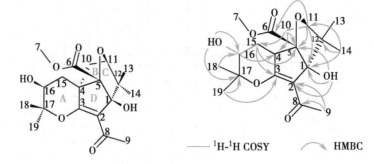

图 11-36　melicolone A 的结构及其主要 ¹H-¹H COSY 和 HMBC 相关

解析：

1. 分子式的确定　HR-ESI-MS 给出该化合物的准分子离子峰为 m/z 367.1752［M+H］⁺（$C_{19}H_{27}O_7$ 的计算值为 367.1751），可推出化合物的分子式为 $C_{19}H_{26}O_7$，计算其不饱和度为 7。

2. 平面结构的确定　UV（MeOH）λ_{max}（logε）在 197nm（2.02）和 277nm（8.80）处分别有最大吸收，提示化合物可能存在 α,β- 不饱和酮结构。IR（KBr, ν_{max}）光谱显示出羟基（3464cm⁻¹）、羰基（1735cm⁻¹）和烯基（1618cm⁻¹）的特征吸收。

¹H-NMR 谱（DMSO-d_6, 500MHz, 图 11-31 和表 11-14）中主要的质子信号分别为 4 个高场甲基单峰质子信号 δ_H 0.79、1.02、1.30 和 1.48（each 3H, s）、1 个乙酰基质子信号 δ_H 2.32（3H, s）、1 个甲氧基质子信号 δ_H 3.72（3H, s），以及 2 个羟基质子信号 δ_H 5.06（br s）和 δ_H 5.38（d, J=5.5Hz）。

¹³C-NMR 谱（DMSO-d_6, 125MHz）共显示出 19 个碳信号（图 11-32 和表 11-14），结合 HSQC 和 HMBC 谱（图 11-34 和图 11-35），提示其含有 1 个乙酰基（δ_C 196.1, 30.0）、1 个甲酯基（δ_C 167.0, 51.4）、4 个甲基（δ_C 26.8, 22.7, 20.0, 19.1）、2 个亚甲基（δ_C 41.1, 33.3）、2 个含氧次甲基（δ_C 86.0, 67.6）、1 组双键（δ_C 116.2, 169.1）、3 个连氧季碳（δ_C 100.2, 89.9, 84.1）以及 2 个季碳（δ_C 51.4, 47.4）。上述基团共占用了 3 个不饱和度，还剩下 4 个不饱和度，意味着化合物含有 4 个环系。

化合物 melicolone A 的平面结构是通过分析 2D-NMR 谱（¹H-¹H COSY、HSQC 和 HMBC）确定的。在 ¹H-¹H COSY 谱图中（图 11-33），可观察到两组—CH₂—CHO—质子自旋偶合体系，分别为 C-10–C-11 和 C-15–C-16。两个羟基质子信号 δ_H 5.06（1H, br s）和 δ_H 5.38（1H, d, J=5.5Hz）分别与 C-1（δ_C 89.9）和 C-16（δ_C 67.6）具有 HMBC 相关（图 11-35），结合化学位移值，可以确定这两个羟基分别连在 C-1 和 C-16 位。在 HMBC 谱中（图 11-35），两个甲基质子 CH₃-18（δ_H 1.30）、CH₃-19（δ_H 1.48）同时与 C-17（δ_C 84.1）和 C-16（δ_C 67.6）相关，并且 CH₃-18 与 C-3（δ_C 169.1）具有一个较弱的四键远程相关；两个亚甲基质子信号 H₂-15（δ_H 1.84 和 δ_H 1.45）与 C-3（δ_C 169.1）、C-4（δ_C 51.4）和 C-17（δ_C 84.1）相关；OH-16 与 C-15（δ_C 33.3）、C-16（δ_C 67.6）和 C-17（δ_C 84.1）分别有相关。以上相关信号构成了一个 2,2- 二甲基 -3- 羟基吡喃环片段（环 A）。

此外，另两个甲基质子信号 CH₃-13（δ_H 1.02）、CH₃-14（δ_H 0.79）同时与 C-11（δ_C 86.0）、C-12（δ_C 47.4）和 C-1（δ_C 89.9）相关；两个亚甲基质子信号 H₂-10（δ_H 2.30 和 δ_H 1.57）与 C-4（δ_C 51.4）、C-5（δ_C 100.2）和 C-12（δ_C 47.4），含氧次甲基质子 H-11（δ_H 4.10）与 C-1（δ_C 89.9）、C-4（δ_C 51.4）、C-5（δ_C 100.2）、C-10（δ_C 41.1）和 C-12（δ_C 47.4），1-OH 与 C-5（δ_C 100.2）分别有远程相关（图 11-35 和图 11-36）。以上相关信号构成了一个环己烷结构片段（C-1、C-5、C-4、C-10-C-12），并且该片段通过一个 C-5-O-C-11 氧桥片段分为环 B 和环 C 两个部分。H-11（δ_H 4.10）与 C-6（δ_C 167.0）有 HMBC 相关，并且 OCH₃-6（δ_H 3.72）与 C-6（δ_C 167.0）有 HMBC 相关，表明甲酯基连在 C-5 位。此外，1-OH（δ_H 5.06）与 C-2（δ_C 116.2）、CH₃-9（δ_H 2.32）与 C-8（δ_C 196.1）和 C-2（δ_C 116.2）的相关，证明 C-1 和 C-2 直接相连，并且乙酰基团连在 C-2 位。综合以上相关信息以及剩余的两个不饱和度分析显示，烯醇碳 C-3（δ_C 169.1）和烯碳 C-2（δ_C 116.2）通过双键相连，最终构成了一个罕见的五元环（环 D）。至此，化合物 melicolone A 的平面结构确定为一个具有 9- 氧杂三环［3.2.1.1³,⁸］

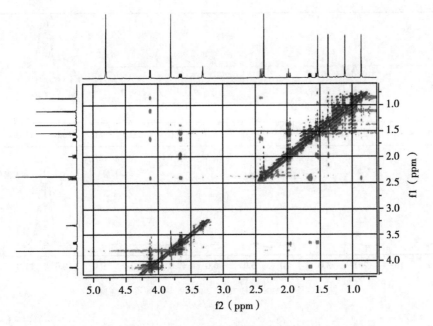

图 11-37　melicolone A 的 ROESY 图（DMSO-d_6）

壬烷母核的重排的苯乙酮类衍生物,如图 11-36 所示。

3. 立体结构的确定　化合物 melicolone A 的相对构型是由 ROESY 谱（DMSO-d_6）确定的（图 11-37 和图 11-38）。ROESY 谱中,OH-16/CH$_3$-18、OH-16/Hb-15、CH$_3$-18/Hb-15、Hb-15/OH-1、CH$_3$-19/H-16、H-16/Ha-15、H-16/H$_2$-10 和 Ha-15/Hb-10 有 ROESY 相关,表明 CH$_3$-18、OH-16、Hb-15 和 OH-1 位于分子的同一个平面上,设为 β 构型;相应的,C-10、C-12、Ha-15、H-16、CH$_3$-19 为 α 构型。同理,通过 OH-1/CH$_3$-13、H-11/CH$_3$-13、Hb-10/H-11 以及 CH$_3$-14/Ha-10 的 ROESY 相关,推定 1-OH、CH$_3$-13、H-11 和 Ha-10 在环己烷环的同一侧,而 CH$_3$-14 和 Ha-10 在另外一侧。由此可知,环己烷环呈一本展开的书的形状,与五元环（环 D）以及氧桥共同构成了 9-氧杂三环 [3.2.1.1^{3,8}] 壬烷母核骨架结构。

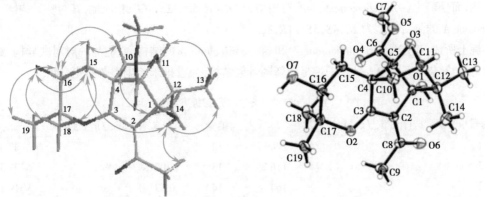

图 11-38　化合物 melicolone A 的 ROESY 相关和（–）melicolone A 的单晶结构

化合物 melicolone A 的结构中含有 5 个手性碳,但经测定,其旋光值接近于 0,CD 光谱中也没有明显的 Cotton 效应,提示该化合物为一外消旋体。采用手性色谱柱 [色谱柱为 AD-H（10mm×250mm）,流动相为正己烷/异丙醇（80∶20,*V*/*V*）] 对化合物 melicolone A 的一对对映异构体进行了拆分,获得了一对光学纯的对映异构体（–）-melicolone A 和（+）-melicolone A（1∶1,图 11-39）。（–）-melicolone A 和（+）-melicolone A 具有完全相反的旋光值 [（–）-melicolone A:[α]$_D^{25}$-30.8（*c* 0.13,MeOH）;（+）-melicolone A:[α]$_D^{25}$+32.8（*c* 0.11,MeOH）] 以及 CD Cotton 效应（图 11-40）。

化合物（–）-melicolone A 的 X 射线单晶衍射结果（铜靶）（图 11-38）不仅证实了化合物的平

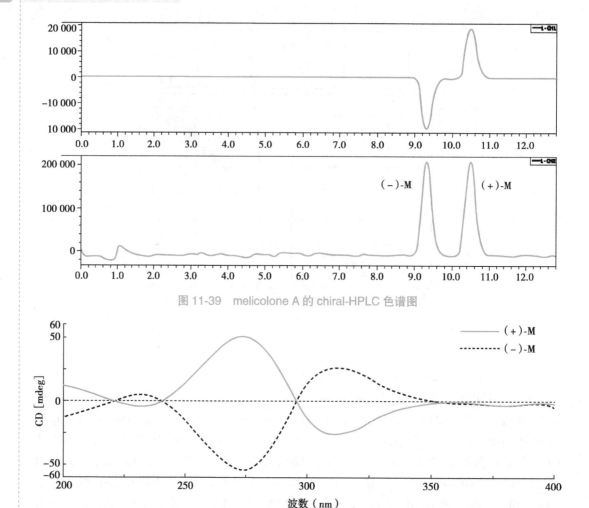

图 11-39　melicolone A 的 chiral-HPLC 色谱图

图 11-40　（+）-melicolone A 和（-）-melicolone A 的 CD 谱图（MeOH）

面结构,而且确定（-）-melicolone A 的绝对构型为 1R,4R,5R,11S,16R;相应地,其对映异构体（+）-melicolone A 的绝对构型为 1S,4S,5S,11R,16S。

综上所述,确定了（-）-melicolone A 和（+）-melicolone A 的结构,它们为一对对映异构,结构中具有 9- 氧杂三环[3.2.1.1^{3,8}]壬烷母核新颖骨架结构,为重排苯乙酮类杂萜化合物。

表 11-14　melicolone A 的 NMR 数据归属（DMSO-d_6）

编号	δ_H(multi, J in Hz)	δ_C	编号	δ_H(multi, J in Hz)	δ_C
1		89.9	12		47.4
2		116.2	13	1.02(s)	22.7
3		169.1	14	0.79(s)	19.1
4		51.4	15	1.45(dd,12.5,4.5)	33.3
5		100.2		1.84(t,12.5)	
6		167.0	16	3.55(ddd,12.5,4.5,5.5)	67.6
7	3.72(s)	51.4	17		84.1
8		196.1	18	1.30(s)	20.0
9	2.32(s)	30.0	19	1.48(s)	26.8
10	2.30(d,13.0)	41.1	1-OH	5.06(br s)	
	1.57(dd,13.0,5.0)		16-OH	5.38(d,5.5)	
11	4.10(d,5.0)	86.0			

4. 讨论

(1) 在有机化合物的结构解析中,通常通过"四大谱"的综合解析,基本可以确定化合物的平面结构或相对构型。此例化合物为全新骨架的天然产物,且结构中含有较多的季碳,以 2D-NMR 为主的方法推测结构时难度较大,甚至会出现不正确的结果。X 射线单晶衍射分析是一种独立的结构分析方法,它通过"显示型"的技术为能获得单晶的有机化合物的结构测定提供强有力的武器。在实际工作中,X 射线单晶衍射法无论对结构的验证,还是对绝对构型的确定都起到了决定性的作用。

(2) 本例化合物 melicolone A 是以外消旋体(一对对映体的等比混合物,比旋光值为 0)的形式获得的。由于外消旋体在普通色谱上无法分开,并且对映体之间相应碳氢的化学环境相同,质量数更是没有差别,故核磁共振谱和质谱不能获得它们绝对构型的信息。本例中为了进一步明确化合物的绝对构型,采用手性柱色谱把 melicolone A 拆分成 (−)-melicolone A 和 (+)-melicolone A 一对对映体(它们的 CD 谱完全对称),再通过 X 射线单晶衍射法确定了 (−)-melicolone A 的绝对构型,也就确定了 (+)-melicolone A 的绝对构型。通过本例能让我们了解较复杂有机化合物的立体结构的解决方法和思路。

习题

1. 请根据图 11-41~ 图 11-44 解析化合物的结构。

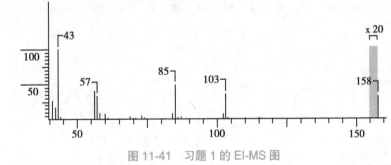

图 11-41 习题 1 的 EI-MS 图

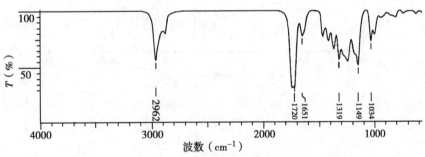

图 11-42 习题 1 的 IR 图(KBr 压片)

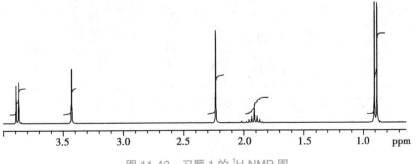

图 11-43 习题 1 的 ^{1}H-NMR 图

笔记

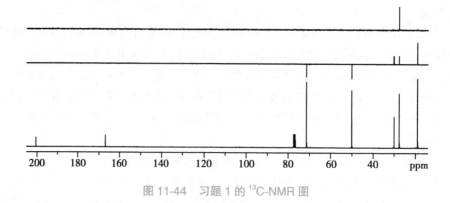

图 11-44　习题 1 的 ^{13}C-NMR 图

2. 请根据图 11-45~ 图 11-48 解析某化合物的结构。

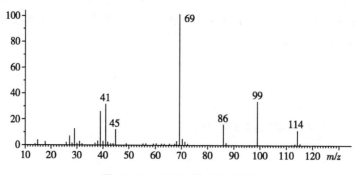

图 11-45　习题 2 的 EI-MS 图

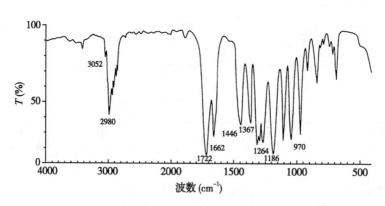

图 11-46　习题 2 的 IR 图

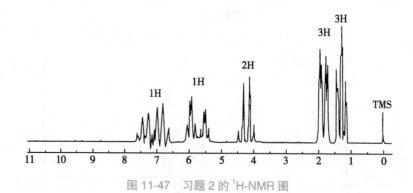

图 11-47　习题 2 的 ^{1}H-NMR 图

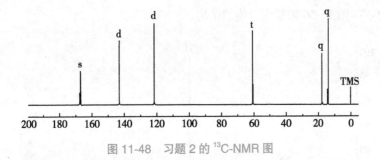

图 11-48 习题 2 的 ^{13}C-NMR 图

3. 请根据图 11-49~ 图 11-52 解析某化合物（M=198）的结构。

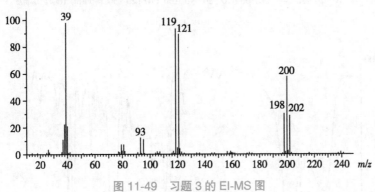

图 11-49 习题 3 的 EI-MS 图

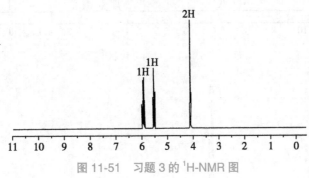

图 11-50 习题 3 的 IR 图（KBr 压片）

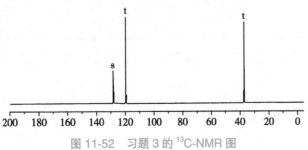

图 11-51 习题 3 的 ^{1}H-NMR 图

图 11-52 习题 3 的 ^{13}C-NMR 图

4. 请根据图 11-53~图 11-56 解析化合物的结构。

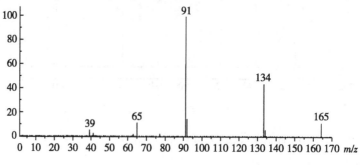

图 11-53 习题 4 的 EI-MS 图

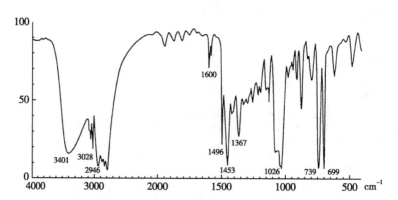

图 11-54 习题 4 的 IR 图(KBr 压片)

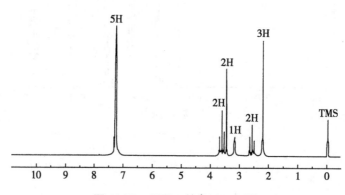

图 11-55 习题 4 的 ¹H-NMR 图

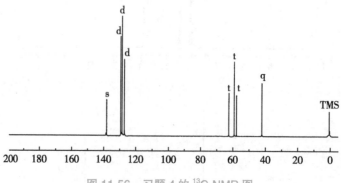

图 11-56 习题 4 的 ¹³C-NMR 图

笔记

5. 请根据图 11-57~ 图 11-60 解析该化合物的结构。

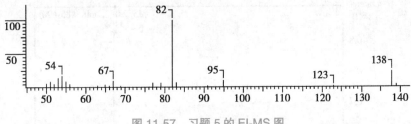

图 11-57 习题 5 的 EI-MS 图

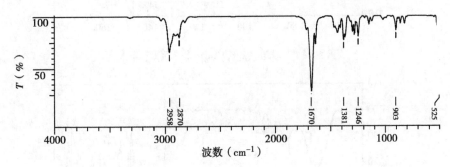

图 11-58 习题 5 的 IR 图

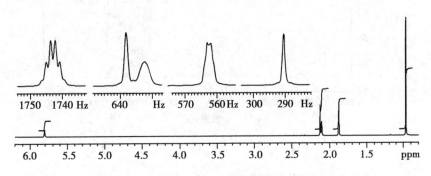

图 11-59 习题 5 的 ^{1}H-NMR 图（CDCl$_3$，300MHz）

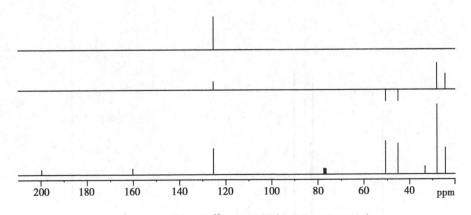

图 11-60 习题 5 的 ^{13}C-NMR 图（CDCl$_3$，75.5MHz）

6. 某天然产物的 UV 在 323nm 显示强吸收,请根据图 11-61~ 图 11-65 解析该化合物的结构。

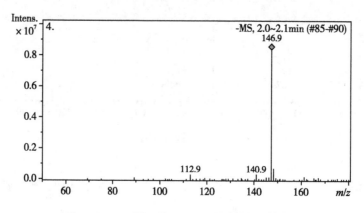

图 11-61 习题 6 的 ESI-MS 图(负离子模式)

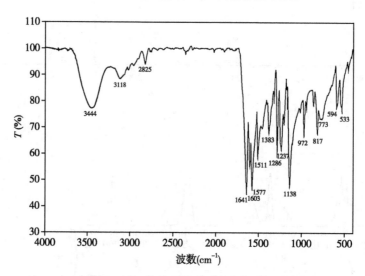

图 11-62 习题 6 的 IR 图(KBr 压片)

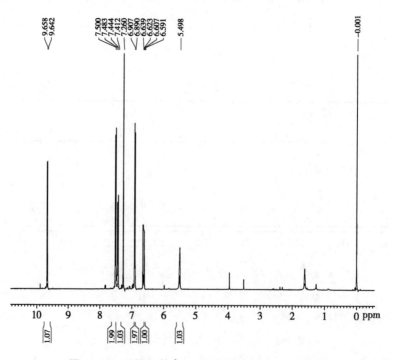

图 11-63 习题 6 的 ^{1}H-NMR 图(500MHz,CDCl$_3$)

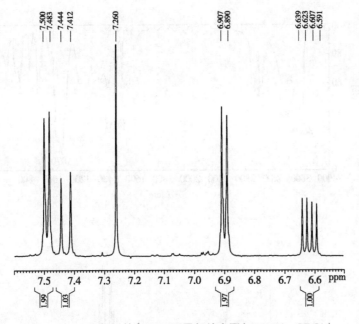

图 11-64 习题 6 的 ^{1}H-NMR 局部放大图(500MHz,CDCl$_3$)

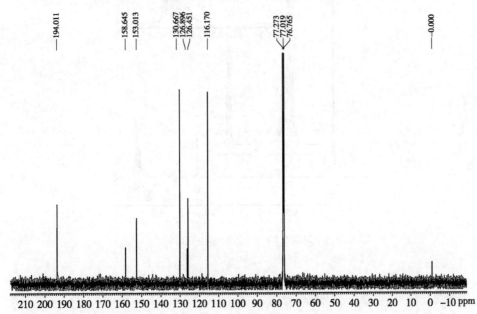

图 11-65 习题 6 的 ^{13}C-NMR 图(125MHz,CDCl$_3$)

7. 请根据图 11-66~ 图 11-70 解析化合物的结构。

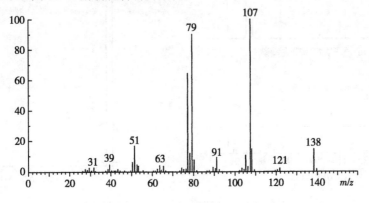

图 11-66 习题 6 的 EI-MS 图

笔记

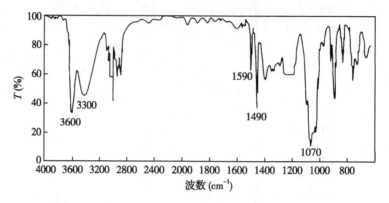

图 11-67　习题 7 的 IR 图（KBr 压片）

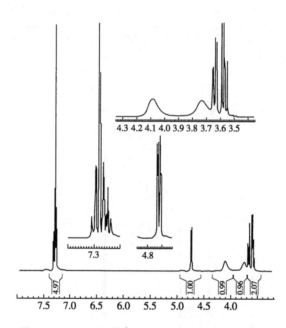

图 11-68　习题 7 的 ^{1}H-NMR 图（500MHz，CDCl$_3$）

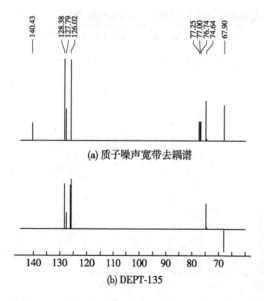

(a) 质子噪声宽带去耦谱

(b) DEPT-135

图 11-69　习题 7 的 ^{13}C-NMR 图（125MHz，CDCl$_3$）

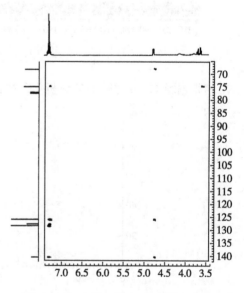

图 11-70　习题 7 的 HMBC 图（CDCl$_3$）

笔 记

8. 请根据图 11-71~ 图 11-78 解析化合物的结构。

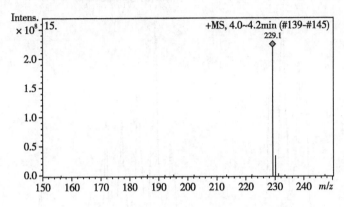

图 11-71　习题 8 的 ESI-MS 图（正离子模式）

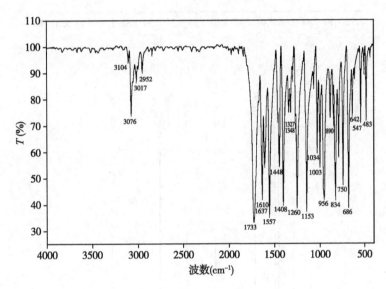

图 11-72　习题 8 的 IR 图（KBr 压片）

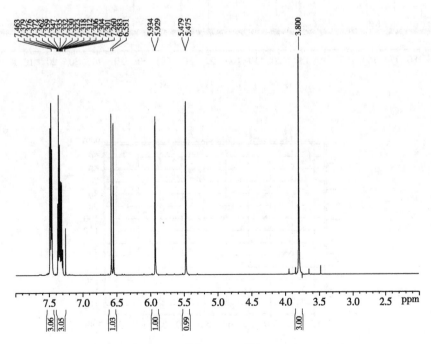

图 11-73　习题 8 的 ^{1}H-NMR 图（500MHz，CDCl$_3$）

笔记

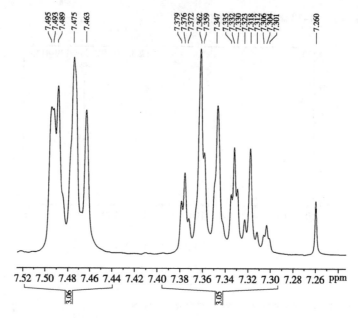

图 11-74　习题 8 的 ^{1}H-NMR 放大图（500MHz，CDCl$_3$）

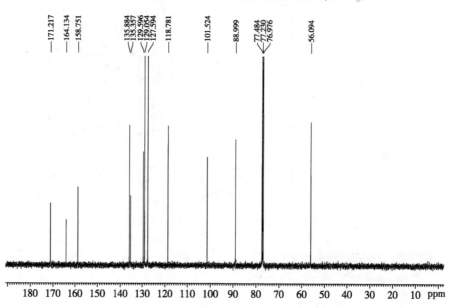

图 11-75　习题 8 的 ^{13}C-NMR 图（125MHz，CDCl$_3$）

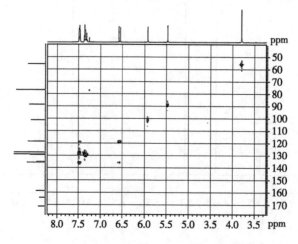

图 11-76　习题 8 的 HSQC 图（CDCl$_3$）

笔记

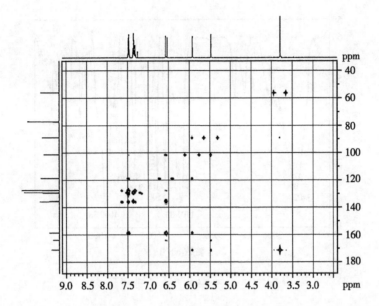

图 11-77 习题 8 的 HMBC 图（CDCl₃）

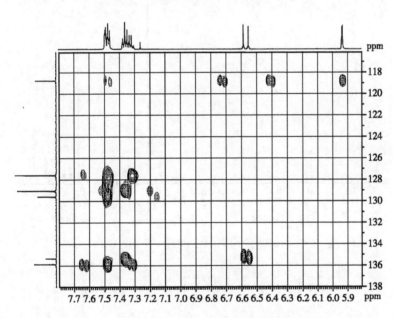

图 11-78 习题 8 的 HMBC 局部放大图（CDCl₃）

9. 某化合物为白色粉末，α- 萘酚 - 浓硫酸反应为阳性,酸水解反应获得的产物中检测到 D- 葡萄糖。请根据图 11-79~ 图 11-85 解析化合物的结构。

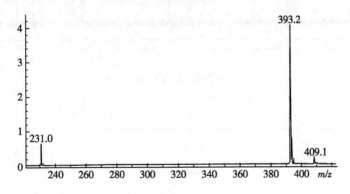

图 11-79 习题 9 的 ESI-MS 图（产生［ M+Na ］⁺、［ M+K ］⁺峰）

笔记

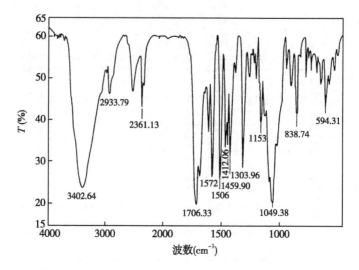

图 11-80   习题 9 的 IR 图（KBr 压片）

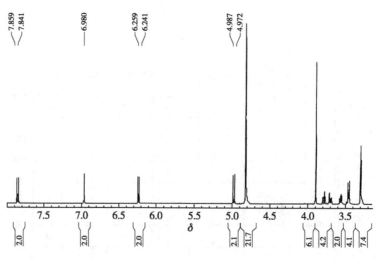

图 11-81   习题 9 的 ^{1}H-NMR 图（500MHz，CD$_3$OD）

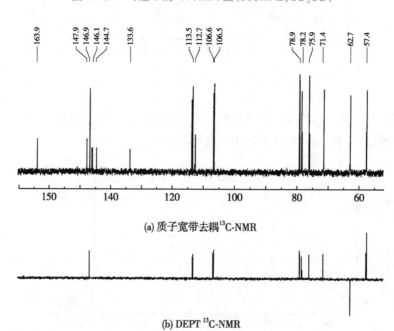

(a) 质子宽带去耦^{13}C-NMR

(b) DEPT ^{13}C-NMR

图 11-82   习题 9 的 ^{13}C-NMR 图（125MHz，CD$_3$OD）

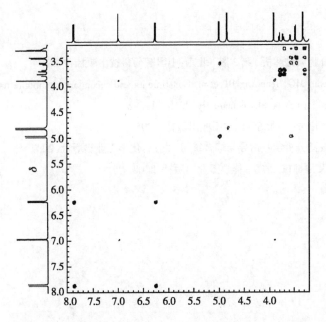

图 11-83 习题 9 的 ^1H-^1H COSY 图(500MHz,CD$_3$OD)

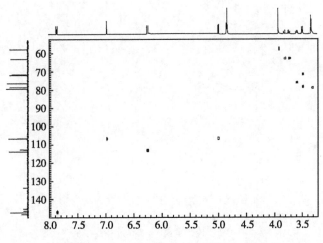

图 11-84 习题 9 的 HSQC 图(CD$_3$OD)

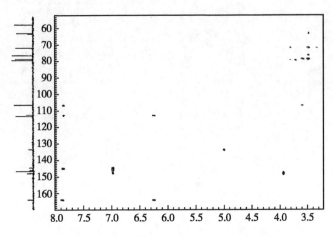

图 11-85 习题 9 的 HMBC 图(CD$_3$OD)

笔记

(孔令义 罗建光)

参考文献

1. 吴立军.有机化合物波谱解析.第3版.北京:中国医药科技出版社,2009
2. Bayoumi SAL,Rowan MG,Beeching JR,et al. Constituents and secondary metabolite natural products in fresh and deteriorated cassava roots. Phytochemistry,2010,71:598
3. 张华.现代有机波谱分析.北京:化学工业出版社,2005
4. 张华.现化有机波谱分析学习指导与综合练习.北京:化学工业出版社,2007
5. 汪瑗,阿里木江·艾拜都拉.北京:化学工业出版社,2008

第一章　绪　论

(略)

第二章　紫外光谱

1. 物质分子吸收一定波长的紫外光时,电子发生跃迁所产生的吸收光谱称为紫外光谱。分子在发生电子能级跃迁的过程中常伴有振动和转动能级的跃迁,在紫外光谱上区分不出其光谱的精细结构,因而只能呈现一些很宽的吸收带。

2. 当外层电子吸收紫外或可见辐射后,就从基态向激发态跃迁。在紫外吸收光谱中,电子的跃迁有 $\sigma \rightarrow \sigma^*$、$n \rightarrow \sigma^*$、$\pi \rightarrow \pi^*$ 和 $n \rightarrow \pi^*$ 4 种类型。$\pi \rightarrow \pi^*$ 跃迁和 $n \rightarrow \sigma^*$ 跃迁能在紫外吸收光谱中反映出来。

3. 发色基团　分子结构中含有 π 电子的基团称为发色团,它们能产生 $\pi \rightarrow \pi^*$ 或者 $n \rightarrow \pi^*$ 跃迁从而能在紫外可见光范围内产生吸收,如 $C=C$、$C=O$、$N=N$、NO_2 等。助色基团是具有将生色基团(见基)的吸收峰移向长波并增加其强度的作用的基团,其本身在紫外线区不产生吸收峰。助色基团一般是含有孤对 p 电子的羟基(—OH)、氨基(—NH_2)、二甲胺基[—N(CH_3)$_2$]等。

4. 紫外吸收光谱提供的信息基本上是关于分子中发色团和助色团的信息,主要用于确定共轭结构单元、构型、构象及互变异构体,而不能提供整个分子的信息。所以只凭紫外光谱数据尚不能完全确定物质的分子结构,还必须与其他方法配合起来。

5. 摩尔吸光系数是有色物质在一定波长下的特征常数。它表示物质的浓度为 1mol/L,液层厚度为 1cm 时溶液的吸光度。

6. 助色基团与发色团相连时,会使发色团的吸收峰向长波方向移动,并且增加其吸收强度。使双键红移的原因:双键的 π-π^* 电子跃迁,当助色基团接上后,变成 n-π^* 跃迁,能量小于 π-π^* 跃迁,所以吸收带红移。使羰基蓝移的原因:助色团上的 n 电子与羰基双键的 π 电子产生 n-π 共轭,导致 π^* 轨道的能级有所提高,但这种共轭作用并没有改变 n 轨道的能级,因此 n-π^* 跃迁所需的能量变大,使 n-π^* 吸收带蓝移。

7. 按照洪特分子轨道理论,随着共轭多烯双键数目的增多,HOMO 轨道的能量也逐渐增高,而 LUMO 轨道的能量逐渐降低,所以 π 电子跃迁所需的能量 ΔE 正逐渐减小,吸收峰逐渐红移。

8. 苯胺在酸性介质中呈离子状态,不存在孤对电子,$\pi \rightarrow \pi^*$ 跃迁较弱并且共轭程度减小,发生蓝移;苯酚在碱性条件下以富电子状态存在,p-π 共轭增强,发生红移。

9. $\pi \rightarrow \pi^*$ 跃迁、$n \rightarrow \pi^*$ 跃迁,B 带、E2 带、R 带。

10. 从极性溶剂到非极性溶剂,λ_1 发生蓝移,为 $\pi \rightarrow \pi^*$ 跃迁;λ_2 发生红移,为 $n \rightarrow \pi^*$ 跃迁。推测化合物为黄酮类化合物。

11. B 带是由苯核的 $\pi \rightarrow \pi^*$ 跃迁所产生的吸收带,是芳香族化合物的特征吸收,该化合物含有苯环;λ=319nm,ε=50 的吸收带推测此化合物含有羰基,为 $n \rightarrow \pi^*$ 跃迁;λ=240nm,ε=13×10^4 推测为 R 带的 $\pi \rightarrow \pi^*$ 跃迁,为共轭双键。

12. 溶剂的极性大小对紫外光谱的吸收谱带的位置和强度都有较大的影响。当使用乙醇等极性溶剂时,溶剂的极性越大能形成氢键的能力越强,n→π^* 跃迁基态的极性要强于激发态,极性大的基态 n 极性溶剂的作用较强,能量下降较小,ΔE 变大,所以所产生的吸收峰随极性的增大而向短波方向移动;$\pi \rightarrow \pi^*$ 跃迁激发态的极性要强于基态,极性大的激发态 π^* 与极性溶剂的作用较强,能量下降较大,$\triangle E$ 变小,所以 $\pi \to \pi^*$ 跃迁所产生的吸收峰随极性的增大而向长波方向移动。

13.

14. $C = 1.8 \times 10^{-5} \, \text{mol/L}$

15. $\lambda_{\max}$:(b)>(a)≫(c)。(b)中有两个共轭双键,存在 K 吸收带;(a)中有两个双键,而(c)中只有一个双键。

16.

第三章　红外光谱

1. 解:(A)在大于 3000cm^{-1} 处(3025cm^{-1})有不饱和的 C—H 伸缩振动,而(B)在大于 3000cm^{-1} 处没有吸收。

2. 解:(A)、(B)都在 $1680 \sim 1620 \text{cm}^{-1}$ 区间有 $\nu_{C=C}$ 的吸收,但(A)分子的对称性较高,对称伸缩振动时,引起的瞬间偶极矩变化较小,吸收发、峰较弱。此外,(B)为 $RCH=CH_2$ 单取代类型,在 990 和 910cm^{-1} 处有两个强的面外弯曲振动(γ_{CH})吸收峰;而(A)为 $RCH=CR'H$ 双取代类型,在 970cm^{-1}(反式)或 690cm^{-1}(顺式)处有一个中强或强的吸收峰。

3. 解:A、B 主要在 $1000 \sim 690 \text{cm}^{-1}$ 区间内的吸收不同,A 有 3 个相邻的 H 原子,通常情况下这 3 个相邻的 H 原子相互偶合,在 $900 \sim 690 \text{cm}^{-1}$ 区间内出现两个吸收峰,即在 $810 \sim 750 \text{cm}^{-1}$ 区间内有一强峰、在 $725 \sim 680 \text{cm}^{-1}$ 区间内出现一中等强度的吸收峰;而 B 有两个相邻的 H,所以在 $860 \sim 800 \text{cm}^{-1}$ 区间内出现一中等强度的吸收峰。

4. 解:A、B、C 三者在 $1700 \sim 1650 \text{cm}^{-1}$ 区域内均有强的吸收。A 在 $3000 \sim 2500 \text{cm}^{-1}$ 区间内应有一胖而强的 O—H 伸缩振动峰。B 在 2720 和 2820cm^{-1} 有两个中等强度的吸收峰。

5. 略

6. 略

7. 解:1685cm^{-1} 处为 C=O 伸缩振动,但比一般的 C=O 低约 20cm^{-1},是由于 C=O 与苯环共轭而使吸收能量降低。3360cm^{-1} 处也比一般的 OH 伸缩振动低,推测是由于 OH 和 C=O 形成氢键的原因,因而结构式(A)最符合。

8. 苯甲酸甲酯

9.

10.

11.

12.

13.

（环戊酮结构图，五元环带O）

14. A-（5）；B-（6）；C-（1）；D-（2）；E-（4）；F-（3）

第四章　核磁共振氢谱

1. 1）化学位移的影响因素主要包括氢的核外电子云密度，磁的各向异性效应，测试样品所用溶剂的种类、测试温度等因素。影响氢核外电子云密度的因素有周围基团的电负性效应和共轭效应。

2）目前通常用强磁场 NMR 仪测定核磁共振氢谱，因信号之间的分离度得到了改善，多数信号简化为类似一级偶合的谱图。单峰的化学位移值可从图谱中直接读出来，裂分峰氢信号的化学位移值通常取几个裂分小峰化学位移的平均值。为了简化起见，三重峰可取中间小峰的化学位移值，四重峰可取中间两个小峰（或外侧两个小峰）化学位移的平均值。化学位移的数值按照"四舍六入五留双"的原则保留到小数点后两位。

3）裂分峰的 J 值可以通过计算得到，如双重峰的 $J=(\delta\alpha-\delta\beta)\times$ 测试仪器兆数，$\delta\alpha$、$\delta\beta$ 为两个裂分小峰的化学位移值；三重峰的 J 值为第一个小峰与第二个小峰偶合常数（J_1）与第二个小峰与第三个小峰偶合常数（J_2）的平均值，即 $J=(J_1+J_2)/2$；双二重峰的 J 值为两种偶合常数的平均值。

2. 乙醇甲基氢信号 δ 0.95（3H，t，$J=7.0$Hz），乙基氢信号 δ 3.39（2H，q，$J=7.0$Hz）。

对羟基苯甲酸（HOOC—①②③④—OH）结构对称，显示两组双质子双重峰，2,6 位氢 δ 7.87（2H，d，$J=7.7$Hz），3,5 位氢 δ 6.80（2H，d，$J=8.3$Hz）。

3. $\delta1.0$ 附近的甲基为双重峰，积分值为 6，说明有与叔碳相连的两个甲基，$\delta3.5$ 附近的单峰为甲氧基信号，$\delta4.0$ 处的单氢信号为多重峰，为连氧原子的叔碳氢。故其结构为

$$H_3C—HC—OCH_3$$
$$|$$
$$CH_3$$

4. $\delta7.72$（2H，d，$J=9.0$Hz）和 $\delta6.68$（2H，d，$J=9.0$Hz）两个信号峰显示有个对位取代苯环的存在；$\delta3.06$（6H，s）为两个对称取代的甲基，其化学位移值较普通甲基位于较低场，提示与吸电子基团相连，分子式显示结构中有个氮原子，提可能为偕氮二甲基；根据分子式 $C_9H_{11}NO$，除去对位取代苯环和偕氮二甲基外，还有 C、H、O 各一个，应为—CHO，低场 $\delta9.72$（1H，s）处的单峰也证明醛基的存在。苯环上信号归属：$\delta7.72$（2H，d，$J=9.0$Hz，2,6-H），$\delta6.68$（2H，d，$J=9.0$Hz，3,5-H）。

（对二甲氨基苯甲醛结构图，标注 CHO，位置 2、3、4、5、6，N(CH3)2）

5. ^{1}HNMR 谱中，芳香区 5 个氢质子，其中 $\delta7.51$（1H，d，$J=15.9$Hz），$\delta6.22$（1H，d，$J=15.8$Hz）为反式双键上的特征氢信号，$\delta7.00$（1H，s），$\delta6.90$（1H，d，$J=7.2$Hz），$\delta6.74$（1H，d，$J=6.9$Hz）为苯环 ABX 系统的氢信号。$\delta3.87$ 为一个甲氧基信号。确定该化合物为阿魏酸。

信号归属：$\delta7.00$（1H，s，H-2），$\delta6.90$（1H，d，$J=7.2$Hz，H-6），$\delta6.74$（1H，d，$J=6.9$Hz，H-5），$\delta6.22$（1H，d，$J=15.8$Hz，H-α），$\delta7.51$（1H，d，$J=15.9$Hz，H-β），$\delta3.87$（3H，s，—OCH$_3$）。

（阿魏酸结构图，标注 H3CO、HO、位置 1-6、α、β、COOH）

阿魏酸

6. ¹H-NMR 谱芳香区共 3 个氢,即 δ 6.89 (1H,s),6.78 (1H,d,*J*=8.0Hz),6.71 (1H,d,*J*=8.0Hz)构成苯环的一个 ABX 系统,此外,在 δ 3.79 (3H,s)有一个甲氧基信号,在 δ 2.75 (2H,t,*J*=7.7Hz)、2.39 (2H,t,*J*=7.7Hz)处的两个双氢三重峰的信号提示存在—CH₂—CH₂—片段,δ 2.75 处的亚甲基出现在较低场,提示与—COOH 相连。确定该化合物为氢化阿魏酸。

信 号 归 属:6.89 (1H,s,H-2),6.78 (1H,d,*J*=8.0Hz,H-5),6.71 (1H,d,*J*=8.0Hz,H-6),2.75 (2H,t,*J*=7.7Hz,H-7),2.39 (2H,t,*J*=7.7Hz,H-8),3.79 (3H,s,—OC<u>H</u>₃)。

氢化阿魏酸

7. ¹H-NMR 谱芳香区共 3 个氢,即 δ 7.10 (2H,d,*J*=7.6Hz),6.77 (2H,d,*J*=7.8Hz)构成苯环的一个 AA'BB' 系统,此外,在 δ 2.74 (2H,t,*J*=7.8Hz),2.39 (2H,t,*J*=7.8Hz)处出现两个双氢三重峰的信号,提示存在—CH₂—CH₂—片段,δ 2.74 处的亚甲基出现在较低场,提示与—COOH 相连。确定该化合物的结构为对羟基苯丙酸。

信 号 归 属:7.10 (2H,d,*J*=7.6Hz,H-2,6),6.77 (2H,d,*J*=7.8Hz,H-3,5),2.74 (2H,t,*J*=7.8Hz,H-7),2.39 (2H,t,*J*=7.8Hz,H-8)。

对羟基苯丙酸

8. ¹H-NMR 共有 9 个氢,在 δ 6.94 和 6.79 处出现两个单质子双重峰,偶合常数为 16.4Hz,是一个典型的反式双键氢信号;δ 7.34 (2H,d,*J*=8.6Hz) 和 6.75 (2H,d,*J*=8.6Hz)是苯环对位取代时形成 AA'BB' 系统的信号峰;δ 6.44 (2H,d,*J*=2.2Hz) 和 6.16 (1H,d,*J*=2.2Hz)是间位三取代苯环的氢质子信号峰,且该苯环中含对称结构。

¹H-NMR 信 号 归 属 如 下:6.44 (2H,d,*J*=2.2Hz,H-2,6),6.16 (1H,t,*J*=2.2Hz,H-4),6.79 (1H,d,*J*=16.4Hz,H-α),6.94 (1H,d,*J*=16.4Hz,H-β),7.34 (2H,d,*J*=8.6Hz,H-2',6'),6.75 (2H,d,*J*=8.6Hz,H-3',5')。

第五章　碳核磁共振谱

第六章　二维核磁共振谱

（略）

第七章　经典质谱技术

1. $m/z = 100.01$

2. 亚稳离子为 187，母体离子为 205；亚稳离子为 172，母体离子为 187。

3.

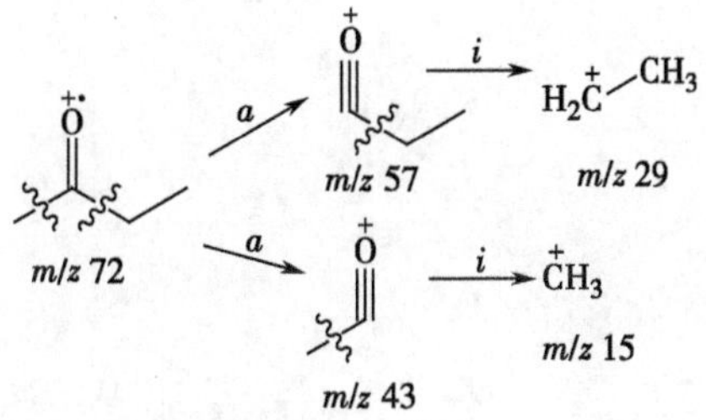

4. （a）$m/z=90$（M），$m/z=91$（M+1），$m/z=92$（M+2）。

（b）基峰为 $m/z=57$，其结构为

（c）$m/z=61$ 的结构为  ；$m/z=29$ 的结构为 $CH_3—CH_2^+$。

5. （a）

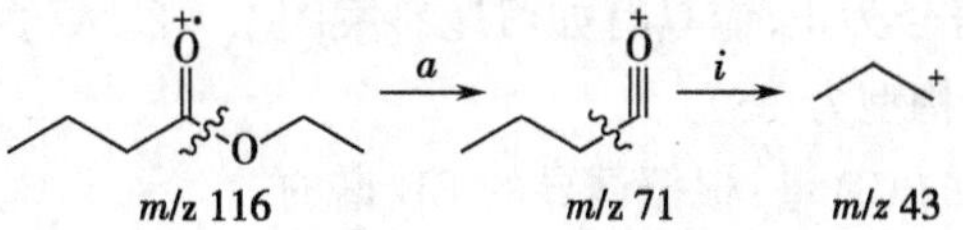

（b）

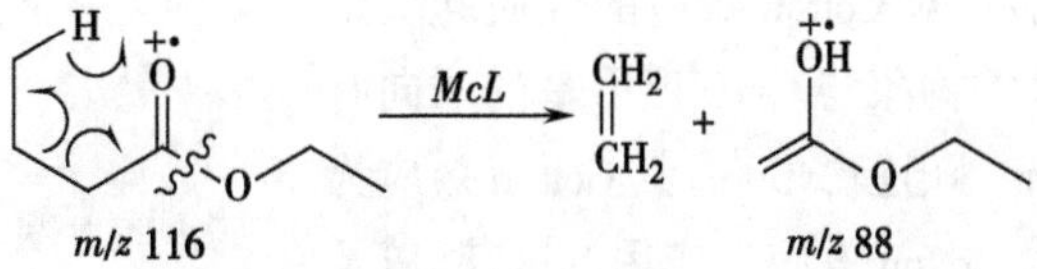

6. 该化合物的结构为：

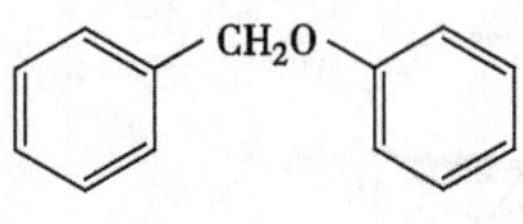

7. 芹菜素的裂解过程为：

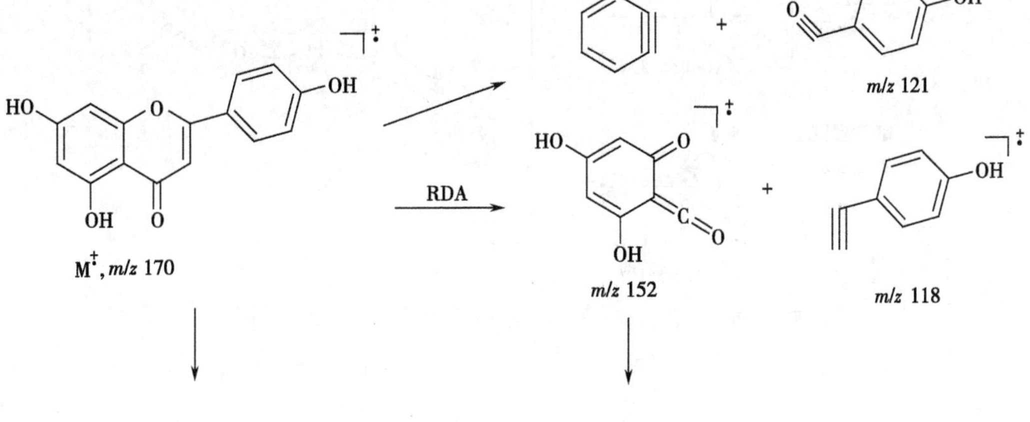

（图：m/z 242，m/z 124，m/z 153 的质谱裂解结构式）

第八章　现代质谱技术

1. 373:M+K;357:M+Na;335:M+H;317:M+H−H$_2$O;261:M+H−C$_4$H$_9$OH
2. 略
3. 略
4. 略
5. 144.0806 和 144.0820 之间

第九章　圆二色谱和旋光谱

1. 利用两种方法测定绝对构型之前,首先要根据化合物氢谱的偶合常数或 NOE 效应判断化合物的相对构型。

（1）CD 激子手性法:先将化合物进行苯甲酰化,测定酯化产物的 CD 谱,根据 Cotton 效应的符号为正,应具有如习题答案图1所示的优势构象,因此判断绝对构型为(3*S*)。

（2）Ph$_2$(OCOCF$_3$)$_4$试剂诱导的 CD 谱:根据诱导的 CD 谱的Cotton 效应符号为正,因此判断绝对构型为(3*S*)。

2. 化合物 9-26 的 CD 谱线显示对 Cotton 效应的性质起决定作用的环己烯酮环系(A)环所呈的构象与 C-10 位甲基的取向有密切的关系,环己烯酮环的 π→π* 跃迁(240nm)其 Cotton 效应为正,n→π* 跃迁(310nm)处有负的 Cotton 效应。应用八区律,以及

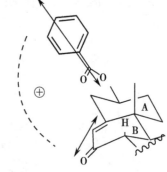

习题答案图1　化合物 9-24 的酯化优势构象

螺旋规则都应产生负的 Cotton 效应,因此具有如习题答案图2所示的优势构象,因此 C-10 的构型为 *R* 构型。

（图：习题答案图2 的各构象结构示意图，标注有"八区律"、"负Cotton效应"、"螺旋规则"、"负Cotton效应"、"n→π*"等）

习题答案图2　化合物 9-26 的优势构象及 Cotton 效应示意图

3.（1）NOESY 谱中可以观察到 7-H 和 9-H 的相关信号,提示 7-H 和 9-H 的空间距离较近,在同一侧,可判断 7,8 位所连有的大基团不在同一侧,确定 7,8 位的相对构型为反式。

（2）苯环 3′位上有大的取代基(甲氧基),会扭转螺旋规则,即杂环的 M 螺旋所导致的该化合物的 L_b 带呈负的 Cotton 效应,化合物 9-27 的 CD 谱在 278nm 处有负 Cotton 效应,由 M 螺旋判断化合物的绝对构型为 7R,8S。

4. 化合物 9-28 的结构中 ![O⁻ C=C-C=C 结构] 的 Cotton 效应出现在 260nm, ![苯甲酸酯结构] 的效应出现在 229nm。两种发色团的优势构象及激子的螺旋方向如习题答案图 3 所示。因此化合物的绝对构型为 2S,3S,4R,5R,6R,7R,8S,9S,10S,11R,13R,14R。

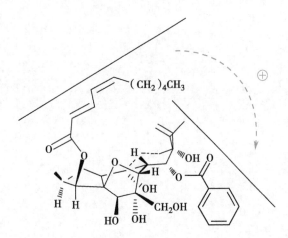

习题答案图 3　化合物 9-28 的优势构象及激子的螺旋方向

第十章　其他结构测定波谱技术

（略）

第十一章　综 合 解 析

1. ![isobutyl acetoacetate 结构]

2. ![ethyl acrylate (E) 结构]

3. ![2,3-dibromopropene 结构]

4. ![N-benzyl-N-methylethanolamine 结构]

5. ![isophorone 结构]

6.

7.

8.

9.